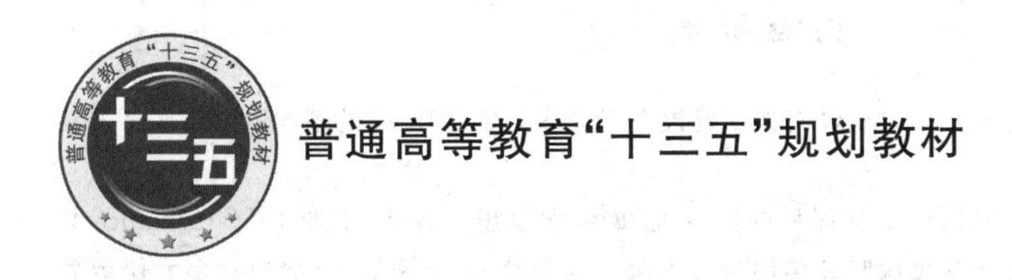

高等数学

（第2版）（下）

北京邮电大学数学系　编

北京邮电大学出版社
www.buptpress.com

内 容 提 要

本书根据高等数学课程教学基本要求，结合“将数学建模思想融入数学课程中”的基本思想及作者多年的教学实践编写而成。

本书在内容取材上兼顾与高中新课标数学课程的衔接，注重数学思想和方法，增加了 Mathematica 数学软件的介绍。在例题和习题中尽可能地反映数学建模的思想。本书分上、下两册，下册包括多元函数微分法及其应用、重积分、曲线积分与曲面积分、无穷级数、Mathematica 软件介绍，书末附有部分习题答案与提示。

本书可作为高等院校理工科非数学专业的高等数学教材或教学参考书。

图书在版编目(CIP)数据

高等数学. 下 / 北京邮电大学数学系编. -- 2 版. -- 北京 : 北京邮电大学出版社，2018.1(2020.8 重印)
ISBN 978-7-5635-5361-7

Ⅰ. ①高… Ⅱ. ①北… Ⅲ. ①高等数学—教材 Ⅳ. ①O13

中国版本图书馆 CIP 数据核字(2017)第 331028 号

书　　名：高等数学(第 2 版)(下)
著作责任者：北京邮电大学数学系　编
责 任 编 辑：刘　佳
出 版 发 行：北京邮电大学出版社
社　　址：北京市海淀区西土城路 10 号(邮编：100876)
发　行　部：电话：010-62282185　传真：010-62283578
E-mail：publish@bupt.edu.cn
经　　销：各地新华书店
印　　刷：保定市中画美凯印刷有限公司
开　　本：787 mm×960 mm　1/16
印　　张：17.5
字　　数：380 千字
版　　次：2012 年 7 月第 1 版　2018 年 1 月第 2 版　2020 年 8 月第 4 次印刷

ISBN 978-7-5635-5361-7　　　　定　价：42.00 元

前　言

"高等数学"是高等工科院校最重要的基础课程之一,它最主要的任务除了使学生具备学习后续数学课程所需要的基本数学知识外,还有提高学生应用数学工具解决实际问题的能力。目前,北京市乃至全国各高校都在积极参与"将数学建模思想融入数学课程中"的课题研究,我们在此方面也做了大量的工作,学校给予了极大的支持。

由于高中新课标的实行,如何将"高等数学"教学和高中数学内容较好地衔接起来,也是各高校重点考虑的内容。基于以上考虑,我们编写的这套《高等数学》教材具有以下特点:

1. 注重数学建模思想,减少理论性太强的内容;

2. 结合高中内容,增加了极坐标等内容,减弱了导数、极限的简单计算;

3. 选配应用性的例题与习题,注重与后续课程的衔接;

4. 增加了"数学实验"内容,介绍数学软件的应用,使学生对函数的图像、近似计算等在直观上有初步了解,帮助理解一些概念和性质。

参加本书编写的有丁金扣(第一、二章)、马利文(第三、四、五章)、李鹤(第六、七章)、刘宝生(第八、九、十、十一章)。单文锐、李亚杰、鞠红杰、江彦等参与了全书内容编排与审阅。在本书的编写过程中,北京邮电大学数学系老师给予了无私帮助并提出了宝贵意见,北京邮电大学教务处也对本书的编写给予了大力支持,在此我们表示衷心的感谢。

编者

目　录

第七章　多元函数微分法及其应用

只有一个自变量的函数是一元函数. 然而,在很多实际问题中,经常会遇到一个变量依赖多个自变量的情形,这就提出了多元函数及多元函数微积分问题. 创立多元函数微积分是18世纪数学最伟大的成果之一,有着更为丰富多彩的应用. 多元函数微积分是在一元函数微积分基础上发展起来的,在许多方面与一元函数具有形式一致性,但又有许多本质的不同.

本章讨论多元函数微分法及其应用.

第一节　多元函数的基本概念

一、平面点集与 n 维空间

为了给出多元函数的概念,先介绍有关多维空间中点集的一些基本知识. 首先,引入平面点集的概念,将有关概念从 $\mathbf{R}^1$ 中的情形推广到 $\mathbf{R}^2$ 中;然后,引入 n 维空间,以便推广到一般的 $\mathbf{R}^n$ 中.

1. 平面点集

由平面解析几何知,引入了平面直角坐标系后,平面上的点 P 和二元有序实数组 (x,y) 之间建立了一一对应的关系. 这种建立了坐标系的平面称为坐标平面. 可用 $\mathbf{R}^2=\mathbf{R}\times\mathbf{R}=\{(x,y)\mid x,y\in\mathbf{R}\}$,即二元有序实数组 (x,y) 的全体表示坐标平面.

坐标平面上具有某种性质 Q 的点的集合,称为平面点集,记作 $E=\{(x,y)\mid(x,y)$ 具有性质 $Q\}$.

现在来引入 $\mathbf{R}^2$ 中邻域的概念.

设 $P_0(x_0,y_0)$ 是 xOy 平面上的一个点,δ 是某一正数,与点 $P_0(x_0,y_0)$ 距离小于 δ 的点 $P(x,y)$ 的全体称为点 P_0 的 δ 邻域,记作 $U(P_0,\delta)$,即 $U(P_0,\delta)=\{P\mid |PP_0|<\delta\}$,也就是

$$U(P_0,\delta)=\{(x,y)\mid \sqrt{(x-x_0)^2+(y-y_0)^2}<\delta\}.$$

点 P_0 的去心 δ 邻域,记作 $\mathring{U}(P_0,\delta)$,即 $\mathring{U}(P_0,\delta)=\{P\mid 0<|PP_0|<\delta\}$.

在几何上,$U(P_0,\delta)$就是xOy平面上以点$P_0(x_0,y_0)$为圆心,$\delta>0$为半径的圆内部点$P(x,y)$的全体.

如果不强调邻域的半径,则用$U(P_0)$及$\mathring{U}(P_0)$分别表示点P_0的某个邻域及某个去心邻域.

下面利用邻域描述点和点集之间的关系.

任意一点$P\in\mathbf{R}^2$与任意一个点集$E\subset\mathbf{R}^2$之间必满足以下三种关系之一.

(1) 内点:若存在点P的某个邻域$U(P)$,使得$U(P)\subset E$,则称P为E的内点.

(2) 外点:若存在点P的某个邻域$U(P)$,使得$U(P)\cap E=\varnothing$,则称P为E的外点.

(3) 边界点:若点P的任一邻域内既含有属于E的点,又含有不属于E的点,则称P为E的边界点.

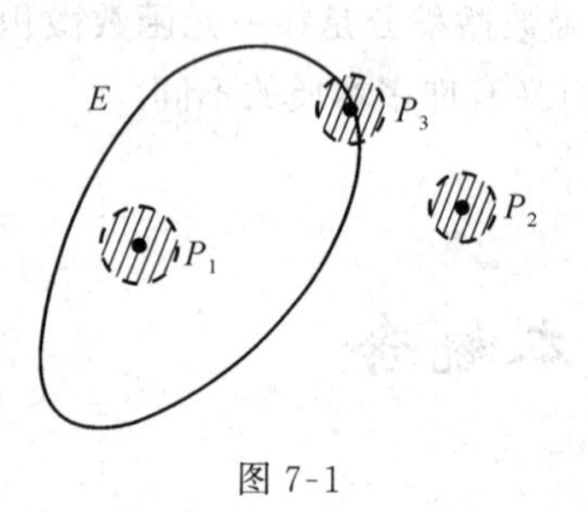

图 7-1

在图 7-1 中,P_1为E的内点,P_2为E的外点,P_3为E的边界点.

E的边界点的全体称为E的边界,记作∂E.

由上述定义及图 7-1 可知,E的内点必属于E;E的外点必不属于E;E的边界点可能属于E,也可能不属于E.

任意一点P与一个点集E之间除了上述三种关系之外,还有另外的关系形式,即下面定义的聚点和孤立点.

聚点:若对任意给定的$\delta>0$,点P的任一去心邻域$\mathring{U}(P,\delta)$内总有E中的点,则称P是E的聚点.

孤立点:若存在$\delta>0$,使得$U(P,\delta)\cap E=\{P\}$,则称P是E的孤立点.

点集E的孤立点一定属于E.点集E的聚点P本身可以属于E,也可以不属于E.且E的聚点应由内点和非孤立边界点构成.

例如,设平面点集$E=\{(x,y)\mid 1<x^2+y^2\leqslant 2\}$满足$1<x^2+y^2<2$的一切点$(x,y)$都是$E$的内点;满足$x^2+y^2=1$的一切点$(x,y)$都是$E$的边界点,它们都不属于$E$;满足$x^2+y^2=2$的一切点$(x,y)$也是$E$的边界点,它们都属于$E$;点集$E$以及它边界$\partial E$上一切点都是$E$的聚点.

根据点集所属点的特征,再来定义一些重要的平面点集.

开集:若点集E的点都是E的内点,则称E为开集.

闭集:若点集E的余集E^C为开集,则称E为闭集.

有界集:对于平面点集E,若存在某一正数r,使得$E\subset U(O,r)$,其中O是坐标原点,则称E为有界集.

无界集:一个集合若不是有界集,则称为无界集.

例如,集合$\{(x,y)\mid 1<x^2+y^2<2\}$是有界开集;集合$\{(x,y)\mid x^2+y^2\geqslant 1\}$是无界闭集;集合$\{(x,y)\mid 1<x^2+y^2\leqslant 2\}$有界既非开集也非闭集.

可见,一个集合的有界性和开闭性不是一对等价的概念.

连通集:若点集 E 内任何两点都可用折线连接起来,且该折线上的点都属于 E,则称 E 为连通集.

区域(或开区域):连通的开集称为区域或开区域.

闭区域:开区域连同它的边界一起所构成的点集称为闭区域.

例如,集合 $\{(x,y)\mid 1<x^2+y^2<2\}$ 是有界开区域;集合 $\{(x,y)\mid x^2+y^2\geqslant 0\}$ 是无界闭区域.

2. n 维空间

设 n 为取定的一个自然数,用 $\mathbf{R}^n$ 表示 n 元有序实数组 $(x_1,x_2,\cdots,x_n)$ 的全体所构成集合,即

$$\mathbf{R}^n=\mathbf{R}\times\mathbf{R}\times\cdots\times\mathbf{R}=\{x=(x_1,x_2,\cdots,x_n)\mid x_i\in\mathbf{R},i=1,2,\cdots,n\}.$$

为了集合 $\mathbf{R}^n$ 中元素之间建立联系,在 $\mathbf{R}^n$ 中定义线性运算如下:

设 $x=(x_1,x_2,\cdots,x_n)$,$y=(y_1,y_2,\cdots,y_n)$ 为 $\mathbf{R}^n$ 中任意两元素,$\lambda\in\mathbf{R}$,规定

$$x+y=(x_1+y_1,x_2+y_2,\cdots,x_n+y_n),$$

$$\lambda x=(\lambda x_1,\lambda x_2,\cdots,\lambda x_n),$$

称定义了线性运算的集合 $\mathbf{R}^n$ 为 n 维空间.

$\mathbf{R}^n$ 中点 $x=(x_1,x_2,\cdots,x_n)$,$y=(y_1,y_2,\cdots,y_n)$ 间的距离记作 $\rho(x,y)$,规定

$$\rho(x,y)=\sqrt{(x_1-y_1)^2+(x_2-y_2)^2+\cdots+(x_n-y_n)^2},$$

$\mathbf{R}^n$ 中元素 $x=(x_1,x_2,\cdots,x_n)$ 与零元 θ 之间的距离 $\rho(x,\theta)$ 记作 $\|x\|$,即

$$\|x\|=\sqrt{x_1^2+x_2^2+\cdots+x_n^2}.$$

$\mathbf{R}^n$ 中线性运算和距离的引入使得前面讨论过的有关平面点集的一系列概念可以方便地引入到 $n(n\geqslant 3)$ 维空间中,例如,设 $a=(a_1,a_2,\cdots,a_n)\in\mathbf{R}^n$,$\delta>0$,则 n 维空间内的点集 $U(a,\delta)=\{x\mid x\in\mathbf{R}^n,\rho(x,a)<\delta\}$ 定义为 $\mathbf{R}^n$ 中点 a 的 δ 邻域. 以邻域为基础,可以定义点集的内点、外点、边界点和聚点、孤立点,以及开集、闭集、区域等一系列概念.

二、多元函数的概念

在现实世界中,很多物理量都依赖两个或多个自变量,如地球上任何一点的温度 T 依赖这点所在经度 x 和纬度 y;一定量的理想气体的压强 P 依赖体积 V 和绝对温度 T. 下面再举几例.

例 1　长方形的面积 A 和它的长 x、宽 y 之间的关系为

$$A=xy,$$

这里,当 x,y 在集合 $\{(x,y)\mid x>0,y>0\}$ 内取定一对值 (x,y) 时,A 的对应值随之确定.

例 2　设 R 是电阻 R_1,R_2 并联后的总电阻,由电学知识得

$$R=\frac{R_1R_2}{R_1+R_2},$$

当 R_1, R_2 在集合 $\{(R_1,R_2)\mid R_1>0,R_2>0\}$ 内取定一对值 (R_1,R_2) 时，R 的对应值就随之确定.

研究上述两例共性可以给出二元函数的定义.

定义 1 设 D 是 $\mathbf{R}^2$ 的一个非空子集，称映射 $f:D\to\mathbf{R}$ 为定义在 D 上的二元函数，通常记为 $z=f(x,y),(x,y)\in D$ 或 $z=f(P),P\in D$，其中点集 D 为该函数定义域，x,y 称为自变量，z 称为因变量.

记 $f(D)=\{z\mid z=f(x,y),(x,y)\in D\}$ 为函数 f 的值域，其中 $f(x,y)$ 称为 f 在点 (x,y) 处的函数值.

与一元函数情形相仿，记号 f 与 $f(x,y)$ 的意义有区别，但习惯上常用记号"$f(x,y)$，$(x,y)\in D$"或"$z=f(x,y),(x,y)\in D$"表示 D 上的二元函数 f，表示二元函数的记号 f 也可以任意选取，例如也可记为 $z=\varphi(x,y),z=z(x,y)$ 等.

若将上述定义中平面点集 D 换成 n 维空间 $\mathbf{R}^n$ 中点集 D，则可以类似定义 n 元函数 $u=f(x_1,x_2,\cdots,x_n),(x_1,x_2,\cdots,x_n)\in D$，或 $u=f(P),P\in D$.

当 $n=1$ 时，n 元函数就是一元函数；当 $n\geqslant 2$ 时，n 元函数统称为多元函数.

多元函数的定义域与一元函数相类似，约定：在一般讨论用算式表达的多元函数 $u=f(x,y)$ 时，就以使这算式有意义的变元 (x,y) 的值所构成的点集为多元函数的自然定义域. 有时这类定义域不再特别标出.

例 3 写出下列函数的定义域：

(1) $z=\dfrac{1}{\sqrt{1-x^2-y^2}}$；　　(2) $z=\ln(y^2-4x+8)$.

解 (1) 定义域 $D_1=\{(x,y)\mid x^2+y^2<1\}$，如图 7-2 所示，是有界开区域；

(2) 定义域 $D_2=\{(x,y)\mid y^2-4x+8>0\}$，如图 7-3 所示，是无界开区域.

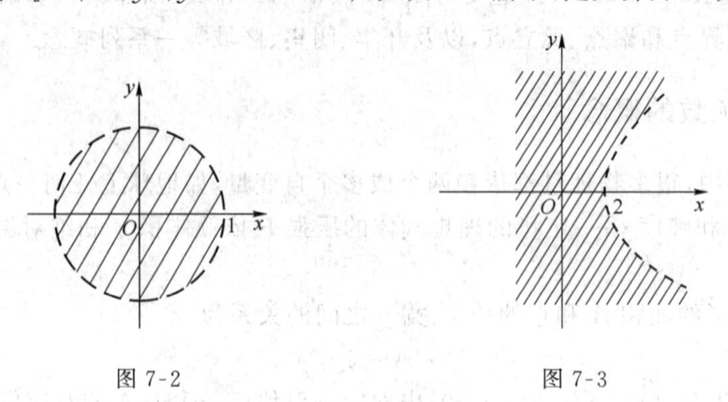

图 7-2　　图 7-3

设函数 $z=f(x,y)$ 的定义域为 D，对于任意取定的点 $P(x,y)\in D$，对应的函数值为

$z=f(x,y)$，其几何意义是以 x 为横坐标，y 为纵坐标，$z=f(x,y)$ 为竖坐标在空间确定一点 $M(x,y,z)$. 当 (x,y) 取遍 D 上点时，得空间点集 $\{(x,y,z)\mid z=f(x,y),(x,y)\in D\}$ 为二元函数 $z=f(x,y)$ 的图形(见图 7-4). 通常称二元函数图形是一张曲面，且此曲面在 xOy 面上投影区域就是函数的定义域 D.

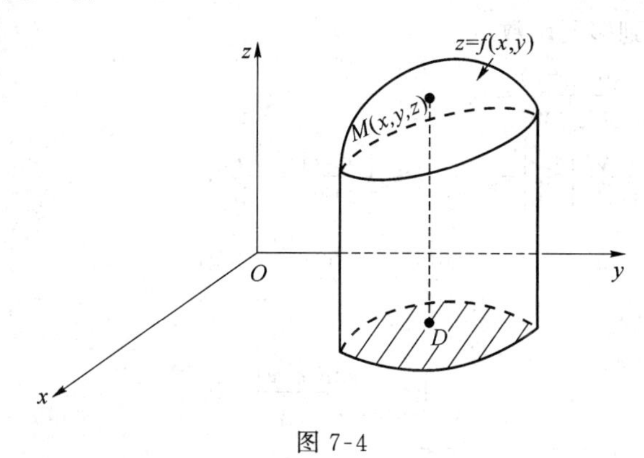

图 7-4

三、多元函数的极限

下面给出多元函数极限的概念，它是研究多元函数微积分的基础与工具. 二元函数自变量的变化方式可以有许多种情况，仅以 $(x,y)\to(x_0,y_0)$ 时为例来讨论，即 $x\to x_0$ 的同时 $y\to y_0$. 即若 $P(x,y)$ 在无限趋近 $P_0(x_0,y_0)$ 的过程中，对应的函数值 $f(x,y)$ 无限趋近于一个确定的常数 A，称 A 是 $(x,y)\to(x_0,y_0)$ 时 $f(x,y)$ 的极限.

下面用 ε-δ 语言描述极限概念. 约定 $(x,y)\to(x_0,y_0)$ 可以表示成 $\begin{matrix}x\to x_0\\ y\to y_0\end{matrix}$ 或 $P\to P_0$，也等价于 $|PP_0|=\sqrt{(x-x_0)^2+(y-y_0)^2}\to 0$.

定义 2　设二元函数 $f(P)=f(x,y)$ 的定义域为 D，$P_0(x_0,y_0)$ 是 D 的聚点. 若存在常数 A，对于任意给定的正数 ε，总存在正数 δ，使得当点 $P(x,y)\in D\cap\mathring{U}(P_0,\delta)$ 时，都有

$$|f(P)-A|=|f(x,y)-A|<\varepsilon$$

成立，那么称常数 A 为函数 $f(x,y)$ 当 $(x,y)\to(x_0,y_0)$ 时的极限，记作 $\lim\limits_{(x,y)\to(x_0,y_0)}f(x,y)=A$ 或 $\lim\limits_{\substack{x\to x_0\\ y\to y_0}}f(x,y)=A$，也记作 $\lim\limits_{P\to P_0}f(P)=A$ 或 $f(P)\to A(P\to P_0)$.

如此定义的极限称为函数 $f(x,y)$ 在 (x_0,y_0) 处的二重极限.

例 4　设 $f(x,y)=(x^2+y^2)\sin\dfrac{1}{x^2+y^2}$，求证 $\lim\limits_{(x,y)\to(0,0)}f(x,y)=0$.

证　函数 $f(x,y)$ 的定义域 $D=\mathbf{R}^2\setminus\{0,0\}$，点 $O(0,0)$ 是 D 的聚点.

$\forall\varepsilon>0$，要使不等式

$$|f(x,y)-0|=\left|(x^2+y^2)\sin\frac{1}{x^2+y^2}-0\right|\leqslant x^2+y^2<\varepsilon$$

成立,只需取 $\delta=\sqrt{\varepsilon}>0$,当 $0<\sqrt{(x-0)^2+(y-0)^2}<\delta$ 时,有 $|f(x,y)-0|<\varepsilon$ 成立.

故 $\lim\limits_{(x,y)\to(0,0)}(x^2+y^2)\sin\dfrac{1}{x^2+y^2}=0$.

多元函数极限的运算法则与一元函数极限的运算法则类似,如关于极限的四则运算、不等式、夹逼定理等都可以平移到多元函数.

例 5 证明:$\lim\limits_{(x,y)\to(0,0)}\dfrac{\sin(x^2y)}{x^2+y^2}=0$.

证 因为 $0\leqslant\left|\dfrac{\sin(x^2y)}{x^2+y^2}\right|\leqslant\left|\dfrac{x^2y}{x^2+y^2}\right|\leqslant\left|\dfrac{x^2y}{2xy}\right|=\dfrac{|x|}{2}$,又

$$\lim_{\substack{x\to0\\y\to0}}\frac{|x|}{2}=\lim_{x\to0}\frac{|x|}{2}=0,$$

根据夹逼定理,得

$$\lim_{(x,y)\to(0,0)}\frac{\sin(x^2y)}{x^2+y^2}=0.$$

例 6 求 $\lim\limits_{(x,y)\to(0,0)}\dfrac{\sqrt{x^2+y^2}-\sin\sqrt{x^2+y^2}}{(x^2+y^2)^{3/2}}$.

解 令 $t=\sqrt{x^2+y^2}$,则 $x\to0,y\to0\Leftrightarrow t\to0$,故

$$\lim_{\substack{x\to0\\y\to0}}\frac{\sqrt{x^2+y^2}-\sin\sqrt{x^2+y^2}}{(x^2+y^2)^{3/2}}=\lim_{t\to0}\frac{t-\sin t}{t^3}=\lim_{t\to0}\frac{1-\cos t}{3t^2}=\lim_{t\to0}\frac{\sin t}{6t}=\frac{1}{6}.$$

虽然二元函数极限与一元函数极限从定义叙述上并无多大差异,但本质上,二元函数二重极限比一元函数极限复杂得多. 在一元函数极限中 $x\to x_0$ 表示 x 从 x_0 左右两侧趋于 x_0 时函数趋于同一值,而二重极限 $\lim\limits_{(x,y)\to(x_0,y_0)}f(x,y)=A$ 意味着当点 $P(x,y)$ 以任何方式趋于 $P_0(x_0,y_0)$ 时,函数 $f(x,y)$ 的值都应趋于 A. 因此若当 $P(x,y)$ 以某种特殊方式趋于 $P_0(x_0,y_0)$ 时,$f(x,y)$ 无极限,则可判定 $\lim\limits_{(x,y)\to(x_0,y_0)}f(x,y)$ 不存在;若当 $P(x,y)$ 以不同的方式(如沿不同的曲线)趋于 $P_0(x_0,y_0)$ 时,函数 $f(x,y)$ 趋于不同的值,则也可判定 $\lim\limits_{(x,y)\to(x_0,y_0)}f(x,y)$ 不存在.

类似可定义 $\lim\limits_{\substack{x\to x_0\\y\to\infty}}f(x,y)$,$\lim\limits_{\substack{x\to\infty\\y\to\infty}}f(x,y)$,…,以及三元以上函数的极限.

例 7 考察下列函数在点 $O(0,0)$ 处的极限:

(1) $f(x,y)=\begin{cases}\dfrac{2xy}{x^2+y^2}, & (x,y)\neq(0,0),\\ 0, & (x,y)=(0,0);\end{cases}$ (2) $f(x,y)=\dfrac{x^2y}{x^4+y^2}$;

(3) $f(x,y)=\dfrac{x^3y+xy^4+x^2y}{x+y}$.

解 (1) 当点 (x,y) 沿直线 $y=kx$ 趋于点 $(0,0)$ 时,有

$$\lim_{\substack{(x,y)\to(0,0)\\y=kx}}f(x,y)=\lim_{x\to0}\frac{2kx^2}{x^2+k^2x^2}=\lim_{x\to0}\frac{2k}{1+k^2}=\frac{2k}{1+k^2},$$

由于当 k 不同时,此极限值也不同,故 $\lim\limits_{(x,y)\to(0,0)} f(x,y)$ 不存在.

(2) 当点 (x,y) 沿直线 $y=x$ 趋于点 $(0,0)$ 时,有

$$\lim_{\substack{(x,y)\to(0,0)\\ y=x}} f(x,y)=\lim_{x\to 0}\frac{2x^3}{x^4+x^2}=0,$$

当点 (x,y) 沿抛物线 $y=x^2$ 趋于点 $(0,0)$ 时,有

$$\lim_{\substack{(x,y)\to(0,0)\\ y=x^2}} f(x,y)=\lim_{x\to 0}\frac{x^4}{x^4+x^4}=\frac{1}{2},$$

此极限值不相等,故 $\lim\limits_{(x,y)\to(0,0)} f(x,y)$ 不存在.

(3) 当点 (x,y) 沿直线 $y=x$ 趋于点 $(0,0)$ 时,有

$$\lim_{\substack{(x,y)\to(0,0)\\ y=x}} f(x,y)=\lim_{x\to 0}\frac{x^4+x^5+x^3}{2x}=0,$$

当点 (x,y) 沿曲线 $y=x^3-x$ 趋于点 $(0,0)$ 时,有 $\lim\limits_{\substack{(x,y)\to(0,0)\\ y=x^3-x}} f(x,y)=$ $\lim\limits_{x\to 0}\dfrac{x^3(x^3-x)+x(x^3-x)+x^2(x^3-x)}{x^3}=-1$,极限值不相等,故 $\lim\limits_{(x,y)\to(0,0)} f(x,y)$ 不存在.

四、多元函数的连续性

借助二元函数极限的概念就可以定义二元函数连续性.

定义 3　设二元函数 $f(P)=f(x,y)$ 的定义域为 D,$P_0(x_0,y_0)$ 为 D 的聚点,且 $P_0\in D$. 若 $\lim\limits_{(x,y)\to(x_0,y_0)} f(x,y)=f(x_0,y_0)$,则称函数 $f(x,y)$ 在点 $P_0(x_0,y_0)$ 连续.

若函数 $f(x,y)$ 在区域 D 内每一点都连续,则称函数 $f(x,y)$ 在区域 D 内连续,或称 $f(x,y)$ 是区域 D 内的连续函数.

定义 4　设二元函数 $f(x,y)$ 的定义域为 D,$P_0(x_0,y_0)$ 是 D 的聚点. 若函数 $f(x,y)$ 在点 $P_0(x_0,y_0)$ 不连续,则称 $P_0(x_0,y_0)$ 为函数 $f(x,y)$ 的间断点.

以上关于二元函数的连续性概念可相应地推广到 n 元函数 $f(P)$.

例 8　讨论下列各函数在 $(0,0)$ 处的连续性.

(1) $f(x,y)=\dfrac{1}{x+y}$;　　(2) $f(x,y)=\begin{cases}\dfrac{xy}{x^2-y^2}, & x\neq y,\\ 0, & x=y;\end{cases}$

(3) $f(x,y)=\begin{cases}(1+xy)^{\frac{1}{x}}, & x\neq 0,\\ 0, & x=0;\end{cases}$　　(4) $f(x,y)=\begin{cases}\dfrac{\sin(xy)}{x(y^2+1)}, & x\neq 0,\\ 0, & x=0.\end{cases}$

解　(1) 因 $f(x,y)$ 在 $(0,0)$ 无定义,故 $f(x,y)$ 在 $(0,0)$ 不连续.

(2) 因 $f(0,0)=0$,又选沿 $y=kx(k\neq 0,1)$ 趋向 $(0,0)$,有

$$\lim_{\substack{x\to 0\\ y=kx\\ (k\neq 0,1)}}\frac{xy}{x^2-y^2}=\lim_{x\to 0}\frac{kx^2}{(1-k^2)x^2}=\frac{k}{1-k^2},\text{与 }k\text{ 有关}.$$

故 $\lim\limits_{(x,y)\to(0,0)} f(x,y)$不存在,即 $f(x,y)$在$(0,0)$不连续.

(3) $f(0,0)=0$,又

$$\lim_{(x,y)\to(0,0)} f(x,y)=\lim_{(x,y)\to(0,0)}(1+xy)^{\frac{1}{x}}=\lim_{(x,y)\to(0,0)}\left[(1+xy)^{\frac{1}{xy}}\right]^{y}=\mathrm{e}^{0}=1\neq f(0,0),$$

故 $f(x,y)$在$(0,0)$不连续.

(4) 当 $x\neq0,y=0$ 时, $\lim\limits_{(x,y)\to(0,0)} f(x,y)=0=f(0,0)$;

当 $xy\neq0$ 时,

$$\lim_{(x,y)\to(0,0)} f(x,y)=\lim_{\substack{x\to0\\y\to0}}\frac{\sin(xy)}{x(y^2+1)}=\lim_{\substack{x\to0\\y\to0}}\frac{\sin xy}{xy}\frac{y}{y^2+1}=\lim_{\substack{x\to0\\y\to0}}\frac{\sin xy}{xy}\lim_{y\to0}\frac{y}{y^2+1}=0=f(0,0),$$

故 $f(x,y)$在$(0,0)$连续.

需要注意的是,二元函数的间断点可能形成平面中的一条曲线.例如,x 轴上的点都是函数$\dfrac{\sin(xy)}{y}$的间断点;圆周 $C=\{(x,y)\mid x^2+y^2=2\}$上的点都是函数 $z=\dfrac{1}{\sqrt{2-x^2-y^2}}$的间断点.

根据多元函数极限运算法则,可以证明多元连续函数的和、差、积仍为连续函数;连续函数的商在分母不为零处仍连续;多元连续函数的复合函数也是连续函数.

与一元初等函数类似,多元初等函数是指可用一个式子表示的函数,这个式子由常数及具有不同自变量的一元基本初等函数经过有限次的四则运算和复合运算而得到.例如,x^2+y^2,$\mathrm{e}^{x^2}yz$,$\dfrac{\sin(xy)}{x^2+y}-\ln(1-x^2-y^2)$都是多元初等函数.

结合基本初等函数的连续性,由上述分析,可得出:一切多元初等函数在其定义区域内连续.所谓定义区域是指包含在定义域内的开区域或闭区域.

根据多元初等函数的连续性,若要求它在点 P_0 处的极限,而该点又在此函数定义区域内,则极限值就是函数在该点的函数值.

例 9 求 $\lim\limits_{(x,y)\to(0,1)}\dfrac{1-xy}{x^2+y^2}$.

解 函数 $f(x,y)=\dfrac{1-xy}{x^2+y^2}$是初等函数,定义域为 $D=\{(x,y)\mid(x,y)\neq(0,0)\}$,$P_0(0,1)$为 D 内点,故存在 P_0 某一邻域 $U(P_0)\subset D$,而任何邻域都是区域,所以 $U(P_0)$是 $f(x,y)$的一个定义区域.因此 $\lim\limits_{(x,y)\to(0,1)}\dfrac{1-xy}{x^2+y^2}=f(0,1)=1$.

与闭区间上一元连续函数的性质相类似的是,在有界闭区域上连续的多元函数具有如下性质.

性质 1(有界性与最值性定理) 有界闭区域 D 上的多元连续函数必定在 D 上有界,且能取得它的最大值和最小值.

即若 $f(P)$在有界闭区域 D 上连续,则必定存在常数 $M>0$,使对于一切 $P\in D$,有 $|f(P)|\leqslant M$;存在 $P_1,P_2\in D$,使得

$$f(P_1)=\max\{f(P)\mid P\in D\},f(P_2)=\min\{f(P)\mid P\in D\}.$$

性质 2(介值定理)　有界闭区域 D 上的多元连续函数必取得介于最大值和最小值之间的任何值.

性质 3(一致连续性定理)　有界闭区域 D 上的多元连续函数必定在 D 上一致连续.

即若 $f(P)$ 在有界闭区域 D 上连续，则对于任意给定的正数 ε，总存在正数 δ，使得对于 D 上的任意两点 P_1,P_2，只要当 $|P_1P_2|<\delta$ 时，有 $|f(P_1)-f(P_2)|<\varepsilon$ 成立.

习题 7-1

1. 求下列各函数的定义域：

(1) $z=\dfrac{\ln[(y-x)\sqrt{2x-y}]}{\sqrt{y-x^2}}$；　(2) $u=\sqrt{\arcsin\dfrac{x^2+y^2}{z}}$；

(3) $z=\arccos\dfrac{1}{x^2+y^2}+\sqrt{\ln\dfrac{4}{x^2+y^2}}$；　(4) $u=\sqrt{1-x^2-y^2-z^2}+\ln(z-x^2-y^2)$.

2. 求下列极限：

(1) $\lim\limits_{(x,y)\to(0,2)}\dfrac{1-2xy}{x^4+y^2}$；　(2) $\lim\limits_{(x,y)\to(0,0)}xy\ln(x^2+y^2)$；

(3) $\lim\limits_{(x,y)\to(0,0)}\dfrac{1}{y}\sin(xy)$；　(4) $\lim\limits_{(x,y)\to(\infty,\alpha)}\left(1+\dfrac{1}{xy}\right)^{\frac{x^2}{x+y}}$　$(\alpha\neq0)$；

(5) $\lim\limits_{(x,y)\to(0,0)}\dfrac{\ln[1+x(x^2+y^2)]}{x^2+y^2}$；　(6) $\lim\limits_{(x,y)\to(0,0)}\dfrac{\sqrt{1-\cos(x^2+y^2)}}{\sqrt{x^2+y^2+1}-1}$；

(7) $\lim\limits_{(x,y)\to(0,0)}\dfrac{2-\sqrt{xy+4}}{xy}$；　(8) $\lim\limits_{(x,y)\to(0,0)}\dfrac{xy}{\sqrt{x^2+y^2}}$；

(9) $\lim\limits_{\substack{x\to+\infty\\y\to+\infty}}\dfrac{x^2+y^2}{e^{x+y}}$.

3. 证明下列极限不存在：

(1) $\lim\limits_{(x,y)\to(0,0)}\dfrac{2x^2y}{x^4+y^2}$；　(2) $\lim\limits_{(x,y)\to(0,0)}\dfrac{x^2y^2}{x^2y^2+(x-y)^2}$；

(3) $\lim\limits_{(x,y)\to(0,0)}\dfrac{xy}{x+y}$.

4. 讨论函数 $f(x,y)=\begin{cases}x\sin\dfrac{1}{xy}, & xy\neq0\\ 0, & xy=0\end{cases}$ 的连续性.

5. 讨论函数 $f(x,y)=\begin{cases}\dfrac{x^2+y^2}{|x|+|y|}, & x^2+y^2\neq 0\\ x, & x^2+y^2=0\end{cases}$ 在点 $O(0,0)$ 的连续性.

第二节　偏 导 数

在研究一元函数时,考虑函数的变化率引入了导数的概念.实际应用中也需要讨论多元函数的变化率.多元函数的自变量不止一个,因变量与自变量的关系要比一元函数复杂得多.这一节首先考虑多元函数关于其中一个自变量的变化率.例如,在讨论体感温度对于温度和相对湿度的敏感度问题时,往往关心当相对湿度一定时,体感温度对温度微小变化的敏感度,化为一元函数导数问题就能解决了.

一、偏导数的定义及其计算

以二元函数 $z=f(x,y)$ 为例,若只有自变量 x 变化,而自变量 y 固定(即看作常量),这时 $z=f(x,y)$ 就是关于变量 x 的一元函数,该函数对 x 的导数就称为二元函数 $z=f(x,y)$ 对于 x 的偏导数有如下定义.

定义 1　设函数 $z=f(x,y)$ 在点 (x_0,y_0) 的某一邻域内有定义,当 y 固定在 y_0 而 x 在 x_0 处有增量 Δx 时,函数相应地有增量 $f(x_0+\Delta x,y_0)-f(x_0,y_0)$,若极限

$$\lim_{\Delta x\to 0}\frac{f(x_0+\Delta x,y_0)-f(x_0,y_0)}{\Delta x}\tag{1}$$

存在,则称此极限为函数 $z=f(x,y)$ 在点 (x_0,y_0) 处对变量 x 的偏导数,记作

$$\left.\frac{\partial z}{\partial x}\right|_{\substack{x=x_0\\ y=y_0}},\quad \left.\frac{\partial f}{\partial x}\right|_{\substack{x=x_0\\ y=y_0}},\quad z_x\Big|_{\substack{x=x_0\\ y=y_0}}\quad 或\quad f_x(x_0,y_0).$$

于是,有

$$f_x(x_0,y_0)=\lim_{\Delta x\to 0}\frac{f(x_0+\Delta x,y_0)-f(x_0,y_0)}{\Delta x}.\tag{2}$$

类似地,称极限

$$\lim_{\Delta y\to 0}\frac{f(x_0,y_0+\Delta y)-f(x_0,y_0)}{\Delta y}\tag{3}$$

为函数 $z=f(x,y)$ 在点 (x_0,y_0) 处对变量 y 的偏导数,可记作

$$\left.\frac{\partial z}{\partial y}\right|_{\substack{x=x_0\\ y=y_0}},\quad \left.\frac{\partial f}{\partial y}\right|_{\substack{x=x_0\\ y=y_0}},\quad z_y\Big|_{\substack{x=x_0\\ y=y_0}}\quad 或\quad f_y(x_0,y_0).$$

如果函数 $z=f(x,y)$ 在区域 D 内每一点 (x,y) 处对变量 x 的偏导数都存在,那么这个偏导数是 x,y 的函数,称为函数 $z=f(x,y)$ 对变量 x 的偏导函数,记作 $\dfrac{\partial z}{\partial x}$, $\dfrac{\partial f}{\partial x}$, z_x 或 $f_x(x,y)$.

同理，可以定义函数 $z=f(x,y)$ 对变量 y 的偏导函数，记作 $\frac{\partial z}{\partial y}$，$\frac{\partial f}{\partial y}$，$z_y$ 或 $f_y(x,y)$.

由偏导函数的概念可知，$f(x,y)$ 在点 (x_0,y_0) 处对变量 x 的偏导数 $f_x(x_0,y_0)$ 显然就是偏导函数 $f_x(x,y)$ 在点 (x_0,y_0) 处函数值；同时，由定义知 $f_x(x_0,y_0)$ 又可看作是对 $z=f(x,y)$ 二元函数固定 y 为 y_0 得一元函数 $f(x,y_0)$ 在 x_0 处对变量 x 的求导.

像一元函数的导函数一样，以后在不至于混淆的地方也把偏导函数简称为偏导数.

偏导数的概念还可以推广到二元以上的函数. 函数 $f(x,y)$ 在点 (x_0,y_0) 的偏导数可以理解为函数在该点对于某个变量微小变化的敏感程度. 有着重要的应用.

例 1　设 $f(x,y)=\begin{cases}\frac{xy}{x^2+y^2}, & (x,y)\neq(0,0),\\ 0, & (x,y)=(0,0),\end{cases}$ 求 $f_x(x,y)$.

解　当 $(x,y)\neq(0,0)$ 时

$$f_x(x,y)=\frac{y(x^2+y^2)-2xxy}{(x^2+y^2)^2}=\frac{y(y^2-x^2)}{(x^2+y^2)^2}.$$

当 $(x,y)=(0,0)$ 时

$$f_x(0,0)=\lim_{\Delta x\to 0}\frac{f(\Delta x,0)-f(0,0)}{\Delta x}=\lim_{\Delta x\to 0}\frac{0-0}{\Delta x}=0.$$

故

$$f_x(x,y)=\begin{cases}\frac{y(y^2-x^2)}{(x^2+y^2)^2}, & (x,y)\neq(0,0),\\ 0, & (x,y)=(0,0).\end{cases}$$

例 2　设 $f(x,y)=(x^2-1)\ln\cos^2(y^2-x)+e^{x^2+y}\sin(xy^2)$，求 $f_y(1,2)$.

解　$f_y(1,2)=\frac{d}{dy}f(1,y)\Big|_{y=2}=\frac{d}{dy}(e^{1+y}\sin y^2)\Big|_{y=2}$

$$=(e^{1+y}\sin y^2+e^{1+y}\cos y^2\cdot(2y))\Big|_{y=2}=e^3(\sin 4+4\cos 4).$$

例 3　设 $z=x^y(x>0,x\neq 1)$，求证 $\frac{x}{y}\frac{\partial z}{\partial x}+\frac{1}{\ln x}\frac{\partial z}{\partial y}=2z$.

证　将 y 看作常量，对 x 求导，得

$$\frac{\partial z}{\partial x}=yx^{y-1},$$

将 x 看作常量，对 y 求导，得

$$\frac{\partial z}{\partial y}=x^y\ln x,$$

于是，当 $x>0$ 且 $x\neq 1$ 时，有

$$\frac{x}{y}\frac{\partial z}{\partial x}+\frac{1}{\ln x}\frac{\partial z}{\partial y}=\frac{x}{y}yx^{y-1}+\frac{1}{\ln x}x^y\ln x=2x^y=2z.$$

例 4　求 $r=\sqrt{x^2+y^2+z^2}$ 的偏导数.

解 将 y,z 看作常量,对 x 求导,得

$$\frac{\partial r}{\partial x}=\frac{2x}{2\sqrt{x^2+y^2+z^2}}=\frac{x}{r}.$$

由于函数关于自变量对称(把任意两自变量对调后,仍为原函数),可得

$$\frac{\partial r}{\partial y}=\frac{y}{r},\quad \frac{\partial r}{\partial z}=\frac{z}{r}.$$

例 5 已知理想气体的状态方程 $PV=RT$(R 为常数),证明$\frac{\partial P}{\partial V}\cdot\frac{\partial V}{\partial T}\cdot\frac{\partial T}{\partial P}=-1$.

证 由状态方程 $PV=RT$ 知三个变量 P,V,T,其中两个可以决定第三个.

对于 $P=\frac{RT}{V}$,有$\frac{\partial P}{\partial V}=-\frac{RT}{V^2}$;对于 $V=\frac{RT}{P}$,有$\frac{\partial V}{\partial T}=\frac{R}{P}$;对于 $T=\frac{PV}{R}$,有$\frac{\partial T}{\partial P}=\frac{V}{R}$. 于是

$$\frac{\partial P}{\partial V}\cdot\frac{\partial V}{\partial T}\cdot\frac{\partial T}{\partial P}=-\frac{RT}{V^2}\cdot\frac{R}{P}\cdot\frac{V}{R}=-\frac{RT}{PV}=-1. \tag{4}$$

对于一元函数 $y=y(x)$,导数$\frac{\mathrm{d}y}{\mathrm{d}x}$可以看作是函数微分 $\mathrm{d}y$ 与自变量微分 $\mathrm{d}x$ 的商. 式(4)表明偏导数记号是一整体记号,不能视为分子与分母的商.

1. 偏导数的几何意义

下面考察二元函数 $z=f(x,y)$在点(x_0,y_0)处偏导数 $f_x(x_0,y_0)$及 $f_y(x_0,y_0)$的几何意义.

依照定义,$f_x(x_0,y_0)$首先要求出一元函数 $y=f(x,y_0)$,然后再求它在 x_0 处的导数. 在几何上看,$z=f(x,y)$表示空间中的一张曲面,被 $y=y_0$ 平面截得的曲线为$\begin{cases}z=f(x,y_0)\\ y=y_0\end{cases}$,在 $y=y_0$ 面上曲线方程即为一元函数 $z=f(x,y_0)$. 根据一元函数导数的几何意义,该曲线在 $M_0(x_0,y_0,f(x_0,y_0))$点切线 M_0T_x 对 x 轴斜率为 $f_x(x_0,y_0)$. 同理,偏导数 $f_y(x_0,y_0)$的几何意义是曲面$z=f(x,y)$被平面 $x=x_0$ 所截曲线在 M_0 处切线 M_0T_y 对 y 轴斜率. 如图 7-5 所示.

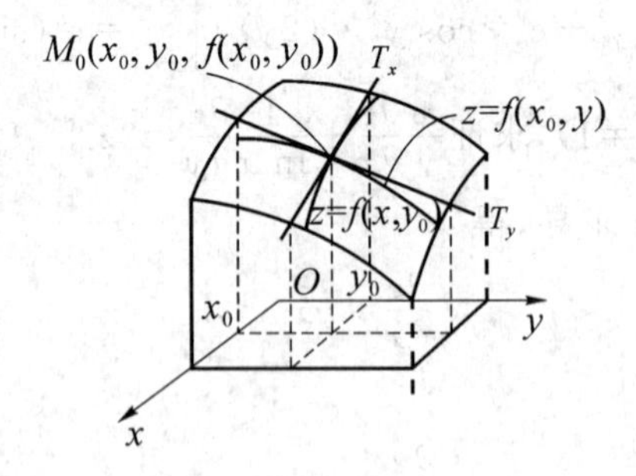

图 7-5

2. 偏导存在与连续的关系

由例 1 知 $f_x(0,0)=0$,$f_y(0,0)=0$,且易验证 $f(x,y)$在$(0,0)$点不连续,这说明一元函数在一点“可导必连续”不能推广到二元函数“在一点偏导存在必连续”. 事实上,各偏导数存在只能保证点 P 沿着平行于坐标轴方向趋于 P_0 时函数值 $f(P)$趋于 $f(P_0)$,但不能保证 P

沿任何方式趋于 P_0 时，函数值 $f(P)$ 都趋于 $f(P_0)$.

例 6　证明：函数 $f(x,y)=\sqrt{x^2+y^2}$ 在原点连续，但在该点偏导数不存在.

解
$$\lim_{(x,y)\to(0,0)} f(x,y)=\lim_{(x,y)\to(0,0)}\sqrt{x^2+y^2}=0=f(0,0),$$
因此该函数在原点是连续的.

$$\text{但}\lim_{\Delta x\to 0}\frac{f(\Delta x,0)-f(0,0)}{\Delta x}=\lim_{\Delta x\to 0}\frac{\sqrt{(\Delta x)^2+0^2}-\sqrt{0^2+0^2}}{\Delta x}$$
$$=\lim_{\Delta x\to y}\frac{|\Delta x|}{\Delta x}\text{，极限不存在.}$$

故 $f_x(0,0)$ 不存在.

同理可证 $f_y(0,0)$ 也不存在.

注意，这里也可以用偏导数的几何意义来讨论函数 $z=\sqrt{x^2+y^2}$ 在 $(0,0)$ 偏导数的存在性. 如图 7-6 所示，用 $x=0$ 平面截 $z=\sqrt{x^2+y^2}$ 得曲线 $\begin{cases} z=\sqrt{x^2+y^2} \\ x=0 \end{cases}$，且该绝对值曲线在 $(0,0,0)$ 点不存在切线，故 $f_y(0,0)$ 不存在，同理 $f_x(0,0)$ 也不存在.

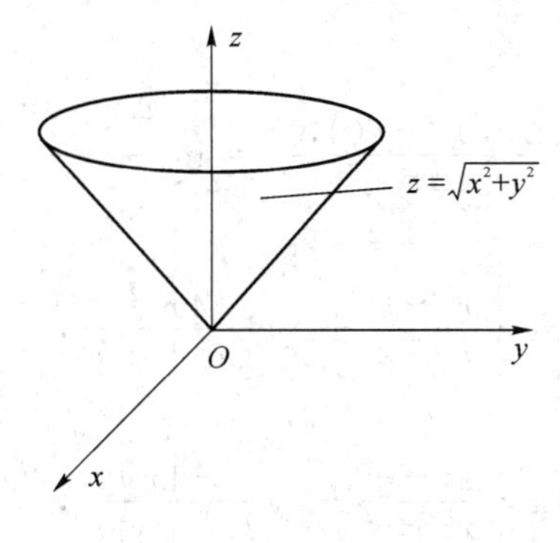

图 7-6

二、高阶偏导数

二元函数 $z=f(x,y)$ 在区域 D 上的偏导数 $f_x(x,y)$，$f_y(x,y)$ 仍是 x,y 的函数. 如果这两个函数的偏导数也存在，则称它们是函数 $z=f(x,y)$ 的二阶偏导数. 按照对变量求导次序的不同有下列四个二阶偏导数：

$$\frac{\partial}{\partial x}\left(\frac{\partial z}{\partial x}\right)=\frac{\partial^2 z}{\partial x^2}=f_{xx}(x,y),\quad \frac{\partial}{\partial y}\left(\frac{\partial z}{\partial x}\right)=\frac{\partial^2 z}{\partial x\partial y}=f_{xy}(x,y),$$
$$\frac{\partial}{\partial x}\left(\frac{\partial z}{\partial y}\right)=\frac{\partial^2 z}{\partial y\partial x}=f_{yx}(x,y),\quad \frac{\partial}{\partial y}\left(\frac{\partial z}{\partial y}\right)=\frac{\partial^2 z}{\partial y^2}=f_{yy}(x,y),$$

其中，第二、三两个偏导数称为混合偏导数. 同样可得三阶、四阶，以至更高阶偏导数. 二阶及二阶以上的偏导数统称为高阶偏导数.

例7 求函数 $z=x^3y^2-3xy^2+4xy-2x+5y-8$ 的二阶偏导数及$\frac{\partial^3 z}{\partial x^3}$.

解

$$\frac{\partial z}{\partial x}=3x^2y^2-3y^2+4y-2,\quad \frac{\partial z}{\partial y}=2x^3y-6xy+4x+5,$$

$$\frac{\partial^2 z}{\partial x^2}=6xy^2,\quad \frac{\partial^2 z}{\partial y^2}=2x^3-6x,$$

$$\frac{\partial^2 z}{\partial x\partial y}=6x^2y-6y+4,\quad \frac{\partial^2 z}{\partial y\partial x}=6x^2y-6y+4,$$

$$\frac{\partial^3 z}{\partial x^3}=6y^2.$$

注意到两个混合偏导数相等,即$\frac{\partial^2 z}{\partial x\partial y}=\frac{\partial^2 z}{\partial y\partial x}$.但这不具一般性.

例8 求函数 $f(x,y)=\begin{cases} xy\dfrac{x^2-y^2}{x^2+y^2}, & x^2+y^2\neq 0 \\ 0, & x^2+y^2=0\end{cases}$在(0,0)的二阶混合偏导数 $f_{xy}(0,0)$ 及 $f_{yx}(0,0)$.

解 由定义

$$f_x(0,0)=\lim_{\Delta x\to 0}\frac{f(\Delta x,0)-f(0,0)}{\Delta x}=\lim_{\Delta x\to 0}\frac{\Delta x\cdot 0\cdot\dfrac{(\Delta x)^2-0^2}{(\Delta x)^2+0^2}}{\Delta x}=0,$$

同理 $f_y(0,0)=0$.

于是

$$f_x(x,y)=\begin{cases} y\cdot\dfrac{x^2-y^2}{x^2+y^2}+xy\dfrac{4xy^2}{(x^2+y^2)^2}, & x^2+y^2\neq 0, \\ 0, & x^2+y^2=0,\end{cases}$$

$$f_y(x,y)=\begin{cases} x\cdot\dfrac{x^2-y^2}{x^2+y^2}+xy\dfrac{-4xy^2}{(x^2+y^2)^2}, & x^2+y^2\neq 0, \\ 0, & x^2+y^2=0.\end{cases}$$

从而由定义

$$f_{xy}(0,0)=\lim_{\Delta y\to 0}\frac{f_x(0,\Delta y)-f_x(0,0)}{\Delta y}=\lim_{\Delta y\to 0}\frac{\Delta y\dfrac{-(\Delta y)^2}{(\Delta y)^2}+0}{\Delta y}=-1,$$

$$f_{yx}(0,0)=\lim_{\Delta x\to 0}\frac{f_y(\Delta x,0)-f_y(0,0)}{\Delta y}=\lim_{\Delta x\to 0}\frac{\Delta x\dfrac{-(\Delta x)^2}{(\Delta x)^2}+0}{\Delta x}=1$$

知在(0,0)处两个混合偏导都存在,但 $f_{xy}(0,0)\neq f_{yx}(0,0)$. 混合偏导数在什么情况下相等?下面不加证明地给出两个混合偏导数相等的一个充分条件.

这一结论最先是由欧拉在1734年的一篇关于流体力学的论文中证明的.

定理1 如果函数 $z=f(x,y)$的两个二阶混合偏导数$\frac{\partial^2 z}{\partial y\partial x}$及$\frac{\partial^2 z}{\partial x\partial y}$在区域 D 内连续,那

么在该区域内这两个二阶混合偏导数必相等,即 $z=f(x,y)$ 的二阶混合偏导可换序.

对于二元以上的函数,也可以类似地定义高阶偏导数,而且高阶混合偏导数在偏导数连续条件下也与求导的次序无关.

例 9　验证函数 $u(x,t)=\sin(x-at)$ 满足方程

$$\frac{\partial^2 u}{\partial t^2}=a^2\frac{\partial^2 u}{\partial x^2}, \tag{5}$$

其中 a 是常数.

证　$\dfrac{\partial u}{\partial x}=\cos(x-at)$,　$\dfrac{\partial^2 u}{\partial x^2}=-\sin(x-at)$,

$\dfrac{\partial u}{\partial t}=-a\cos(x-at)$,　$\dfrac{\partial^2 u}{\partial t^2}=-a^2\sin(x-at)$,

于是有

$$\frac{\partial^2 u}{\partial t^2}=a^2\frac{\partial^2 u}{\partial x^2}.$$

例 10　证明函数 $u=\dfrac{1}{\sqrt{x^2+y^2+z^2}}$ 满足方程

$$\frac{\partial^2 u}{\partial x^2}+\frac{\partial^2 u}{\partial y^2}+\frac{\partial^2 u}{\partial z^2}=0. \tag{6}$$

证　$\dfrac{\partial u}{\partial x}=-\dfrac{x}{(x^2+y^2+z^2)^{3/2}}$,

$$\frac{\partial^2 u}{\partial x^2}=-\frac{1}{(x^2+y^2+z^2)^{3/2}}-x\left(-\frac{3}{2}\right)\frac{2x}{(x^2+y^2+z^2)^{5/2}}=\frac{2x^2-y^2-z^2}{(x^2+y^2+z^2)^{5/2}}.$$

由对称性,得

$$\frac{\partial^2 u}{\partial y^2}=\frac{2y^2-x^2-z^2}{(x^2+y^2+z^2)^{5/2}},\quad \frac{\partial^2 u}{\partial z^2}=\frac{2z^2-x^2-y^2}{(x^2+y^2+z^2)^{5/2}},$$

故

$$\frac{\partial^2 u}{\partial x^2}+\frac{\partial^2 u}{\partial y^2}+\frac{\partial^2 u}{\partial z^2}=0.$$

像方程(5)和方程(6)是含有多元函数偏导数的方程,称为偏微分方程. 称方程(5)为波动方程,描述了波(如光波、声波等)运动形式;称方程(6)为拉普拉斯方程,描述了稳定场方程形式,它们是数学物理方程中两类很重要方程形式. 上面两例找到了这两类方程的特殊解的形式,"数学物理方程"课将详细讨论这类方程的求解问题.

习题 7-2

1. 求下列函数的偏导数:

(1) $z=xy+x^2+y^2$;　　　　(2) $z=\sin(xy)+\cos^2(xy)$;

(3) $z=x^y y^x$；　　　　(4) $z=\ln\tan\dfrac{x}{y}$；

(5) $u=\arctan(x-y)^z$；　　　　(6) $u=\int_{xz}^{yz}e^{t^2}dt$.

2. 设 $f(x,y)=\begin{cases}\dfrac{\sqrt{|xy|}\sin(x^2+y^2)}{x^2+y^2}, & x^2+y^2\neq 0,\\ 0, & x^2+y^2=0.\end{cases}$ 求 $f_x(0,0),f_y(0,0)$.

3. 设 $f(x,y)=x^2e^y+(x-1)\arctan\dfrac{y}{x}$,求 $f_x(1,0),f_y(1,0)$.

4. 讨论 $f(x,y)=\begin{cases}1, & xy\neq 0\\ 0, & xy=0\end{cases}$ 在(0,0)连续性及可偏导性.

5. 设 $f(x,y,z)=x^2y^3e^{y+z}-yz\ln(1+x^2+y^2-z^2)$,求:(1) $f_{xx}(0,1,-1)$;(2) $f_{xy}(1,-1,0)$.

6. 求下列函数的二阶偏导数:

(1) $z=x^3+y^3-2xy+3x^2y$；　　　　(2) $z=\text{arccot}\dfrac{y}{x}$；

(3) $z=y^x$；　　　　(4) $z=x\ln(xy)$.

7. 验证:

$$若\ r=\sqrt{x^2+y^2+z^2},则\frac{\partial^2 r}{\partial x^2}+\frac{\partial^2 r}{\partial y^2}+\frac{\partial^2 r}{\partial z^2}=\frac{2}{r}.$$

8. 求曲线 $\begin{cases}z=\dfrac{x^2}{6}+\dfrac{y^2}{12}\\ x=6\end{cases}$ 在点(6,6,9)处的切线相对于 y 轴的倾角 θ.

9. 求方程 $\dfrac{\partial^2 z}{\partial x\partial y}=x+y$ 满足条件 $z(x,0)=x,z(0,y)=y^2$ 的函数 $z=z(x,y)$.

10. 设函数 $f(x,y)=\begin{cases}\dfrac{x+y}{x-y}, & y\neq x,\\ 0, & y=x,\end{cases}$ 证明在(0,0)点处 $f(x,y)$ 的两个偏导数都不存在.

第三节　全微分

为了讨论多元函数对于某一个自变量的变化率问题而引入了偏导数的概念.类似于一元函数微分学中微分概念,讨论多元函数关于它所有自变量的变化情况而引出了全微分的概念.

一、全微分的概念

根据一元函数微分学的知识可得

$$f(x+\Delta x,y)-f(x,y)\approx f_x(x,y)\Delta x, \tag{1}$$

$$f(x,y+\Delta y)-f(x,y)\approx f_y(x,y)\Delta y. \tag{2}$$

式(1)、式(2)的左端分别称为二元函数 $f(x,y)$ 对 x 和 y 偏增量,而右端分别称为二元函数$f(x,y)$对 x 和对 y 的偏微分.

在实际问题中,有时需要研究多元函数中各个自变量都取得增量时因变量所获得的增量,即全增量.

设函数 $z=f(x,y)$在点 $P(x,y)$某邻域内有定义,当自变量 x,y 在点(x,y)处分别有增量 $\Delta x,\Delta y$ 时,函数 $f(x,y)$所得增量

$$\Delta z=f(x+\Delta x,y+\Delta y)-f(x,y) \tag{3}$$

称为 $f(x,y)$在(x,y)处的全增量.

一般而言,计算全增量 Δz 比较复杂. 与一元函数情形相同的是,希望用自变量增量 Δx,Δy 的线性函数近似代替函数的全增量 Δz. 引入如下的定义.

定义 1　若函数 $z=f(x,y)$在点(x,y)处的全增量 Δz 可表示为

$$\Delta z=A\Delta x+B\Delta y+o(\rho), \tag{4}$$

其中 A,B 不依赖于增量 $\Delta x,\Delta y$,而仅与 x,y 有关,$\rho=\sqrt{(\Delta x)^2+(\Delta y)^2}$,则称函数 $z=f(x,y)$在点(x,y)可微分,$A\Delta x+B\Delta y$ 称为函数 $z=f(x,y)$在点(x,y)的全微分,记作 $\mathrm{d}z$,即

$$\mathrm{d}z=A\Delta x+B\Delta y.$$

若函数在区域 D 内各点处都可微分,则称函数在区域 D 内可微分.

由全微分的定义知

函数 $z=f(x,y)$在(x,y)可微分$\Leftrightarrow \lim\limits_{\substack{\Delta x\to 0\\ \Delta y\to 0}}\dfrac{\Delta z-[A\Delta x+B\Delta y]}{\rho}=0.$

下面讨论二元函数可微性与其可偏导和连续的关系.

二、可微分、可偏导和连续的关系

第二节曾指出,多元函数在某点的偏导数存在,并不能保证函数在该点连续.

可以证明:若函数 $z=f(x,y)$在点(x,y)可微分,则函数在该点必定连续;反之则不一定.

事实上,由式(4)可得

$$\lim_{\rho\to 0}\Delta z=\lim_{\substack{\Delta x\to 0\\ \Delta y\to 0}}\Delta z=\lim_{\substack{\Delta x\to 0\\ \Delta y\to 0}}[A\Delta x+B\Delta y+o(\rho)]=0,$$

即 $z=f(x,y)$在点(x,y)处连续.

下面讨论函数 $z=f(x,y)$在点(x,y)可微分的条件.

定理 1(必要条件)　若函数 $z=f(x,y)$在点(x,y)可微分,则该函数在点(x,y)的偏导数$\dfrac{\partial z}{\partial x},\dfrac{\partial z}{\partial y}$必存在,且函数 $z=f(x,y)$在点(x,y)的全微分为

$$\mathrm{d}z=\frac{\partial z}{\partial x}\Delta x+\frac{\partial z}{\partial y}\Delta y. \tag{5}$$

证　设函数 $z=f(x,y)$在点 $P(x,y)$可微分,于是对于 P 的某一邻域内任一点 $P'(x+$

$\Delta x,y+\Delta y)$,有 $\Delta z=A\Delta x+B\Delta y+o(\rho)$,其中 $\rho=\sqrt{(\Delta x)^2+(\Delta y)^2}$.

当 $\Delta y=0$ 时,

$$f(x+\Delta x,y)-f(x,y)=A\Delta x+o(|\Delta x|),\tag{6}$$

式(6)两端同除以 Δx,再令 $\Delta x\to 0$ 取极限,得

$$\lim_{\Delta x\to 0}\frac{f(x+\Delta x,y)-f(x,y)}{\Delta x}=A,$$

即偏导数$\frac{\partial z}{\partial x}$存在,且等于 A. 同理,$\frac{\partial z}{\partial y}=B$,故式(5)成立.

与一元函数微分的不同之处是,偏导数存在仅仅是可微分的必要条件,而不是充分条件.

例 1 设 $f(x,y)=\sqrt{|xy|}$,求函数在点(0,0)的偏导数,并讨论在该点的可微性.

解 $f_x(0,0)=\lim\limits_{\Delta x\to 0}\frac{f(\Delta x,0)-f(0,0)}{\Delta x}=\lim\limits_{\Delta x\to 0}\frac{0}{\Delta x}=0$,

$f_y(0,0)=\lim\limits_{\Delta y\to 0}\frac{f(0,\Delta y)-f(0,0)}{\Delta y}=\lim\limits_{\Delta y\to 0}\frac{0}{\Delta y}=0$,

故函数在点(0,0)存在偏导数.

考察

$$\lim_{\rho\to 0}\frac{\Delta f-[f_x(0,0)\Delta x+f_y(0,0)\Delta y]}{\rho}=\lim_{\rho\to 0}\frac{\sqrt{|\Delta x\Delta y|}}{\rho},\tag{7}$$

令 $\Delta x=\Delta y$,则式(7)极限为

$$\lim_{\Delta x\to 0}\frac{|\Delta x|}{\sqrt{2}|\Delta x|}=\frac{1}{\sqrt{2}}\neq 0,$$

知函数在点(0,0)不可微.

由上述讨论可知,偏导存在不足以保证函数在点 $P(x,y)$ 可微. 再补充什么条件可使函数可微呢?

定理 2(充分条件) 若函数 $z=f(x,y)$ 的偏导数$\frac{\partial z}{\partial x},\frac{\partial z}{\partial y}$在点$(x,y)$连续,则函数在该点可微分.

证 设点$(x+\Delta x,y+\Delta y)$为点(x,y)邻域内任一点,考察函数全增量

$$\begin{aligned}\Delta z&=f(x+\Delta x,y+\Delta y)-f(x,y)\\&=[f(x+\Delta x,y+\Delta y)-f(x,y+\Delta y)]+[f(x,y+\Delta y)-f(x,y)],\end{aligned}$$

在第一个中括号内,因 $y+\Delta y$ 不变,可视为 x 的一元函数 $f(x,y+\Delta y)$的增量.

由拉格朗日中值定理,得

$$f(x+\Delta x,y+\Delta y)-f(x,y+\Delta y)=f_x(x+\theta_1\Delta x,y+\Delta y)\Delta x\quad(0<\theta_1<1),\tag{8}$$

又知 $f_x(x,y)$在点(x,y)连续,故式(8)可化为

$$f(x+\Delta x,y+\Delta y)-f(x,y+\Delta y)=f_x(x,y)\Delta x+\varepsilon_1\Delta x,\tag{9}$$

其中,ε_1 为 $\Delta x,\Delta y$ 的函数,且当 $\Delta x\to 0,\Delta y\to 0$ 时,$\varepsilon_1\to 0$.

同理

$$f(x,y+\Delta y)-f(x,y)=f_y(x,y)\Delta y+\varepsilon_2\Delta y, \tag{10}$$

其中，ε_2 为 Δy 的函数，且当 $\Delta y\to 0$ 时 $\varepsilon_2\to 0$.

由式(9)和式(10)知

$$\Delta z=f_x(x,y)\Delta x+f_y(x,y)\Delta y+\varepsilon_1\Delta x+\varepsilon_2\Delta y, \tag{11}$$

易知，$\left|\dfrac{\varepsilon_1\Delta x+\varepsilon_2\Delta y}{\rho}\right|\leqslant|\varepsilon_1|+|\varepsilon_2|$，随 $\rho\to 0$ 而趋于零.

由定义知 $z=f(x,y)$ 在点 $P(x,y)$ 可微分.

通常将自变量的增量 $\Delta x,\Delta y$ 分别记作 dx,dy，并分别称为自变量 x,y 的微分，于是 $z=f(x,y)$ 的全微分可记为

$$dz=\frac{\partial z}{\partial x}dx+\frac{\partial z}{\partial y}dy.$$

将二元函数的全微分等于它的两个偏微分之和称为二元函数的全微分复合叠加原理.

以上关于二元函数全微分的定义及可微的条件均可推广到三元及以上的多元函数.

若三元函数 $u=f(x,y,z)$ 可微分，则它的全微分等于它的三个偏微分之和，即

$$du=\frac{\partial u}{\partial x}dx+\frac{\partial u}{\partial y}dy+\frac{\partial u}{\partial z}dz.$$

例 2　求函数 $z=\arctan\dfrac{y}{x}$ 的全微分.

解　因为 $\dfrac{\partial z}{\partial x}=\dfrac{-y}{x^2+y^2}$，$\dfrac{\partial z}{\partial y}=\dfrac{x}{x^2+y^2}$，

所以 $dz=\dfrac{-y}{x^2+y^2}dx+\dfrac{x}{x^2+y^2}dy$.

例 3　求函数 $u=e^{x-y}+\sin z$ 在点(2,1,0)处的全微分.

解　因为 $\dfrac{\partial u}{\partial x}=e^{x-y}$，$\dfrac{\partial u}{\partial y}=-e^{x-y}$，$\dfrac{\partial u}{\partial z}=\cos z$，

所以 $du=\dfrac{\partial u}{\partial x}dx+\dfrac{\partial u}{\partial y}dy+\dfrac{\partial u}{\partial z}dz=e^{x-y}dx-e^{x-y}dy+\cos z dz$，在点(2,1,0)处，有 $du=edx-edy+dz$.

例 4　设函数 $z=f(x,y)=\begin{cases}(x^2+y^2)\sin\dfrac{1}{x^2+y^2}, & (x,y)\neq(0,0),\\ 0, & (x,y)=(0,0).\end{cases}$

试讨论：(1) 偏导数 $f_x(x,y),f_y(x,y)$ 在点(0,0)处的存在性；

(2) 函数在点(0,0)处的可微性；

(3) 偏导数 $f_x(x,y),f_y(x,y)$ 在点(0,0)处的连续性.

解　(1) $f_x(0,0)=\lim\limits_{\Delta x\to 0}\dfrac{f(\Delta x,0)-f(0,0)}{\Delta x}=\lim\limits_{\Delta x\to 0}\dfrac{(\Delta x)^2\sin\dfrac{1}{(\Delta x)^2}}{\Delta x}=0$，同理，$f_y(0,0)=0$.

(2) $\lim\limits_{\rho\to 0}\dfrac{\Delta z-[f_x(0,0)\Delta x+f_y(0,0)\Delta y]}{\rho}$

$$=\lim_{\rho\to 0}\frac{[(\Delta x)^2+(\Delta y)^2]\sin\frac{1}{(\Delta x)^2+(\Delta y)^2}}{\rho}=\lim_{\substack{\Delta x\to 0\\ \Delta y\to 0}}\sqrt{(\Delta x)^2+(\Delta y)^2}\sin\frac{1}{(\Delta x)^2+(\Delta y)^2}=0,$$

由定义知 $f(x,y)$ 在点 $(0,0)$ 可微且 $dz|_{(0,0)}=0$.

(3) 当 $(x,y)\neq(0,0)$ 时,有

$$f_x(x,y)=2x\sin\frac{1}{x^2+y^2}-\frac{2x}{x^2+y^2}\cos\frac{1}{x^2+y^2},$$

当 (x,y) 沿 $y=x$ 趋于点 $(0,0)$ 时

$$\lim_{\substack{y=x\\ x=0}}f_x(x,y)=\lim_{x\to 0}\left(2x\sin\frac{1}{2x^2}-\frac{1}{x}\cos\frac{1}{2x^2}\right)$$

不存在,故 $f_x(x,y)$ 在点 $(0,0)$ 不连续;同理可证, $f_y(x,y)$ 在点 $(0,0)$ 也不连续.

上述分析可总结出多元函数在一点连续、偏导数存在、可微以及偏导数连续四个概念的关系:

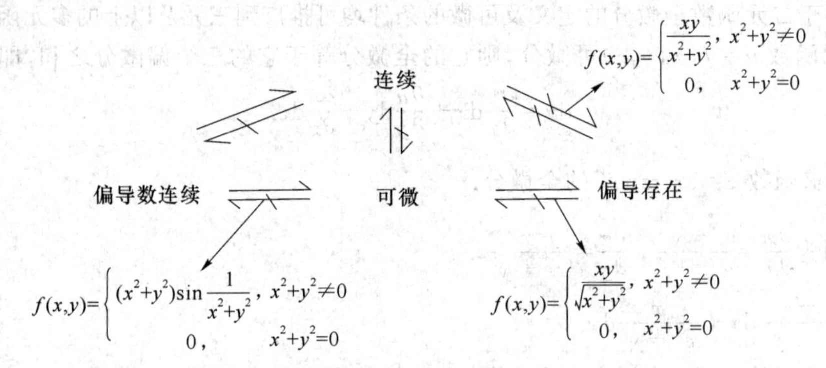

借助于上述关系,可以总结出验证函数 $z=f(x,y)$ 在点 (x,y) 是否可微的步骤.

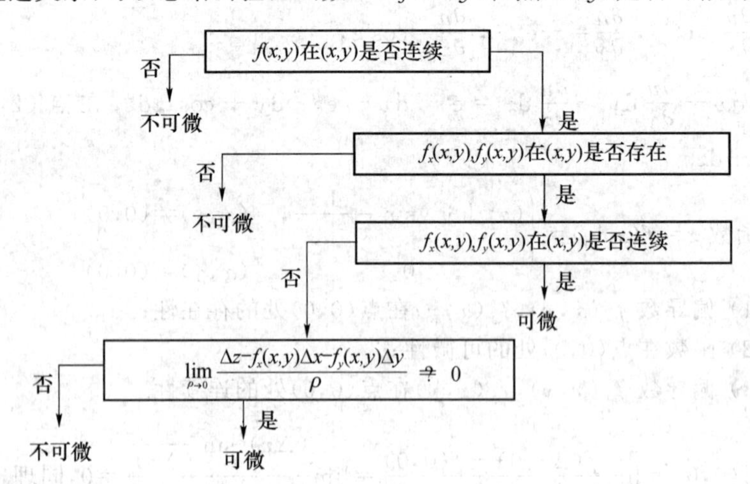

三、全微分在近似计算中的应用

设函数 $z=f(x,y)$ 的两个偏导数在点 (x_0,y_0) 处连续，则函数在点 (x_0,y_0) 处可微. 依据全微分的定义，记 $x=x_0+\Delta x, y=y_0+\Delta y$ 当 $|\Delta x|$ 和 $|\Delta y|$ 都较小时，有近似等式

$$\Delta z\approx dz=f_x(x_0,y_0)\Delta x+f_y(x_0,y_0)\Delta y$$

即

$$f(x,y)\approx f(x_0,y_0)+f_x(x_0,y_0)\Delta x+f_y(x_0,y_0)\Delta y,$$

这个公式可以对二元函数作近似计算和误差估计.

一般地，若函数 $z=f(x,y)$ 在点 (x_0,y_0) 处可微，则称线性函数

$$L(x,y)=f(x_0,y_0)+f_x(x_0,y_0)\Delta x+f_y(x_0,y_0)\Delta y$$

为函数 $z=f(x,y)$ 在点 (x_0,y_0) 附近的局部线性化，在点 (x_0,y_0) 附近用 $L(x,y)$ 替代 $f(x,y)$ 称为 $f(x,y)$ 的(标准)线性逼近.

例 5 计算 $(1.02)^{2.05}$ 的近似值.

解 设函数 $f(x,y)=x^y$，要计算在 $x=1.02, y=2.05$ 的值，取 $x_0=1, y_0=2$, $\Delta x=0.02, \Delta y=0.05$.

由于 $f(1,2)=1$，且 $f_x(x,y)=yx^{y-1}, f_y(x,y)=x^y\ln x$，有 $f_x(1,2)=2, f_y(1,2)=0$，则 $f(1.02,2.05)\approx f(1,2)+f_x(1,2)\Delta x+fy(1,2)\Delta y=1+2\times0.02+0\times0.05=1.04$.

例 6 测得一圆柱体的底半径和高分别为 20 cm 和 50 cm，其可能的最大测得误差为 0.1 cm，试估计因测量而引起该圆柱体体积的绝对误差和相对误差.

解 底半径为 r、高为 h 的圆柱体体积 $V=\pi r^2 h$，由于

$$\Delta V\approx dV=\frac{\partial V}{\partial r}dr+\frac{\partial V}{\partial h}dh=2\pi rh\,dr+\pi r^2\,dh,$$

取 $r=20, h=50, |dr|\leqslant0.1, |dh|\leqslant0.1$ 有

$$|\Delta V|\leqslant2\pi\times20\times50\times0.1+\pi\times20^2\times0.1\approx754\text{ cm}^3,$$

又

$$V(20,50)=\pi\times20^2\times50=62\,832\text{ cm}^3,$$

于是

$$\frac{|\Delta V|}{\Delta V}\leqslant\frac{754}{62\,832}\times100\%\approx1.2\%,$$

故圆柱体体积的最大绝对误差为 754 cm^3，最大相对误差为 1.2%.

习题 7-3

1. 求下列函数的全微分：

(1) $z=e^{xy}\ln x$；　　(2) $z=\arcsin\dfrac{x}{y}$；

(3) $z=\int_{e^{-x^2}}^{e^{y^2}}\sin t^2\mathrm{d}t$；　　(4) $u=xyz+x^2y+y^2z$；

(5) $u=x\sin(yz)$.

2. 设 $f(x,y,z)=\left(\dfrac{x}{y}\right)^{\frac{1}{2}}$，求 $\mathrm{d}f(1,1,1)$.

3. 已知 $(axy^3-y^2\cos x)\mathrm{d}x+(1+by\sin x+3x^2y^2)\mathrm{d}y$ 为某二元函数 $f(x,y)$ 的全微分，求 a,b 的值.

4. 设 $f(x,y)=\begin{cases}xy\sin\dfrac{1}{\sqrt{x^2+y^2}}, & x^2+y^2\neq 0,\\ 0, & x^2+y^2=0.\end{cases}$ 求证：

(1) $f_x(x,y)$ 与 $f_y(x,y)$ 在点 $(0,0)$ 不连续；

(2) $f(x,y)$ 在点 $(0,0)$ 可微.

第四节　多元复合函数的求导法则

现在要将一元函数微分学中复合函数的链式求导法则推广到多元复合函数的情形.多元复合函数的求导法则在多元函数微分学中也起着重要的作用.

事实上，对只有一个中间变量的多元复合函数，按照偏导数的定义，大家已经可以求偏导数.例如 $z=\sin(xy)$ 可视为 $z=\sin u,u=xy$ 的复合，则 $\dfrac{\partial z}{\partial x}$ 可用 $\dfrac{\mathrm{d}z}{\mathrm{d}u}\cdot\dfrac{\partial u}{\partial x}$ 来求，但当多元复合函数的中间变量不只一个时，应如何求偏导数呢？

下面按照多元复合函数不同的复合情形分别加以讨论.

一、多元复合函数的链式求导法则

1. 复合函数的中间变量均为一元函数的情形

定理1　若函数 $u=u(t)$ 及 $v=v(t)$ 都在点 t 可导，函数 $z=f(u,v)$ 在对应点 (u,v) 具有连续偏导数，则复合函数 $z=f[u(t),v(t)]$ 在点 t 可导，且有

$$\frac{\mathrm{d}z}{\mathrm{d}t}=\frac{\partial z}{\partial u}\frac{\mathrm{d}u}{\mathrm{d}t}+\frac{\partial z}{\partial v}\frac{\mathrm{d}v}{\mathrm{d}t}. \tag{1}$$

证　设 t 获得增量 Δt，这时 $u=u(t),v=v(t)$ 的对应增量为 $\Delta u,\Delta v$，由此，函数 $z=f(u,v)$ 相应地获得全增量 Δz .

根据假设，函数 $z=f(u,v)$ 在点 (u,v) 具有连续偏导数，则

$$\Delta z=\frac{\partial z}{\partial u}\cdot\Delta u+\frac{\partial z}{\partial v}\cdot\Delta v+\varepsilon_1\Delta u+\varepsilon_2\Delta v,\tag{2}$$

这里,当 $\Delta u\to 0,\Delta v\to 0$ 时,$\varepsilon_1\to 0,\varepsilon_2\to 0$.

将式(2)两边同除以 Δt,得

$$\frac{\Delta z}{\Delta t}=\frac{\partial z}{\partial u}\frac{\Delta u}{\Delta t}+\frac{\partial z}{\partial v}\frac{\Delta v}{\Delta t}+\varepsilon_1\frac{\Delta u}{\Delta t}+\varepsilon_2\frac{\Delta v}{\Delta t},$$

因当 $\Delta t\to 0$ 时,$\Delta u\to 0,\Delta v\to 0,\frac{\Delta u}{\Delta t}\to\frac{\mathrm{d}u}{\mathrm{d}t},\frac{\Delta v}{\Delta t}\to\frac{\mathrm{d}v}{\mathrm{d}t}$,故

$$\frac{\mathrm{d}z}{\mathrm{d}t}=\lim_{\Delta t\to 0}\frac{\Delta z}{\Delta t}=\frac{\partial z}{\partial u}\frac{\mathrm{d}u}{\mathrm{d}t}+\frac{\partial z}{\partial v}\frac{\mathrm{d}v}{\mathrm{d}t},$$

即 $z=f[u(t),v(t)]$在 t 可导,且其导数可用式(1)计算.

求多元复合函数的偏导数时要注意以下几点.

(1) 明确函数的复合关系,一般可画链式图,即将函数(因变量)、中间变量、自变量用线段连接,用以下法则求导:

① 单链是导数,多链是偏导数关系;

② 一条链之间依次求导相乘;

③ 各条链之间逐链相加.

例如上述情形链式图为

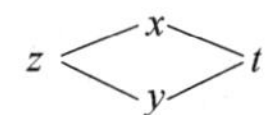

(2) 链式法则中项数由中间变量个数决定,每项的形式均为函数对中间变量求(偏)导乘上中间变量对自变量求(偏)导.

上述链式法则可以推广到多个中间变量均为一元函数的复合函数情形.

例如,设 $z=f(u,v,w),u=u(t),v=v(t),w=w(t)$复合而得复合函数$z=f[u(t),v(t),w(t)]$,则在与定理类似的条件下,该复合函数在点 t 可导,且其导数可计算为

$$\frac{\mathrm{d}z}{\mathrm{d}t}=\frac{\partial z}{\partial u}\cdot\frac{\mathrm{d}u}{\mathrm{d}t}+\frac{\partial z}{\partial v}\cdot\frac{\mathrm{d}v}{\mathrm{d}t}+\frac{\partial z}{\partial w}\cdot\frac{\mathrm{d}w}{\mathrm{d}t}\tag{3}$$

式(1)和式(3)中导数$\frac{\mathrm{d}z}{\mathrm{d}t}$又称为全导数.

例 1　设 $w=x^2y$,其中 $x=\mathrm{e}^t,y=\sin t$,求$\frac{\mathrm{d}w}{\mathrm{d}t}$.

解　链式图为

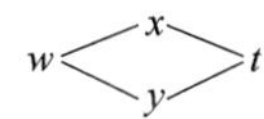

由链式法则得

$$\begin{aligned}\frac{\mathrm{d}w}{\mathrm{d}t}&=\frac{\partial w}{\partial x}\frac{\mathrm{d}x}{\mathrm{d}t}+\frac{\partial w}{\partial y}\frac{\mathrm{d}y}{\mathrm{d}t}=2xy\mathrm{e}^t+x^2\cos t\\&=\mathrm{e}^{2t}(2\sin t+\cos t).\end{aligned}$$

由定理1的证明过程中可见,事实上可以弱化定理的条件,可以把 $z=f(u)$ 在 (u,v) 具有连续偏导数弱化为 $z=f(u,v)$ 在 (u,v) 可微结论仍然成立.请读者自证之.

由于对多元函数的某个变量求偏导是将其他变量看成常数,实质上也就是一元函数的求导,因此当中间变量不是一元函数而是多元函数时链式法则仍然成立.

2. 复合函数的中间变量均为多元函数的情形

定理2 若函数 $u=u(x,y)$ 及 $v=v(x,y)$ 都在点 (x,y) 具有对 x 及对 y 的偏导数,函数 $z=f(u,v)$ 在对应点 (u,v) 具有连续偏导数,则复合函数 $z=f[u(x,y),v(x,y)]$ 在点 (x,y) 的两个偏导数存在,且有

$$\frac{\partial z}{\partial x}=\frac{\partial z}{\partial u}\cdot\frac{\partial u}{\partial x}+\frac{\partial z}{\partial v}\cdot\frac{\partial v}{\partial x}, \tag{4}$$

$$\frac{\partial z}{\partial y}=\frac{\partial z}{\partial u}\cdot\frac{\partial u}{\partial y}+\frac{\partial z}{\partial v}\cdot\frac{\partial v}{\partial y}. \tag{5}$$

链式图为

z — u, z — v; u — x, u — y; v — x, v — y

例2 设 $z=\mathrm{e}^u\cos v, u=2x-y, v=xy$,求 $\frac{\partial z}{\partial x}$ 和 $\frac{\partial z}{\partial y}$.

解 链式图为

z — u, z — v; u — x, u — y; v — x, v — y

由链式法则得

$$\begin{aligned}\frac{\partial z}{\partial x}&=\frac{\partial z}{\partial u}\frac{\partial u}{\partial x}+\frac{\partial z}{\partial v}\frac{\partial v}{\partial x}\\&=\mathrm{e}^u\cos v\cdot 2+\mathrm{e}^u(-\sin v)y=\mathrm{e}^{2x-y}[2\cos(xy)-y\sin(xy)],\end{aligned}$$

$$\begin{aligned}\frac{\partial z}{\partial y}&=\frac{\partial z}{\partial u}\frac{\partial u}{\partial y}+\frac{\partial z}{\partial v}\frac{\partial v}{\partial y}\\&=\mathrm{e}^u\cos v\cdot(-1)+\mathrm{e}^u(-\sin v)\cdot x=-\mathrm{e}^{2x-y}[\cos(xy)+x\sin(xy)].\end{aligned}$$

3. 复合函数的中间变量既有一元函数,又有多元函数的情形

定理3 若函数 $u=u(x,y)$ 在点 (x,y) 具有对 x 及对 y 的偏导数,函数 $v=v(y)$ 在点 y 可导,函数 $z=f(u,v)$ 在对应点 (u,v) 具有连续偏导数,则复合函数 $z=f[u(x,y),v(y)]$ 在点 (x,y) 的两个偏导数存在,且有

$$\frac{\partial z}{\partial x}=\frac{\partial z}{\partial u}\cdot\frac{\partial u}{\partial x}, \tag{6}$$

$$\frac{\partial z}{\partial y}=\frac{\partial z}{\partial u}\cdot\frac{\partial u}{\partial y}+\frac{\partial z}{\partial v}\cdot\frac{\mathrm{d}v}{\mathrm{d}y}. \tag{7}$$

链式图为

$$z \begin{cases} u — x \\ v — y \end{cases}$$

特别地，复合函数的某些中间变量本身又是复合函数的自变量情形. 例如，设 $z=f(u,x,y)$ 具有连续偏导数，而 $u=u(x,y)$ 具有偏导数，则复合函数 $z=f[u(x,y),x,y]$ 具有对自变量 x 及 y 的偏导数，即

$$\frac{\partial z}{\partial x}=\frac{\partial f}{\partial u}\frac{\partial u}{\partial x}+\frac{\partial f}{\partial x},$$

$$\frac{\partial z}{\partial y}=\frac{\partial f}{\partial u}\frac{\partial u}{\partial y}+\frac{\partial f}{\partial y}.$$

注意 这里的$\frac{\partial z}{\partial x}$与$\frac{\partial f}{\partial x}$不同，$\frac{\partial z}{\partial x}$把复合函数$z=f[u(x,y),x,y]$中的 y 看作常量，对 x 的偏导数；$\frac{\partial f}{\partial x}$把 $f(u,x,y)$中的 u 及 y 看作常量，对 x 的偏导数. $\frac{\partial z}{\partial y}$及$\frac{\partial f}{\partial y}$也有类似的区别.

例 3 设 $z=f(x,u)=x^2+u,u=\cos(xy)$，求$\frac{\partial f}{\partial x}$和$\frac{\partial z}{\partial x}$.

解 链式图为

$$z \begin{cases} x — x \\ u — y \end{cases}$$

注意 x 既是自变量，又是中间变量.

$\frac{\partial f}{\partial x}$的含义是指在函数 $z=f(x,u)$ 中将中间变量 u 看作常量，对中间变量 x 求偏导，故 $\frac{\partial f}{\partial x}=2x$.

$\frac{\partial z}{\partial x}$是指复合后二元函数 $z=f(x,u)=x^2+\cos(xy)$ 中将 y 看作常量，对自变量 x 求偏导，故

$$\frac{\partial z}{\partial x}=\frac{\partial f}{\partial x}\frac{\mathrm{d}x}{\mathrm{d}x}+\frac{\partial f}{\partial u}\frac{\partial u}{\partial x}=2x+[-\sin(xy)]\cdot y=2x-y\sin(xy).$$

例 4 设 $z=f(3x+2y,x^2+y^2)$，其中 f 为可微函数，求$\frac{\partial z}{\partial x}$和$\frac{\partial z}{\partial y}$.

解 记 $u=3x+2y,v=x^2+y^2$，则链式图为

$$z \begin{cases} u \bowtie x \\ v \bowtie y \end{cases}$$

由链式法则得

$$\frac{\partial z}{\partial x}=\frac{\partial f}{\partial u}\frac{\partial u}{\partial x}+\frac{\partial f}{\partial v}\frac{\partial v}{\partial x}=3\,\frac{\partial f}{\partial u}+2x\,\frac{\partial f}{\partial v},$$

$$\frac{\partial z}{\partial y}=\frac{\partial f}{\partial u}\frac{\partial u}{\partial y}+\frac{\partial f}{\partial v}\frac{\partial v}{\partial y}=2\,\frac{\partial f}{\partial u}+2y\,\frac{\partial f}{\partial v}.$$

注意 为方便起见，有时用自然数 1,2 的顺序分别表示函数 $f(u,v)$ 中的两个中间变量

u,v,这样$\frac{\partial f}{\partial u}$和$\frac{\partial f}{\partial v}$分别用$f_1'$和$f_2'$表示,类似地$\frac{\partial^2 f}{\partial u\partial v}$可用$f_{12}''$表示.

例5 设$z=f(xy,x^2-y^2,x+y)$,求$\frac{\partial z}{\partial x}$和$\frac{\partial z}{\partial y}$.

解 $\frac{\partial z}{\partial x}=f_1'\cdot y+f_2'\cdot 2x+f_3'=yf_1'+2xf_2'+f_3'$,

$\frac{\partial z}{\partial y}=f_1'\cdot x+f_2'\cdot(-2y)+f_3'=xf_1'-2yf_2'+f_3'$.

例6 设$z=f(xy,x^2-y^2,x+y)$,其中f具有二阶连续偏导数,求$\frac{\partial^2 z}{\partial x^2}$及$\frac{\partial^2 z}{\partial x\partial y}$.

解 由例5知
$$\frac{\partial z}{\partial x}=yf_1'+2xf_2'+f_3',$$
则
$$\frac{\partial^2 z}{\partial x^2}=y(f''_{11}\cdot y+f''_{12}\cdot 2x+f''_{13})+2f_2'+2x[f''_{21}\cdot y+f''_{22}\cdot 2x+f''_{23}]+(f''_{31}\cdot y+f''_{32}\cdot 2x+f''_{33}).$$
由于f具有二阶连续偏导,故二阶混合偏导可换序.

于是
$$\frac{\partial^2 z}{\partial x^2}=2f_2'+y^2f''_{11}+4xyf''_{12}+2yf''_{13}+4x^2f''_{22}+4xf''_{23}+f''_{33},$$
同理
$$\begin{aligned}\frac{\partial^2 z}{\partial x\partial y}&=f_1'+y[f''_{11}\cdot x+f''_{12}(-2y)+f''_{13}]\\&\quad+2x[f''_{21}\cdot x+f''_{22}\cdot(-2y)+f''_{23}]+f''_{31}\cdot x+f''_{32}\cdot(-2y)+f''_{33}\\&=f_1'+xyf''_{11}+2(x^2-y^2)f''_{12}+(x+y)f''_{13}-4xyf''_{22}+2(x-y)f''_{23}+f''_{33}.\end{aligned}$$

例7 设$u=f(x,y)$具有二阶连续偏导数,证明在极坐标变换$x=\rho\cos\theta,y=\rho\sin\theta$下,(1) $\left(\frac{\partial u}{\partial x}\right)^2+\left(\frac{\partial u}{\partial y}\right)^2=\left(\frac{\partial u}{\partial \rho}\right)^2+\frac{1}{\rho^2}\left(\frac{\partial u}{\partial \theta}\right)^2$;(2) $\frac{\partial^2 u}{\partial x^2}+\frac{\partial^2 u}{\partial y^2}=\frac{\partial^2 u}{\partial \rho^2}+\frac{1}{\rho}\frac{\partial u}{\partial \rho}+\frac{1}{\rho^2}\frac{\partial^2 u}{\partial \theta^2}$成立.

证 (1) 直角坐标与极坐标间关系式为$x=\rho\cos\theta,y=\rho\sin\theta$.

可视函数$u=f(x,y)$为以x,y为中间变量,ρ,θ为自变量的复合函数
$$u=f(\rho\cos\theta,\rho\sin\theta)=u(\rho,\theta),$$
由链式法则
$$\frac{\partial u}{\partial \rho}=\frac{\partial u}{\partial x}\frac{\partial x}{\partial \rho}+\frac{\partial u}{\partial y}\frac{\partial y}{\partial \rho}=\cos\theta\frac{\partial u}{\partial x}+\sin\theta\frac{\partial u}{\partial y},$$
$$\frac{\partial u}{\partial \theta}=\frac{\partial u}{\partial x}\frac{\partial x}{\partial \theta}+\frac{\partial u}{\partial y}\frac{\partial y}{\partial \theta}=-\rho\sin\theta\frac{\partial u}{\partial x}+\rho\cos\theta\frac{\partial u}{\partial y},$$
故
$$\begin{aligned}\left(\frac{\partial u}{\partial \rho}\right)^2+\frac{1}{\rho^2}\left(\frac{\partial u}{\partial \theta}\right)^2&=\left(\cos\theta\frac{\partial u}{\partial x}+\sin\theta\frac{\partial u}{\partial y}\right)^2+\frac{1}{\rho^2}\left(\rho\sin\theta\frac{\partial u}{\partial x}+\rho\cos\theta\frac{\partial u}{\partial y}\right)^2\\&=\left(\frac{\partial u}{\partial x}\right)^2+\left(\frac{\partial u}{\partial y}\right)^2.\end{aligned}$$

(2) $\frac{\partial^2 u}{\partial \rho^2}=\frac{\partial}{\partial \rho}\left(\cos\theta\frac{\partial u}{\partial x}+\sin\theta\frac{\partial u}{\partial y}\right)=\cos\theta\left(\frac{\partial^2 u}{\partial x^2}\frac{\partial x}{\partial \rho}+\frac{\partial^2 u}{\partial x\partial y}\frac{\partial y}{\partial \rho}\right)+\sin\theta\left(\frac{\partial^2 u}{\partial y\partial x}\frac{\partial x}{\partial \rho}+\frac{\partial^2 u}{\partial y^2}\frac{\partial y}{\partial \rho}\right)$

$$=\cos^2\theta\frac{\partial^2 u}{\partial x^2}+2\sin\theta\cos\theta\frac{\partial^2 u}{\partial x\partial y}+\sin^2\theta\frac{\partial^2 u}{\partial y^2},$$

同理$\frac{\partial^2 u}{\partial \theta^2}=-\rho\left(\cos\theta\frac{\partial u}{\partial x}+\sin\theta\frac{\partial u}{\partial y}\right)+\rho^2\sin^2\theta\frac{\partial^2 u}{\partial x^2}-2\rho^2\sin\theta\cos\theta\frac{\partial^2 u}{\partial x\partial y}+\rho^2\cos^2\theta\frac{\partial^2 u}{\partial y^2}$,

于是

$$\frac{\partial^2 u}{\partial \rho^2}+\frac{1}{\rho}\frac{\partial u}{\partial \rho}+\frac{1}{\rho^2}\frac{\partial^2 u}{\partial \theta^2}=\frac{\partial^2 u}{\partial x^2}+\frac{\partial^2 u}{\partial y^2}.$$

注意　此例也可视 $u=f(x,y)$为由 $u=F(\rho,\theta)$,$\rho=\sqrt{x^2+y^2}$,$\theta=\arctan\frac{y}{x}$[①]构成的复合函数,由链式法则求$\frac{\partial u}{\partial x}$, $\frac{\partial u}{\partial y}$,$\frac{\partial^2 u}{\partial x^2}$, $\frac{\partial^2 u}{\partial y^2}$.

例 8　设 $f(x,y)$具有连续的偏导数,且 $f(1,1)=1$,$f'_1(1,1)=a$,$f'_2(1,1)=b$,令 $\varphi(x)=f\{x,f[x,f(x,x)]\}$,求 $\varphi(1)$,$\varphi'(1)$.

解　$\varphi(1)=f\{1,f[1,f(1,1)]\}=f[1,f(1,1)]=f(1,1)=1$,

$\varphi'(x)=f'_1+f'_2[f'_1+f'_2(f'_1+f'_2)]$,

故

$$\varphi'(1)=f'_1+f'_2[f'_1+f'_2(f'_1+f'_2)]|_{x=1}=a+b[a+b(a+b)]=a(1+b+b^2)+b^3.$$

二、一阶全微分形式不变性

在一元函数中,函数 $y=f(x)$中 x 无论是自变量还是中间变量,其一阶微分表达式都是 $\mathrm{d}y=f'(x)\mathrm{d}x$,多元函数的一阶全微分也具有同样的形式.

当 x,y 是自变量时,二元函数 $z=f(x,y)$的全微分为 $\mathrm{d}z=\frac{\partial z}{\partial x}\mathrm{d}x+\frac{\partial z}{\partial y}\mathrm{d}y$;若 x,y 又是 s,t 的函数 $x=x(s,t)$,$y=y(s,t)$,且在点(s,t)可微,它们的全微分分别为

$$\mathrm{d}x=\frac{\partial x}{\partial s}\mathrm{d}s+\frac{\partial x}{\partial t}\mathrm{d}t,\quad \mathrm{d}y=\frac{\partial y}{\partial s}\mathrm{d}s+\frac{\partial y}{\partial t}\mathrm{d}t,$$

此时,复合函数 $z=f[x(s,t),y(s,t)]$的全微分为

$$\mathrm{d}z=\frac{\partial z}{\partial s}\mathrm{d}s+\frac{\partial z}{\partial t}\mathrm{d}t. \tag{8}$$

由链式法则求出$\frac{\partial z}{\partial s}$,$\frac{\partial z}{\partial t}$并代入式(8)得

---

① 当 $P(x,y)$在第一、四象限时,规定 θ 取值范围 $-\frac{\pi}{2}<\theta<\frac{\pi}{2}$,则 $\theta=\arctan\frac{y}{x}$,当 $P(x,y)$在第二、三象限时,规定 θ 取值范围 $\frac{\pi}{2}<\theta<\frac{3}{2}\pi$,则 $\theta=\arctan\frac{y}{x}+\pi$.

$$\begin{aligned}
\mathrm{d}z &= \left(\frac{\partial z}{\partial x}\frac{\partial x}{\partial s}+\frac{\partial z}{\partial y}\frac{\partial y}{\partial s}\right)\mathrm{d}s+\left(\frac{\partial z}{\partial x}\frac{\partial x}{\partial t}+\frac{\partial z}{\partial y}\frac{\partial y}{\partial t}\right)\mathrm{d}t \\
&= \frac{\partial z}{\partial x}\left(\frac{\partial x}{\partial s}\mathrm{d}s+\frac{\partial x}{\partial t}\mathrm{d}t\right)+\frac{\partial z}{\partial y}\left(\frac{\partial y}{\partial s}\mathrm{d}s+\frac{\partial y}{\partial t}\mathrm{d}t\right) \\
&= \frac{\partial z}{\partial x}\mathrm{d}x+\frac{\partial z}{\partial y}\mathrm{d}y,
\end{aligned}$$

即无论将 x,y 看作自变量还是看作中间变量,函数 $z=f(x,y)$ 的一阶全微分在形式上都一致. 这种性质称为一阶全微分的形式不变性.

与一元函数类似的是,利用一阶全微分形式不变性可以通过全微分求偏导数.

例 9 设 $u=f(x,y,z)$, $y=\varphi(x,t)$, $t=\psi(x,z)$, 求$\frac{\partial u}{\partial x}$和$\frac{\partial u}{\partial z}$.

解 链式图为

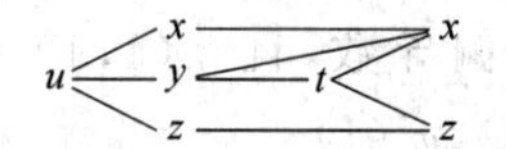

(方法一)由链式法则得

$$\begin{aligned}
\frac{\partial u}{\partial x} &= \frac{\partial f}{\partial x}+\frac{\partial f}{\partial y}\left(\frac{\partial \varphi}{\partial x}+\frac{\partial \varphi}{\partial t}\frac{\partial \psi}{\partial x}\right) \\
&= \frac{\partial f}{\partial x}+\frac{\partial f}{\partial y}\frac{\partial \varphi}{\partial x}+\frac{\partial f}{\partial y}\frac{\partial \varphi}{\partial t}\frac{\partial \psi}{\partial x},
\end{aligned}$$

$$\frac{\partial u}{\partial z}=\frac{\partial f}{\partial y}\left(\frac{\partial \varphi}{\partial t}\frac{\partial \psi}{\partial z}\right)+\frac{\partial f}{\partial z}=\frac{\partial f}{\partial y}\frac{\partial \varphi}{\partial t}\frac{\partial \psi}{\partial z}+\frac{\partial f}{\partial z}.$$

(方法二)由一阶全微分形式不变性得

$$\begin{aligned}
\mathrm{d}u &= \frac{\partial f}{\partial x}\mathrm{d}x+\frac{\partial f}{\partial y}\mathrm{d}y+\frac{\partial f}{\partial z}\mathrm{d}z \\
&= \frac{\partial f}{\partial x}\mathrm{d}x+\frac{\partial f}{\partial y}\left(\frac{\partial \varphi}{\partial x}\mathrm{d}x+\frac{\partial \varphi}{\partial t}\mathrm{d}t\right)+\frac{\partial f}{\partial z}\mathrm{d}z \\
&= \left(\frac{\partial f}{\partial x}+\frac{\partial f}{\partial y}\frac{\partial \varphi}{\partial x}\right)\mathrm{d}x+\frac{\partial f}{\partial y}\frac{\partial \varphi}{\partial t}\left(\frac{\partial \psi}{\partial x}\mathrm{d}x+\frac{\partial \psi}{\partial z}\mathrm{d}z\right)+\frac{\partial f}{\partial z}\mathrm{d}z \\
&= \left(\frac{\partial f}{\partial x}+\frac{\partial f}{\partial y}\frac{\partial \varphi}{\partial x}+\frac{\partial f}{\partial y}\frac{\partial \varphi}{\partial t}\frac{\partial \psi}{\partial x}\right)\mathrm{d}x+\left(\frac{\partial f}{\partial y}\frac{\partial \varphi}{\partial t}\frac{\partial \psi}{\partial z}+\frac{\partial f}{\partial z}\right)\mathrm{d}z.
\end{aligned}$$

通过与 $\mathrm{d}u=\frac{\partial u}{\partial x}\mathrm{d}x+\frac{\partial u}{\partial z}\mathrm{d}z$ 比较 $\mathrm{d}x$ 与 $\mathrm{d}z$ 的系数,得

$$\frac{\partial u}{\partial x}=\frac{\partial f}{\partial x}+\frac{\partial f}{\partial y}\frac{\partial \varphi}{\partial x}+\frac{\partial f}{\partial y}\frac{\partial \varphi}{\partial t}\frac{\partial \psi}{\partial x}$$

$$\frac{\partial u}{\partial z}=\frac{\partial f}{\partial y}\frac{\partial \varphi}{\partial t}\frac{\partial \psi}{\partial z}+\frac{\partial f}{\partial z}.$$

习题 7-4

1. 设 $u=\frac{x}{y}+\frac{y}{z}$，$x=\sqrt{t}$，$y=\cos 2t$，$z=\mathrm{e}^{-3t}$，求 $\frac{\mathrm{d}u}{\mathrm{d}t}$.

2. 设 $z=x\mathrm{e}^{\frac{x}{y}}$，$x=\cos t$，$y=\mathrm{e}^{2t}$，求 $\frac{\mathrm{d}z}{\mathrm{d}t}$.

3. 设 $z=\arcsin(x-y)$，$x=4t$，$y=t^4$，求 $\frac{\mathrm{d}z}{\mathrm{d}t}$.

4. 设 $u=\ln\sin\frac{x}{\sqrt{y}}$，$x=3t^2$，$y=\sqrt{t^2+1}$，求 $\frac{\mathrm{d}u}{\mathrm{d}t}$.

5. 设 $z=x^2\ln y$，$x=\frac{s}{t}$，$y=3s-2t$，求 $\frac{\partial z}{\partial s}$，$\frac{\partial z}{\partial t}$.

6. 设 $z=u^3$，$u=y^x$，求 $\frac{\partial^2 z}{\partial x^2}$.

7. 求下列函数的一阶偏导数：

(1) $z=\ln[\mathrm{e}^{2(x+y^2)}+x^2+y]$；　　(2) $z=\mathrm{e}^{xy}\sin(x+y)$.

8. 求：(1) $u=f(x,xy,xyz)$；(2) $u=xy+zf(y/x)$ 的一阶偏导数，其中 f 具有一阶连续导数或偏导数.

9. 设 f,g 为连续可微函数，$u=f(x,xy)$，$v=g(x+y)$. 求 $\frac{\partial u}{\partial x}\cdot\frac{\partial v}{\partial x}$.

10. 设 $z=f(2x-y,y\sin x)$，其中 $f(u,v)$ 具有连续的二阶偏导数，求 $\frac{\partial^2 z}{\partial x\partial y}$.

11. 设 $z=f\left(x,\frac{y}{x}\right)$，其中 f 具有二阶连续偏导，求 $\frac{\partial^2 z}{\partial x^2}$，$\frac{\partial^2 z}{\partial y^2}$.

12. 设 $u=f\left(x+y,xy,\frac{x}{y}\right)$，其中 f 具有二阶连续偏导，求 $\frac{\partial^2 u}{\partial x\partial y}$，$\frac{\partial^2 u}{\partial y^2}$.

13. 设函数 $z=f(x,y)$ 在点 $(1,1)$ 处可微，且 $f(1,1)=1$，$\left.\frac{\partial f}{\partial x}\right|_{(1,1)}=2$，$\left.\frac{\partial f}{\partial y}\right|_{(1,1)}=3$，$\varphi(x)=f(x,f(x,x))$. 求 $\left.\frac{\mathrm{d}\varphi^3(x)}{\mathrm{d}x}\right|_{x=1}$.

14. 证明：在变换 $u=x$，$v=x^2+y^2$ 下方程 $y\frac{\partial z}{\partial x}-x\frac{\partial z}{\partial y}=0$ 可转化为 $\frac{\partial z}{\partial u}=0$.

15. 设 $f(u)$ 有连续的二阶导数，且 $z=f(\mathrm{e}^x\sin y)$ 满足方程 $\frac{\partial^2 z}{\partial x^2}+\frac{\partial^2 z}{\partial y^2}=\mathrm{e}^{2x}z$，求 $f(u)$.

16. 设 $u=u(x,y)$ 具有连续二阶偏导数，且满足 $\frac{\partial^2 u}{\partial x^2}-\frac{\partial^2 u}{\partial y^2}=0$，及 $u(x,2x)=x$，$u_x(x,2x)=x^2$，求 $u_{xx}(x,2x)$，$u_{xy}(x,2x)$，$u_{yy}(x,2x)$.

17. 设 $u=u(x,y,z)$ 有一阶连续偏导数，且满足 $u(x,2x,x^2)=x,u_x(x,2x,x^2)=x$，$u_y(x,2x,x^2)=u_z(x,2x,x^2)$，求 $u_y(x,2x,x^2)$.

第五节　隐函数的求导公式

一元微分学已给出了由方程 $F(x,y)=0$ 确定的隐函数在存在前提下，不对隐函数显式化如何求导问题，但未涉及隐函数存在性、连续性、可微性的说明. 下面介绍隐函数存在定理，并根据多元复合函数的求导法则导出隐函数的求导公式.

一、一个方程的情形

隐函数存在定理 1　设函数 $F(x,y)$ 在点 $P(x_0,y_0)$ 的某一邻域内具有连续偏导数，且 $F(x_0,y_0)=0,F_y(x_0,y_0)\neq 0$，则方程 $F(x,y)=0$ 在点 (x_0,y_0) 的某一邻域内恒能唯一确定一个连续且具有连续导数的函数 $y=f(x)$，满足条件 $y_0=f(x_0)$，并有

$$\frac{\mathrm{d}y}{\mathrm{d}x}=-\frac{F_x}{F_y},\tag{1}$$

式(1)就是隐函数的求导公式.

证明略.

在此仅推导式(1).

将方程 $F(x,y)=0$ 所确定的函数 $y=f(x)$ 代入该方程，则有

$$F[x,f(x)]\equiv 0,$$

由复合函数链式求导法则得

$$\frac{\partial F}{\partial x}+\frac{\partial F}{\partial y}\frac{\mathrm{d}y}{\mathrm{d}x}=0,$$

由 F_y 连续，且 $F_y(x_0,y_0)\neq 0$，所以存在 (x_0,y_0) 的一个邻域，使得 $F_y\neq 0$，于是有 $\frac{\mathrm{d}y}{\mathrm{d}x}=-\frac{F_x}{F_y}$.

若 $F(x,y)$ 的所有二阶偏导数都连续，则式(1)两端可视为 x 的复合函数，再次求导，可得

$$\begin{aligned}\frac{\mathrm{d}^2y}{\mathrm{d}x^2}&=\frac{\partial}{\partial x}\left(-\frac{F_x}{F_y}\right)+\frac{\partial}{\partial y}\left(-\frac{F_x}{F_y}\right)\frac{\mathrm{d}y}{\mathrm{d}x}\\&=-\frac{F_{xx}F_y-F_{yx}F_x}{F_y^2}-\frac{F_{xy}F_y-F_{yy}F_x}{F_y^2}\left(-\frac{F_x}{F_y}\right)\\&=-\frac{F_{xx}F_y^2-2F_{xy}F_xF_y+F_{yy}F_x^2}{F_y^3}.\end{aligned}$$

例 1　求由方程 $y=x^2-\frac{1}{2}\sin y$ 确定的隐函数 $y=y(x)$ 的一阶导数和二阶导数.

解　设 $F(x,y)=y-x^2+\frac{1}{2}\sin y, F_x=-2x, F_y=1+\frac{1}{2}\cos y>0.$

由定理 1 知，方程 $y=x^2-\frac{1}{2}\sin y$ 能确定一个定义在$(-\infty,+\infty)$上的单值且有连续导数的隐函数 $y=f(x)$. 且有

$$\frac{\mathrm{d}y}{\mathrm{d}x}=-\frac{F_x}{F_y}=\frac{2x}{1+\frac{1}{2}\cos y}=\frac{4x}{2+\cos y},$$

$$\frac{\mathrm{d}^2y}{\mathrm{d}x^2}=\frac{\mathrm{d}}{\mathrm{d}x}\left(\frac{4x}{2+\cos y}\right)=4\times\frac{2+\cos y+x\sin y\frac{\mathrm{d}y}{\mathrm{d}x}}{(2+\cos y)^2}$$
$$=\frac{4(4+4\cos y+\cos^2 y+4x^2\sin y)}{(2+\cos y)^3}.$$

隐函数存在定理还可以推广到多元函数. 例如，一个三元方程 $F(x,y,z)=0$ 在一定条件下就可以确定一个二元隐函数.

隐函数存在定理 2　设函数 $F(x,y,z)$在点 $P(x_0,y_0,z_0)$的某一邻域内具有连续偏导数，且 $F(x_0,y_0,z_0)=0, F_z(x_0,y_0,z_0)\neq 0$，则方程 $F(x,y,z)=0$ 在点(x_0,y_0,z_0)的某一邻域内恒能唯一确定一个连续且具有连续偏导数的函数 $z=f(x,y)$，满足条件 $z_0=f(x_0,y_0)$，并有

$$\frac{\partial z}{\partial x}=-\frac{F_x}{F_z},\quad \frac{\partial z}{\partial y}=-\frac{F_y}{F_z}, \tag{2}$$

证明从略.

与定理 1 类似，仅对式(2)作下列推导.

将函数 $z=z(x,y)$代入方程 $F(x,y,z)=0$ 得 $F[x,y,z(x,y)]\equiv 0$. 其左端看成是 x,y 的一个复合函数，分别对自变量 x 和 y 求偏导，得

$$F_x+F_z\frac{\partial z}{\partial x}=0,\quad F_y+F_z\frac{\partial z}{\partial y}=0.$$

又因 $F_z(x,y,z)$连续，且 $F_z(x_0,y_0,z_0)\neq 0$，故存在点(x_0,y_0,z_0)的某个邻域，使得 $F_z(x,y,z)\neq 0$，于是

$$\frac{\partial z}{\partial x}=-\frac{F_x}{F_z},\quad \frac{\partial z}{\partial y}=-\frac{F_y}{F_z}.$$

例 2　设 $x^2y-\mathrm{e}^z=z$，求$\frac{\partial z}{\partial x}$，$\frac{\partial z}{\partial y}$ 和 $\frac{\partial^2 z}{\partial x\partial y}$.

解　先求$\frac{\partial z}{\partial x}$ 和 $\frac{\partial z}{\partial y}$.

(方法一)公式法：设 $F(x,y,z)=x^2y-\mathrm{e}^z-z$，则

$$F_x=2xy,\ F_y=x^2,\ F_z=-e^z-1,$$

故

$$\frac{\partial z}{\partial x}=-\frac{F_x}{F_z}=\frac{2xy}{e^z+1},\quad \frac{\partial z}{\partial y}=-\frac{F_y}{F_z}=\frac{x^2}{e^z+1}.$$

(方法二)直接法:直接在方程 $x^2y-e^z=z$ 两端(z 看作 x,y 的函数)分别对 x 和 y 求偏导,得

$$2xy-e^z\frac{\partial z}{\partial x}=\frac{\partial z}{\partial x},$$

$$x^2-e^z\frac{\partial z}{\partial y}=\frac{\partial z}{\partial y},$$

解得

$$\frac{\partial z}{\partial x}=\frac{2xy}{e^z+1},\quad \frac{\partial z}{\partial y}=\frac{x^2}{e^z+1}.$$

(方法三)全微分:把方程 $x^2y-e^z=z$ 两端微分,有

$$2xy\mathrm{d}x+x^2\mathrm{d}y-e^z\mathrm{d}z=\mathrm{d}z,$$

整理得

$$\mathrm{d}z=\frac{2xy}{e^z+1}\mathrm{d}x+\frac{x^2}{e^z+1}\mathrm{d}y,$$

由一阶全微分形式不变性得

$$\frac{\partial z}{\partial x}=\frac{2xy}{e^z+1},\quad \frac{\partial z}{\partial y}=\frac{x^2}{e^z+1},$$

再求 $\frac{\partial^2 z}{\partial x\partial y}$,利用 $\frac{\partial z}{\partial x}=\frac{2xy}{e^z+1}$ 对 y 求偏导有

$$\begin{aligned}\frac{\partial^2 z}{\partial x\partial y}&=\frac{2x(e^z+1)-e^z\frac{\partial z}{\partial y}2xy}{(e^z+1)^2}\\&=\frac{2x(e^z+1)^2-2x^3ye^z}{(e^z+1)^3},\end{aligned}$$

也可以由方法二中得到关于 $\frac{\partial z}{\partial x}$ 等式两边同时对 y 求偏导解得,请读者自求.

下面将隐函数存在定理继续加以推广.

二、方程组的情形

例如,考察方程组 $\begin{cases}F(x,y,u,v)=0,\\G(x,y,u,v)=0,\end{cases}$ 这时,在四个变量中,一般只有两个变量独立变化,因此该方程组就有可能确定两个二元函数.下面给出当 F,G 满足一定条件下二元隐函数存

在性及求偏导公式.

隐函数存在定理 3 设 $F(x,y,u,v)$ 和 $G(x,y,u,v)$ 在点 $P(x_0,y_0,u_0,v_0)$ 的某一邻域内具有对各个变量的连续偏导数,又 $F(x_0,y_0,u_0,v_0)=0$, $G(x_0,y_0,u_0,v_0)=0$,且偏导数所组成的函数行列式(或雅可比(Jacobi)式):

$$J=\frac{\partial(F,G)}{\partial(u,v)}=\begin{vmatrix}\dfrac{\partial F}{\partial u} & \dfrac{\partial F}{\partial v}\\ \dfrac{\partial G}{\partial u} & \dfrac{\partial G}{\partial v}\end{vmatrix}$$

在点 $P(x_0,y_0,u_0,v_0)$ 不等于零,则方程组 $F(x,y,u,v)=0$, $G(x,y,u,v)=0$ 在点 (x_0,y_0,u_0,v_0) 的某一邻域内恒能唯一确定一组连续且具有连续偏导数的函数 $u=u(x,y)$, $v=v(x,y)$,它们满足条件 $u_0=u(x_0,y_0)$, $v_0=v(x_0,y_0)$,并有

$$\frac{\partial u}{\partial x}=-\frac{1}{J}\frac{\partial(F,G)}{\partial(x,v)}=-\frac{\begin{vmatrix}F_x & F_v\\ G_x & G_v\end{vmatrix}}{\begin{vmatrix}F_u & F_v\\ G_u & G_v\end{vmatrix}},$$

$$\frac{\partial v}{\partial x}=-\frac{1}{J}\frac{\partial(F,G)}{\partial(u,x)}=-\frac{\begin{vmatrix}F_u & F_x\\ G_u & G_x\end{vmatrix}}{\begin{vmatrix}F_u & F_v\\ G_u & G_v\end{vmatrix}}, \tag{3}$$

$$\frac{\partial u}{\partial y}=-\frac{1}{J}\frac{\partial(F,G)}{\partial(y,v)}=-\frac{\begin{vmatrix}F_y & F_v\\ G_y & G_v\end{vmatrix}}{\begin{vmatrix}F_u & F_v\\ G_u & G_v\end{vmatrix}},$$

$$\frac{\partial v}{\partial y}=-\frac{1}{J}\frac{\partial(F,G)}{\partial(u,y)}=-\frac{\begin{vmatrix}F_u & F_y\\ G_u & G_y\end{vmatrix}}{\begin{vmatrix}F_u & F_v\\ G_u & G_v\end{vmatrix}}.$$

证明从略.

下面仅推导式(3).

把 $u=u(x,y)$ 和 $v=v(x,y)$ 代入方程组 $\begin{cases}F(x,y,u,v)=0,\\ G(x,y,u,v)=0,\end{cases}$ 得 $\begin{cases}F[x,y,u(x,y),v(x,y)]\equiv 0,\\ G[x,y,u(x,y),v(x,y)]\equiv 0,\end{cases}$

将恒等式两端利用复合函数求导法则分别对 x 求偏导,得

$$\begin{cases}F_x+F_u\dfrac{\partial u}{\partial x}+F_v\dfrac{\partial v}{\partial x}=0,\\ G_x+G_u\dfrac{\partial u}{\partial x}+G_v\dfrac{\partial v}{\partial x}=0,\end{cases}$$

它是关于$\frac{\partial u}{\partial x}$和$\frac{\partial v}{\partial x}$的线性方程组.由已知条件可知在点$P(x_0,y_0,u_0,v_0)$的一个邻域内,系数行列式

$$J=\begin{vmatrix} F_u & F_v \\ G_u & G_v \end{vmatrix}\neq 0,$$

从而可解出$\frac{\partial u}{\partial x},\frac{\partial v}{\partial x}$,即

$$\frac{\partial u}{\partial x}=-\frac{1}{J}\frac{\partial(F,G)}{\partial(x,v)},\quad \frac{\partial v}{\partial x}=-\frac{1}{J}\frac{\partial(F,G)}{\partial(u,x)},$$

同理得

$$\frac{\partial u}{\partial y}=-\frac{1}{J}\frac{\partial(F,G)}{\partial(y,v)},\quad \frac{\partial v}{\partial y}=-\frac{1}{J}\frac{\partial(F,G)}{\partial(u,y)}.$$

例3 设$xu^2-2yv^2=0,y^2u+3x^2v=3$,求$\frac{\partial u}{\partial x},\frac{\partial u}{\partial y},\frac{\partial v}{\partial x}$和$\frac{\partial v}{\partial y}$.

解 (方法一)公式法:可令

$$F(x,y,u,v)=xu^2-2yv^2,$$
$$G(x,y,u,v)=y^2u+3x^2v-3,$$

代入式(3)计算.过程从略.

(方法二)直接法:方程组两端对x求偏导,注意u,v是x,y的二元函数,得

$$\begin{cases} u^2+2xu\frac{\partial u}{\partial x}-4yv\frac{\partial v}{\partial x}=0, \\ y^2\frac{\partial u}{\partial x}+6xv+3x^2\frac{\partial v}{\partial x}=0, \end{cases}$$

解关于$\frac{\partial u}{\partial x}$和$\frac{\partial v}{\partial x}$的二元一次方程组,得

$$\frac{\partial u}{\partial x}=-\frac{3x^2u^2+24xyv^2}{2(3x^3u+2y^3v)},\quad \frac{\partial v}{\partial x}=-\frac{12x^2uv-y^2u^2}{2(3x^3u+2y^3v)}.$$

应用类似方法可得

$$\frac{\partial u}{\partial y}=\frac{3x^2v^2-4y^2uv}{3x^3u+2y^3v},\quad \frac{\partial v}{\partial y}=-\frac{2xyu^2+y^2v^2}{3x^3u+2y^3v}.$$

(方法三)全微分:在方程组两端分别取全微分,得

$$\begin{cases} u^2\mathrm{d}x+2xu\mathrm{d}u-2v^2\mathrm{d}y-4yv\mathrm{d}v=0, \\ 2yu\mathrm{d}y+y^2\mathrm{d}u+6xv\mathrm{d}x+3x^2\mathrm{d}v=0, \end{cases}$$

消去$\mathrm{d}v$得

$$\mathrm{d}u=-\frac{3x^2u^2+24xyv^2}{2(3x^3u+2y^3v)}\mathrm{d}x+\frac{3x^2v^2-4y^2uv}{(3x^3u+2y^3v)}\mathrm{d}y.$$

根据一阶全微分形式不变性，可得

$$\frac{\partial u}{\partial x}=-\frac{3x^2u^2+24xyv^2}{2(3x^3u+2y^3v)},\quad \frac{\partial u}{\partial y}=\frac{3x^3v^2-4y^2uv}{3x^3u+2y^3v}.$$

应用类似的方法可得$\frac{\partial v}{\partial x}=-\frac{12x^2uv-y^2u^2}{2(3x^3u+2y^3v)}$，$\frac{\partial v}{\partial y}=-\frac{2xyu^2+y^2v^2}{3x^3u+2y^3v}$.

例 4　设 $y=f(x,t)$，而 t 是由方程 $F(x,y,t)=0$ 所确定的 x,y 的函数，其中 f 和 F 具有一阶连续偏导数，证明：$\frac{\mathrm{d}y}{\mathrm{d}x}=\frac{\frac{\partial f}{\partial x}\frac{\partial F}{\partial t}-\frac{\partial f}{\partial t}\frac{\partial F}{\partial x}}{\frac{\partial f}{\partial t}\frac{\partial F}{\partial y}+\frac{\partial F}{\partial t}}$.

证　这里利用一阶微分形式不变性来做，读者可以自己试着用其他方法做.

对于 $y=f(x,t)$，$F(x,y,t)=0$ 两端分别取全微分，得

$$\begin{cases}\mathrm{d}y=f_x\mathrm{d}x+f_t\mathrm{d}t,\\ F_x\mathrm{d}x+F_y\mathrm{d}y+F_t\mathrm{d}t=0,\end{cases}$$

消去 $\mathrm{d}t$，可得

$$\mathrm{d}y=\frac{f_xF_t-f_tF_x}{f_tF_y+F_t}\mathrm{d}x,\quad 即\quad \frac{\mathrm{d}y}{\mathrm{d}x}=\frac{\frac{\partial f}{\partial x}\frac{\partial F}{\partial t}-\frac{\partial f}{\partial t}\frac{\partial F}{\partial x}}{\frac{\partial f}{\partial t}\frac{\partial F}{\partial y}+\frac{\partial F}{\partial t}},$$

证毕.

事实上，利用一阶全微分形式不变性求函数的微分法，无论变量之间的关系如何复杂，都可以不加区分，而统一作自变量处理. 因此，在求全微分和一阶偏导数时，利用一阶全微分形式不变性求解既简便，又不易出错.

习题 7-5

1. 设 $\sin y+\mathrm{e}^x-xy^2=0$，求$\frac{\mathrm{d}y}{\mathrm{d}x}$.

2. 设$\frac{x}{z}=\ln\frac{z}{y}$. 求$\frac{\partial z}{\partial x}$ 及 $\frac{\partial z}{\partial y}$.

3. 设 $x=x(y,z)$，$y=y(x,z)$，$z=z(x,y)$都是由方程 $F(x,y,z)=0$ 所确定的具有连续偏导数的函数，证明$\frac{\partial x}{\partial y}\cdot\frac{\partial y}{\partial z}\cdot\frac{\partial z}{\partial x}=-1$.

4. 设函数 $z=z(x,y)$由方程 $x^2+y^2+z^2=yf\left(\frac{z}{y}\right)$所确定，其中 f 可微，求$\frac{\partial z}{\partial x}$，$\frac{\partial z}{\partial y}$及 $\mathrm{d}z$.

5. 设 x,y,z 满足关系式 $z+\ln z-\int_y^x e^{-t^2}\,dt=0$,求 $\dfrac{\partial^2 z}{\partial x\partial y}$.

6. 求由下列方程组所确定的函数的导数或偏导数:

(1) 设 $\begin{cases}x+y+z=0\\x^2+y^2+z^2=1\end{cases}$,求 $\dfrac{dx}{dz},\dfrac{dy}{dz}$;

(2) 设 $\begin{cases}u=f(ux,v+y)\\v=g(u-x,v^2y)\end{cases}$,其中 f,g 具有一阶连续偏导,求 $\dfrac{\partial u}{\partial x},\dfrac{\partial v}{\partial x}$.

7. 设 $y=y(x),z=z(x)$ 是由方程 $z=xf(x+y)$ 和 $F(x,y,z)=0$ 所确定的函数,其中 f 和 F 分别具有一阶连续导数和一阶连续偏导数,求 $\dfrac{dz}{dx}$.

8. 设 $u=f(x,y,xyz)$,函数 $z=z(x,y)$ 由方程 $\int_{xy}^z g(xy+z-t)\,dt=e^{xyz}$ 确定,其中 f 可微,g 连续,求 $x\dfrac{\partial u}{\partial x}-y\dfrac{\partial u}{\partial y}$.

9. 设 $u=f(x,y,z)$ 有连续的一阶偏导数,又函数 $y=y(x)$ 及 $z=z(x)$ 分别由 $e^{xy}-xy=2$ 和 $e^x=\int_0^{x-z}\dfrac{\sin t}{t}dt$ 确定,求 $\dfrac{du}{dx}$.

10. 设 $u=f(x,y,z),\varphi(x^2,e^y,z)=0,y=\sin x$,其中 f,φ 具有一阶连续偏导数,且 $\dfrac{\partial\varphi}{\partial z}\neq 0$,求 $\dfrac{du}{dx}$.

第六节　多元函数微分学的几何应用

借助一元函数微分学可以利用导数求平面曲线上一点处的切线和法线方程.自然也可以利用多元函数微分学知识,研究空间曲线上一点的切线与法平面方程,以及空间曲面上一点的切平面与法线方程.

一、空间曲线的切线与法平面

(1) 设空间曲线 Γ 的参数方程为

$$x=\varphi(t),\ y=\psi(t),\ z=\omega(t)\ (\alpha\leqslant t\leqslant\beta),\tag{1}$$

其中 φ,ψ,ω 在 $[\alpha,\beta]$ 上可导,且导数不同时为零.

下面利用空间解析几何中切线是割线的极限位置来求切线.

如图7-7所示,在曲线 Γ 上取对应于 $t=t_0$ 的一点 $M(x_0,y_0,z_0)$ 及对应于 $t=t_0+\Delta t$ 的

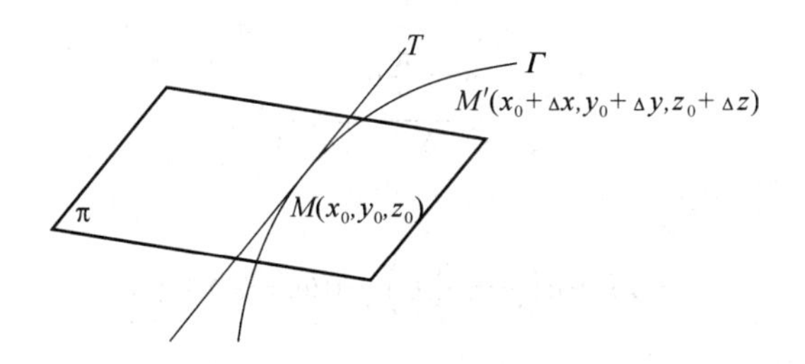

图 7-7

邻近一点$M'(x_0+\Delta x, y_0+\Delta y, z_0+\Delta z)$. 根据解析几何的知识，曲线的割线 MM'的方程是

$$\frac{x-x_0}{\Delta x}=\frac{y-y_0}{\Delta y}=\frac{z-z_0}{\Delta z}. \tag{2}$$

当 M'沿着 Γ 趋于 M 时，割线 MM'的极限位置 MT 就是曲线 Γ 在点 M 处的切线. 用 Δt 除式(2)的各分母，得

$$\frac{x-x_0}{\frac{\Delta x}{\Delta t}}=\frac{y-y_0}{\frac{\Delta y}{\Delta t}}=\frac{z-z_0}{\frac{\Delta z}{\Delta t}}. \tag{3}$$

令 $M'\to M$(这时 $\Delta t\to 0$)，通过对式(3)取极限，即得曲线在点 M 处切线方程为

$$\frac{x-x_0}{\varphi'(t_0)}=\frac{y-y_0}{\psi'(t_0)}=\frac{z-z_0}{\omega'(t_0)}. \tag{4}$$

切线的方向向量称为曲线的切向量.

向量 $\boldsymbol{T}=(\varphi'(t_0), \psi'(t_0), \omega'(t_0))$就是曲线 Γ 在点 M 处的一个切向量，它的指向与参数 t 增大时点 M 移动的走向一致.

通过点 M 而与切线垂直的平面称为曲线 Γ 在点 M 处的法平面，它是通过点 $M(x_0, y_0, z_0)$ 而以 $\boldsymbol{T}$ 为法向量的平面，因此这法平面的方程为

$$\varphi'(t_0)(x-x_0)+\psi'(t_0)(y-y_0)+\omega'(t_0)(z-z_0)=0. \tag{5}$$

例 1　求螺旋线 $x=a\cos t, y=bt, z=a\sin t$ 在点 $\left(0, \frac{\pi}{2}b, a\right)$处的切线方程与法平面方程.

解　点$\left(0, \frac{\pi}{2}b, a\right)$对应于参数 $t=\frac{\pi}{2}$. 因为

$$\frac{\mathrm{d}x}{\mathrm{d}t}=-a\sin t, \quad \frac{\mathrm{d}y}{\mathrm{d}t}=b, \quad \frac{\mathrm{d}z}{\mathrm{d}t}=a\cos t,$$

所以在 $t=\frac{\pi}{2}$处有

$$\boldsymbol{T}=(-a, b, 0),$$

切线方程为

$$\frac{x}{-a}=\frac{y-\frac{\pi}{2}b}{b}=\frac{z-a}{0},$$

法平面方程为

$$-ax+b\left(y-\frac{\pi}{2}b\right)+0(z-a)=0,$$

即

$$ax-by+\frac{\pi}{2}b^2=0.$$

(2) 设空间曲线 Γ 的方程为

$$\begin{cases} y=\varphi(x), \\ z=\psi(x), \end{cases} \tag{6}$$

此时可取 x 为参数,曲线 Γ 参数方程为

$$\begin{cases} x=x, \\ y=\varphi(x), \\ z=\psi(x). \end{cases}$$

若 $\varphi(x)$,$\psi(x)$在 $x=x_0$ 处可导,则切向量 $\boldsymbol{T}=(1,\varphi'(x_0),\psi'(x_0))$,则曲线在点 $M(x_0,y_0,z_0)$处切线方程为

$$\frac{x-x_0}{1}=\frac{y-y_0}{\varphi'(x_0)}=\frac{z-z_0}{\psi'(x_0)},$$

法平面方程为

$$(x-x_0)+\varphi'(x_0)(y-y_0)+\psi'(x_0)(z-z_0)=0.$$

(3) 设空间曲线 Γ 的方程为$\begin{cases} F(x,y,z)=0, \\ G(x,y,z)=0, \end{cases}$ (7)

其中,F,G 有对各个变量的连续偏导数,$M(x_0,y_0,z_0)$在曲线上,且$\left.\dfrac{\partial(F,G)}{\partial(y,z)}\right|_{(x_0,y_0,z_0)}\neq 0$,则在点 $M(x_0,y_0,z_0)$某一邻域内确定了一组函数 $y=\varphi(x)$,$z=\psi(x)$.

由第五节方程组形式隐函数求导,可取切向量

$$\boldsymbol{T}=\left\{\left.\begin{vmatrix} F_y & F_z \\ G_y & G_z \end{vmatrix}\right|_M,\left.\begin{vmatrix} F_z & F_x \\ G_z & G_x \end{vmatrix}\right|_M,\left.\begin{vmatrix} F_x & F_y \\ G_x & G_y \end{vmatrix}\right|_M\right\},$$

故切线方程为

$$\frac{x-x_0}{\left.\begin{vmatrix} F_y & F_z \\ G_y & G_z \end{vmatrix}\right|_M}=\frac{y-y_0}{\left.\begin{vmatrix} F_z & F_x \\ G_z & G_x \end{vmatrix}\right|_M}=\frac{z-z_0}{\left.\begin{vmatrix} F_x & F_y \\ G_x & G_y \end{vmatrix}\right|_M},$$

法平面方程为

$$\begin{vmatrix} F_y & F_z \\ G_y & G_z \end{vmatrix}_M (x-x_0)+\begin{vmatrix} F_z & F_x \\ G_z & G_x \end{vmatrix}_M (y-y_0)+\begin{vmatrix} F_x & F_y \\ G_x & G_y \end{vmatrix}_M (z-z_0)=0.$$

若$\left.\frac{\partial(F,G)}{\partial(y,z)}\right|_M=0$,而$\left.\frac{\partial(F,G)}{\partial(z,x)}\right|_M$和$\left.\frac{\partial(F,G)}{\partial(x,y)}\right|_M$中至少有一个不等于零,则可以类似给出切线方程和法平面方程.

例 2　求曲线$\begin{cases} x^2+y^2+z^2=6 \\ x+y+z=0 \end{cases}$在点$P(1,1,-2)$处的切线方程及法平面方程.

解　方程组两边对 x 求导得

$$\begin{cases} 2x+2y\dfrac{dy}{dx}+2z\dfrac{dz}{dx}=0, \\ 1+\dfrac{dy}{dx}+\dfrac{dz}{dx}=0. \end{cases}$$

在点$(1,1,-2)$处化简上述方程组得

$$\begin{cases} \dfrac{dy}{dx}-2\dfrac{dz}{dx}=-1, \\ \dfrac{dy}{dx}+\dfrac{dz}{dx}=-1, \end{cases}$$

则$\frac{dy}{dx}=-1,\frac{dz}{dx}=0$.故切线方程为

$$\frac{x-1}{1}=\frac{y-1}{-1}=\frac{z+2}{0},$$

法平面方程为

$$(x-1)+(-1)(y-1)+0(z+2)=0,$$

即

$$x-y=0.$$

二、曲面的切平面与法线

(1) 设曲面 Σ 的方程为隐式 $F(x,y,z)=0$ 的情形

设 $M(x_0,y_0,z_0)$是曲面 Σ 上的一点,并设函数 $F(x,y,z)$的偏导数在该点连续且不同时为零.下面求曲面 Σ 在点 M 的切平面方程.

在曲面 Σ 上,通过点 M 任意引一条曲线 Γ,假定曲线 Γ 的参数方程为

$$x=\varphi(t),\ y=\psi(t),\ z=\omega(t)\quad(\alpha\leqslant t\leqslant\beta). \tag{8}$$

$t=t_0$ 对应于点 $M(x_0,y_0,z_0)$且 $\varphi'(t_0),\psi'(t_0),\omega'(t_0)$不全为零,则过 M 点的切线方程为

$$\frac{x-x_0}{\varphi'(t_0)}=\frac{y-y_0}{\psi'(t_0)}=\frac{z-z_0}{\omega'(t_0)}, \tag{9}$$

下面证明,在曲面Σ上过点M且在M点具有切线的任何曲线在M点处的切线都在一个平面上.

因曲线Γ完成在曲面Σ上,有$F[\varphi(t),\psi(t),\omega(t)]\equiv 0$,又因$F(x,y,z)$在$M(x_0,y_0,z_0)$处有连续偏导数,且$\varphi'(t_0),\psi'(t_0),\omega'(t_0)$存在,故恒等式(9)左边的复合函数在$t=t_0$有全导数,且全导数为零,即

$$\frac{\mathrm{d}}{\mathrm{d}t}F[\varphi(t),\psi(t),\omega(t)]|_{t=t_0}=0,$$

整理得

$$F_x(x_0,y_0,z_0)\varphi'(t_0)+F_y(x_0,y_0,z_0)\psi'(t_0)+F_z(x_0,y_0,z_0)\omega'(t_0)=0. \tag{10}$$

记向量

$$\boldsymbol{n}=(F_x(x_0,y_0,z_0),F_y(x_0,y_0,z_0),F_z(x_0,y_0,z_0)),$$
$$\boldsymbol{T}=(\varphi'(t_0),\psi'(t_0),w'(t_0)),$$

则式(10)表明在M点处切向量$\boldsymbol{T}$与向量$\boldsymbol{n}$垂直.曲线(8)是曲面Σ上过点M的任意一条曲线,它们在点M的切线都与向量$\boldsymbol{n}$垂直.故曲面上通过点M的一切曲线在M的切线都在同一平面上,称这个平面为曲面Σ在点M的切平面(见图7-8).

切平面方程为

$$F_x(x_0,y_0,z_0)(x-x_0)+F_y(x_0,y_0,z_0)(y-y_0)+F_z(x_0,y_0,z_0)(z-z_0)=0, \tag{11}$$

通过点$M(x_0,y_0,z_0)$且垂直于切平面(11)的直线称为曲面在该点的法线.法线方程是

$$\frac{x-x_0}{F_x(x_0,y_0,z_0)}=\frac{y-y_0}{F_y(x_0,y_0,z_0)}=\frac{z-z_0}{F_z(x_0,y_0,z_0)}.$$

垂直于曲面上切平面的向量称为曲面的法向量.向量

$$\boldsymbol{n}=(F_x(x_0,y_0,z_0),F_y(x_0,y_0,z_0),F_z(x_0,y_0,z_0))$$

是曲面Σ在点M处的法向量.

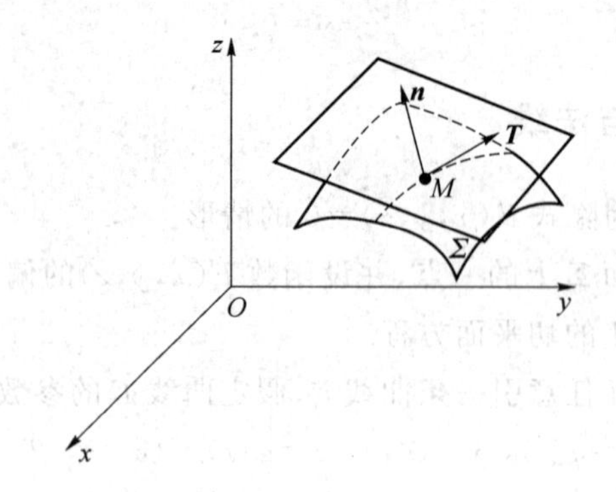

图 7-8

(2) 设曲面Σ的方程为显式$z=f(x,y)$的情形

注意到此时 Σ 方程只是隐式表示的一种特殊情形. 令

$$F(x,y,z)=f(x,y)-z,$$

则

$$F_x(x,y,z)=f_x(x,y),\ F_y(x,y,z)=f_y(x,y),\ F_z(x,y,z)=-1.$$

当函数 $f(x,y)$ 的偏导数在点 (x_0,y_0) 都连续时,式 $z=f(x,y)$ 表示的曲面在点 $M(x_0,y_0,z_0)$ 处法向量为

$$\boldsymbol{n}=(f_x(x_0,y_0),f_y(x_0,y_0),-1),$$

切平面方程为

$$f_x(x_0,y_0)(x-x_0)+f_y(x_0,y_0)(y-y_0)-(z-z_0)=0,$$

法线方程为

$$\frac{x-x_0}{f_x(x_0,y_0)}=\frac{y-y_0}{f_y(x_0,y_0)}=\frac{z-z_0}{-1},$$

此时,可以将切平面方程改写为

$$z-z_0=f_x(x_0,y_0)(x-x_0)+f_y(x_0,y_0)(y-y_0), \tag{12}$$

式(12)右端恰好是函数 $z=f(x,y)$ 在点 (x_0,y_0) 的全微分,而左端是切平面上点竖坐标的增量. 这说明函数 $z=f(x,y)$ 在点 (x_0,y_0) 处的全微分在几何上表示曲面 $z=f(x,y)$ 在点 (x_0,y_0,z_0) 处切平面上点竖坐标的增量.

如果用 α,β,γ 表示曲面的法向量的方向角,并取法向量的方向与 z 轴正向所呈的角 γ 是一锐角,则法向量的方向余弦可表示为

$$\cos\alpha=\frac{-f_x}{\sqrt{1+f_x^2+f_y^2}},\ \cos\beta=\frac{-f_y}{\sqrt{1+f_x^2+f_y^2}},\ \cos\gamma=\frac{1}{\sqrt{1+f_x^2+f_y^2}},$$

其中 f_x,f_y 分别为 $f_x(x_0,y_0),f_y(x_0,y_0)$.

例 3　求曲面 $e^z-z+xy=3$ 在点 $(2,1,0)$ 处的切平面方程及法线方程.

解　令 $F(x,y,z)=e^z-z+xy-3$,则

$$\boldsymbol{n}=(F_x,F_y,F_z)=(y,x,e^z-1),$$

所以

$$\boldsymbol{n}|_{(2,1,0)}=(1,2,0),$$

故点 $(2,1,0)$ 处的切平面方程为

$$(x-2)+2(y-1)+0(z-0)=0,$$

即

$$x+2y=4,$$

法线方程为

$$\frac{x-2}{1}=\frac{y-1}{2}=\frac{z}{0}.$$

例4 求马鞍面 $z=xy$ 在点(2,3,6)处的切平面方程及法线方程.

解 令 $F(x,y,z)=xy-z$,则

$$\boldsymbol{n}=(F_x,F_y,F_z)=(y,x,-1),$$

所以

$$\boldsymbol{n}\big|_{(2,3,6)}=(3,2,-1),$$

故点(2,3,6)处的切平面方程为

$$3(x-2)+2(y-3)-(z-6)=0,$$

即

$$3x+2y-z=6,$$

法线方程为

$$\frac{x-2}{3}=\frac{y-3}{2}=\frac{z-6}{-1}.$$

习题 7-6

1. 下列各题中,$\boldsymbol{r}=\boldsymbol{f}(t)$是空间中的质点 M 在时刻 t 的位置,求质点 M 在时刻 t_0 的速度向量和加速度向量及在任意时刻 t 的速度:

(1) $\boldsymbol{r}=\boldsymbol{f}(t)=(t+1)\boldsymbol{i}+(t^2-1)\boldsymbol{j}+2t\boldsymbol{k}$, $t_0=1$;

(2) $\boldsymbol{r}=\boldsymbol{f}(t)=(2\cos t)\boldsymbol{i}+(3\sin t)\boldsymbol{j}+4t\boldsymbol{k}$, $t_0=\frac{\pi}{2}$;

(3) $\boldsymbol{r}=\boldsymbol{f}(t)=[2\ln(t+1)]\boldsymbol{i}+t^2\boldsymbol{j}+\frac{1}{2}t^2\boldsymbol{k}$, $t_0=1$.

2. 求曲线 $x=\frac{t}{1+t}$, $y=\frac{1+t}{t}$, $z=t^2$ 在对应于 $t_0=1$ 的点处的切线方程及法平面方程.

3. 求曲线 $y^2=2mx$, $z^2=m-x$ 在点 $P_0(x_0,y_0,z_0)$处的切线方程及法平面方程.

4. 求曲线$\begin{cases}2x^2+3y^2+z^2=9\\ z^2=3x^2+y^2\end{cases}$在点 $M_0(1,-1,2)$处的切线方程及法平面方程.

5. 求曲线$\begin{cases}x^2-z=0\\ 3x+2y+1=0\end{cases}$上点 $M_0(1,-2,1)$的法平面与直线$\begin{cases}9x-7y-21z=0\\ x-y-z=0\end{cases}$间的夹角.

6. 求曲线 $x^2+z^2=10$, $y^2+z^2=10$ 在点(1,1,3)处的切线方程及法平面方程.

7. 求曲线 Γ: $\begin{cases}y=1-2x\\ z=1/2-5x^2/2\end{cases}$ 在点 $P_0(1,-1,-2)$ 处的切线与直线 L $\begin{cases}5x-3y+3z-9=0\\ 3x-2y+z-1=0\end{cases}$的夹角.

8. 求曲面 $x^2+2y^2+3z^2=21$ 在点(1，-2，2)处的切平面方程及法线方程.

9. 已知曲面 $z=4-x^2-y^2$ 上点 P 处的切平面平行于平面 $2x+2y+z-1=0$，求 P 点坐标.

10. 求曲线 $\begin{cases}3x^2+2y^2=12\\z=0\end{cases}$ 绕 y 轴旋转一周得到的旋转面在点 $(0,\sqrt{3},\sqrt{2})$ 处指向外侧的单位法向量.

11. 设直线 L：$\begin{cases}x+y+b=0\\x+ay-z-3=0\end{cases}$ 在平面 π 上，而平面 π 与曲面 $z=x^2+y^2$ 相切于点 $(1,-2,5)$，求 a,b 的值.

12. 设 $\boldsymbol{u}(t),\boldsymbol{v}(t)$ 是可导的向量值函数，证明：

(1) $\dfrac{\mathrm{d}}{\mathrm{d}t}[\boldsymbol{u}(t)\pm\boldsymbol{v}(t)]=\boldsymbol{u}'(t)\pm\boldsymbol{v}'(t)$；

(2) $\dfrac{\mathrm{d}}{\mathrm{d}t}[\boldsymbol{u}(t)\cdot\boldsymbol{v}(t)]=\boldsymbol{u}'(t)\cdot\boldsymbol{v}(t)+\boldsymbol{u}(t)\cdot\boldsymbol{v}'(t)$；

(3) $\dfrac{\mathrm{d}}{\mathrm{d}t}[\boldsymbol{u}(t)\times\boldsymbol{v}(t)]=\boldsymbol{u}'(t)\times\boldsymbol{v}(t)+\boldsymbol{u}(t)\times\boldsymbol{v}'(t)$.

第七节　方向导数和梯度

偏导数反映的是函数沿坐标轴方向的变化率，但许多物理现象不能只考虑函数沿单一方向的变化率，而需要考虑该点处沿任意给定方向的变化率. 例如，热空气要向冷的地方流动，气象学就要确定大气温度，气压沿着某些方向的变化率，因此有必要讨论函数沿任一指定方向的变化率问题.

例如，一块长方形的金属板四个顶点的坐标是(1，1)，(5，1)，(1，3)，(5，3). 坐标原点处有一个火焰，使金属板受热. 假定板上任意一点处的温度与该点到原点的距离成反比. 在(3，2)处有一只蚂蚁，问这只蚂蚁应沿什么方向爬行才能最快到达较凉快的地点?

要解决上述问题，需考虑温度沿各个方向的变化率如何及温度沿哪个方向变化最快，因此引入方向导数和梯度的概念.

一、方向导数

1. 方向导数的概念

设 l 是 xOy 平面上以 $P_0(x_0,y_0)$ 为始点的一条射线，$\boldsymbol{e}_l=(\cos\alpha,\cos\beta)$ 是与 l 同方向的单位向量(见图 7-9).

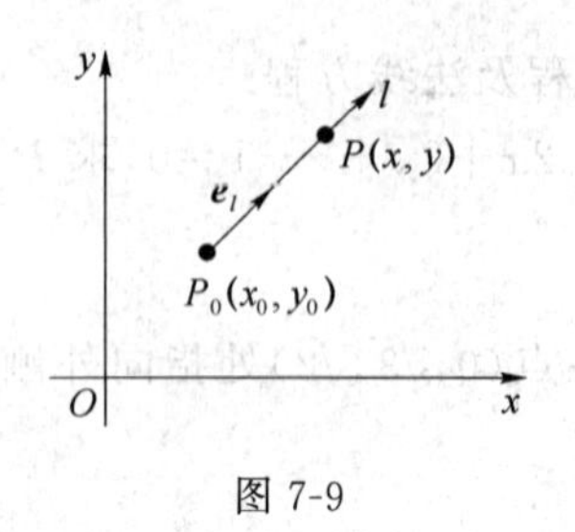

图 7-9

射线 l 的参数方程为

$$\begin{cases} x=x_0+\rho\cos\alpha, \\ y=y_0+\rho\cos\beta\ (\rho\geqslant 0). \end{cases}$$

设函数 $z=f(x,y)$ 在点 $P_0(x_0,y_0)$ 的某个邻域 $U(P_0)$ 内有定义，$P(x_0+\rho\cos\alpha, y_0+\rho\cos\beta)$ 为 l 上另一点，且 $P\in U(P_0)$.

若函数增量 $f(x_0+\rho\cos\alpha, y_0+\rho\cos\beta)-f(x_0,y_0)$ 与 P 到 P_0 的距离 $|PP_0|=\rho$ 的比值 $\dfrac{f(x_0+\rho\cos\alpha, y_0+\rho\cos\beta)-f(x_0,y_0)}{\rho}$，当 P 沿着 l 趋于 P_0（即 $\rho\to 0^+$）时极限存在，则称此极限为函数 $f(x,y)$ 在点 P_0 沿方向 l 的方向导数，记作 $\left.\dfrac{\partial f}{\partial l}\right|_{(x_0,y_0)}$，即

$$\left.\frac{\partial f}{\partial l}\right|_{(x_0,y_0)}=\lim_{\rho\to 0^+}\frac{f(x_0+\rho\cos\alpha, y_0+\rho\cos\beta)-f(x_0,y_0)}{\rho}. \tag{1}$$

2. 方向导数的计算

利用定义式(1)计算方向导数很不方便但当函数可微时，方向导数的计算将很方便.

定理 1 若函数 $f(x,y)$ 在点 $P_0(x_0,y_0)$ 可微分，则函数在该点沿任一方向 l 的方向导数存在，且有

$$\left.\frac{\partial f}{\partial l}\right|_{(x_0,y_0)}=f_x(x_0,y_0)\cos\alpha+f_y(x_0,y_0)\cos\beta, \tag{2}$$

其中 $\cos\alpha,\cos\beta$ 是方向 l 的方向余弦.

证 已知函数 $f(x,y)$ 在点 (x_0,y_0) 可微分，故有

$$f(x_0+\Delta x, y_0+\Delta y)-f(x_0,y_0)=f_x(x_0,y_0)\Delta x+f_y(x_0,y_0)\Delta y+o(\sqrt{(\Delta x)^2+(\Delta y)^2}).$$

当点 $(x_0+\Delta x, y_0+\Delta y)$ 在以 (x_0,y_0) 为始点的射线 l 上时，应有

$$\Delta x=t\cos\alpha, \Delta y=t\cos\beta, \sqrt{(\Delta x)^2+(\Delta y)^2}=t,$$

故

$$\lim_{t\to 0^+}\frac{f(x_0+t\cos\alpha, y_0+t\cos\beta)-f(x_0,y_0)}{t}=f_x(x_0,y_0)\cos\alpha+f_y(x_0,y_0)\cos\beta,$$

于是方向导数存在，且其值为

$$\left.\frac{\partial f}{\partial l}\right|_{(x_0,y_0)}=f_x(x_0,y_0)\cos\alpha+f_y(x_0,y_0)\cos\beta.$$

例如，三元函数 $u=f(x,y,z)$ 在点 $P_0(x_0,y_0,z_0)$ 沿

$$\boldsymbol{e}_l=(\cos\alpha,\cos\beta,\cos\gamma)$$

的方向导数定义为

$$\left.\frac{\partial f}{\partial l}\right|_{(x_0,y_0,z_0)}=\lim_{t\to 0^+}\frac{f(x_0+t\cos\alpha,y_0+t\cos\beta,z_0+t\cos\gamma)-f(x_0,y_0,z_0)}{t},$$

同样，当 $u=f(x,y,z)$ 在点 $P_0(x_0,y_0,z_0)$ 可微时，函数在该点沿方向 l 的方向导数为

$$\left.\frac{\partial f}{\partial l}\right|_{(x_0,y_0,z_0)}=f_x(x_0,y_0,z_0)\cos\alpha+f_y(x_0,y_0,z_0)\cos\beta+f_z(x_0,y_0,z_0)\cos\gamma.$$

例 4　求函数 $z=x^2+y^2$ 在点(1,2)处沿从点(1,2)到点 $(2,2+\sqrt{3})$ 方向的方向导数.

解　方向 l 即向量 $\boldsymbol{l}=(1,\sqrt{3})$，其单位向量 $\boldsymbol{e}_l=\left(\frac{1}{2},\frac{\sqrt{3}}{2}\right)$，又函数 $z=x^2+y^2$ 可微分，且

$$\left.\frac{\partial z}{\partial x}\right|_{(1,2)}=2x|_{(1,2)}=2,$$

$$\left.\frac{\partial z}{\partial y}\right|_{(1,2)}=2y|_{(1,2)}=4,$$

故方向导数 $\left.\frac{\partial z}{\partial l}\right|_{(1,2)}=2\times\frac{1}{2}+4\times\frac{\sqrt{3}}{2}=1+2\sqrt{3}.$

例 5　求函数 $f(x,y,z)=x^2\cos y+e^{-y}\ln(x+z)$ 在点(−1,0,2)处沿从该点到(1,2,1)的方向的方向导数.

解　$\boldsymbol{l}=(2,2,-1)$，其单位向量 $\boldsymbol{e}_l=\left(\frac{2}{3},\frac{2}{3},-\frac{1}{3}\right)$. 又

$$f_x=2x\cos y+e^{-y}\frac{1}{x+z},$$

$$f_y=-x^2\sin y-e^{-y}\ln(x+z),$$

$$f_z=\frac{e^{-y}}{x+z},$$

故

$$f_x(-1,0,2)=-1,\ f_y(-1,0,2)=0,\ f_z(-1,0,2)=1,$$

于是

$$\left.\frac{\partial f}{\partial l}\right|_{(-1,0,2)}=-1\times\frac{2}{3}+0\times\frac{2}{3}+1\times\left(-\frac{1}{3}\right)=-1.$$

3. 方向导数的几何意义

方程 $z=f(x,y)$ 表示空间曲面 Σ，设 $P_0'(x_0,y_0,z_0)$，$P'(x,y,z)$ 为曲面 Σ 上的点，它们在 xOy 面上的投影分别对应点 P_0 和 P. 过点 P_0 和 P 作过方向向量 $\boldsymbol{l}$ 的竖直平面交曲面 Σ 于曲线 C，如图 7-10 所示，曲线 C 可以用关于 ρ 的一元函数

$$\varphi(\rho)=f(x_0+\rho\cos\alpha,y_0+\rho\cos\beta)$$

描述，它在 P_0' 处切线的斜率为

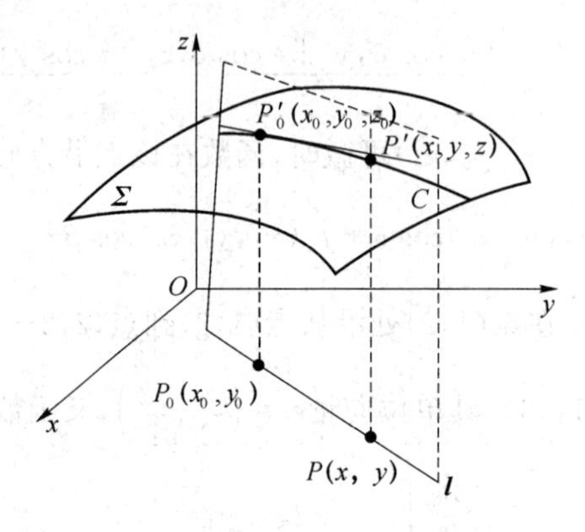

图 7-10

$$\varphi'(0)=\lim_{\rho\to 0^+}\frac{f(x_0+\rho\cos\alpha,y_0+\rho\cos\beta)-f(x_0,y_0)}{\rho},$$

即

$$\left.\frac{\partial f}{\partial l}\right|_{(x_0,y_0)}=\lim_{\rho\to 0^+}\frac{f(x_0+\Delta x,y_0+\Delta y)-f(x_0,y_0)}{\rho},$$

其中 $\Delta x=\rho\cos\alpha,\Delta y=\rho\cos\beta$.

4. 方向导数和偏导数之间关系

从定义上来看

$$\left.\frac{\partial f}{\partial l}\right|_{(x_0,y_0)}=\lim_{\rho\to 0^+}\frac{f(x_0+\Delta x,y_0+\Delta y)-f(x_0,y_0)}{\rho},$$

$$\left.\frac{\partial f}{\partial x}\right|_{(x_0,y_0)}=\lim_{\Delta x\to 0}\frac{f(x_0+\Delta x,y_0)-f(x_0,y_0)}{\Delta x},$$

即使令 $\boldsymbol{e}_l=\boldsymbol{i}$ 有

$$\left.\frac{\partial f}{\partial l}\right|_{(x_0,y_0)}=\lim_{\rho\to 0^+}\frac{f(x_0+\Delta x,y_0)-f(x_0,y_0)}{\rho},$$

$$\left.\frac{\partial f}{\partial x}\right|_{(x_0,y_0)}=\lim_{\Delta x\to 0}\frac{f(x_0+\Delta x,y_0)-f(x_0,y_0)}{\Delta x}.$$

两极限过程是不同的.方向导数是定义在半直线上的单侧导数,描述函数沿方向 l 的变化率.而偏导数是定义在坐标轴(直线)上的双侧导数,描述函数沿平行于坐标轴方向的变化率.

下面通过两个例子体会方向导数存在,偏导数可能不存在;偏导数存在,方向导数可能不存在.

例 1 证明 $z=\sqrt{x^2+y^2}$ 在点(0,0)方向导数存在,但偏导数 $\left.\frac{\partial z}{\partial x}\right|_{(0,0)}$,$\left.\frac{\partial z}{\partial y}\right|_{(0,0)}$ 不存在.

证 按方向导数定义

$$\left.\frac{\partial f}{\partial l}\right|_{(0,0)}=\lim_{\rho\to 0^+}\frac{f(0+\Delta x,0+\Delta y)-f(0,0)}{\rho}=\lim_{\rho\to 0^+}\frac{\sqrt{(\Delta x)^2+(\Delta y)^2}}{\rho}=\lim_{\rho\to 0^+}\frac{\rho}{\rho}=1.$$

但$\left.\dfrac{\partial z}{\partial x}\right|_{(0,0)}=\lim\limits_{\Delta x\to 0}\dfrac{f(0+\Delta x,0)-f(0,0)}{\Delta x}=\lim\limits_{\Delta x\to 0}\dfrac{|\Delta x|}{\Delta x}$不存在. 同理$\left.\dfrac{\partial z}{\partial y}\right|_{(0,0)}$不存在.

例 2　证明函数 $f(x,y)=\begin{cases}\dfrac{xy}{\sqrt{x^2+y^2}}\sin\dfrac{1}{x^2+y^2}, & x^2+y^2\neq 0\\ 0, & x^2+y^2=0\end{cases}$ 在点(0,0)处有 $f_x(0,0)=f_y(0,0)=0$,但在点(0,0)处的方向导数不存在.

证　$f_x(0,0)=\lim\limits_{\Delta x\to 0}\dfrac{f(0+\Delta x,0)-f(0,0)}{\Delta x}=\lim\limits_{\Delta x\to 0}\dfrac{\Delta x\cdot 0}{\sqrt{(\Delta x)^2}}\cdot\sin\dfrac{1}{(\Delta x)^2}=0.$

同理 $f_y(0,0)=0$.

由方向导数定义

$$\begin{aligned}\frac{\partial f}{\partial l}&=\lim_{\rho\to 0^+}\frac{f(0+\Delta x,0+\Delta y)-f(0,0)}{\rho}\\&=\lim_{\rho\to 0^+}\left[\left(\frac{\Delta x\Delta y}{\sqrt{(\Delta x)^2+(\Delta y)^2}}\cdot\sin\frac{1}{(\Delta x)^2+(\Delta y)^2}\right)\Big/\rho\right],\end{aligned}$$

取 $\Delta y=k\Delta x$ 有

$$\begin{aligned}&\lim_{\rho\to 0^+}\left[\frac{k\Delta x\cdot\Delta x}{\sqrt{(\Delta x)^2+k^2\Delta x^2}}\sin\frac{1}{(\Delta x)^2+(1+k^2)}\Big/\rho\right]\\&=\lim_{\Delta x\to 0^+}\frac{k}{1+k^2}\sin\frac{1}{\Delta x^2(1+k^2)}.\end{aligned}$$

知除去坐标轴外,沿各个方向的方向导数不存在.

例 3　设二元函数 $f(x,y)=\begin{cases}\dfrac{xy^2}{x^2+y^4}, & x^2+y^2\neq 0,\\ 0, & x^2+y^2=0.\end{cases}$ 求 f 在点(0,0)沿任意方向的方向导数.

解　设 $\boldsymbol{l}=(\cos\alpha,\sin\alpha)$.

当 $\cos\alpha\neq 0$ 时

$$\left.\frac{\partial f}{\partial l}\right|_{(0,0)}=\lim_{t\to 0^+}\frac{f(t\cos\alpha,t\sin\alpha)-f(0,0)}{t}=\lim_{t\to 0^+}\frac{\cos\alpha\sin^2\alpha}{\cos^2\alpha+t^2\sin^4\alpha}=\frac{\sin^2\alpha}{\cos\alpha},$$

当 $\cos\alpha=0$ 时

$$f(t\cos\alpha,t\sin\alpha)=0,$$

故

$$\left.\frac{\partial f}{\partial l}\right|_{(x_0,y_0)}=0.$$

需要注意的是,可验证该函数在原点不可微.由此可见,方向导数存在与否并不依赖函数在该点的可微性.

回顾本节引言中的实例,可以考察温度函数在点(3,2)处沿任一方向的变化率,但要找到最快的方向需讨论函数最大变化率问题.

二、梯度

设二元函数 $z=f(x,y)$ 在平面区域 D 内具有一阶连续偏导数,则对任一点 $P_0(x_0,y_0)\in D$,都可定出一个向量 $f_x(x_0,y_0)\boldsymbol{i}+f_y(x_0,y_0)\boldsymbol{j}$.该向量称为函数 $f(x,y)$ 在点 $P_0(x_0,y_0)$ 的梯度,记作 $\mathbf{grad}f(x_0,y_0)$ 或 ∇f,即

$$\mathbf{grad}\, f(x_0,y_0)=f_x(x_0,y_0)\boldsymbol{i}+f_y(x_0,y_0)\boldsymbol{j}.$$

由此前讨论可知,若函数 $f(x,y)$ 在点 $P_0(x_0,y_0)$ 可微,$\boldsymbol{e}_l=(\cos\alpha,\cos\beta)$ 是与方向 l 同向的单位向量,则

$$\begin{aligned}\left.\frac{\partial f}{\partial l}\right|_{(x_0,y_0)}&=f_x(x_0,y_0)\cos\alpha+f_y(x_0,y_0)\cos\beta\\&=\mathbf{grad}\, f(x_0,y_0)\cdot\boldsymbol{e}_l=|\mathbf{grad}\, f(x_0,y_0)|\cos\theta,\end{aligned}\tag{3}$$

其中,$\theta=(\widehat{\mathbf{grad}\, f(x_0,y_0),\boldsymbol{e}_l})$.

式(3)给出了方向导数和梯度的关系:

(1) 当 $\theta=0$ 时,即函数沿梯度方向变化时,方向导数取得最大值,函数增加最快,该最大值正是梯度的模,即

$$\frac{\partial f}{\partial l}=|\nabla f|\cos 0=|\nabla f|;$$

(2) 当 $\theta=\pi$ 时,即函数沿负梯度方向 $-\nabla f$ 变化时,函数减少最快,此时方向导数为

$$\frac{\partial f}{\partial l}=|\nabla f|\cos\pi=-|\nabla f|;$$

(3) 当 $\theta=\frac{\pi}{2}$ 时,即函数沿正交于梯度方向变化时,函数的变化率为零,即

$$\frac{\partial f}{\partial l}=|\nabla f|\cos\frac{\pi}{2}=0.$$

由上述分析可知:函数在一点的梯度是一个向量,它的方向是函数在该点方向导数取得最大值的方向,它的模就等于方向导数的最大值.

在多元微分学中,由于二元函数的空间图形比较复杂,画图比较困难,有时即使画出来也难以看出相关信息,而它的等值线图是一种平面图形,不但容易通过数学软件画出,而且直观,便于应用,是一种以平面表现空间的方法.

利用等值线可以研究函数的极限、连续性、偏导数、可微性、极值及最值,有兴趣的同学

可以查阅相关资料.

一般而言,二元函数 $z=f(x,y)$ 在几何上表示一个曲面,这曲面被平面 $z=C$(C 为常数)所截得的曲线 L 的方程为

$$\begin{cases} z=f(x,y), \\ z=C, \end{cases}$$

这条曲线 L 在 xOy 面上的投影是一条平面曲线 L^*,它在 xOy 平面直角坐标系中的方程为 $f(x,y)=C$. 对于曲线 L^* 上的一切点,已给函数的函数值都是 C,所以称平面曲线 L^* 为函数 $z=f(x,y)$ 的等值线.

若 f_x,f_y 不同时为零,则等值线 $f(x,y)=C$ 上任一点 $P_0(x_0,y_0)$ 处的一个单位法向量为

$$\boldsymbol{n}=\frac{1}{\sqrt{f_x^2(x_0,y_0)+f_y^2(x_0,y_0)}}(f_x(x_0,y_0),f_y(x_0,y_0)).$$

这表明梯度 $\mathbf{grad}\ f(x_0,y_0)$ 的方向与等值线上这点的一个法线方向相同,而沿这个方向的方向导数 $\frac{\partial f}{\partial n}$ 就等于 $|\mathbf{grad}\ f(x_0,y_0)|$,于是

$$\mathbf{grad}\ f(x_0,y_0)=\frac{\partial f}{\partial n}\cdot \boldsymbol{n}.$$

这一关系表明了函数在一点的梯度与过该点的等值线和方向导数间的关系. 这就是说,函数在一点的梯度方向与等值线在这点的一个法线方向相同,它的指向为从数值较低的等值线指向数值较高的等值线,梯度的模就等于函数沿这个法线方向的方向导数.

类似可定义 n 元函数 $u=f(x_1,x_2,\cdots,x_n)$ 在一点处的梯度:

$$\mathbf{grad}\ u=(f_{x_1},f_{x_2},\cdots,f_{x_n}).$$

从已知的微分运算法则还可以得到梯度的运算法则:

(1) $\mathbf{grad}\ (c_1u_1+c_2u_2)=c_1\ \mathbf{grad}\ u_1+c_2\ \mathbf{grad}\ u_2$,其中 c_1,c_2 为常数;

(2) $\mathbf{grad}\ (uv)=u\ \mathbf{grad}\ v+v\ \mathbf{grad}\ u$;

(3) $\mathbf{grad}\left(\frac{u}{v}\right)=\frac{v\ \mathbf{grad}\ u-u\ \mathbf{grad}\ v}{v^2}\ (v\neq 0)$;

(4) $\mathbf{grad}\ f(u)=f'(u)\mathbf{grad}\ u$.

证明略.

实例解答:根据已知条件,金属板上每一点温度 $T(x,y)=\frac{k}{\sqrt{x^2+y^2}}$,$k$ 为比例常数,则由上述讨论知,每点温度下降最快的方向就是负梯度方向,即

$$-\mathbf{grad}\ T(x,y)=\left[-\frac{kx}{(x^2+y^2)^{3/2}},-\frac{ky}{(x^2+y^2)^{3/2}}\right].$$

等温线方程为$(x^2+y^2)=\left(\frac{k}{c}\right)^2$，随着不同的$c$取不同的等温线.

例6 求函数$u=x^2yz+z^3$在点$M_0(2,-1,1)$处沿$\boldsymbol{l}=2\boldsymbol{i}-2\boldsymbol{j}+\boldsymbol{k}$方向的方向导数，并求函数在点$M_0$最大方向导数的值及其方向.

解 因为

$$\boldsymbol{e}_l=\left(\frac{2}{3},-\frac{2}{3},\frac{1}{3}\right),$$

$$\mathbf{grad}\ u=(2xyz,x^2z,x^2+3z^2),$$

$$\mathbf{grad}\ u|_{M_0}=(-4,4,-1),$$

故

$$\frac{\partial u}{\partial l}=\frac{2}{3}\times(-4)+\left(-\frac{2}{3}\right)\times 4+\frac{1}{3}\times(-1)=-\frac{17}{3}.$$

由梯度定义得函数在点M_0方向导数最大的方向就是$\mathbf{grad}\ u|_{M_0}=(-4,4,-1)$；最大方向导数的值为梯度的模，即

$$|\mathbf{grad}\ u|_{M_0}|=\sqrt{(-4)^2+4^2+(-1)^2}=\sqrt{33}.$$

下面简单介绍数量场和向量场的概念.

对于空间区域G内任一点M，如果都有一个确定的数量$f(M)$，则称这空间区域G内确定了一个数量场(例如温度场、密度场等). 一个数量场可用一个数量函数$f(M)$确定. 如果与点M相对应的是一个向量$\boldsymbol{F}(M)$，则称在这空间区域G内确定了一个向量场(例如力场、速度场等). 一个向量场可用一个向量值函数$\boldsymbol{F}(M)$确定，而

$$\boldsymbol{F}(M)=P(M)\boldsymbol{i}+Q(M)\boldsymbol{j}+R(M)\boldsymbol{k},$$

其中，$P(M)$，$Q(M)$，$R(M)$是点M的数量函数.

利用场的概念，向量函数$\mathbf{grad}\ f(M)$可确定一个向量场——梯度场，它由数量场$f(M)$产生. 通常称函数$f(M)$为这个向量场的势，而这个向量场又称为势场. 必须注意：任意一个向量场不一定是势场，因为它不一定是某个数量函数的梯度场.

习题 7-7

1. 设二元函数$f(x,y)=\begin{cases}x+y+x^2y^2/(x^2+y^2), & (x,y)\neq(0,0),\\ 0, & (x,y)=(0,0).\end{cases}$求$f(x,y)$在点$(0,0)$处沿方向$\{\cos\alpha,\cos\beta\}$的方向导数.

2. 求函数$z=xe^{xy}$在点$(-3,0)$处沿从点$(-3,0)$到点$(-1,3)$的方向的方向导数.

3. 求函数$u=x^2y^3z^4$在点$A(1,1,1)$处沿从点A到点$B(2,3,4)$的方向的方向导数.

4. 求函数 $u=x^2+y^2+z^2$ 在点(1,−1,1)处沿曲线 $x=t,y=-t^2,z=t^3$ 在该点指向 x 轴负向一侧的切线方向的方向导数.

5. 求函数 $u=xy^2+z^3-xyz$ 在点(1,1,2)处沿方向角为 $\alpha=\frac{\pi}{3},\beta=\frac{\pi}{4},\gamma=\frac{\pi}{3}$ 方向的方向导数.

6. 设 $\boldsymbol{n}$ 是曲面 $2x^2+3y^2+z^2=6$ 在点 $P_0(1,1,1)$ 处指向外侧的法向量,求函数 $u=\sqrt{6x^2+8y^2}/z$ 在 P_0 处沿方向 $\boldsymbol{n}$ 的方向导数.

7. 求函数 $z=\arctan\frac{y}{x}$ 在点(1,0)处的梯度向量.

8. 求函数 $u=x^2y^3+3y^2z^3$ 在点(0,1,1)处方向导数的最大值.

9. 设可微函数 $f(x,y,z)$ 在点 (x_0,y_0,z_0) 处梯度向量为 $\boldsymbol{g}$,$\boldsymbol{l}=\{0,2,2\}$ 为一常向量,且 $\boldsymbol{g}\cdot\boldsymbol{l}=1$. 求函数 $f(x,y,z)$ 在点 (x_0,y_2,z_0) 处沿 l 方向的方向导数.

10. 设 $f(x,y,z)=x^2+2y^2+3z^2+xy+3x-2y-6z$,求 $\mathbf{grad}\,f(0,0,0)$ 及 $\mathbf{grad}\,f(1,1,1)$.

11. 求常数 a,b,c,使函数 $f(x,y,z)=axy^2+byz+cx^3z^2$ 在点(1,2,−1)处沿 z 轴正方向的方向导数有最大值 64.

12. 设函数 $u(x,y,z)$,$v(x,y,z)$ 的各个偏导数都存在且连续. 证明:

(1) $\nabla(cu)=c\,\nabla u$(其中 c 为常数);　　(2) $\nabla(u\pm u)=\nabla u\pm\nabla v$;

(3) $\nabla(uv)=v\,\nabla u+u\,\nabla v$;　　(4) $\nabla\left(\frac{u}{v}\right)=\frac{v\,\nabla u-u\,\nabla v}{v^2}$.

13. 如图 7-11 所示,(a)、(b)、(c)分别是函数 $f(x,y)$,$g(x,y)$,$h(x,y)$ 的等值线图,试确定在所指点处沿向量 $\boldsymbol{v}=\boldsymbol{i}+2\boldsymbol{j}$ 与 $\boldsymbol{w}=2\boldsymbol{i}+\boldsymbol{j}$ 的方向导数是正,是负还是零.

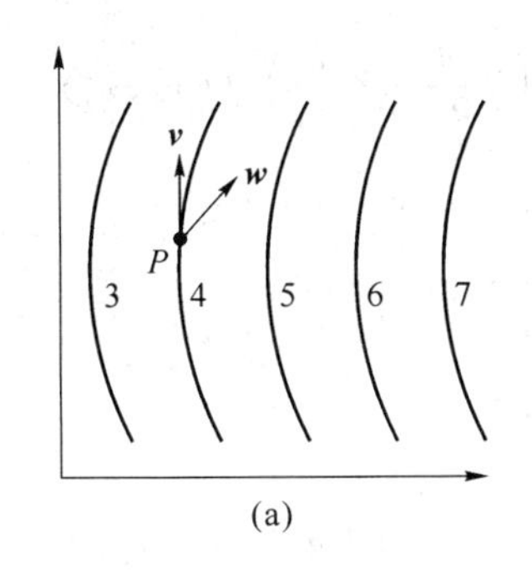

(a)

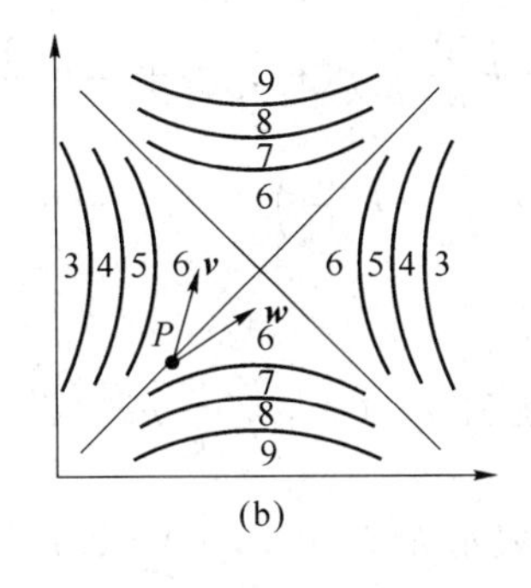

(b)

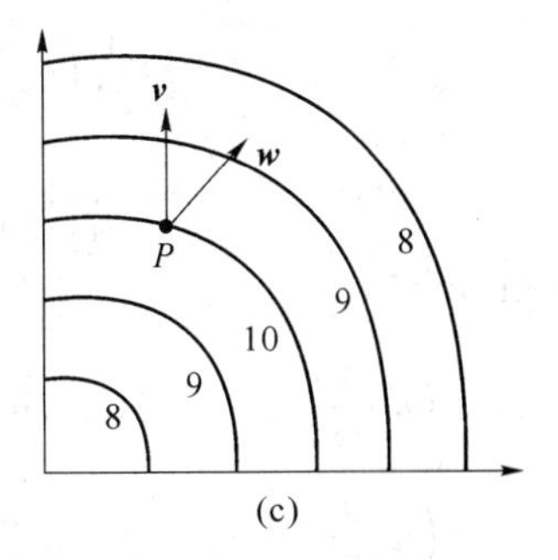

(c)

图 7-11

第八节　多元函数的极值及其求法

在一元函数中,利用导数研究了函数的极值和最值.在这节中,将学习如何利用多元函数微分学研究多元函数的极值和最值.

大家知道:若函数 $f(x)$ 在含有 x_0 的某个开区间 (a,b) 内具有直接 $(n+1)$ 阶的导数,则当 x 在 (a,b) 内时,有如下 n 阶泰勒公式

$$f(x)=f(x_0)+f'(x_0)(x-x_0)+\frac{f''(x_0)}{2!}(x-x_0)^2+\cdots+\frac{f^{(n)}(x_0)}{n!}(x-x_0)^n+\frac{f^{(n+1)}(x_0+\theta(x-x_0))}{(n+1)!}(x-x_0)^{n+1}\quad(0<\theta<1)$$

成立.利用一元函数的泰勒公式,可用 n 次多项式来近似表达函数 $f(x)$,且误差是当 $x\to x_0$ 时比 $(x-x_0)^n$ 高阶的无穷小.对于多元函数也有必要考虑用多个变量的多项式来近似表达一个给定的多元函数,并能具体地估算出误差的大小.为此,要把一元函数的泰勒中值定理推广到多元函数的情形.

以二元函数为例的结论如下.

定理1　设 $z=f(x,y)$ 在点 (x_0,y_0) 的某一邻域内连续且有直到 $(n+1)$ 阶的连续偏导数,(x_0+h,y_0+k) 为此邻域内任一点,则有

$$\begin{aligned}f(x_0+h,y_0+k)=&f(x_0,y_0)+\left(h\frac{\partial}{\partial x}+k\frac{\partial}{\partial y}\right)f(x_0,y_0)+\\&\frac{1}{2!}\left(h\frac{\partial}{\partial x}+k\frac{\partial}{\partial y}\right)^2f(x_0,y_0)+\cdots+\frac{1}{n!}\left(h\frac{\partial}{\partial x}+k\frac{\partial}{\partial y}\right)^nf(x_0,y_0)+\\&\frac{1}{(n+1)!}\left(h\frac{\partial}{\partial x}+k\frac{\partial}{\partial y}\right)^{n+1}f(x_0+\theta h,y_0+\theta k)\quad(0<\theta<1),\end{aligned}$$

其中记号

$$\left(h\frac{\partial}{\partial x}+k\frac{\partial}{\partial y}\right)f(x_0,y_0)\text{表示 }hf_x(x_0,y_0)+kf_y(x_0,y_0),$$

$$\left(h\frac{\partial}{\partial x}+k\frac{\partial}{\partial y}\right)^2f(x_0,y_0)\text{表示 }h^2f_{xx}(x_0,y_0)+2hkf_{xy}(x_0,y_0)+k^2f_{yy}(x_0,y_0),$$

一般地,记号

$$\left(h\frac{\partial}{\partial x}+k\frac{\partial}{\partial y}\right)^mf(x_0,y_0)\text{ 表示 }\sum_{p=0}^{m}\mathrm{C}_m^p h^p k^{m-p}\left.\frac{\partial^m f}{\partial x^p\partial y^{m-p}}\right|_{(x_0,y_0)}.$$

借助于二元函数的泰勒公式,可以证明二元函数取得极值的充分条件.下面讨论多元函数的极值问题.

一、多元函数的极值及最值

与一元函数类似的是，多元函数的最值与极值也有密切的联系，以二元函数为例先来讨论多元函数的极值问题.

定义 1　设函数 $z=f(x,y)$ 的定义域为 D，$P_0(x_0,y_0)$ 为 D 的内点. 若存在 P_0 的某个邻域 $U(P_0)\subset D$，使得对于该邻域内异于 P_0 的任何点 $P(x,y)$，都有 $f(x,y)\leqslant f(x_0,y_0)$（或 $f(x,y)\geqslant f(x_0,y_0)$），则称函数 $f(x,y)$ 在点 (x_0,y_0) 有极大（小）值 $f(x_0,y_0)$，称点 $P_0(x_0,y_0)$ 为函数 $f(x,y)$ 的极大（小）值点. 极大值、极小值统称为极值. 使函数取得极值的点称为极值点.

例 1　(1) 二元函数 $z=f(x,y)=x^2+y^2$ 在点 $(0,0)$ 处取极小值.

因为当 $(x,y)\neq(0,0)$ 时，$f(x,y)>f(0,0)=0$. 从几何上看，点 $(0,0,0)$ 是开口朝上的旋转抛物面 $z=x^2+y^2$ 的顶点，如图 7-12 所示.

(2) 二元函数 $z=f(x,y)=\sqrt{1-x^2-y^2}$ 在点 $(0,0)$ 处取极大值.

因为在区域 $x^2+y^2\leqslant 1$ 内，当 $(x,y)\neq(0,0)$ 时，$f(x,y)<f(0,0)=1$. 从几何上看，点 $(0,0,1)$ 是上半球面 $z=\sqrt{1-x^2-y^2}$ 的顶点，如图 7-13 所示.

(3) 二元函数 $f(x,y)=xy$ 在 $(0,0)$ 处既不取得极大值，也不取得极小值，如图 7-14 所示.

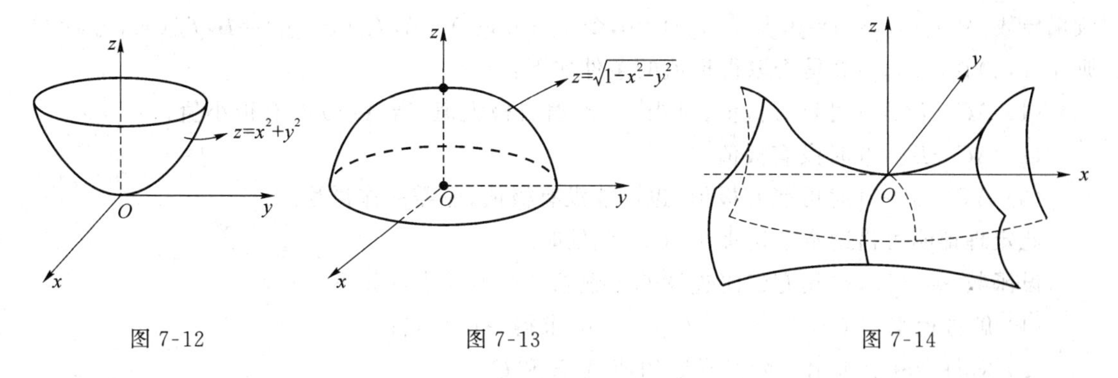

图 7-12　　图 7-13　　图 7-14

因为 $f(0,0)=0$，而在点 $(0,0)$ 的任一领域内，如 $y=x$ 上函数值为正，$y=-x$ 上函数值为负.

以上关于二元函数的极值概念可推广到 n 元函数.

若函数 $z=f(x,y)$ 在点 (x_0,y_0) 取得极值，由定义易知，当固定 $y=y_0$ 时，一元函数 $f(x,y_0)$ 在 $x=x_0$ 处必取得极值；同理，一元函数 $f(x_0,y)$ 在 $y=y_0$ 处也必取得极值. 于是，由一元可导函数取得极值的必要条件可给出下面结论.

定理 2(必要条件)　设函数 $z=f(x,y)$ 在点 (x_0,y_0) 具有偏导数，且在点 (x_0,y_0) 处取得

极值,则有 $f_x(x_0,y_0)=0, f_y(x_0,y_0)=0$.

证 不妨设 $z=f(x,y)$ 在点 (x_0,y_0) 上有极大值,依极大值定义,在点 (x_0,y_0) 的某邻域内异于 (x_0,y_0) 的点 (x,y) 都适合不等式

$$f(x,y)\leqslant f(x_0,y_0),$$

特别地,在该邻域内取 $y=y_0$ 而 $x\neq x_0$ 的点,也应适合不等式

$$f(x,y_0)\leqslant f(x_0,y_0),$$

这表明一元函数 $f(x,y_0)$ 在 $x=x_0$ 处取得极大值,故有

$$f_x(x_0,y_0)=0,$$

类似可得

$$f_y(x_0,y_0)=0.$$

从几何上看,这时若曲面 $z=f(x,y)$ 在点 (x_0,y_0,z_0) 处有切平面,则切平面

$$z-z_0=f_x(x_0,y_0)(x-x_0)+f_y(x_0,y_0)(y-y_0)$$

成为平行于 xOy 坐标面的平面 $z-z_0=0$.

类似于一元函数,凡是能使 $f_x(x,y)=0$ 和 $f_y(x,y)=0$ 同时成立的点 (x_0,y_0) 称为函数 $z=f(x,y)$ 的驻点. 由定理 2 可知,具有偏导数的函数的极值点必定是驻点,但函数的驻点不一定是极值点,例如,点 $(0,0)$ 是函数 $z=xy$ 的驻点,但函数在该点并无极值.

怎样判定一个驻点是否是极值点呢?结论如下.

定理 3(充分条件) 设函数 $z=f(x,y)$ 在点 (x_0,y_0) 的某邻域内连续且有一阶及二阶连续偏导数,又 $f_x(x_0,y_0)=0, f_y(x_0,y_0)=0$,令 $f_{xx}(x_0,y_0)=A, f_{xy}(x_0,y_0)=B, f_{yy}(x_0,y_0)=C$,则 $f(x,y)$ 在 (x_0,y_0) 处是否取得极值的条件如下:

(1) $AC-B^2>0$ 时具有极值,且当 $A<0$ 时有极大值,当 $A>0$ 时有极小值;

(2) $AC-B^2<0$ 时没有极值;

(3) $AC-B^2=0$ 时可能有极值,也可能没有极值,还需另作讨论.

此定理证明可借助本节定理 1 给出,此处略.

设函数 $z=f(x,y)$ 具有二阶连续偏导数求其极值的步骤如下:

(1) 解方程组 $f_x(x,y)=0, f_y(x,y)=0$,求得一切驻点;

(2) 对每个驻点求出二阶偏导数的值 A, B 和 C;

(3) 计算 $AC-B^2$ 的值,根据定理 3 判定 $f(x,y)$ 在该驻点是否取得极值.

值得注意的是偏导数不存在的点,也可能是函数的极值点. 如 $z=\sqrt{x^2+y^2}$ 在点 $(0,0)$ 偏导不存在,但点 $(0,0)$ 是其极小值点.

例 2 求函数 $f(x,y)=2y^2-x(x-1)^2$ 的极值.

解 $f(x,y)$ 的两个偏导数为

$$\frac{\partial f}{\partial x}=-(x-1)(3x-1),\quad \frac{\partial f}{\partial y}=4y.$$

求驻点：令$\begin{cases}\dfrac{\partial f}{\partial x}=0\\ \dfrac{\partial f}{\partial y}=0\end{cases}$，得$\begin{cases}x_1=\dfrac{1}{3}\\ y_1=0\end{cases}$，$\begin{cases}x_2=1\\ y_2=0\end{cases}$.

再求二阶偏导数：

$$f_{xx}(x,y)=-(3x-1)-3(x-1)=-6x+4,$$
$$f_{xy}(x,y)=0,$$
$$f_{yy}(x,y)=4,$$

所以，在点$\left(\dfrac{1}{3},0\right)$处，$AC-B^2=8>0$. $A=2>0$，所以函数在点$\left(\dfrac{1}{3},0\right)$处有极小值，极小值为$f\left(\dfrac{1}{3},0\right)=-\dfrac{4}{27}$；在点$(1,0)$处，$AC-B^2=-8<0$，所以点$(1,0)$不是函数极值点.

与一元函数类似的是，借助二元函数的极值可求函数的最值. 由连续函数的性质可知，若$f(x,y)$在有界闭区域D上连续，则$f(x,y)$在D上必定能取得最大值和最小值.

求可微函数$f(x,y)$在有界闭区域D上的最大(小)值，除了求出函数$f(x,y)$在D内全部极大(小)值外，还要求出函数$f(x,y)$在D的边界上的最大(小)值，然后进行比较，其中最大(小)者就是函数$f(x,y)$在D的最大(小)值.

例 3　求二元函数$z=f(x,y)=x^2y(4-x-y)$在由直线$x+y=6$，x轴和y轴所围成的闭区域D上的最大值和最小值.

解　先解方程组$\begin{cases}f_x(x,y)=2xy(4-x-y)-x^2y=0\\ f_y(x,y)=x^2(4-x-y)-x^2y=0\end{cases}$，得闭区域$D$内驻点$(2,1)$且$f(2,1)=4$.

再求$f(x,y)$在D的边界上最值.

在边界$x=0$和$y=0$上，$f(x,y)=0$；

在边界$x+y=6$上，$f(x,y)=x^2(6-x)(-2)=2x^3-12x^2\ (0<x<6)$，令$f_x(x,y)=6x^2-24x=0$得$x=4$，$y=2$，$f(4,2)=-64$.

比较上述各函数值可知，$f(x,y)$在D上最大值为$f(2,1)=4$，最小值为$f(4,2)=-64$.

在实际问题中常常遇到的情况是：根据其实际意义，函数的最大(小)值必在区域内某点取得，并且函数在该区域内有唯一的驻点，那么可以判定该驻点处的函数值就是要求的最大(小)值.

例 4　一厂商通过电视和报纸两种方式发布销售某种产品的广告. 据资料统计，销售收入$R(x,y)$(万元)与电视广告费用x(万元)及报纸广告费用y(万元)之间的关系为如下的经验公式：

$$R(x,y)=15+14x+32y-8xy-2x^2-10y^2,$$

试在以下两种情况下求最优广告策略：(1) 广告费用不限；(2) 广告费用限制为 1.5 万元.

解 所谓最优广告策略是指,如何分配两种不同传媒方式的广告费用,使产品的销售利润达到最大值.

设利润函数为 $f(x,y)$,广告总支出为 $x+y$,则在情况(1) $x\geqslant 0, y\geqslant 0$ 下,有

$$f(x,y)=R(x,y)-(x+y)=15+13x+31y-8xy-2x^2-10y^2,$$

由

$$\begin{cases} f_x=13-8y-4x=0 \\ f_y=31-8x-20y=0 \end{cases}$$

得唯一驻点 $\left(\frac{3}{4},\frac{5}{4}\right)$.

再求二阶偏导数得

$$f_{xx}=-4,\ f_{xy}=-8,\ f_{yy}=-20,$$

在该驻点处 $AC-B^2=16>0, A=-4<0$. 故 $f(x,y)$ 在点 $\left(\frac{3}{4},\frac{5}{4}\right)$ 处取极大值.

由实际意义,利润 $f(x,y)$ 一定有最大值,又在唯一的驻点处取得最大值. 即 $x=\frac{3}{4}=0.75$(万元),$y=\frac{5}{4}=1.25$(万元)时,厂商获得最大利润 $f(0.75,1.25)=38.25$(万元).

在情况(2)当 $x+y=1.5$(万元)时,将 $y=1.5-x$ 代入利润函数,得

$$z(x)=f(x,1.5-x)=39-4x^2,$$

求其在区间 $[0,1.5]$ 上最大值,由 $z'(x)=-8x<0$ 知 $z(x)$ 在 $[0,1.5]$ 上单调递增,故 $x=0$ 时,$z(x)$ 取最大值,于是 $x=0$(万元),$y=1.5$(万元)时厂商获利润最大为 $f(0,1.5)=39$(万元).

二、条件极值与拉格朗日乘数法

在极值问题中,被求极值的函数称为目标函数,求目标函数在其定义域上的极值称为无条件极值.

在实际问题中,对目标函数的自变量往往还附加某些约束条件,如在例 4 的(2)中,目标函数 $f(x,y)$ 的自变量除了要符合 $x\geqslant 0$ 和 $y\geqslant 0$ 外,还须满足 $x+y=1.5$,像这种对自变量有附加条件的极值称为条件极值,即自变量只能在定义域的某范围内变化.

求多元函数的条件极值问题一般叙述为:求函数 $u=f(x_1,x_2,\cdots,x_n)$ 在条件 $g_i(x_1,x_2,\cdots,x_n)=0, i=1,2,\cdots,m(m<n)$ 下的极值. 其中 $f(x_1,x_2,\cdots,x_n)$ 为目标函数,$g_i(x_1,x_2,\cdots x_n), i=1,2,\cdots,m(m<n)$ 为约束条件.

求条件极值的方法一般有两种:一是把条件极值转化为无条件极值. 例 4 中由条件 $x+y=1.5$ 解出 $y=1.5-x$ 代入目标函数,将问题转化为求函数 $z(x)=39-4x^2$ 无条件极值问题. 但是,在许多情况下,并不能得到 $y=y(x)$ 的显式表达式,因此,要考虑另外的方法,

即拉格朗日乘数法.

现在求函数

$$z=f(x,y) \tag{1}$$

在约束条件

$$\varphi(x,y)=0 \tag{2}$$

下取得极值的必要条件.

几何解释是(见图 7-15)在曲线 $C:\varphi(x,y)=0$ 上找一点 (x_0,y_0) 使 $f(x_0,y_0)\geqslant f(x,y)\ (\leqslant f(x,y))$. (x_0,y_0) 则是条件极值点.

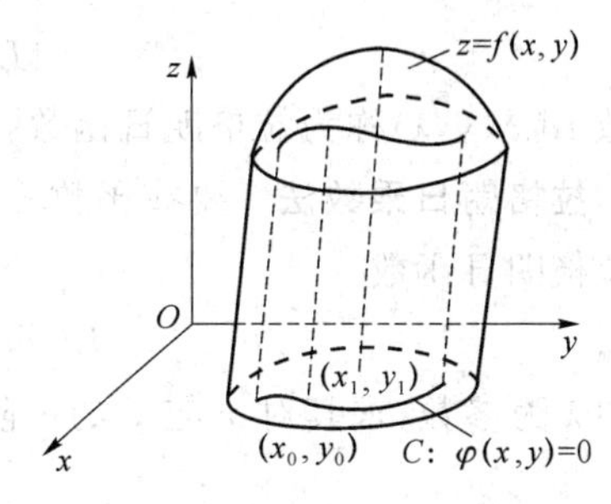

图 7-15

如果函数 $z=f(x,y)$ 在 (x_0,y_0) 取得所求极值,那么必有

$$\varphi(x_0,y_0)=0. \tag{3}$$

假定在 (x_0,y_0) 的某一邻域内 $f(x,y)$ 与 $\varphi(x,y)$ 均有连续的一阶偏导数,而 $\varphi_y(x_0,y_0)\neq 0$,由隐函数存在定理可知,方程(2)确定了一个连续且具有连续导数的函数 $y=\psi(x)$,将其代入式(1),得到一元函数,即

$$z=f[x,\psi(x)], \tag{4}$$

于是,函数 $z=f(x,y)$ 在 (x_0,y_0) 取得极值也就相当于函数 $z=f[x,\psi(x)]$ 在 $x=x_0$ 取得极值.由一元可导函数取得极值的必要条件知

$$\left.\frac{\mathrm{d}z}{\mathrm{d}x}\right|_{x=x_0}=f_x(x_0,y_0)+f_y(x_0,y_0)\left.\frac{\mathrm{d}y}{\mathrm{d}x}\right|_{x=x_0}=0, \tag{5}$$

利用隐函数求导公式有

$$\left.\frac{\mathrm{d}y}{\mathrm{d}x}\right|_{x=x_0}=-\frac{\varphi_x(x_0,y_0)}{\varphi_y(x_0,y_0)},$$

代入式(5)可得

$$f_x(x_0,y_0)-f_y(x_0,y_0)\frac{\varphi_x(x_0,y_0)}{\varphi_y(x_0,y_0)}=0, \tag{6}$$

令 $\lambda=-\dfrac{f_y(x_0,y_0)}{\varphi_y(x_0,y_0)}$,即

$$f_y(x_0,y_0)+\lambda\varphi_y(x_0,y_0)=0,$$

式(6)变为

$$f_x(x_0,y_0)+\lambda\varphi_x(x_0,y_0)=0,$$

从而得到以 (x_0,y_0) 为条件极值点的必要条件

$$\begin{cases} f_x(x_0,y_0)+\lambda\varphi_x(x_0,y_0)=0, \\ f_y(x_0,y_0)+\lambda\varphi_y(x_0,y_0)=0, \\ \varphi(x_0,y_0)=0. \end{cases} \tag{7}$$

引入辅助函数 $L(x,y,\lambda)=f(x,y)+\lambda\varphi(x,y)$,则式(7)可化为

$$\begin{cases}L_x(x_0,y_0,\lambda_0)=0,\\ L_y(x_0,y_0,\lambda_0)=0,\\ L_\lambda(x_0,y_0,\lambda_0)=\varphi(x_0,y_0)=0,\end{cases}$$

函数 $L(x,y,\lambda)$ 称为拉格朗日函数,参数 λ 称为拉格朗日乘子.综上所述,可得如下结论:

拉格朗日乘数法 要找函数 $z=f(x,y)$ 在约束条件 $\varphi(x,y)=0$ 下的可能极值点,可构造拉格朗日函数

$$L(x,y,\lambda)=f(x,y)+\lambda\varphi(x,y),$$

其中 λ 为参数,求其对 x 与 y 的一阶偏导数,并使之为零,然后与方程(2)联系,有

$$\begin{cases}L_x(x,y,\lambda)=0,\\ L_y(x,y,\lambda)=0,\\ \varphi(x,y)=0,\end{cases}$$

由这方程组解出 x,y 及 λ,这样得到的点 (x,y) 就是函数 $f(x,y)$ 在条件 $\varphi(x,y)=0$ 下可能的极值点.

这种方法还可以推广到自变量多于两个且条件多于一个的情形.

例如,求函数 $u=f(x,y,z,t)$ 在约束条件

$$\varphi(x,y,z,t)=0,\ \psi(x,y,z,t)=0 \tag{8}$$

下的极值,可以构造拉格朗日函数

$$L(x,y,z,t,\lambda,\mu)=f(x,y,z,t)+\lambda\varphi(x,y,z,t)+\mu\varphi(x,y,z,t),$$

其中 λ,μ 均为参数,求其关于 x,y,z,t 的一阶偏导数,并使之为零,然后与方程(8)联立求解,这样得到 (x,y,z,t) 就是函数 $f(x,y,z,t)$ 在约束条件(8)下可能的极值点.

至于如何确定所求得的点是极值点,在实际问题中往往可根据问题本身的性质判定.

例 5 设在平面上有 $A(1,3)$,$B(4,2)$ 两点,C 为椭圆 $\dfrac{x^2}{9}+\dfrac{y^2}{4}=1$ 上位于第一象限上的一点,求 $\triangle ABC$ 面积的最值.

解 设 C 点坐标 $C(x,y)$,则 $\triangle ABC$ 面积为

$$S_{\triangle ABC}=\frac{1}{2}\left|\begin{vmatrix}\boldsymbol{i} & \boldsymbol{j} & \boldsymbol{k}\\ 3 & -1 & 0\\ x-1 & y-3 & 0\end{vmatrix}\right|=\frac{1}{2}|x+3y-10|,$$

约束条件为

$$\frac{x^2}{9}+\frac{y^2}{4}=1.$$

令 $L(x,y,\lambda)=(x+3y-10)^2+\lambda\left(\dfrac{x^2}{9}+\dfrac{y^2}{4}-1\right)$,解方程组

$$\begin{cases} L_x(x,y,\lambda)=2(2+3y-10)+\frac{2}{9}\lambda x=0 \\ L_y(x,y,\lambda)=6(x+3y-10)+\frac{1}{z}\lambda y=0 \\ \frac{x^2}{9}+\frac{y^2}{4}=1 \end{cases}$$

得 $x=\frac{3}{\sqrt{5}}, y=\frac{4}{\sqrt{5}}$，则 $S_{\triangle ABC}\big|_{(\frac{3}{\sqrt{5}},\frac{4}{\sqrt{5}})}\approx 1.646$；边界点上，$S_{\triangle ABC}\big|_{(0,2)}=2$，$S_{\triangle ABC}\big|_{(3,0)}=\frac{7}{2}$. 故 $\min S_{\triangle ABC}=1.646$，$\max S_{\triangle ABC}=\frac{7}{2}$.

例 6　求函数 $f(x,y,z)=x+2y+3z$ 在圆柱面 $x^2+y^2=2$ 与平面 $y+z=1$ 所交的椭圆上的最大值与最小值.

解　问题归结为求函数 $f(x,y,z)=x+2y+3z$ 在约束条件

$$\begin{cases} \varphi(x,y,z)=x^2+y^2-2=0 \\ \psi(x,y,z)=y+z-1=0 \end{cases}$$

下的条件极值. 为此，作拉格朗日函数

$$L(x,y,z,\lambda,\mu)=x+2y+3z+\lambda(x^2+y^2-2)+\mu(y+z-1),$$

分别对 x,y,z 求偏导并使之为零，再与此 $\varphi(x,y,z)=0$，$\psi(x,y,z)=0$ 联立，得

$$\begin{cases} 1+2\lambda x=0 \\ 2+2\lambda y+\mu=0 \\ 3+\mu=0 \\ x^2+y^2-2=0 \\ y+z-1=0 \end{cases}$$

解得两驻点 $(1,-1,2)$ 与 $(-1,1,0)$，分别代入 $f(x,y,z)$ 得最大值 $f(1,-1,2)=5$ 与最小值 $f(-1,1,0)=0$.

习题 7-8

1. 已知函数 $f(x,y)$ 在点 $(0,0)$ 的某个邻域内连续，且 $\lim\limits_{(x,y)\to(0,0)}\frac{f(x,y)-xy}{(x^2+y^2)^2}=1$，则下述四个选项中正确的是(　　).

(A) 点 $(0,0)$ 不是 $f(x,y)$ 的极值点

(B) 点 $(0,0)$ 是 $f(x,y)$ 的极大值点

(C) 点 $(0,0)$ 是 $f(x,y)$ 的极小值点

(D) 根据所给条件无法判断点 $(0,0)$ 是否为 $f(x,y)$ 的极值点

2. 求 $f(x,y)=x^2+xy+y^2-4\ln x-10\ln y$ 的极值.

3. 求 $f(x,y)=x^4+y^4-2x^2-2y^2+4xy$ 的极值.

4. 求 $f(x,y)=e^{2x}(x+y^2+2y)$ 的极值.

5. 设 $z=z(x,y)$ 是由 $x^2-6xy+10y^2-2yz-z^2+18=0$ 确定的函数,求 $z=z(x,y)$ 的极值.

6. 求 $f(x,y)=xy$ 在圆周 $L:(x-1)^2+y^2-1=0$ 上最大值和最小值.

7. 求 $z=4x^2+y^2+8y-4x$ 在闭区域 $D:4x^2+y\leqslant 25$ 上的最大值和最小值.

8. 求内接于半径为 a 的球且有最大体积的长方体.

9. 将周长为 $2P$ 的矩形绕它的一边旋转而构成一个圆柱体,问矩形的边长各为多少时才可使圆柱体体积最大.

10. 求曲面 $S:\dfrac{x^2}{2}+y^2+\dfrac{z^2}{4}=1$ 到平面 $\Pi:2x+2y+z+5=0$ 的最短距离.

11. 在曲面 $z=2-x^2-y^2$ 位于第一卦限部分上求一点,使该点的切平面与三个坐标平面围成的四面体的体积最小.

12. 设有一圆板占有平面闭区域 $\{(x,y)\mid x^2+y^2\leqslant 1\}$,该圆板被加热,以致在点 (x,y) 的温度是 $T=x^2+2y^2-x$,求该圆板的最热点和最冷点.

13. 形状为椭球 $4x^2+y^2+4z^2\leqslant 16$ 的空间探测器进入地球大气层,其表面开始受热,1小时后在探测器的点 (x,y,z) 处的温度 $T=8x^2+4yz-16z+600$,求探测器表面最热的点.

总习题七

1. 填空题

(1) $\lim\limits_{(x,y)\to(0,1)}(1+xy)^{\frac{1}{x}}=$______.

(2) 曲线 $\begin{cases} z=\dfrac{x^2+y^2}{4} \\ y=4 \end{cases}$ 在点 $(2,4,5)$ 处的切线对于 x 轴的倾角 $\alpha=$______.

(3) 设 $f(x,y,z)=e^x yz^2$,其中 $z=z(x,y)$ 是由 $x+y+z+xyz=0$ 确定的隐函数,则 $f_x(0,1,-1)=$______.

(4) 函数 $f(u,v)$ 由关系式 $f[xg(y),y]=x+g(y)$ 确定,其中函数 $g(y)$ 可微,且 $g(y)\neq 0$,则 $\dfrac{\partial^2 f}{\partial u\partial v}=$______.

(5) 若 $u=u(x,y)$ 为可微函数且满足 $u(x,y)\Big|_{y=x^2}=1$, $\dfrac{\partial u}{\partial x}\Big|_{y=x^2}=x$,则 $\dfrac{\partial u}{\partial y}\Big|_{y=x^2}=$______.

2. 选择题

(1) 二元函数 $f(x,y)$ 在点 $(0,0)$ 处可微的一个充分条件是(　　).

(A) $\lim\limits_{(x,y)\to(0,0)}[f(x,y)-f(0,0)]=0$

(B) $\lim\limits_{x\to 0}\dfrac{[f(x,0)-f(0,0)]=0}{x}=0$ 且 $\lim\limits_{y\to 0}\dfrac{[f(0,y)-f(0,0)]}{y}=0$

(C) $\lim\limits_{(x,y)\to(0,0)}\dfrac{[f(x,y)-f(0,0)]}{\sqrt{x^2+y^2}}=0$

(D) $\lim\limits_{x\to 0}[f_x(x,0)-f_x(0,0)]=0$ 且 $\lim\limits_{y\to 0}[f_y(0,y)-f_y(0,0)]=0$

(2) 设 $f(x,y)=\begin{cases}\dfrac{1}{xy}\sin x^2y & \text{当 } xy\neq 0,\\ 0, & \text{当 } xy=0,\end{cases}$ 则 $f_x(0,1)=$(　　).

(A) 0　　(B) 1　　(C) 2　　(D) 不存在

(3) 设函数 $z=f(x,y)$ 的全微分为 $\mathrm{d}z=x\mathrm{d}x+y\mathrm{d}y$，则点 $(0,0)$(　　).

(A) 不是 $f(x,y)$ 的连续点　　(B) 不是 $f(x,y)$ 的极值点

(C) 是 $f(x,y)$ 的极大值点　　(D) 是 $f(x,y)$ 的极小值点

(4) 设函数 $y=y(x)$ 由方程 $y=f(x^2+y^2)+f(x+y)$ 所确定，且 $y(0)=2$，其中 $f(x)$ 是导数连续的函数，且 $f'(2)=\dfrac{1}{2}$，$f'(4)=1$，则 $\left.\dfrac{\mathrm{d}y}{\mathrm{d}x}\right|_{x=0}=$(　　).

(A) 1　　(B) $-\dfrac{1}{7}$　　(C) $\dfrac{1}{7}$　　(D) 0

(5) 曲线 $\begin{cases}x^2+y^2+z^2=6\\ x+y+z=0\end{cases}$ 在点 $M(1,-2,1)$ 处的切线必平行于(　　).

(A) xOy 平面　　(B) yOz 平面　　(C) zOx 平面　　(D) 平面 $x+y+z=0$

(6) 若函数 $z=f(x,y)$ 满足 $\dfrac{\partial^2 z}{\partial y^2}=2$，且 $f_x(x,1)=x+2$，$f_y(x,1)=x+1$，则 $f(x,y)=$(　　).

(A) $y^2+(x-1)y+2$　　(B) $y^2+(x+1)y+2$

(C) $y^2+(x-1)y-2$　　(D) $y^2+(x+1)y-2$

(7) 设函数 $f(x,y)$ 在点 $(0,0)$ 的附近有定义，且 $f'_x(0,0)=3$，$f'_y(0,0)=1$，则(　　).

(A) $\mathrm{d}z|_{(0,0)}=3\mathrm{d}x+2\mathrm{d}y$

(B) 曲面 $z=f(x,y)$ 在点 $(0,0,f(0,0))$ 的法向量为 $\{3,2,1\}$

(C) 曲线 $\begin{cases}z=f(x,y)\\ y=0\end{cases}$ 在点 $(0,0,f(0,0))$ 的切向量为 $\{1,0,3\}$

(D) 曲线 $\begin{cases}z=f(x,y)\\ y=0\end{cases}$ 在点 $(0,0,f(0,0))$ 的切向量为 $\{3,0,1\}$

3. 证明函数

$$f(x,y)=\begin{cases}\dfrac{xy}{\sqrt{x^2+y^2}}, & x^2+y^2\neq 0\\ 0, & x^2+y^2=0\end{cases}$$
在点(0,0)的领域内连续,且有偏导数 $f_x(x,y)$ 及 $f_y(x,y)$. 但在点(0,0)不可微.

4. 设 $z=e^{xe^y}$,求$\dfrac{\partial^2 z}{\partial x^2}$, $\dfrac{\partial^2 z}{\partial x\partial y}$.

5. 设函数 $z=f(u)$,而 $u=u(x,y)$ 由方程 $u=\varphi(u)+\int_x^y p(t)\mathrm{d}t$ 确定,其中函数 $p(t)$ 连续,$f(u)$,$\varphi(u)$可微,且 $\varphi'(u)\neq 1$,求 $p(x)\dfrac{\partial z}{\partial y}+p(y)\dfrac{\partial z}{\partial x}$.

6. 若函数 $z=z(x,y)$ 由方程$\dfrac{1}{z}-\dfrac{1}{x}=f\left(\dfrac{1}{y}-\dfrac{1}{x}\right)$确定,其中 $f(u)$ 是可微函数,证明 $x^2\dfrac{\partial z}{\partial x}+y^2\dfrac{\partial z}{\partial y}=z^2$.

7. 证明极限 $\lim\limits_{(x,y)\to(0,0)}\dfrac{x^3y+xy^4+x^2y}{x+y}$不存在.

8. 设变换$\begin{cases}u=x-2y\\ v=x+ay\end{cases}$可把方程 $6\dfrac{\partial^2 z}{\partial x^2}+\dfrac{\partial^2 z}{\partial x\partial y}-\dfrac{\partial^2 z}{\partial y^2}=0$ 化简为$\dfrac{\partial^2 z}{\partial u\partial v}=0$,求常数 a(其中 $z=z(x,y)$有连续的二阶偏导数).

9. 设二元函数 $f(x,y)=\begin{cases}xy\dfrac{x^2-y^2}{x^2+y^2}, & x^2+y^2\neq 0,\\ 0, & x^2+y^2=0.\end{cases}$求 $f_{xy}(0,0)$和 $f_{yx}(0,0)$.

10. 已知二元函数 $f(x,y)$满足 $f(x,y)=y+2\int_0^x f(x-t,y)\mathrm{d}t$,$g(x,y)$ 满足 $g_x(x,y)=1$,$g_y(x,y)=-1$,且 $g(0,0)=0$. 求$\lim\limits_{n\to\infty}\left[\dfrac{f\left(\dfrac{1}{n},n\right)}{g(n,1)}\right]^n$.

11. 求曲面 $2^{\frac{x}{z}}+2^{\frac{y}{z}}=8$ 在点 $p_0(2,2,1)$的切平面方程和法线方程.

12. 在曲面 $z=xy$ 上求一点,使得该点处的法线垂直于平面 $x+3y+z=0$,并写出该点处的切平面及法线方程.

13. 一条鲨鱼在发现血腥味时,总是向着血腥味最浓的方向追寻. 在海面上进行试验表明,如果把坐标原点取在血源处,在海平面上建立直角坐标系,那么点(x,y)处血液的浓度 C(每百万份水中所含血的份数)可近似表示为 $C=e^{-(x^2+2y^2)/10^4}$. 求鲨鱼从点(x_0,y_0)出发向血源前进的路线.

14. 经过点$\left(2,1,\dfrac{1}{3}\right)$的所有平面中,哪一个平面与三个坐标平面围成的立体体积最小.

15. 求 $z=(1+e^y)\cos x-ye^y$ 的极值.

16. 求当 $x>0,y>0,z>0$ 时，函数 $f(x,y,z)=\ln x+2\ln y+3\ln z$ 在球面 $x^2+y^2+z^2=6r^2$ 上的最大值.

$$ab^2c^3\leqslant 108\left(\frac{a+b+c}{6}\right)^6.$$

17. 一个电阻 R 由三个电阻 R_1,R_2,R_3 并联而成，$R_1>R_2>R_3$，问这三个电阻中，哪个电阻的变化对 R 的影响最大？

第八章　重积分

本章和第九章都是多元函数积分学的内容,它们是定积分概念的推广,其基本思想一致.本章介绍重积分(包括二重积分和三重积分)的概念、计算方法及它们的一些应用.

第一节　二重积分的概念与性质

一、二重积分的概念

实例　平面薄片的质量

设有一平面薄片位于 xOy 平面上的闭区域 D 上(见图 8-1),它在点 (x,y) 处的面密度为 $\mu(x,y)$,这里 $\mu(x,y)>0$ 且在 D 上连续,求此平面薄片的质量 M.

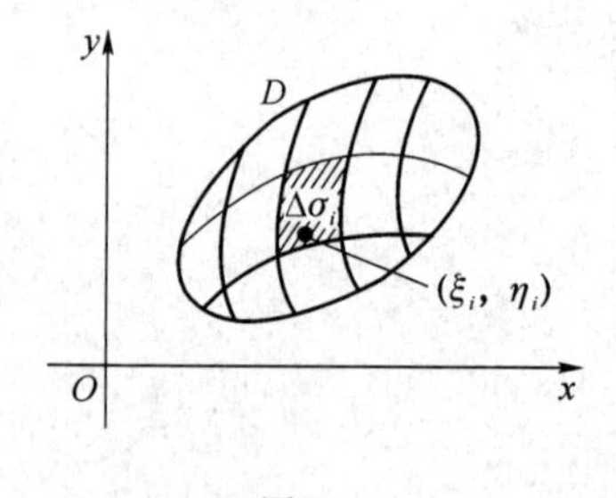

图 8-1

解决此问题的方法与定积分类似.

由于 $\mu(x,y)$ 连续,把薄片分成若干小块,即将闭区域 D 分为若干小区域 $\Delta\sigma_1,\Delta\sigma_2,\cdots,\Delta\sigma_n$,在每个小区域 $\Delta\sigma_i$ 上任取一点 (ξ_i,η_i) $(i=1,2,3,\cdots,n)$,当小闭区域 $\Delta\sigma_i$ 的直径很小时,这些小块的面密度变化很小,可以近似地看作均匀小薄片,于是第 i 个小块的质量可以近似表示为

$$\Delta M_i \approx \mu(\xi_i,\eta_i)\Delta\sigma_i \quad (i=1,2,\cdots,n),$$

其中 $\Delta\sigma_i$ 表示它的面积.

薄片总质量 $M=\sum\limits_{i=1}^{n}\Delta M_i \approx \sum\limits_{i=1}^{n}\mu(\xi_i,\eta_i)\Delta\sigma_i$. 设这些小区域的最大直径为 λ,当 $\lambda\to 0$ 时,闭区域 D 无限细分,这个近似值无限接近总质量 M,即

$$M=\lim_{\lambda\to 0}\sum_{i=1}^{n}\mu(\xi_i,\eta_i)\Delta\sigma_i.$$

上述和式的极限在许多物理或几何求解问题中都能遇到,由此抽象出二重积分的概念.

定义 1　设 $f(x,y)$ 是平面有界闭区域 D 上的有界函数，将闭区域 D 任意分成 n 个小闭区域 $\Delta\sigma_1,\Delta\sigma_2,\cdots,\Delta\sigma_n$，仍然用 $\Delta\sigma_i$ 表示其面积. 在每个小区域 $\Delta\sigma_i$ 上任取一点 (ξ_i,η_i)，作和式 $\sum\limits_{i=1}^{n}f(\xi_i,\eta_i)\Delta\sigma_i$. 设 λ 为这 n 个小闭区域直径（区域的直径是指区域上任意两点距离的最大值）的最大值，当 $\lambda\to 0$ 时，如果这个和式的极限总存在，那么称此极限值为函数 $f(x,y)$ 在闭区域 D 上的二重积分，记作 $\iint\limits_D f(x,y)\mathrm{d}\sigma$，即

$$\iint\limits_D f(x,y)\mathrm{d}\sigma=\lim_{\lambda\to 0}\sum_{i=1}^{n}f(\xi_i,\eta_i)\Delta\sigma_i,$$

其中 $f(x,y)$ 称为被积函数，$f(x,y)\mathrm{d}\sigma$ 称为被积表达式，$\mathrm{d}\sigma$ 称为面积元素，D 称为积分区域，x 与 y 称为积分变量，和式 $\sum\limits_{i=1}^{n}f(\xi_i,\eta_i)\Delta\sigma_i$ 称为积分和.

因此，实例中平面薄片质量可表示为

$$M=\iint\limits_D \mu(x,y)\mathrm{d}\sigma,$$

其中 $\mu(x,y)$ 是薄片的面密度，D 是薄片所占的闭区域.

如果二重积分中的和式极限 $\lim\limits_{\lambda\to 0}\sum\limits_{i=1}^{n}f(\xi_i,\eta_i)\Delta\sigma_i$ 存在，那么其极限值与闭区域 D 的划分及每个小区域 $\Delta\sigma_i$ 上的点 (ξ_i,η_i) 的取法无关. 若在直角坐标系中用平行坐标轴的直线网划分 D，则每个小闭区域 $\Delta\sigma_i$ 为矩形闭区域（除包含区域 D 的边界点的一些小闭区域外，这些小闭区域所对应项的和极限为零）. 设矩形闭区域 $\Delta\sigma_i$ 的边长为 Δx_i 和 Δy_i，则 $\Delta\sigma_i=\Delta x_i\Delta y_i$，这时把面积元素 $\mathrm{d}\sigma$ 表示为 $\mathrm{d}x\mathrm{d}y$，故二重积分又可表示为 $\iint\limits_D f(x,y)\mathrm{d}x\mathrm{d}y$，其中 $\mathrm{d}x\mathrm{d}y$ 称为直角坐标系中的面积元素.

可以证明：若 $f(x,y)$ 在有界闭区域 D 上连续，则二重积分 $\iint\limits_D f(x,y)\mathrm{d}\sigma$ 存在.

以后总假定 $f(x,y)$ 在闭区域 D 上连续，这样 $\iint\limits_D f(x,y)\mathrm{d}\sigma$ 都存在. 下面探讨 $\iint\limits_D f(x,y)\mathrm{d}\sigma$ 的几何意义.

设在闭区域 D 上 $z=f(x,y)\geqslant 0$，则曲面 $z=f(x,y)$ 为 xOy 坐标面上方的一块曲面. 以闭区域 D 为底、侧面是以 D 的边界曲线为准线而母线平行于 z 轴的柱面、顶曲面是曲面 $z=f(x,y)$ 所构成的立体称为曲顶柱体（见图 8-2）.

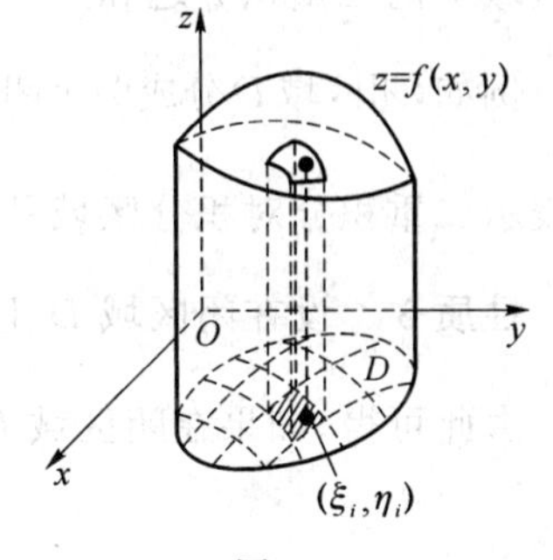

图 8-2

将闭区域 D 分成 n 个小闭区域 $\Delta\sigma_i(i=1,2,\cdots,n)$，分

别以这些小闭区域的边界曲线为准线,作母线平行于 z 轴的柱面,这些柱面把原来的曲顶柱体分成 n 个小曲顶柱体.由于 $f(x,y)$ 连续,当这些小闭区域很小时,$f(x,y)$ 的变化很小,故每个小曲顶柱体可以近似看作平顶柱体.在每个小闭区域 $\Delta\sigma_i$ 中任取一点 (ξ_i,η_i),则每个小曲顶柱体的体积可近似表示为 $f(\xi_i,\eta_i)\Delta\sigma_i$,原来曲顶柱体的体积近似表示为一个和式 $\sum\limits_{i=1}^{n} f(\xi_i,\eta_i)\Delta\sigma_i$.设 λ 为 n 个小闭区域的直径的最大值,当 $\lambda\to 0$ 时,这个和式的极限值就是曲顶柱体的体积 V.由二重积分的定义知 $V=\iint\limits_D f(x,y)\mathrm{d}\sigma$.

如果 $f(x,y)<0$,曲顶柱体在 xOy 面的下方,二重积分的值为负,但二重积分的绝对值等于曲顶柱体的体积.

如果 $f(x,y)$ 在闭区域 D 的若干部分区域上为正,而在其他区域上为负,那么 $\iint\limits_D f(x,y)\mathrm{d}\sigma$ 等于 xOy 面上方的柱体体积减去 xOy 面下方的柱体体积.例如,单位球体的体积等于二重积分 $\iint\limits_D \sqrt{1-x^2-y^2}\,\mathrm{d}\sigma$ 的两倍,其中 D 为闭区域 $x^2+y^2\leqslant 1$.

特别地,二重积分 $\iint\limits_D \mathrm{d}\sigma$ 表示以 D 为底面且高为 1 的柱体体积,数值与 D 的面积相等,即 $\sigma=\iint\limits_D \mathrm{d}\sigma$,$\sigma$ 为闭区域 D 的面积.

二、二重积分的性质

由极限的性质及二重积分的定义,参照定积分性质的证明可得二重积分的性质.

性质1 $\iint\limits_D [\alpha f(x,y)+\beta g(x,y)]\mathrm{d}\sigma=\alpha\iint\limits_D f(x,y)\mathrm{d}\sigma+\beta\iint\limits_D g(x,y)\mathrm{d}\sigma$ (α 和 β 为常数).

性质2 如果闭区域 D 被分成有限个部分闭区域,则在 D 上的二重积分等于在各部分闭区域上的二重积分之和.

例如,闭区域 D 分成两个闭区域 D_1 与 D_2,则 $\iint\limits_D f(x,y)\mathrm{d}\sigma=\iint\limits_{D_1} f(x,y)\mathrm{d}\sigma+\iint\limits_{D_2} f(x,y)\mathrm{d}\sigma$.这个性质表示二重积分对积分区域具有可加性.

性质3 设在闭区域 D 上 $f(x,y)\geqslant 0$,则 $\iint\limits_D f(x,y)\mathrm{d}\sigma\geqslant 0$.

由此可得,如果在闭区域 D 上有 $f(x,y)\geqslant g(x,y)$,则

$$\iint\limits_D f(x,y)\mathrm{d}\sigma\geqslant\iint\limits_D g(x,y)\mathrm{d}\sigma.$$

特别地,由于 $-|f(x,y)|\leqslant f(x,y)\leqslant|f(x,y)|$,则

$$\left|\iint_D f(x,y)\mathrm{d}\sigma\right| \leqslant \iint_D |f(x,y)| \mathrm{d}\sigma.$$

性质 4(估值不等式)　设在闭区域 D 上有 $m \leqslant f(x,y) \leqslant M$,则

$$m\sigma \leqslant \iint_D f(x,y)\mathrm{d}\sigma \leqslant M\sigma,$$

其中 σ 为闭区域 D 的面积.

由性质 1 及性质 3 即可证性质 4.

性质 5(二重积分的中值定理)　设函数 $f(x,y)$ 在有界闭区域 D 上连续,则在 D 上至少存在一点 (ξ,η),使得 $\iint_D f(x,y)\mathrm{d}\sigma = f(\xi,\eta)\sigma$, 其中 σ 为闭区域 D 的面积.

证　因为 $f(x,y)$ 在有界闭区域 D 上连续,所以 $f(x,y)$ 在 D 上可以取得最大值 M 与最小值 m,这时 $m \leqslant f(x,y) \leqslant M$,由性质 4 得

$$m\sigma \leqslant \iint_D f(x,y)\mathrm{d}\sigma \leqslant M\sigma,$$

即

$$m \leqslant \frac{1}{\sigma}\iint_D f(x,y)\mathrm{d}\sigma \leqslant M,$$

这就是说,数值 $\frac{1}{\sigma}\iint_D f(x,y)\mathrm{d}\sigma$ 为 m 与 M 之间的一个值. 根据有界闭区域上连续函数的介值定理,在闭区域 D 上至少存在一点 (ξ,η),使

$$\frac{1}{\sigma}\iint_D f(x,y)\mathrm{d}\sigma = f(\xi,\eta),$$

于是

$$\iint_D f(x,y)\mathrm{d}\sigma = f(\xi,\eta)\sigma.$$

数值 $\frac{1}{\sigma}\iint_D f(x,y)\mathrm{d}\sigma$ 称为函数 $f(x,y)$ 在 D 上的平均值.

性质 6　设有界闭区域 D 关于 x 轴对称(见图 8-3), D_1 为 D 在 x 轴上方部分. 如果函数 $f(x,y)$ 关于变量 y 为偶函数,即对 $\forall (x,y) \in D$,都有 $f(x,-y) = f(x,y)$,那么 $\iint_D f(x,y)\mathrm{d}\sigma = 2\iint_{D_1} f(x,y)\mathrm{d}\sigma$; 如果函数 $f(x,y)$ 关于变量 y 为奇函数,即 $\forall (x,y) \in D$,都有 $f(x,-y) = -f(x,y)$, 那么 $\iint_D f(x,y)\mathrm{d}\sigma = 0$.

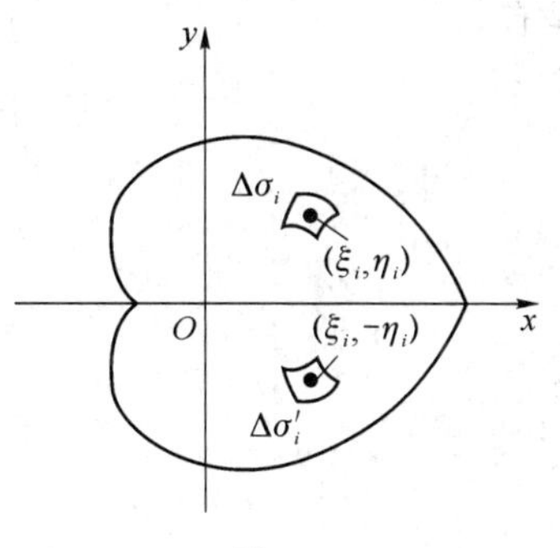

图 8-3

证　将闭区域 D 分成 $2n$ 个关于 x 轴对称的小区

域,在 D 中的每个小区域 $\Delta\sigma_i(i=1,2,\cdots,n)$ 内任取一点 (ξ_i,η_i),与其对称的小区域 $\Delta\sigma_i'$ 内取对称点 $(\xi_i,-\eta_i)$. 作积分和

$$\sum_{i=1}^{n}[f(\xi_i,\eta_i)\Delta\sigma_i+f(\xi_i,-\eta_i)\Delta\sigma'_i],$$

由于 $f(x,y)=f(x,-y)$,$\Delta\sigma'_i=\Delta\sigma_i$,故积分和式变为 $2\sum\limits_{i=1}^{n}f(\xi_i,\eta_i)\Delta\sigma_i$. 设 λ 为 $\Delta\sigma_i(i=1,2,\cdots,n)$ 的直径中的最大值,由二重积分的定义,可得

$$\begin{aligned}\iint_D f(x,y)\mathrm{d}\sigma&=\lim_{\lambda\to 0}\sum_{i=1}^{n}[f(\xi_i,\eta_i)\Delta\sigma_i+f(\xi_i,-\eta_i)\Delta\sigma'_i]\\&=2\lim_{\lambda\to 0}\sum_{i=1}^{n}f(\xi_i,\eta_i)\Delta\sigma_i\\&=2\iint_{D}f(x,y)\mathrm{d}\sigma.\end{aligned}$$

当函数 $f(x,y)$ 关于变量 y 为奇函数时,积分和式为零,故二重积分 $\iint\limits_D f(x,y)\mathrm{d}\sigma=0$. 例如,如果 D 为圆心在原点的圆域,那么

$$\iint_D xy^3\mathrm{d}\sigma=0,\quad \iint_D y^2\mathrm{d}\sigma=2\iint_{D_1}y^2\mathrm{d}\sigma,\quad \iint_D x^3y^4\mathrm{d}\sigma=0,$$

其中 D_1 为上半圆域.

例 1 计算 $\lim\limits_{r\to 0}\dfrac{1}{\pi r^2}\iint\limits_D \mathrm{e}^{x^2-y^2}\cos(x+y)\mathrm{d}x\mathrm{d}y$,其中 D 为中心在原点且半径为 r 的圆所围成的区域.

解 因函数 $\mathrm{e}^{x^2-y^2}\cos(x+y)$ 在 D 上连续,由二重积分中值定理知,在 D 内至少存在一点 (ξ,η),使

$$\iint_D \mathrm{e}^{x^2-y^2}\cos(x+y)\mathrm{d}x\mathrm{d}y=\mathrm{e}^{\xi^2-\eta^2}\cos(\xi+\eta)\pi r^2,$$

于是有

$$\begin{aligned}&\lim_{r\to 0}\frac{1}{\pi r^2}\iint_D \mathrm{e}^{x^2-y^2}\cos(x+y)\mathrm{d}x\mathrm{d}y\\&=\lim_{r\to 0}\mathrm{e}^{\xi^2-\eta^2}\cos(\xi+\eta)\\&=\lim_{(\xi,\eta)\to(0,0)}\mathrm{e}^{\xi^2-\eta^2}\cos(\xi+\eta)\\&=1.\end{aligned}$$

习题 8-1

1. 一薄片位于坐标面 xOy 的闭区域 $x^2+y^2\leqslant 4$ 上，薄片上点 (x,y) 处的面密度为 $\mu(x,y)=\sqrt{4-x^2-y^2}$，试求薄片的质量.

2. 下列二重积分表示怎样的空间立体的体积，试做出空间立体的图形：

(1) $\iint\limits_D (x^2+y^2)\mathrm{d}\sigma$，$D$ 为圆域 $x^2+y^2\leqslant 1$；

(2) $\iint\limits_D \left(\sqrt{2-x^2-y^2}-\sqrt{x^2+y^2}\right)\mathrm{d}\sigma$，$D$ 为圆域 $x^2+y^2\leqslant 1$.

3. 利用二重积分的性质估计下列积分的值：

(1) $\iint\limits_D (x^2+y^2+1)\mathrm{d}\sigma$，其中 D 为圆域 $x^2+y^2\leqslant 1$；

(2) $\iint\limits_D (x+y+1)\mathrm{d}\sigma$，其中 $D=\{(x,y)\mid 0\leqslant x\leqslant 1, 0\leqslant y\leqslant 2\}$；

(3) $\iint\limits_D (x+xy-x^2-y^2)\mathrm{d}\sigma$，其中 $D=\{(x,y)\mid 0\leqslant x\leqslant 1, 0\leqslant y\leqslant 2\}$；

(4) $\iint\limits_D (x^2+4y^2+9)\mathrm{d}\sigma$，其中 D 为圆域 $x^2+y^2\leqslant 4$.

4. 利用对称性说明下列二重积分等式成立：

(1) $\iint\limits_D (x^2+x^3y^4)\mathrm{d}\sigma=4\iint\limits_{D_1} x^2\mathrm{d}\sigma$，其中 D 为闭区域 $|x|+|y|\leqslant 1$，而 D_1 是 D 在第一象限的部分区域；

(2) $\iint\limits_D x\ln\left(y+\sqrt{1+y^2}\right)\mathrm{d}\sigma=0$，其中 D 是 $y=4-x^2$，$y=-3x$ 及 $x=1$ 所围闭区域；

(3) $\iint\limits_D (xy+\cos x\sin y)\mathrm{d}x\mathrm{d}y=2\iint\limits_{D_1}\cos x\sin y\mathrm{d}x\mathrm{d}y$，其中 D 是以 $(1,1)$，$(-1,1)$ 及 $(-1,-1)$ 为顶点的三角形区域，D_1 是 D 在第一象限的部分.

5. 设闭区域 D 关于直线 $y=x$ 对称，试证 $\iint\limits_D f(x,y)\mathrm{d}\sigma=\iint\limits_D f(y,x)\mathrm{d}\sigma$.

6. 求极限 $\lim\limits_{t\to 0^+}\dfrac{1}{\pi t^2}\iint\limits_D \mathrm{e}^{x+y}\sin\dfrac{\pi}{4}(x^2+y^2)\mathrm{d}\sigma$，其中 D 为圆域 $(x-1)^2+(y-1)^2\leqslant t^2$.

第二节　二重积分的计算法

如果用二重积分的定义计算二重积分,不仅计算量大,而且很难计算,大多数情况下并不可行.本节介绍二重积分的两种计算方法.

一、利用直角坐标计算二重积分

积分区域 D 可以用不等式

$$\varphi_1(x)\leqslant y\leqslant\varphi_2(x),\quad a\leqslant x\leqslant b$$

表示(见图 8-4).称此类积分区域为 X-型区域.

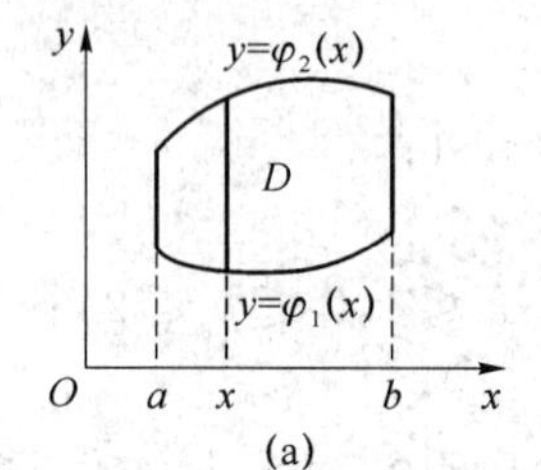

(a)

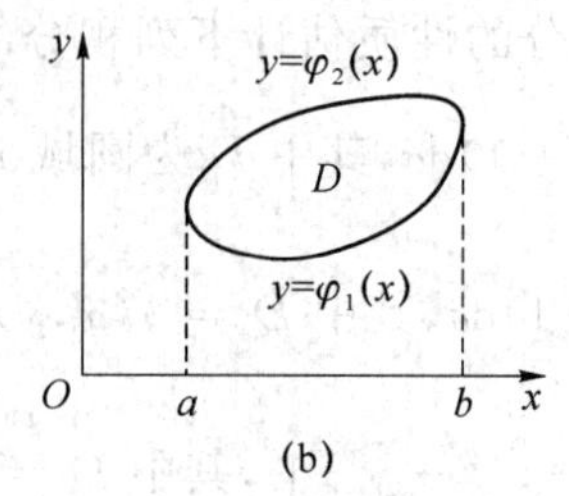

(b)

图 8-4

设连续函数 $f(x,y)\geqslant 0$,由二重积分的几何意义可知,二重积分 $\iint\limits_D f(x,y)\mathrm{d}\sigma$ 表示一个以 D 为底、以曲面 $z=f(x,y)$ 为顶的曲顶柱体的体积(见图 8-5).

现在利用"平行截面面积为已知的立体的体积"的计算方法计算这个曲顶柱体的体积.

在$[a,b]$上任取一点 x,作平行于 yOz 面的平面 $x=x_0$,这平面截曲顶柱体所得截面是一个以区间$[\varphi_1(x_0),\varphi_2(x_0)]$为底、以曲线 C:$z=f(x_0,y)$为顶边的曲边梯形(见图 8-6),这个曲边梯形的面积为

$$A(x_0)=\int_{\varphi_1(x_0)}^{\varphi_2(x_0)} f(x_0,y)\mathrm{d}y.$$

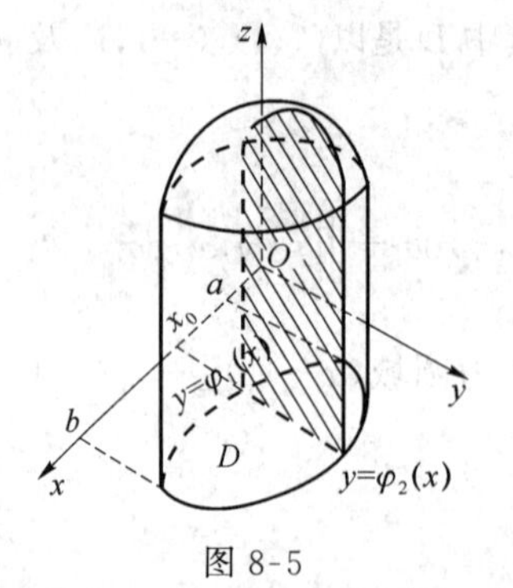

图 8-5

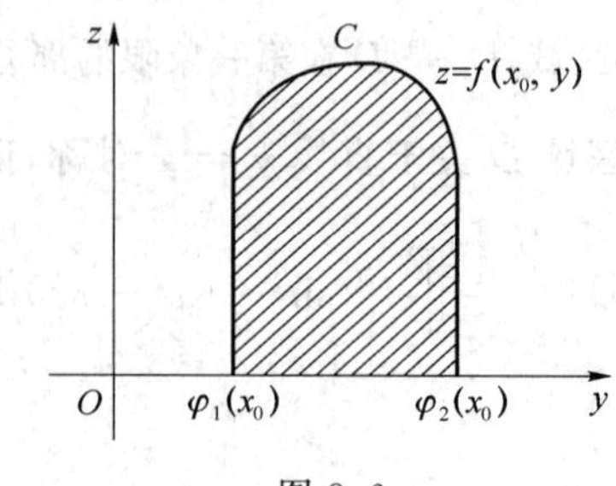

图 8-6

一般而言，过区间$[a,b]$上任一点x作平行于yOz面的平面，截曲顶柱体所得截面的面积为

$$A(x)=\int_{\varphi_1(x)}^{\varphi_2(x)}f(x,y)\mathrm{d}y,$$

那么曲顶柱体的体积为

$$V=\int_a^b A(x)\mathrm{d}x=\int_a^b\left[\int_{\varphi_1(x)}^{\varphi_2(x)}f(x,y)\mathrm{d}y\right]\mathrm{d}x,$$

这个体积就是二重积分的值，即

$$\iint\limits_D f(x,y)\mathrm{d}\sigma=\int_a^b\left[\int_{\varphi_1(x)}^{\varphi_2(x)}f(x,y)\mathrm{d}y\right]\mathrm{d}x,\tag{1}$$

式(1) 右端称为先对y后对x的二次积分. 括号内计算积分$\int_{\varphi_1(x)}^{\varphi_2(x)}f(x,y)\mathrm{d}y$时将$x$看作固定不变的量，计算出来的结果是$x$的函数；然后再对$x$计算在区间$[a,b]$上的定积分，即可计算出二次积分. 这个二次积分也常记作

$$\int_a^b\mathrm{d}x\int_{\varphi_1(x)}^{\varphi_2(x)}f(x,y)\mathrm{d}y,$$

因此，

$$\iint\limits_D f(x,y)\mathrm{d}\sigma=\int_a^b\mathrm{d}x\int_{\varphi_1(x)}^{\varphi_2(x)}f(x,y)\mathrm{d}y.$$

以上是从几何意义的角度得到的一个计算二重积分的方法，下面的定理说明上述方法具有普遍性.

定理 1 若函数$f(x,y)$在有界闭区域D上连续，如果积分区域D为X-型区域：

$$\varphi_1(x)\leqslant y\leqslant\varphi_2(x),\quad a\leqslant x\leqslant b,$$

那么

$$\iint\limits_D f(x,y)\mathrm{d}\sigma=\int_a^b\mathrm{d}x\int_{\varphi_1(x)}^{\varphi_2(x)}f(x,y)\mathrm{d}y.$$

类似可得，如果积分区域D可表示为

$$\psi_1(y)\leqslant x\leqslant\psi_2(y),\quad c\leqslant y\leqslant d,$$

此类积分区域称为Y-型区域(见图 8-7)，则

$$\iint\limits_D f(x,y)\mathrm{d}\sigma=\int_c^d\mathrm{d}y\int_{\psi_1(y)}^{\psi_2(y)}f(x,y)\mathrm{d}x,\tag{2}$$

式(2)右端称为先对x后对y的二次积分.

特别地，如果积分区域D为矩形域：$a\leqslant x\leqslant b$，$c\leqslant y\leqslant d$，被积函数$f(x,y)=f_1(x)f_2(y)$，则

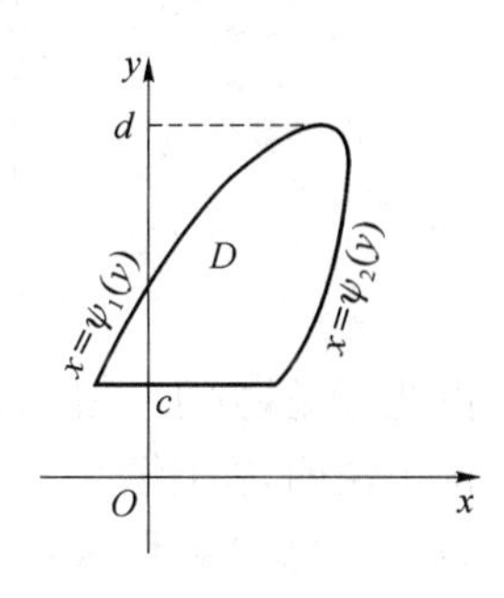

图 8-7

$$\begin{aligned}\iint_D f_1(x)f_2(y)\mathrm{d}\sigma &= \int_a^b \mathrm{d}x\int_c^d f_1(x)f_2(y)\mathrm{d}y \\ &= \int_a^b \left[f_1(x)\int_c^d f_2(y)\mathrm{d}y\right]\mathrm{d}x \\ &= \left(\int_a^b f_1(x)\mathrm{d}x\right)\left(\int_c^d f_2(y)\mathrm{d}y\right).\end{aligned}$$

以上二重积分计算公式要求积分区域是 X-型区域或 Y-型区域.如果不是这两类区域,可以把它分成若干部分,使每个部分是 X-型区域或 Y-型区域,那么在各个部分上的二重积分都可化为二次积分计算,根据二重积分对积分区域的可加性,它们的和就是整个积分区域上的二重积分.

例1 计算 $\iint\limits_D xy\,\mathrm{d}\sigma$,其中 D 是由抛物线 $y^2=x$ 及直线 $y=x-2$ 所围成的闭区域.

(方法一) 首先画出积分区域 D 的图形(见图8-8).D 是 Y-型区域,用不等式表示为

$$y^2\leqslant x\leqslant y+2,\quad -1\leqslant y\leqslant 2,$$

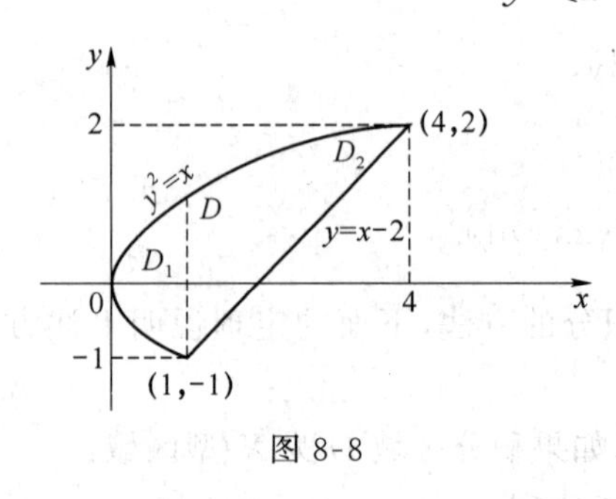

图8-8

然后将二重积分化为先对 x 后对 y 的二次积分,有

$$\begin{aligned}\iint_D xy\,\mathrm{d}\sigma &= \int_{-1}^2 \mathrm{d}y\int_{y^2}^{y+2} xy\,\mathrm{d}x = \int_{-1}^2 \left[\frac{x^2}{2}y\right]\Bigg|_{y^2}^{y+2}\mathrm{d}y \\ &= \frac{1}{2}\int_{-1}^2 [y(y+2)^2-y^5]\mathrm{d}y \\ &= \frac{1}{2}\left[\frac{1}{4}y^4+\frac{4}{3}y^3+2y^2-\frac{1}{6}y^6\right]\Bigg|_{-1}^2 \\ &= \frac{45}{8}.\end{aligned}$$

(方法二) 积分区域 D 也是 X-型区域.因为它的下边界由表达式不同的曲线构成,所以,将 D 分成区域 D_1 及 D_2:

$$D_1:-\sqrt{x}\leqslant y\leqslant\sqrt{x},\quad 0\leqslant x\leqslant 1.$$

$$D_2:x-2\leqslant y\leqslant\sqrt{x},\quad 1\leqslant x\leqslant 4.$$

$$\begin{aligned}\iint_D xy\,\mathrm{d}\sigma &= \iint_{D_1} xy\,\mathrm{d}\sigma+\iint_{D_2} xy\,\mathrm{d}\sigma \\ &= \int_0^1 \mathrm{d}x\int_{-\sqrt{x}}^{\sqrt{x}} xy\,\mathrm{d}y+\int_1^4 \mathrm{d}x\int_{x-2}^{\sqrt{x}} xy\,\mathrm{d}y \\ &= 0+\int_1^4 x\times\frac{y^2}{2}\Bigg|_{x-2}^{\sqrt{x}}\mathrm{d}x = \frac{1}{2}\int_1^4 x[x-(x-2)^2]\mathrm{d}x = \frac{45}{8}.\end{aligned}$$

由此可见,方法一比方法二更容易.

例1说明,在计算二重积分时,选择恰当的二次积分很重要.二次积分次序的选定既要考虑积分区域 D 的形状,又要考虑被积函数 $f(x,y)$ 的特性.

例 2　计算 $I=\iint\limits_D \frac{\sin x}{x}\mathrm{d}\sigma$，其中 D 是由直线 $y=x$ 及抛物线 $y=x^2$ 所围成的闭区域.

解　先画出积分区域 D 的图形(见图 8-9).

D 是 X-型区域，用不等式表示为

$$D: x^2 \leqslant y \leqslant x,\quad 0 \leqslant x \leqslant 1.$$

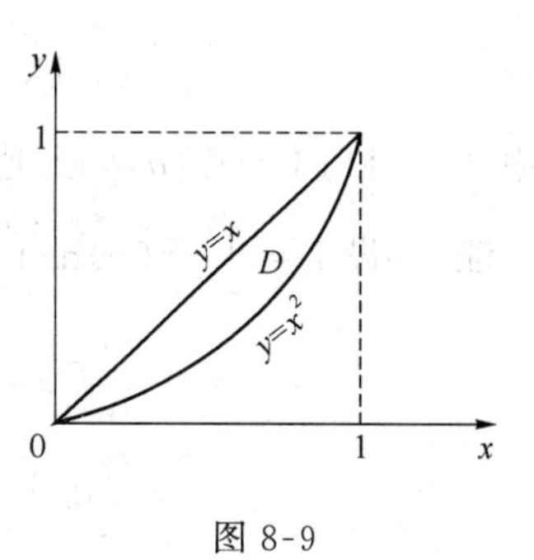

图 8-9

$$I=\int_0^1 \mathrm{d}x\int_{x^2}^{x} \frac{\sin x}{x}\mathrm{d}y=\int_0^1 (x-x^2)\frac{\sin x}{x}\mathrm{d}x$$

$$=\int_0^1 \sin x\mathrm{d}x-\int_0^1 x\sin x\mathrm{d}x$$

$$=[-\cos x]\Big|_0^1-[-x\cos x+\sin x]\Big|_0^1=1-\sin 1.$$

D 也是 Y-型区域，用不等式表示为

$$D: y \leqslant x \leqslant \sqrt{y},\quad 0 \leqslant y \leqslant 1$$

$$I=\int_0^1 \mathrm{d}y\int_y^{\sqrt{y}} \frac{\sin x}{x}\mathrm{d}x,$$

这个二次积分难以进一步计算，这是因为被积函数 $\frac{\sin x}{x}$ 的原函数不能用初等函数表示.

例 3　变换二次积分 $\int_1^2 \mathrm{d}y\int_{\frac{1}{y}}^{y} f(x,y)\mathrm{d}x$ 的积分次序.

解　先画出积分区域 D 的图形(见图 8-10(a))，即

$$D: \frac{1}{y} \leqslant x \leqslant y,\quad 1 \leqslant y \leqslant 2.$$

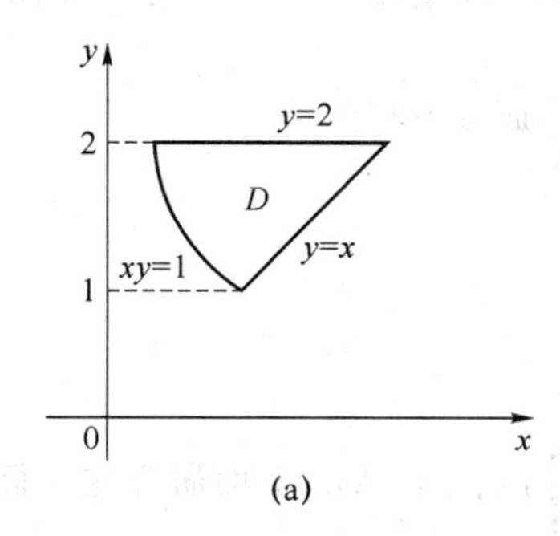

(a)

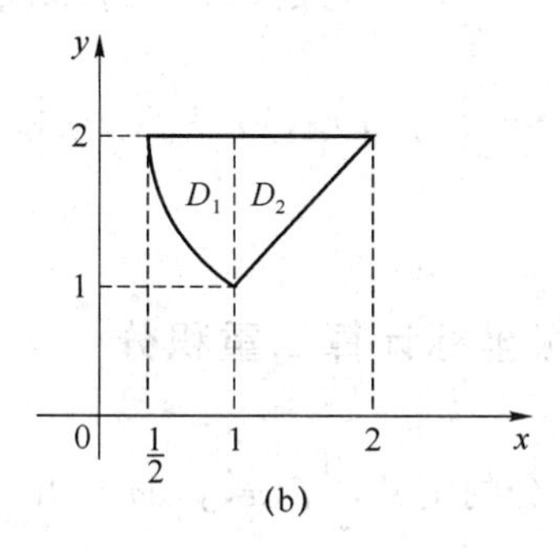

(b)

图 8-10

要把二次积分化为先对 y 后对 x 的二次积分，需将积分区域分成 D_1 及 D_2(如图 8-10(b)所示)，即

$$D_1: \frac{1}{x} \leqslant y \leqslant 2,\quad \frac{1}{2} \leqslant x \leqslant 1.$$

$$D_2: x \leqslant y \leqslant 2,\quad 1 \leqslant x \leqslant 2.$$

于是

$$\int_1^2 \mathrm{d}y\int_{\frac{1}{y}}^{y} f(x,y)\mathrm{d}x = \int_{\frac{1}{2}}^{1}\mathrm{d}x\int_{\frac{1}{x}}^{2} f(x,y)\mathrm{d}y + \int_1^2\mathrm{d}x\int_x^2 f(x,y)\mathrm{d}y.$$

例 4 利用二重积分的性质证明柯西-施瓦茨不等式：

$$\left(\int_a^b f(x)g(x)\mathrm{d}x\right)^2 \leqslant \int_a^b f^2(x)\mathrm{d}x\int_a^b g^2(x)\mathrm{d}x,$$

其中 $f(x)$ 和 $g(x)$ 在 $[a,b]$ 上连续.

证 设 $I=\int_a^b f^2(x)\mathrm{d}x\int_a^b g^2(x)\mathrm{d}x-\left[\int_a^b f(x)g(x)\mathrm{d}x\right]^2$，只需证 $I\geqslant 0$ 即可.

$$\begin{aligned}
I &= \int_a^b f^2(x)\mathrm{d}x\int_a^b g^2(y)\mathrm{d}y - \int_a^b f(x)g(x)\mathrm{d}x\int_a^b f(y)g(y)\mathrm{d}y \\
&= \int_a^b \mathrm{d}x\int_a^b f^2(x)g^2(y)\mathrm{d}y - \int_a^b\mathrm{d}x\int_a^b f(x)g(x)f(y)g(y)\mathrm{d}y \\
&= \int_a^b \mathrm{d}x\int_a^b [f^2(x)g^2(y)-f(x)g(x)f(y)g(y)]\mathrm{d}y \\
&= \iint_D [f^2(x)g^2(y)-f(x)g(y)f(y)g(x)]\mathrm{d}\sigma,
\end{aligned}$$

其中 D 为正方形区域：$a\leqslant x\leqslant b, a\leqslant y\leqslant b$，因为 D 关于直线 $y=x$ 对称，由习题 8-1 的第 5 题知

$$I=\iint_D [f^2(y)g^2(x)-f(y)g(x)f(x)g(y)]\mathrm{d}\sigma,$$

所以

$$\begin{aligned}
2I &= \iint_D [f^2(x)g^2(y)-2f(x)g(y)f(y)g(x)+f^2(y)g^2(x)]\mathrm{d}\sigma \\
&= \iint_D [f(x)g(y)-f(y)g(x)]^2\mathrm{d}\sigma \geqslant 0,
\end{aligned}$$

于是 $I\geqslant 0$.

二、利用极坐标计算二重积分

根据二重积分的定义，$\iint_D f(x,y)\mathrm{d}\sigma=\lim_{\lambda\to 0}\sum_{i=1}^{n} f(\xi_i,\eta_i)\Delta\sigma_i$，下面研究这个极限在极坐标中的形式.

极坐标与直角坐标之间的关系为

$$\begin{cases} x=\rho\cos\theta, \\ y=\rho\sin\theta, \end{cases} \quad 0\leqslant\rho<+\infty,\ 0\leqslant\theta\leqslant 2\pi.$$

设积分区域 D 在极坐标下表示为

$$\varphi_1(\theta)\leqslant\rho\leqslant\varphi_2(\theta),\quad \alpha\leqslant\theta\leqslant\beta,$$

现用以极点为中心的同心圆族 $\rho=$ 常数，以及过极点的射线族 $\theta=$ 常数，把区域 D 分成 n 个小闭区域 $\Delta\sigma_i(i=1,2,\cdots,n)$（见图 8-11），当区域 D 无限细分时，包含边界点的小闭区域对和式的极限不起作用，其他小闭区域 $\Delta\sigma_i$ 的面积为两个扇形面积之差，即

$$\begin{aligned}\Delta\sigma_i &= \frac{1}{2}(\rho_i+\Delta\rho_i)^2\Delta\theta_i-\frac{1}{2}\rho_i^2\Delta\theta_i\\ &=\left(\rho_i+\frac{1}{2}\Delta\rho_i\right)\Delta\rho_i\Delta\theta_i\\ &=\frac{\rho_i+(\rho_i+\Delta\rho_i)}{2}\Delta\rho_i\Delta\theta_i\\ &=\bar{\rho}_i\Delta\rho_i\Delta\theta_i,\end{aligned}$$

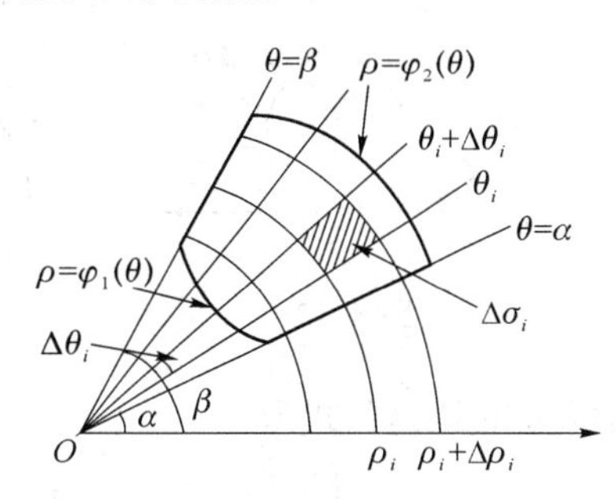

图 8-11

其中 $\bar{\rho}_i$ 是 ρ_i 和 $\rho_i+\Delta\rho_i$ 的平均数.

由于二重积分与积分区域 D 的分法和点 (ξ_i,η_i) 的取法无关，因此在小闭区域 $\Delta\sigma_i$ 内取圆周 $\rho=\bar{\rho}_i$ 上的一点 $(\bar{\rho}_i,\bar{\theta}_i)$，此点对应于直角坐标 (ξ_i,η_i)，其中 $\xi_i=\bar{\rho}_i\cos\bar{\theta}_i,\eta_i=\bar{\rho}_i\sin\bar{\theta}_i$，于是

$$\begin{aligned}\iint_D f(x,y)\mathrm{d}\sigma &= \lim_{\lambda\to 0}\sum_{i=1}^{n}f(\xi_i,\eta_i)\Delta\sigma_i\\ &=\lim_{\lambda\to 0}\sum_{i=1}^{n}f(\bar{\rho}_i\cos\bar{\theta}_i,\bar{\rho}\sin\bar{\theta}_i)\,\bar{\rho}_i\Delta\rho_i\Delta\theta_i\\ &=\iint_D f(\rho\cos\theta,\rho\sin\theta)\rho\mathrm{d}\rho\mathrm{d}\theta,\end{aligned}$$

其中 $\rho\mathrm{d}\rho\mathrm{d}\theta$ 称为极坐标系中的面积元素.

极坐标系中的二重积分同样可以化为二次积分计算，即

$$\iint_D f(\rho\cos\theta,\rho\sin\theta)\rho\mathrm{d}\rho\mathrm{d}\theta=\int_\alpha^\beta\left[\int_{\varphi_1(\theta)}^{\varphi_2(\theta)}f(\rho\cos\theta,\rho\sin\theta)\rho\mathrm{d}\rho\right]\mathrm{d}\theta,$$

等式右端可写成 $\int_\alpha^\beta\mathrm{d}\theta\int_{\varphi_1(\theta)}^{\varphi_2(\theta)}f(\rho\cos\theta,\rho\sin\theta)\rho\mathrm{d}\rho$.

如果积分区域 D 为曲边扇形（见图 8-12），那么积分区域可表示为

$$0\leqslant\rho\leqslant\varphi(\theta),\quad \alpha\leqslant\theta\leqslant\beta,$$

这时，极坐标系中的二重积分计算公式为

$$\iint_D f(\rho\cos\theta,\rho\sin\theta)\rho\mathrm{d}\rho\mathrm{d}\theta=\int_\alpha^\beta\mathrm{d}\theta\int_0^{\varphi(\theta)}f(\rho\cos\theta,\rho\sin\theta)\rho\mathrm{d}\rho.$$

如果极点 O 在积分区域 D 的内部，则闭区域 D 可表示为

$$0\leqslant\rho\leqslant\varphi(\theta),\quad 0\leqslant\theta\leqslant 2\pi\text{（见图 8-13）},$$

此时，二重积分的计算公式为

$$\iint_D f(\rho\cos\theta,\rho\sin\theta)\rho\mathrm{d}\rho\mathrm{d}\theta=\int_0^{2\pi}\mathrm{d}\theta\int_0^{\varphi(\theta)}f(\rho\cos\theta,\rho\sin\theta)\rho\mathrm{d}\rho,$$

如果积分区域 D 在极点 O 处与极轴相切(见图 8-14),则闭区域 D 可表示为

$$0\leqslant\rho\leqslant\varphi(\theta),\quad 0\leqslant\theta\leqslant\pi,$$

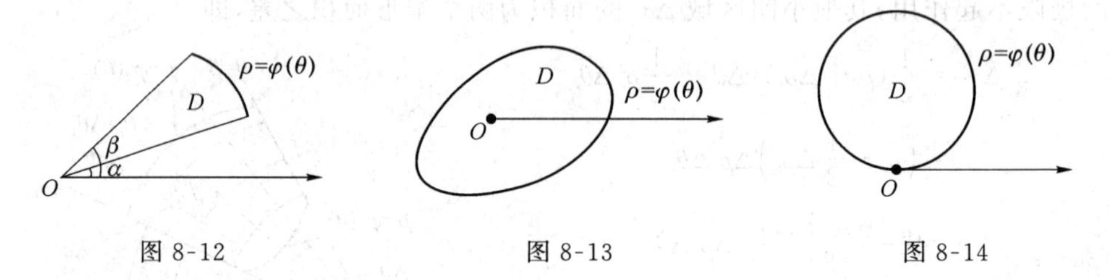

图 8-12　　图 8-13　　图 8-14

二重积分的计算公式为

$$\iint_D f(\rho\cos\theta,\rho\sin\theta)\rho\mathrm{d}\rho\mathrm{d}\theta=\int_0^{\pi}\mathrm{d}\theta\int_0^{\varphi(\theta)}f(\rho\cos\theta,\rho\sin\theta)\rho\mathrm{d}\rho.$$

积分区域是圆(或扇形)域或者被积函数为 $f(x^2+y^2)$ 型,则计算二重积分时宜采用极坐标.

例 5　计算 $I=\iint\limits_D \mathrm{e}^{-x^2-y^2}\mathrm{d}x\mathrm{d}y$,其中 D 为圆域 $x^2+y^2\leqslant a^2$.

解　这个积分用直角坐标计算难以求出,现选用极坐标,此时 D 可表示为

$$0\leqslant\rho\leqslant a,\quad 0\leqslant\theta\leqslant 2\pi,$$

于是

$$\begin{aligned}I&=\iint_D \mathrm{e}^{-\rho^2}\cdot\rho\mathrm{d}\rho\mathrm{d}\theta=\int_0^{2\pi}\mathrm{d}\theta\int_0^{a}\rho\mathrm{e}^{-\rho^2}\mathrm{d}\rho\\&=\int_0^{2\pi}\left[-\frac{1}{2}\mathrm{e}^{-\rho^2}\right]\Big|_0^a\mathrm{d}\theta\\&=\pi(1-\mathrm{e}^{-a^2}).\end{aligned}$$

读者可自行由此推导出公式:$\int_0^{+\infty}\mathrm{e}^{-x^2}\mathrm{d}x=\frac{\sqrt{\pi}}{2}$.

例 6　求抛物面 $x^2+y^2=az$ 和圆锥面 $z=2a-\sqrt{x^2+y^2}\,(a>0)$ 所围成立体的体积.

解　两曲面的交线为

$$\begin{cases}x^2+y^2=az,\\ z=2a-\sqrt{x^2+y^2}\end{cases},$$

方程等价于

$$\begin{cases}x^2+y^2=a^2,\\ z=a,\end{cases}$$

由此可知,交线在 xOy 面上的投影方程为 $x^2+y^2=a^2$. 设 $D=\{(x,y)\mid x^2+y^2\leqslant a^2\}$,在极坐标中,$D$ 可表示为 $0\leqslant\rho\leqslant a$,$0\leqslant\theta\leqslant 2\pi$. 所以,所求立体(见图 8-15)的体积为

$$V=\iint\limits_{D}\left(2a-\sqrt{x^2+y^2}-\frac{x^2+y^2}{a}\right)\mathrm{d}x\mathrm{d}y$$
$$=\int_0^{2\pi}\mathrm{d}\theta\int_0^a\left(2a-\rho-\frac{\rho^2}{a}\right)\rho\mathrm{d}\rho$$
$$=2\pi\int_0^a\left(2a-\rho-\frac{\rho^2}{a}\right)\rho\mathrm{d}\rho$$
$$=\frac{5}{6}\pi a^3.$$

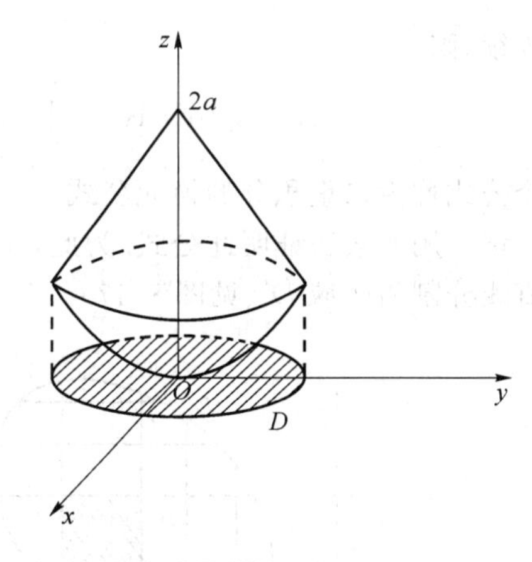

图 8-15

例 7　求曲线 $(x^2+y^2)^2=xy$ 所围图形(见图 8-16)的面积.

解　将 $\begin{cases}x=\rho\cos\theta\\ y=\rho\sin\theta\end{cases}$ 代入曲线方程，得曲线的极坐标方程：$\rho^2=\sin\theta\cos\theta$.

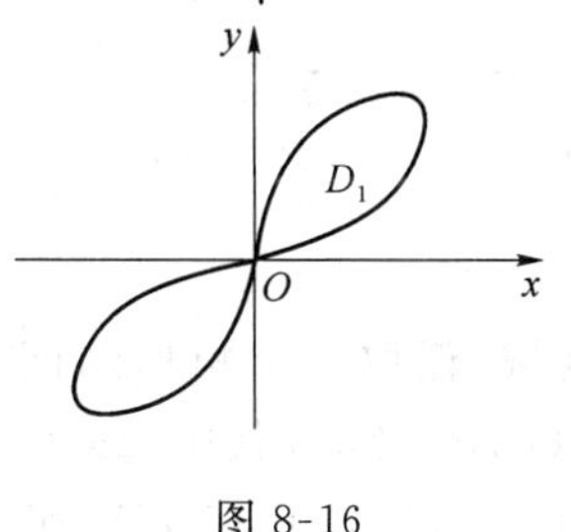

图 8-16

曲线所围闭区域 D 在第一象限的部分 D_1 可用不等式

$$0\leqslant\rho\leqslant\sqrt{\sin\theta\cos\theta},\quad 0\leqslant\theta\leqslant\frac{\pi}{2}$$

表示. 由对称性可知，所求 D 的面积是 D_1 面积的两倍，于是

$$2\iint\limits_{D_1}\mathrm{d}x\mathrm{d}y=2\int_0^{\frac{\pi}{2}}\mathrm{d}\theta\int_0^{\sqrt{\sin\theta\cos\theta}}\rho\mathrm{d}\rho$$
$$=\int_0^{\frac{\pi}{2}}\sin\theta\cos\theta\mathrm{d}\theta$$
$$=\frac{1}{2}.$$

*三、二重积分的换元法

为了便于计算二重积分，除了上面介绍的从直角坐标变换极坐标的变换公式外，还需要更一般的变换公式.

考虑一般变换

$$\begin{cases}x=x(u,v),\\ y=y(u,v),\end{cases}$$

设此变换是从 uOv 平面上的闭区域 D' 到 xOy 平面上闭区域 D 的一一映射，函数 $x=x(u,v)$，$y=y(u,v)$ 在 D' 上具有一阶连续偏导数，且在 D' 上雅可比行列式

$$J(u,v)=\frac{\partial(x,y)}{\partial(u,v)}\neq 0.$$

在以上的条件下，有如下二重积分的变量代换公式.

定理 2　变换 $x=x(u,v)$，$y=y(u,v)$ 及闭区域 D'，D 如上假设，如果函数 $f(x,y)$ 在 D

上连续,则

$$\iint_D f(x,y)\mathrm{d}x\mathrm{d}y=\iint_{D'} f[x(u,v),y(u,v)]\mid J(u,v)\mid \mathrm{d}u\mathrm{d}v,$$

这个公式称为二重积分的换元公式.

证 用元素法证明此公式. 为此,在 uOv 平面上以 $u=$常数和 $v=$常数这两族相互垂直的直线分割闭区域 D'(见图 8-17).

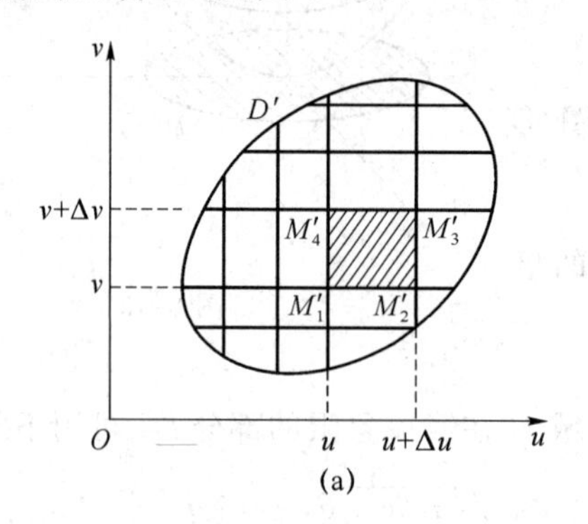

(a)

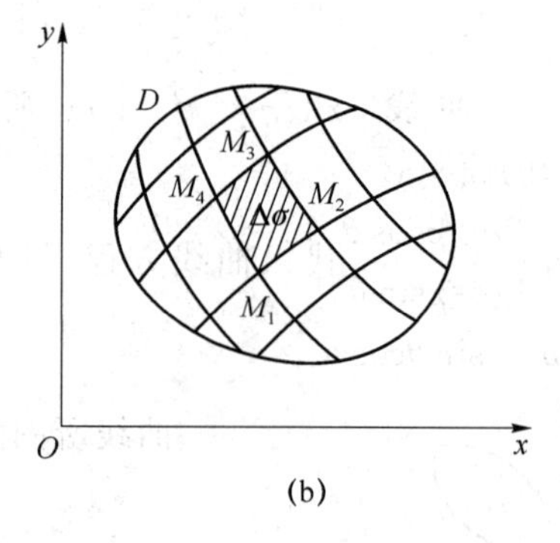

(b)

图 8-17

除了包含边界点的小闭区域外,其余的小闭区域都是矩形闭区域. 任取一个矩形闭区域,设其顶点为 $M_1'(u,v)$,$M_2'(u+\Delta u,v)$,$M_3'(u+\Delta u,v+\Delta v)$ 及 $M_4'(u,v+\Delta v)$,其中 Δu 和 Δv 很小.,这个小矩形闭区域的面积为 $\Delta u\Delta v$,通过变换 $x=x(u,v)$ 和 $y=y(u,v)$,在 xOy 平面上L 有 -个曲边四边形 $M_1M_2M_3M_4$ 与之对应,其顶点坐标为

$$M_1(x_1,y_1):x_1=x(u,v),y_1=y(u,v).$$

$$M_2(x_2,y_2):x_2=x(u+\Delta u,v)=x(u,v)+x_u(u,v)\Delta u+o(\Delta u),$$
$$y_2=y(u+\Delta u,v)=y(u,v)+y_u(u,v)\Delta u+o(\Delta u).$$

$$M_3(x_3,y_3):x_3=x(u+\Delta u,v+\Delta v)=x(u,v)+x_u(u,v)\Delta u+$$
$$x_v(u,v)\Delta v+o(\sqrt{\Delta u^2+\Delta v^2}),$$
$$y_3=y(u+\Delta u,v+\Delta v)=y(u,v)+y_u(u,v)\Delta u+$$
$$y_v(u,v)\Delta v+o(\sqrt{\Delta u^2+\Delta v^2}).$$

$$M_4(x_4,y_4):x_4=x(u,v+\Delta v)=x(u,v)+x_v(u,v)\Delta v+o(\Delta v),$$
$$y_4=y(u,v+\Delta v)=y(u,v)+y_v(u,v)\Delta v+o(\Delta v).$$

由于 Δu 和 Δv 很小,故曲边四边形 $M_1M_2M_3M_4$ 可以看作平行四边形,其面积 $\Delta\sigma\approx|\overrightarrow{M_1M_2}\times\overrightarrow{M_1M_4}|$,其中 $\overrightarrow{M_1M_2}=\{x_2-x_1,y_2-y_1,0\}=\{x_u(u,v)\Delta u+o(\Delta u),y_u(u,v)\Delta u+\Delta(\Delta u),0\}$,$\overrightarrow{M_1M_4}=\{x_4-x_1,y_4-y_1,0\}=\{x_v(u,v)\Delta v+o(\Delta v),y_v(u,v)\Delta v+o(\Delta v),0\}$.

$$\overrightarrow{M_1M_2}\times\overrightarrow{M_1M_4}=\begin{vmatrix}\boldsymbol{i} & \boldsymbol{j} & \boldsymbol{k}\\ x_2-x_1 & y_2-y_1 & 0\\ x_4-x_1 & y_4-y_1 & 0\end{vmatrix}=\begin{vmatrix}x_2-x_1 & y_2-y_1\\ x_4-x_1 & y_4-y_1\end{vmatrix}\boldsymbol{k},$$

可近似写作$\dfrac{\partial(x,y)}{\partial(u,v)}\Delta u\Delta v\boldsymbol{k}$，从而$|\overrightarrow{M_1M_2}\times\overrightarrow{M_1M_4}|\approx\left|\dfrac{\partial(x,y)}{\partial(u,v)}\right|\Delta u\Delta v$. 所以，面积元素为

$$\mathrm{d}\sigma=\left|\frac{\partial(x,y)}{\partial(u,v)}\right|\mathrm{d}u\mathrm{d}v=|J(u,v)|\mathrm{d}u\mathrm{d}v,$$

从而有

$$f(x,y)\mathrm{d}\sigma=f[x(u,v),y(u,v)]|J(u,v)|\mathrm{d}u\mathrm{d}v,$$

于是得换元公式

$$\iint\limits_{D}f(x,y)\mathrm{d}\sigma=\iint\limits_{D'}f[x(u,v),y(u,v)]\ |\ J(u,v)\ |\ \mathrm{d}u\mathrm{d}v.$$

注意　如果雅可比行列式$J(u,v)$只在D'内个别点上或一条曲线上为零，而在其他的点上不为零，那么换元公式仍成立. 例如，前面已讲过的极坐标变换$x=\rho\cos\theta$和$y=\rho\sin\theta$，雅可比式

$$\frac{\partial(x,y)}{\partial(\rho,\theta)}=\begin{vmatrix}\dfrac{\partial x}{\partial\rho} & \dfrac{\partial x}{\partial\theta}\\ \dfrac{\partial y}{\partial\rho} & \dfrac{\partial y}{\partial\theta}\end{vmatrix}=\begin{vmatrix}\cos\theta & -\rho\sin\theta\\ \sin\theta & \rho\cos\theta\end{vmatrix}=\rho$$

仅在$\rho=0$处为零，故不论闭区域D'是否含有极点，换元公式仍成立，即有

$$\iint\limits_{D}f(x,y)\mathrm{d}x\mathrm{d}y=\iint\limits_{D}f(\rho\cos\theta,\rho\sin\theta)\rho\mathrm{d}\rho\mathrm{d}\theta,$$

这里D'为D在$\rho O\theta$平面上对应的闭区域. 可以把点(ρ,θ)看作是在同一平面上点(x,y)的极坐标点，所以D'可仍然记作D.

例 8　计算$\iint\limits_{D}\cos\left(\dfrac{x-y}{x+y}\right)\mathrm{d}x\mathrm{d}y$，其中$D$是由$x+y=1$，$x$轴及$y$轴所围成的闭区域.

解　设$u=x-y,v=x+y$，则$x=\dfrac{u+v}{2}$，$y=\dfrac{v-u}{2}$. 在变换$\begin{cases}x=\dfrac{u+v}{2}\\ y=\dfrac{v-u}{2}\end{cases}$下，$xOy$平面上的闭区域$D$与$uOv$平面上的闭区域$D'$一一对应(见图 8-18).

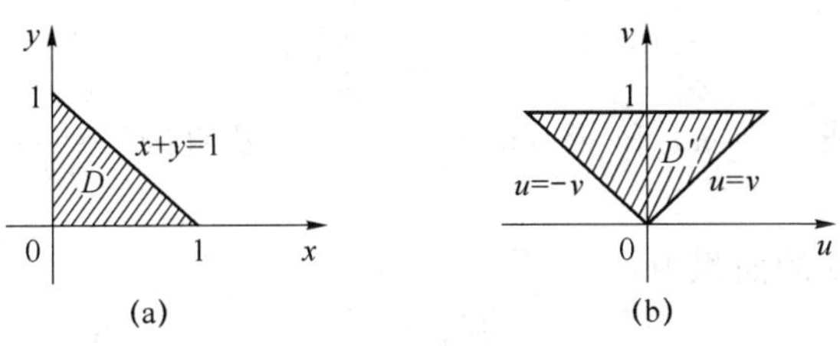

图 8-18

雅可比行列式为

$$J(u,v)=\begin{vmatrix}\frac{1}{2} & -\frac{1}{2}\\ \frac{1}{2} & \frac{1}{2}\end{vmatrix}=\frac{1}{2},$$

故

$$\begin{aligned}\iint\limits_{D}\cos\left(\frac{x-y}{x+y}\right)\mathrm{d}x\mathrm{d}y&=\iint\limits_{D'}\cos\frac{u}{v}\ |J(u,v)|\ \mathrm{d}u\mathrm{d}v\\&=\frac{1}{2}\int_0^1\mathrm{d}v\int_{-v}^{v}\cos\frac{u}{v}\mathrm{d}u\\&=\frac{1}{2}\int_0^1 2\sin 1\cdot v\mathrm{d}v\\&=\frac{1}{2}\sin 1.\end{aligned}$$

例 9 计算$\iint\limits_{D}\left(\frac{x^2}{a^2}+\frac{y^2}{b^2}\right)\mathrm{d}x\mathrm{d}y$,其中 D 是由椭圆$\frac{x^2}{a^2}+\frac{y^2}{b^2}=1$所围的区域.

解 作广义极坐标变换,即

$$\begin{cases}x=a\rho\cos\theta,\\y=b\rho\sin\theta,\end{cases}$$

在此变换下,闭区域 D 变成闭区域$D'=\{(\rho,\theta)\mid 0\leqslant\rho\leqslant 1,0\leqslant\theta\leqslant 2\pi\}$,雅可比行列式为

$$J(\rho,\theta)=\frac{\partial(x,y)}{\partial(\rho,\theta)}=\begin{vmatrix}\frac{\partial x}{\partial\rho} & \frac{\partial x}{\partial\theta}\\ \frac{\partial y}{\partial\rho} & \frac{\partial y}{\partial\theta}\end{vmatrix}=ab\rho,$$

因此

$$\begin{aligned}\iint\limits_{D}\left(\frac{x^2}{a^2}+\frac{y^2}{b^2}\right)\mathrm{d}x\mathrm{d}y&=\iint\limits_{D'}\rho^2\ |J(\rho,\theta)|\ \mathrm{d}\rho\mathrm{d}\theta\\&=\int_0^{2\pi}\mathrm{d}\theta\int_0^1 ab\rho^3\mathrm{d}\rho\\&=\frac{\pi}{2}ab.\end{aligned}$$

例 10 求由抛物线 $y^2=mx$ 和 $y^2=nx(0<m<n)$ 及直线 $y=\alpha x$ 和 $y=\beta x(0<\alpha<\beta)$ 所围闭区域的面积.

解 所求闭区域 D 的面积为

$$\iint\limits_{D}\mathrm{d}x\mathrm{d}y,$$

作变换 $u=\frac{y^2}{x}$, $v=\frac{y}{x}$, 即 $x=\frac{u}{v^2}$, $y=\frac{u}{v}$. 在此变换下,闭区域 D 变成闭区域 $D'=\{(u,v)\mid m\leqslant u\leqslant n,\alpha\leqslant v\leqslant\beta\}$,雅可比行列式为

$$J(u,v)=\frac{\partial(x,y)}{\partial(u,v)}=\begin{vmatrix}\frac{1}{v^2} & -2\frac{u}{v^3}\\ \frac{1}{v} & -\frac{u}{v^2}\end{vmatrix}=\frac{u}{v^4},$$

因此，

$$\iint_D \mathrm{d}x\mathrm{d}y=\iint_{D'}|J(u,v)|\mathrm{d}u\mathrm{d}y=\int_m^n \mathrm{d}u\int_\alpha^\beta \frac{u}{v^4}\mathrm{d}v$$

$$=\frac{1}{6}(n^2-m^2)\left(\frac{1}{\alpha^3}-\frac{1}{\beta^3}\right).$$

习题 8-2

1. 计算下列二重积分：

(1) $\iint\limits_D xy\mathrm{e}^{x^2+y^2}\mathrm{d}\sigma$，其中 D 是正方形闭区域：$0\leqslant x\leqslant 1, 0\leqslant y\leqslant 1$；

(2) $\iint\limits_D \frac{\sin x}{x}\mathrm{d}\sigma$，其中 D 是由 $y=x^2+1$，$y=1$ 及 $x=1$ 所围成的闭区域；

(3) $\iint\limits_D (3x+2y)\mathrm{d}\sigma$，其中 D 是由坐标轴及直线 $x+y=2$ 所围成闭区域；

(4) $\iint\limits_D (x^2+xy^3\mathrm{e}^{x^2+y^2})\mathrm{d}\sigma$，其中 D 是由直线 $y=x$，$y=-1$ 及 $x=1$ 所围成的闭区域；

(5) $\iint\limits_D \sin\sqrt{x^2+y^2}\,\mathrm{d}x\mathrm{d}y$，其中 D 是闭区域：$\pi^2\leqslant x^2+y^2\leqslant 4\pi^2$；

(6) $\iint\limits_D \sqrt{\frac{1-x^2-y^2}{1+x^2+y^2}}\mathrm{d}\sigma$，其中 D 是 $x^2+y^2=1$ 及坐标轴所围的在第一象限内的闭区域；

(7) $\iint\limits_D \arctan\frac{y}{x}\mathrm{d}\sigma$，其中 D 是闭区域 $\left\{(x,y)\mid 1\leqslant x^2+y^2\leqslant 9, \frac{x}{\sqrt{3}}\leqslant y\leqslant\sqrt{3}x\right\}$；

(8) $\iint\limits_D (x^2+y^2)\mathrm{d}\sigma$，其中 D 是由圆 $x^2+y^2=2y$ 和 $x^2+y^2=4y$ 及直线 $x=\sqrt{3}y$ 和 $y=\sqrt{3}x$ 所围成的闭区域；

(9) $\iint\limits_D xy\mathrm{d}x\mathrm{d}y$，其中 D 是由 x 轴及摆线的一拱 $x=a(t-\sin t)$，$y=a(1-\cos t)$，$0\leqslant t\leqslant 2\pi, a>0$ 所围成的闭区域.

2. 将 $I=\iint\limits_D f(x,y)\mathrm{d}\sigma$ 化为两种次序的二次积分，其中积分区域 D 为

(1) 由直线 $y=x$ 及抛物线 $y^2=4x$ 所围成的闭区域;

(2) 由 $y=x,y=\sqrt{1-x^2}$ 及 x 正半轴所围成的闭区域;

(3) 由 $y=\sqrt{2ax},y=\sqrt{2ax-x^2}$ 及 $x=2a(a>0)$ 所围成的闭区域.

3. 交换下列二次积分的积分次序:

(1) $\int_1^2 dx\int_1^{x^2} f(x,y)dy$;　　(2) $\int_0^2 dy\int_{y^2}^{2y} f(x,y)dx$;

(3) $\int_0^{\pi} dx\int_{-\sin\frac{x}{2}}^{\sin x} f(x,y)dy$;　　(4) $\int_{-1}^0 dy\int_{-1-\sqrt{1+y}}^{-1+\sqrt{1+y}} f(x,y)dx+\int_0^3 dy\int_{y-2}^{-1+\sqrt{1+y}} f(x,y)dx$.

4. 将下列二次积分化为极坐标形式的二次积分:

(1) $\int_0^{2a} dx\int_0^{\sqrt{2ax-x^2}} f(x^2+y^2)dy\quad(a>0)$;　　(2) $\int_{-a}^{a} dx\int_a^{a+\sqrt{a^2-x^2}} f(x,y)dy(a>0)$;

(3) $\int_0^1 dx\int_{1-x}^{\sqrt{1-x^2}} f(x,y)dy$;　　(4) $\int_0^1 dy\int_{-y}^{\sqrt{y}} f(x,y)dx$.

5. 选择适当的坐标计算下列积分:

(1) $\int_0^1 dx\int_0^{\sqrt{1-x^2}} \ln(1+x^2+y^2)dy$;

(2) $\int_0^1 dx\int_{x^2}^{x} (x^2+y^2)^{-\frac{1}{2}}dy$;

(3) $\int_0^1 f(x)dx$,其中 $f(x)=\int_0^{\sqrt{x}} e^{-\frac{y^2}{2}}dy$;

(4) $\int_1^2 dx\int_{\sqrt{x}}^{x} \frac{1}{y}\sin\frac{\pi x}{2y}dy+\int_2^4 dx\int_{\sqrt{x}}^{2} \frac{1}{y}\sin\frac{\pi x}{2y}dy$.

6. 证明等式

$$\int_a^b dx\int_a^x (x-y)^{n-2}f(y)dy=\frac{1}{n-1}\int_a^b (b-y)^{n-1}f(y)dy\quad(n>1).$$

7. 设函数 $f(x)$ 在$[a,b]$上连续且 $f(x)>0$,证明不等式

$$\int_a^b f(x)dx\int_a^b \frac{1}{f(x)}dx\geqslant(b-a)^2.$$

8. 设 $f(x)$ 在$[0,1]$上连续,单调递减且 $f(x)>0$,证明

$$\frac{\int_0^1 xf^2(x)dx}{\int_0^1 xf(x)dx}\leqslant\frac{\int_0^1 f^2(x)dx}{\int_0^1 f(x)dx}.$$

9. 计算在球面 $x^2+y^2+z^2=4a^2$ 内而在圆柱面 $x^2+y^2=a^2$ 外的部分立体的体积.

10. 计算以 xOy 面上的圆周 $x^2+y^2=ax$ 围成的闭区域为底,而以曲面 $z=x^2+y^2$ 为顶的曲顶柱体的体积.

*11. 作适当的变换,计算下列二重积分:

(1) $\iint\limits_D e^{\frac{y}{x+y}}\mathrm{d}x\mathrm{d}y$,其中 D 是由 $x+y=1$ 及两个坐标轴所围成的闭区域;

(2) $\iint\limits_D x^2y^2\mathrm{d}x\mathrm{d}y$,其中 D 是由两条曲线 $xy=1$ 和 $xy=2$ 及两条直线 $y=x$ 和 $y=4x$ 所围成的在第一象限内的闭区域;

(3) $\iint\limits_D \sqrt{1-\frac{x^2}{a^2}-\frac{y^2}{b^2}}\mathrm{d}x\mathrm{d}y$,其中 D 为椭圆 $\frac{x^2}{a^2}+\frac{y^2}{b^2}=1$ 所围成的闭区域.

*12. 求由下列曲线所围成的闭区域的面积:

(1) $\left(\frac{x^2}{a^2}+\frac{y^2}{b^2}\right)^2=x^2+y^2$;

(2) 曲线 $y=x^3$, $y=4x^3$, $x=y^3$ 和 $x=4y^3$ 所围成的在第一象限部分的闭区域.

*13. 证明下列等式:

(1) $\iint\limits_D f(x+y)\mathrm{d}x\mathrm{d}y=\int_{-1}^{1}f(u)\mathrm{d}u$,其中 $D=\{(x,y)\mid |x|+|y|\leqslant 1\}$;

(2) $\iint\limits_D f(ax+by+c)\mathrm{d}x\mathrm{d}y=2\int_{-1}^{1}\sqrt{1-u^2}f(u\sqrt{a^2+b^2}+c)\mathrm{d}u$,其中 $D=\{(x,y)\mid x^2+y^2\leqslant 1\}$ 且 $a^2+b^2\neq 0$.

14. 设 $f(t)$ 在 $(0,+\infty)$ 内连续且满足方程

$$f(t)=e^{4\pi t^2}+\iint\limits_{x^2+y^2\leqslant 4t^2} f\left(\frac{1}{2}\sqrt{x^2+y^2}\right)\mathrm{d}x\mathrm{d}y,$$

求 $f(t)$.

第三节　三重积分

一、三重积分的概念

二重积分的概念可以很自然地推广到三重积分.

定义 1　设 $f(x,y,z)$ 是空间有界闭区域 Ω 上的有界函数,将 Ω 任意分成 n 个小闭区域 $\Delta v_1,\Delta v_2,\cdots,\Delta v_n$,其中 Δv_i 表示第 i 个小闭区域,也表示它的体积. 在每个 Δv_i 上任取一点 (ξ_i,η_i,ζ_i),作和式 $\sum\limits_{i=1}^{n}f(\xi_i,\eta_i,\zeta_i)\Delta v_i$,设 $\lambda=\max\limits_{1\leqslant i\leqslant n}\{\Delta v_i$ 的直径$\}$. 如果当 $\lambda\to 0$ 时,上述和式的极限存在且极限值与 Ω 的分法和 (ξ_i,η_i,ζ_i) 的取法无关,则称此极限为函数 $f(x,y,z)$ 在闭区域 Ω 上的三重积分,记作 $\iiint\limits_\Omega f(x,y,z)\mathrm{d}v$,即

$$\iiint_{\Omega} f(x,y,z)\mathrm{d}v = \lim_{\lambda\to 0}\sum_{i=1}^{n} f(\xi_i,\eta_i,\zeta_i)\Delta v_i,$$

其中 Ω 称为积分区域，$\mathrm{d}v$ 称为体积元素. 与二重积分类似，$\mathrm{d}v$ 可表示为 $\mathrm{d}x\mathrm{d}y\mathrm{d}z$，而三重积分写作

$$\iiint_{\Omega} f(x,y,z)\mathrm{d}x\mathrm{d}y\mathrm{d}z.$$

根据定义，如果 $f(x,y,z)$ 表示某物体在点 (x,y,z) 处的密度，该物体构成空间闭区域 Ω，则该物体的质量为 $\iiint\limits_{\Omega} f(x,y,z)\mathrm{d}v$.

当函数 $f(x,y,z)$ 在有界闭区域 Ω 上连续时，三重积分 $\iiint\limits_{\Omega} f(x,y,z)\mathrm{d}v$ 必定存在，以后总假定函数 $f(x,y,z)$ 在有界闭区域 Ω 上连续.

三重积分的性质与二重积分的性质类似，在此不再一一列出. 例如，关于三重积分的对称性质，有如下的结论.

如果积分区域 Ω 关于 xOy 平面对称，那么

(1) 若被积函数 $f(x,y,z)$ 关于变量 z 为奇函数，即 $f(x,y,-z)=-f(x,y,z)$，则 $\iiint\limits_{\Omega} f(x,y,z)\mathrm{d}v = 0$；

(2) 若被积函数 $f(x,y,z)$ 关于变量 z 为偶函数，即 $f(x,y,-z)=f(x,y,z)$，则 $\iiint\limits_{\Omega} f(x,y,z)\mathrm{d}v = 2\iiint\limits_{\Omega_1} f(x,y,z)\mathrm{d}v$，其中 Ω_1 是 Ω 在 xOy 平面上方的闭区域.

二、三重积分的计算法

要计算三重积分，还是必须把它化为三次积分，下面讨论在不同的坐标下将三重积分化为三次积分的方法.

1. 利用直角坐标计算三重积分

设空间闭区域 Ω 的边界曲面可以分成上下两部分，它们的方程分别为 $z=z_2(x,y)$，$z=z_1(x,y)$，$(x,y)\in D_{xy}$，其中 D_{xy} 是 Ω 在 xOy 平面上的投影闭区域，$z_1(x,y)$ 与 $z_2(x,y)$ 在 D_{xy} 上连续，且 $z_1(x,y)\leqslant z_2(x,y)$（见图 8-19)，空间闭区域 Ω 可表示为

$$\Omega=\{(x,y,z)\mid z_1(x,y)\leqslant z\leqslant z_2(x,y),(x,y)\in D_{xy}\}.$$

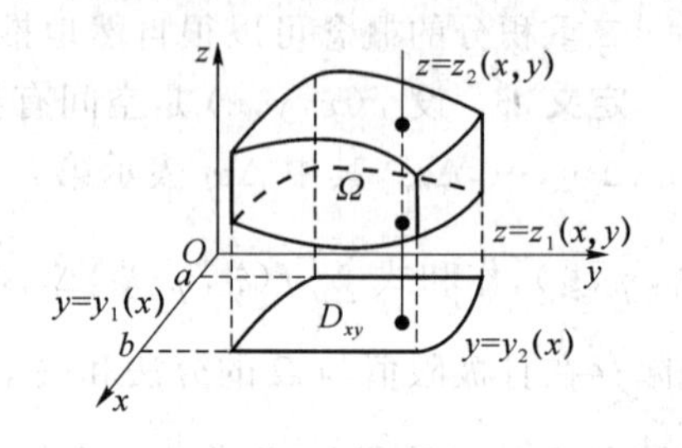

图 8-19

$f(x,y,z)$ 在空间闭区域 Ω 上的三重积分可化为先对 z 在区间 $[z_1(x,y),z_2(x,y)]$ 上的定积分，再在平面闭区域 D_{xy} 上的二重积分，即

$$\iiint_{\Omega} f(x,y,z)\mathrm{d}v = \iint_{D_{xy}} \left[\int_{z_1(x,y)}^{z_2(x,y)} f(x,y,z)\mathrm{d}z\right]\mathrm{d}\sigma.$$

如果平面闭区域 D_{xy} 表示为

$$D_{xy}=\{(x,y)\mid y_1(x)\leqslant y\leqslant y_2(x),a\leqslant x\leqslant b\},$$

则三重积分的计算公式为

$$\iiint_{\Omega} f(x,y,z)\mathrm{d}v = \int_a^b \mathrm{d}x\int_{y_1(x)}^{y_2(x)}\mathrm{d}y\int_{z_1(x,y)}^{z_2(x,y)} f(x,y,z)\mathrm{d}z,$$

等式右端是一个先对 z,次对 y,最后对 x 的三次积分(积分次序简写为 $z\to y\to x$).

要得到其他积分次序的三次积分,可以把空间闭区域 Ω 投影到 xOz 平面上或 yOz 平面上,对于较复杂的空间闭区域 Ω,可以将它分成若干部分,使 Ω 上的三重积分化为各部分上的三重积分的和.

例 1 计算三重积分 $\iiint\limits_{\Omega} x\mathrm{d}v$,其中 Ω 是由平面 $x+y+z=1$ 及三个坐标面所围成的闭区域.

解 积分区域 Ω 如图 8-20 所示,将 Ω 投影到 xOy 平面上,得投影区域 D_{xy},D_{xy} 可表示为 $\{(x,y)\mid 0\leqslant y\leqslant 1-x,0\leqslant x\leqslant 1\}$,于是

$$\begin{aligned}\iiint_{\Omega} x\mathrm{d}v &= \iint_{D_{xy}}\left[\int_0^{1-x-y} x\mathrm{d}z\right]\mathrm{d}\sigma = \int_0^1\mathrm{d}x\int_0^{1-x}\mathrm{d}y\int_0^{1-x-y}x\mathrm{d}z\\ &= \int_0^1\mathrm{d}x\int_0^{1-x}x(1-x-y)\mathrm{d}y\\ &= \int_0^1\left[x(1-x)^2-\frac{1}{2}x(1-x)^2\right]\mathrm{d}x\\ &= \int_0^1\frac{x}{2}(1-x)^2\mathrm{d}x = \frac{1}{2}\int_0^1(x-2x^2+x^3)\mathrm{d}x = \frac{1}{24}.\end{aligned}$$

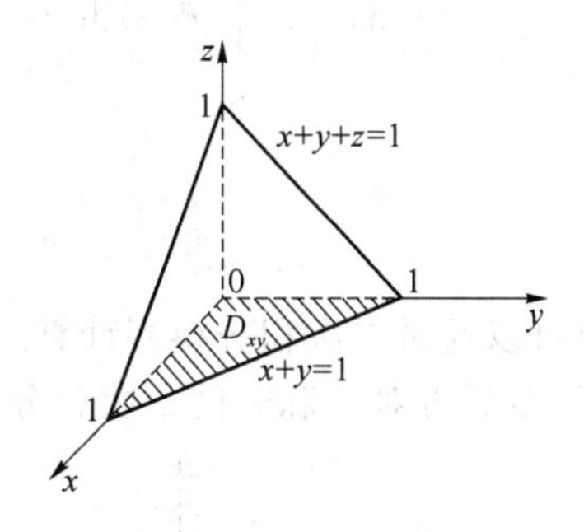

图 8-20

有时,三重积分也可以化为先计算一个二重积分,再计算一个定积分,方法如下:

设空间闭区域 Ω 界于两个平面 $z=c_1$ 及 $z=c_2(c_1<c_2)$ 之间,表示为

$$\Omega=\{(x,y,z)\mid (x,y)\in D(z),c_1\leqslant z\leqslant c_2\},$$

其中,$D(z)$ 是竖坐标为 z 的平面(平行于 xOy 平面)截闭区域 Ω 所得到的一个平面闭区域,则有

$$\iiint_{\Omega} f(x,y,z)\mathrm{d}v = \int_{c_1}^{c_2}\mathrm{d}z\iint_{D(z)} f(x,y,z)\mathrm{d}x\mathrm{d}y.$$

例 2 计算 $I=\iiint\limits_{\Omega} z^2\mathrm{d}x\mathrm{d}y\mathrm{d}z$,其中 Ω 是由圆锥面 $z^2=x^2+y^2$ 与平面 $z=1$ 所围成的闭区域.

解 积分区域 Ω 界于 $z=0$ 与 $z=1$ 之间,可表示为 $\Omega=\{(x,y,z)\mid (x,y)\in D(z):x^2+y^2\leqslant z^2,0\leqslant z\leqslant 1\}$,如图 8-21 所示. 于是有

$$\iiint_{\Omega} z^2 \mathrm{d}x\mathrm{d}y\mathrm{d}z = \int_0^1 \mathrm{d}z \iint_{D(z)} z^2 \mathrm{d}x\mathrm{d}y$$
$$= \int_0^1 z^2 \pi z^2 \mathrm{d}z$$
$$= \frac{\pi}{5}.$$

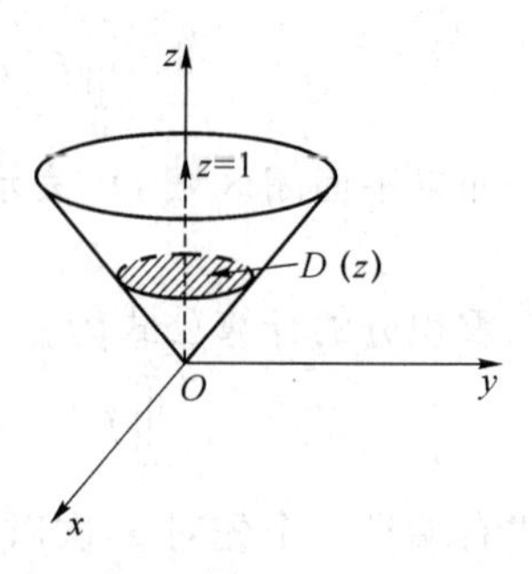

图 8-21

例 3 化积分 $\int_0^a \mathrm{d}x \int_0^x \mathrm{d}y \int_0^y f(z)\mathrm{d}z$ 为定积分.

解 这是一个积分次序为 $z \to y \to x$ 的三次积分,所对应的三重积分的积分区域 Ω 为

$$\Omega = \{(x,y,z) \mid 0 \leqslant z \leqslant y, (x,y) \in D_{xy}: 0 \leqslant y \leqslant x, 0 \leqslant x \leqslant a\},$$

如图 8-22 所示.

将 Ω 投影到 yOz 平面上,得闭区域 $D_{yz}: z \leqslant y \leqslant a, 0 \leqslant z \leqslant a$,故 Ω 又可表示为

$$\Omega = \{(x,y,z) \mid y \leqslant x \leqslant a, (y,z) \in D_{yz}: z \leqslant y \leqslant a, 0 \leqslant z \leqslant a\},$$

于是可将原式化为顺序为 $x \to y \to z$ 的三次积分,即

$$\int_0^a \mathrm{d}x \int_0^x \mathrm{d}y \int_0^y f(z)\mathrm{d}z = \int_0^a \mathrm{d}z \int_z^a \mathrm{d}y \int_y^a f(z)\mathrm{d}x$$
$$= \int_0^a \mathrm{d}z \int_z^a (a-y) f(z)\mathrm{d}y$$
$$= \frac{1}{2}\int_0^a (a-z)^2 f(z)\mathrm{d}z,$$

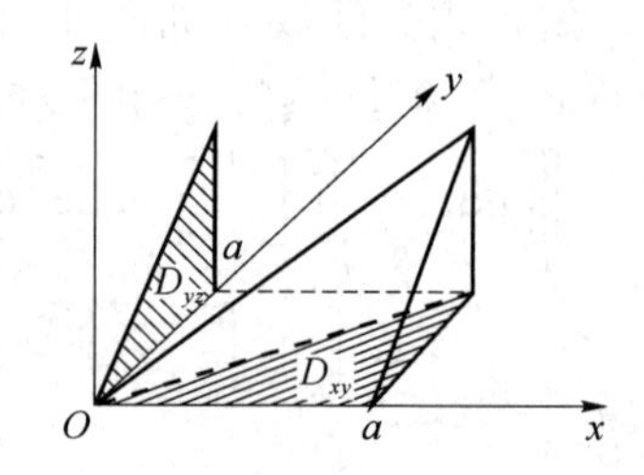

图 8-22

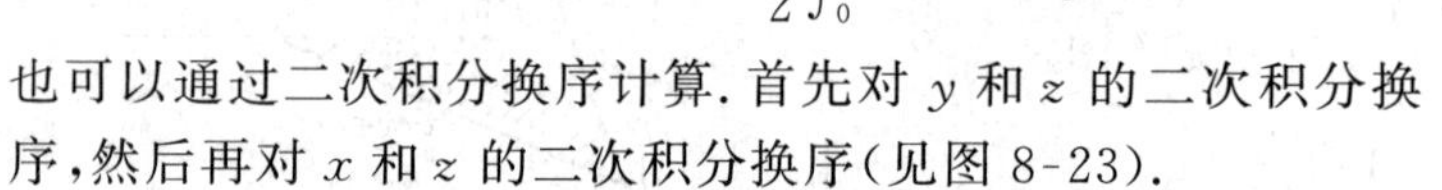

也可以通过二次积分换序计算. 首先对 y 和 z 的二次积分换序,然后再对 x 和 z 的二次积分换序(见图 8-23).

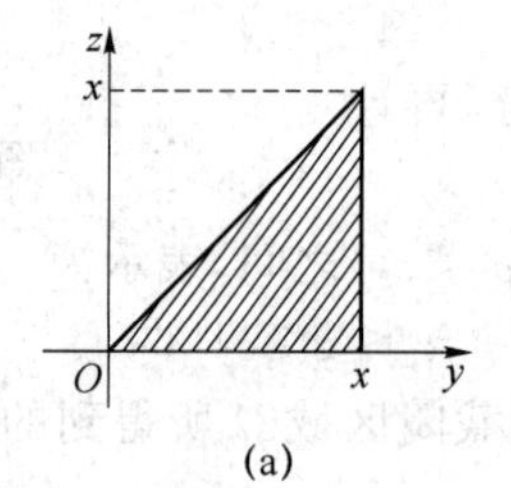

(a)

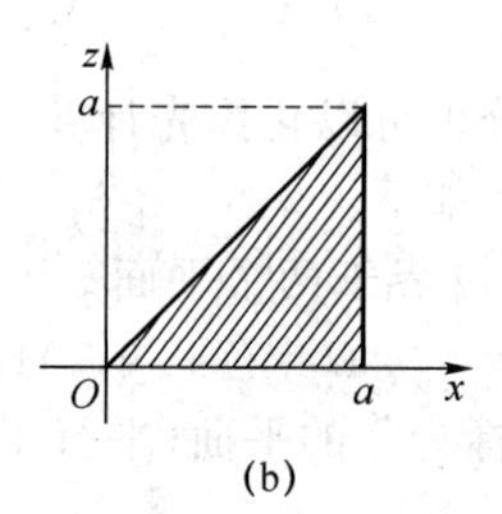

(b)

图 8-23

$$\int_0^a \mathrm{d}x \int_0^x \mathrm{d}y \int_0^y f(z)\mathrm{d}z = \int_0^a \mathrm{d}x \int_0^x \mathrm{d}z \int_z^x f(z)\mathrm{d}y = \int_0^a \mathrm{d}x \int_0^x (x-z) f(z)\mathrm{d}z$$
$$= \int_0^a \mathrm{d}z \int_z^a (x-z) f(z)\mathrm{d}x$$
$$= \int_0^a \frac{1}{2}\left[(x-z)^2 f(z)\right]\Big|_z^a \mathrm{d}z$$
$$= \frac{1}{2}\int_0^a (a-z)^2 f(z)\mathrm{d}z.$$

2. 利用柱面坐标计算三重积分

设 $M(x,y,z)$ 为空间内一点，它在 xOy 面上的投影点 P 的极坐标为 (ρ,θ)，那么 (ρ,θ,z) 称为点 M 的柱面坐标（见图 8-24）.

点 M 的直角坐标与柱面坐标的关系为

$$\begin{cases} x=\rho\cos\theta, \\ y=\rho\sin\theta, \\ z=z, \end{cases}$$

其中，$0\leqslant\rho<+\infty$，$0\leqslant\theta\leqslant 2\pi$，$-\infty<z<+\infty$.

为了求出在柱面坐标下三重积分的计算公式，首先要求出在柱面坐标系下体积元素的表达式. 为此，用三组坐标面 $\rho=$ 常数（即以 z 轴为轴的圆柱面）、$\theta=$ 常数（即过 z 轴的半平面）和 $z=$ 常数（即与 xOy 面平行的平面）将闭区域 Ω 分成若干个小闭区域，除了含 Ω 的边界点的小闭区域外，其余小闭区域都是柱体，任取一个小闭区域 $\mathrm{d}v$，它是由 ρ 到 $\rho+\mathrm{d}\rho$，θ 到 $\theta+\mathrm{d}\theta$ 和 z 到 $z+\mathrm{d}z$ 所围成的柱体（见图 8-25）.

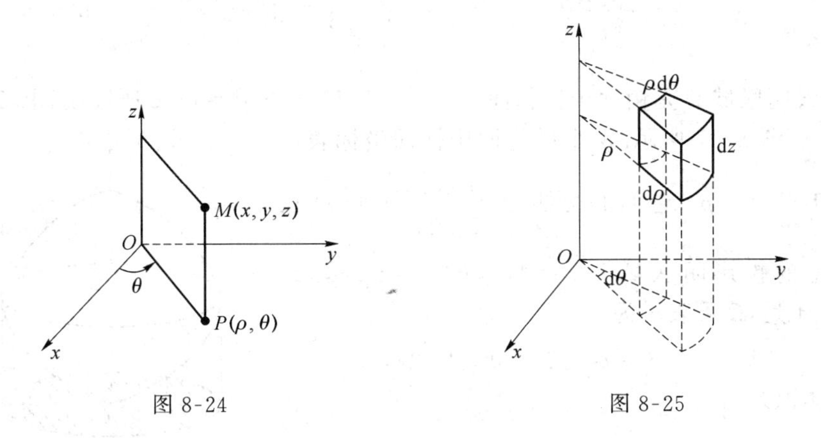

图 8-24　　　　图 8-25

因为 $\mathrm{d}\rho$，$\mathrm{d}\theta$ 和 $\mathrm{d}z$ 很小，$\mathrm{d}v$ 可看作长方体，其边长分别为 $\rho\mathrm{d}\theta$，$\mathrm{d}\rho$ 和 $\mathrm{d}z$，所以 $\mathrm{d}v$ 的体积为

$$\mathrm{d}v=\rho\mathrm{d}\theta\mathrm{d}\rho\mathrm{d}z=\rho\mathrm{d}\rho\mathrm{d}\theta\mathrm{d}z \quad （体积也用 \mathrm{d}v 表示），$$

这就是柱面坐标系中的体积元素. 因此，三重积分在柱面坐标系中的计算公式为

$$\iiint_{\Omega} f(x,y,z)\mathrm{d}v=\iiint_{\Omega} f(\rho\cos\theta,\rho\sin\theta,z)\rho\mathrm{d}\rho\mathrm{d}\theta\mathrm{d}z.$$

要计算公式右端的三重积分，仍需化为三次积分进行. 化为三次积分时，变量 ρ，θ 和 z 的积分限根据 ρ，θ 和 z 在积分区域 Ω 中的变化范围确定.

例 4　计算 $I=\iiint\limits_{\Omega} z\sqrt{x^2+y^2}\mathrm{d}v$，其中 Ω 是由圆柱面 $x^2+y^2=2x$，平面 $z=x$ 及 xOy 坐标面所围成的闭区域.

解　将 Ω 投影到 xOy 平面上，得圆形闭区域 $D_{xy}=\left\{(\rho,\theta)\mid 0\leqslant\rho\leqslant 2\cos\theta,-\dfrac{\pi}{2}\leqslant\theta\leqslant\dfrac{\pi}{2}\right\}$，在

D_{xy} 内任取一点(ρ,θ),过此点作平行于 z 轴的直线,此直线通过平面 $z=0$ 穿入 Ω 内,然后通过平面 $z=x$ 穿出 Ω 外(见图 8-26).因此,Ω 可表示为

$$0\leqslant z\leqslant\rho\cos\theta,\quad 0\leqslant\rho\leqslant 2\cos\theta,\quad -\frac{\pi}{2}\leqslant\theta\leqslant\frac{\pi}{2},$$

于是有

$$\begin{aligned}\iiint\limits_{\Omega} z\sqrt{x^2+y^2}\,\mathrm{d}v &= \iiint\limits_{\Omega} z\rho\rho\,\mathrm{d}\rho\mathrm{d}\theta\mathrm{d}z\\ &= \int_{-\frac{\pi}{2}}^{\frac{\pi}{2}}\mathrm{d}\theta\int_0^{2\cos\theta}\rho\mathrm{d}\rho\int_0^{\rho\cos\theta}z\rho\,\mathrm{d}z\\ &= \frac{1}{2}\int_{-\frac{\pi}{2}}^{\frac{\pi}{2}}\mathrm{d}\theta\int_0^{2\cos\theta}\rho^4\cos^2\theta\mathrm{d}\rho\\ &= \frac{1}{2}\int_{-\frac{\pi}{2}}^{\frac{\pi}{2}}\frac{1}{5}(2\cos\theta)^5\cos^2\theta\mathrm{d}\theta\\ &= \frac{32}{5}\int_0^{\frac{\pi}{2}}\cos^7\theta\mathrm{d}\theta=\frac{32}{5}\times\frac{6}{7}\times\frac{4}{5}\times\frac{2}{3}=\frac{512}{175}.\end{aligned}$$

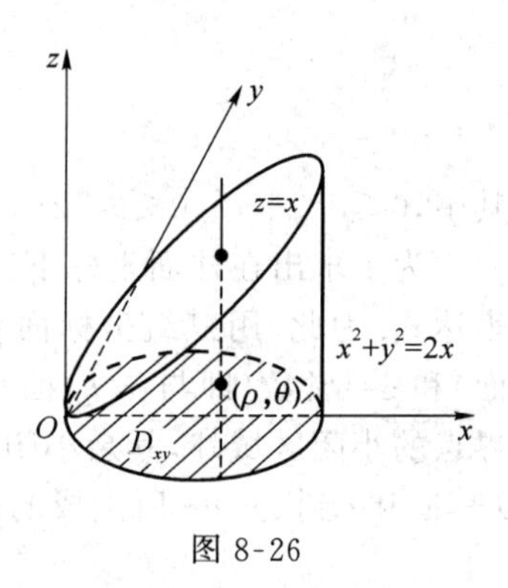

图 8-26

例 5 设闭区域 Ω 是由两个抛物面 $z=x^2+y^2$ 与 $x^2+y^2=4-z$ 所围成,求 Ω 的体积.

解 Ω 如图 8-27 所示.两个抛物面用柱面坐标表示为 $z=\rho^2$ 和 $z=4-\rho^2$,它们的交线为 $\begin{cases}\rho=\sqrt{2},\\ z=2,\end{cases}$ 可知 Ω 在 xOy 平面上的投影闭区域 $D_{xy}=\{(\rho,\theta)\mid 0\leqslant\rho\leqslant\sqrt{2},0\leqslant\theta\leqslant 2\pi\}$.于是,$\Omega$ 可表示为

$$\rho^2\leqslant z\leqslant 4-\rho^2,\quad 0\leqslant\rho\leqslant\sqrt{2},\quad 0\leqslant\theta\leqslant 2\pi,$$

因此,Ω 的体积为

$$\begin{aligned}V&=\iiint\limits_{\Omega}\mathrm{d}v=\iiint\limits_{\Omega}\rho\,\mathrm{d}\rho\mathrm{d}\theta\mathrm{d}z\\ &=\int_0^{2\pi}\mathrm{d}\theta\int_0^{\sqrt{2}}\rho\mathrm{d}\rho\int_{\rho^2}^{4-\rho^2}\mathrm{d}z\\ &=\int_0^{2\pi}\mathrm{d}\theta\int_0^{\sqrt{2}}\rho(4-2\rho^2)\mathrm{d}\rho\\ &=2\pi\left(2\rho^2-\frac{\rho^4}{2}\right)\Big|_0^{\sqrt{2}}=4\pi.\end{aligned}$$

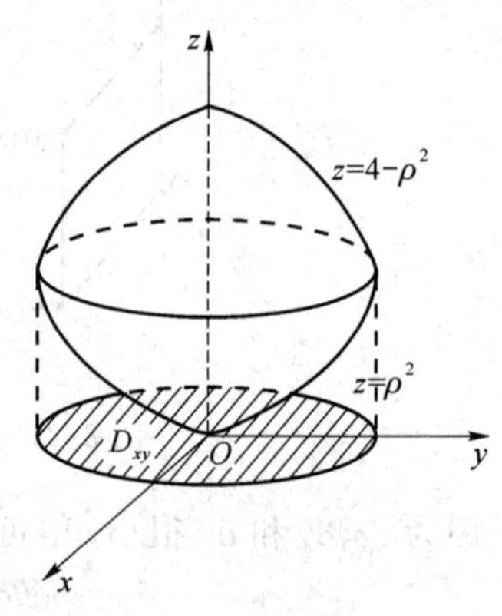

图 8-27

3. 利用球面坐标计算三重积分

设空间中一点 $M(x,y,z)$ 在 xOy 面上的投影为点 P,$|OM|=r(0\leqslant r<+\infty)$.有向线段 $\overrightarrow{OM}$ 与 z 轴正向之间的夹角为 $\varphi(0\leqslant\varphi\leqslant\pi)$,从正 z 轴看去自正 x 轴按逆时针方向转到有向线段 $\overrightarrow{OP}$ 的转角为 $\theta(0\leqslant\theta\leqslant 2\pi)$(见图 8-28).于是,可知点 M 的直角坐标(x,y,z)与点 M 的球面坐标(r,φ,θ)之间的关系为

$$\begin{cases}x=|\overrightarrow{OP}|\cos\theta=r\sin\varphi\cos\theta,\\ y=|\overrightarrow{OP}|\sin\theta=r\sin\varphi\sin\theta,\\ z=r\cos\varphi.\end{cases}$$

球面坐标的三组坐标面分别为：

$r=$常数，是中心在原点的球面；

$\varphi=$常数，是以 z 轴为轴的圆锥面；

$\theta=$常数，是过 z 轴的半平面.

为了把三重积分中的变量从直角坐标变换为球面坐标，用三组坐标面 $r=$常数，$\varphi=$常数和 $\theta=$常数把积分区域 Ω 分成许多小闭区域. 考虑由 r,φ 和 θ 各取得微小增量 $\mathrm{d}r,\mathrm{d}\varphi$ 和 $\mathrm{d}\theta$ 所围成的六面体的体积（见图 8-29）. 因为 $\mathrm{d}r,\mathrm{d}\varphi$ 和 $\mathrm{d}\theta$ 极其微小，可把这个六面体看作长方体，其长为 $r\mathrm{d}\varphi$，宽为 $r\sin\varphi\mathrm{d}\theta$，高为 $\mathrm{d}r$，于是得

$$\mathrm{d}v=r^2\sin\varphi\mathrm{d}r\mathrm{d}\varphi\mathrm{d}\theta,$$

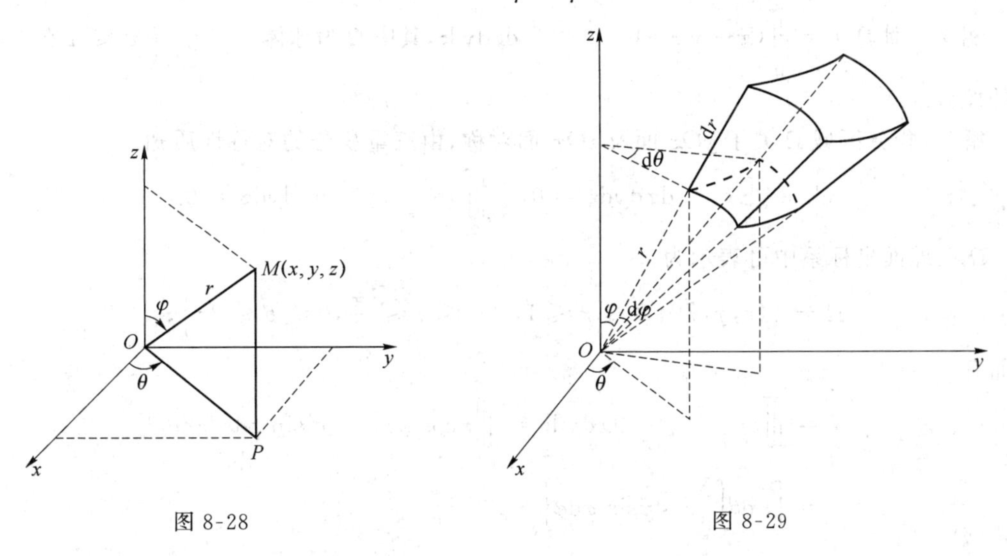

图 8-28　　图 8-29

这就是球面坐标系中的体积元素. 于是得到把三重积分的变量从直角坐标变换为球面坐标的公式

$$\iiint\limits_{\Omega}f(x,y,z)\mathrm{d}v=\iiint\limits_{\Omega}f(r\sin\varphi\cos\theta,r\sin\varphi\sin\theta,r\cos\varphi)r^2\sin\varphi\mathrm{d}r\mathrm{d}\varphi\mathrm{d}\theta,$$

具体计算时通常将上式右端化为先对 r，再对 φ，最后对 θ 的三次积分.

若积分区域 Ω 的边界曲面是一个包围原点在内的闭曲面，其球面坐标方程为 $r=r(\varphi,\theta)$，则

$$\iiint\limits_{\Omega}f(x,y,z)\mathrm{d}v=\int_0^{2\pi}\mathrm{d}\theta\int_0^{\pi}\mathrm{d}\varphi\int_0^{r(\varphi,\theta)}f(r\sin\varphi\cos\theta,r\sin\varphi\sin\theta,r\cos\varphi)r^2\sin\varphi\mathrm{d}r.$$

例 6 计算 $I=\iiint\limits_{\Omega}\sqrt{x^2+y^2+z^2}\,\mathrm{d}v$,其中 Ω 是由球面 $x^2+y^2+z^2=z$ 所围的闭区域(见图 8-30).

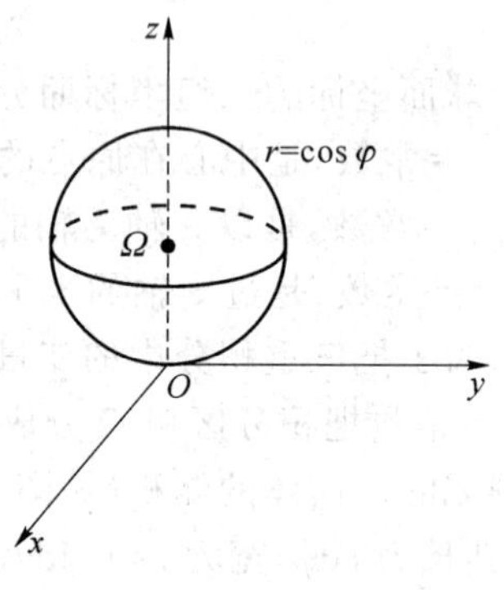

图 8-30

解 闭区域 Ω 的边界曲面 $x^2+y^2+z^2=z$ 在球面坐标系中的方程为 $r=\cos\varphi$. Ω 在球面坐标系中可表示为

$$0\leqslant r\leqslant\cos\varphi,\quad 0\leqslant\varphi\leqslant\frac{\pi}{2},\quad 0\leqslant\theta\leqslant 2\pi,$$

于是有

$$I=\iiint\limits_{\Omega}r\cdot r^2\sin\varphi\,\mathrm{d}r\mathrm{d}\varphi\mathrm{d}\theta=\int_0^{2\pi}\mathrm{d}\theta\int_0^{\frac{\pi}{2}}\mathrm{d}\varphi\int_0^{\cos\varphi}r^3\sin\varphi\,\mathrm{d}r$$

$$=\frac{\pi}{2}\int_0^{\frac{\pi}{2}}\sin\varphi\cos^4\varphi\,\mathrm{d}\varphi=\frac{\pi}{10}.$$

例 7 计算 $I=\iiint\limits_{\Omega}(x+y+z)\mathrm{e}^{-(x^2+y^2+z^2)}\,\mathrm{d}x\mathrm{d}y\mathrm{d}z$,其中 Ω 为球体 $x^2+y^2+z^2\leqslant 1$ 在 $z\geqslant 0$ 上的部分.

解 积分区域 Ω 关于 yOz 面及 zOx 面对称,由三重积分的对称性质知

$$\iiint\limits_{\Omega}x\,\mathrm{e}^{-(x^2+y^2+z^2)}\,\mathrm{d}x\mathrm{d}y\mathrm{d}z=0,\quad \iiint\limits_{\Omega}y\,\mathrm{e}^{-(x^2+y^2+z^2)}\,\mathrm{d}x\mathrm{d}y\mathrm{d}z=0.$$

Ω 在球面坐标系中可表示为

$$\Omega=\left\{(r,\varphi,\theta)\mid 0\leqslant r\leqslant 1,\quad 0\leqslant\varphi\leqslant\frac{\pi}{2},0\leqslant\theta\leqslant 2\pi\right\},$$

从而有

$$I=\iiint\limits_{\Omega}z\,\mathrm{e}^{-(x^2+y^2+z^2)}\,\mathrm{d}x\mathrm{d}y\mathrm{d}z=\iiint\limits_{\Omega}r\cos\varphi\,\mathrm{e}^{-r^2}\cdot r^2\sin\varphi\,\mathrm{d}r\mathrm{d}\varphi\mathrm{d}\theta$$

$$=\int_0^{2\pi}\mathrm{d}\theta\int_0^{\frac{\pi}{2}}\cos\varphi\sin\varphi\,\mathrm{d}\varphi\int_0^1 r^3\mathrm{e}^{-r^2}\,\mathrm{d}r$$

$$=\pi\left(\frac{1}{2}-\frac{1}{\mathrm{e}}\right).$$

习题 8-3

1. 计算下列三重积分:

(1) $\iiint\limits_{\Omega}(x+y+z)\,\mathrm{d}v$,其中 Ω 是正方体闭区域 $\{(x,y,z)\mid 0\leqslant x\leqslant 1,0\leqslant y\leqslant 1,0\leqslant z\leqslant 1\}$;

(2) $\iiint\limits_{\Omega}xyz\,\mathrm{d}v$,其中 Ω 为球面 $x^2+y^2+z^2=1$ 及三个坐标面所围成的在第一卦限内的闭

区域；

(3) $\iiint\limits_{\Omega} z\,\mathrm{d}x\mathrm{d}y\mathrm{d}z$，其中 Ω 是由圆锥面 $z=\dfrac{h}{R}\sqrt{x^2+y^2}$ 与平面 $z=h(R>0,h>0)$ 所围成的闭区域；

(4) $\iiint\limits_{\Omega} z^2\,\mathrm{d}x\mathrm{d}y\mathrm{d}z$，其中 Ω 是两个球面 $x^2+y^2+z^2=4$ 及 $x^2+y^2+z^2=4z$ 所围成的闭区域.

2. 选用适当的坐标计算下列三重积分：

(1) $\iiint\limits_{\Omega} z\,\mathrm{d}v$，其中 Ω 是由曲面 $z=\sqrt{2-x^2-y^2}$ 及 $z=x^2+y^2$ 所围成的闭区域；

(2) $\iiint\limits_{\Omega} (x^2+y^2)\,\mathrm{d}v$，$\Omega$ 是由抛物面 $x^2+y^2=2z$ 及平面 $z=2$ 所围成的闭区域；

(3) $\iiint\limits_{\Omega} (x^2+y^2+z^2)\,\mathrm{d}v$，$\Omega$ 是由曲线 $\begin{cases} y^2=2z \\ x=0 \end{cases}$ 绕 z 轴旋一周而成的曲面与平面 $z=4$ 所围成的闭区域；

(4) $\iiint\limits_{\Omega} z\,\mathrm{d}v$，$\Omega$ 是由锥面 $z=\sqrt{x^2+y^2}$ 及球面 $z=\sqrt{1-x^2-y^2}$ 所围成的闭区域；

(5) $\iiint\limits_{\Omega} z\,\mathrm{d}v$，$\Omega$ 由不等式 $x^2+y^2+(z-a)^2\leqslant a^2$ 和 $x^2+y^2\leqslant z^2$ 所确定；

(6) $\iiint\limits_{\Omega} \mathrm{e}^z\,\mathrm{d}v$，$\Omega$ 是由 $z=\sqrt{x^2+y^2}$ 及平面 $z=1$ 和 $z=2$ 所围成的闭区域.

3. 计算下列三次积分：

(1) $\int_0^1 \mathrm{d}x\int_0^{\sqrt{1-x^2}} \mathrm{d}y\int_0^{\sqrt{1-x^2-y^2}} \sqrt{x^2+y^2+z^2}\,\mathrm{d}z$；

(2) $\int_0^2 \mathrm{d}x\int_0^{\sqrt{2x-x^2}} \mathrm{d}y\int_0^a z\sqrt{x^2+y^2}\,\mathrm{d}z$；

(3) $\int_0^1 \mathrm{d}x\int_0^x \mathrm{d}y\int_0^y \dfrac{\sin z}{1-z}\,\mathrm{d}z$；

(4) $\int_{-1}^1 \mathrm{d}x\int_0^{\sqrt{1-x^2}} \mathrm{d}y\int_1^{1+\sqrt{1-x^2-y^2}} \dfrac{\mathrm{d}z}{\sqrt{x^2+y^2+z^2}}$.

4. 将积分 $\int_0^1 \mathrm{d}x\int_0^{1-x} \mathrm{d}y\int_0^{x+y} f(x,y,z)\,\mathrm{d}z$ 换序为 $y\to x\to z$(从里到外)的三次积分.

5. 求由曲面 $(x^2+y^2+z^2)^2=x$ 所围成的闭区域的体积.

6. 将积分 $\int_0^1 \mathrm{d}y\int_{-\sqrt{y-y^2}}^{\sqrt{y-y^2}} \mathrm{d}x\int_0^{\sqrt{3(x^2+y^2)}} f(\sqrt{x^2+y^2+z^2})\,\mathrm{d}z$ 分别表示为柱面坐标和球面坐标的形式.

7. 设 $f(x)$ 在$[0,1]$上连续,证明

$$\int_0^1 dx\int_x^1 dy\int_x^y f(x)f(y)f(z)dz=\frac{1}{3!}\left(\int_0^1 f(x)dx\right)^3.$$

8. 求旋转曲面 $z=x^2+y^2$ 及平面 $z=1(x\geqslant 0,y\geqslant 0)$ 所围成的物体的质量,其密度 $\mu(x,y,z)=x+y$.

第四节 重积分的应用

一、曲面的面积

设曲面 S 的方程为 $z=f(x,y)$,D_{xy} 为曲面 S 在 xOy 面上的投影区域,函数 $f(x,y)$ 在 D_{xy} 上具有连续偏导数 $f_x(x,y)$ 和 $f_y(x,y)$.

现在用元素法计算曲面 S 的面积. 为此,在闭区域 D_{xy} 上任取一直径很小的闭区域 $d\sigma$,在 $d\sigma$ 上任取一点 (x,y),相应地在曲面 S 上有一点 $M(x,y,f(x,y))$,在点 M 处作曲面 S 的切平面. 以闭区域 $d\sigma$ 的边界为准线,母线平行于 z 轴作柱面,此柱面在曲面 S 上截下一小片曲面,在切平面上截下一小片平面. 因为 $d\sigma$ 很小,截下的小片平面 dA 的面积可以近似代替小片曲面的面积(见图 8-31).

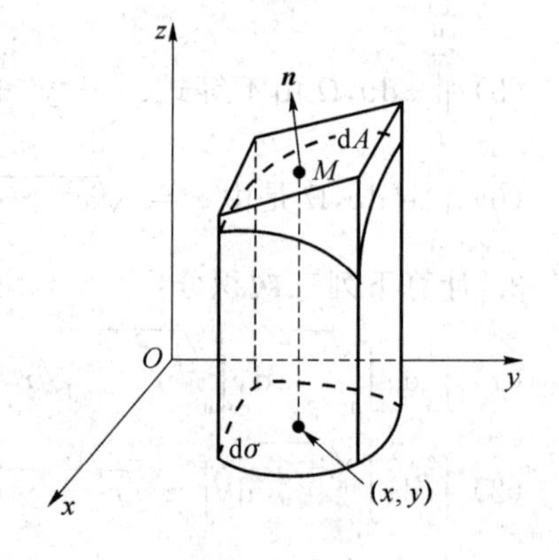

图 8-31

设切平面的法向量 $\boldsymbol{n}$ 与 z 轴正向的夹角为 γ,则 $dA=\frac{d\sigma}{|\cos\gamma|}$ (这里,$d\sigma$ 和 dA 的面积用同样的记号),因为

$$\cos\gamma=\pm\frac{1}{\sqrt{1+f_x^2(x,y)+f_y^2(x,y)}},$$

所以

$$dA=\sqrt{1+f_x^2(x,y)+f_y^2(x,y)}\,d\sigma,$$

这就是曲面 S 的面积元素,因此曲面 S 的面积为

$$A=\iint\limits_{D_{xy}}\sqrt{1+f_x^2(x,y)+f_y^2(x,y)}\,d\sigma,$$

也可写成

$$A=\iint\limits_{D_{xy}}\sqrt{1+\left(\frac{\partial z}{\partial x}\right)^2+\left(\frac{\partial z}{\partial y}\right)^2}\,dxdy.$$

例 1 求由半球面 $z=\sqrt{3a^2-x^2-y^2}$ 及旋转抛物面 $x^2+y^2=2az(a>0)$ 所围成的立体

的表面积.

解　所求表面积 A 由两部分组成(如图 8-32 所示):球冠的面积 A_1 及旋转抛物面的面积 A_2.

两曲面的交线为 $\begin{cases} z=\sqrt{3a^2-x^2-y^2}, \\ x^2+y^2=2az, \end{cases}$ 即 $\begin{cases} x^2+y^2=2a^2, \\ z=a, \end{cases}$ 由此可知,立体在 xOy 面上的投影闭区域为

$$D_{xy}=\{(x,y)\mid x^2+y^2\leqslant 2a^2\}.$$

球冠的方程为 $z=\sqrt{3a^2-x^2-y^2}$,则有

$$\frac{\partial z}{\partial x}=-\frac{x}{\sqrt{3a^2-x^2-y^2}},\frac{\partial z}{\partial y}=-\frac{y}{\sqrt{3a^2-x^2-y^2}},$$

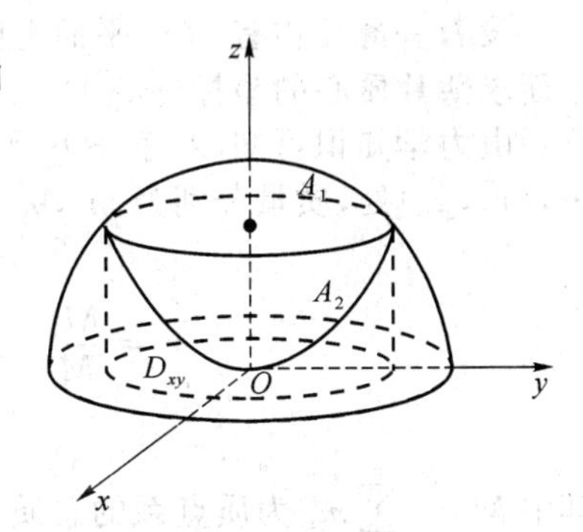

图 8-32

球冠的面积为

$$\begin{aligned} A_1 &= \iint_{D_{xy}} \sqrt{1+\left(\frac{\partial z}{\partial x}\right)^2+\left(\frac{\partial z}{\partial y}\right)^2}\mathrm{d}x\mathrm{d}y \\ &= \sqrt{3}a\iint_{D_{xy}} \frac{1}{\sqrt{3a^2-x^2-y^2}}\mathrm{d}x\mathrm{d}y \\ &= \sqrt{3}a\int_0^{2\pi}\mathrm{d}\theta\int_0^{\sqrt{2}a}\frac{1}{\sqrt{3a^2-\rho^2}}\rho\mathrm{d}\rho \\ &= 2(3-\sqrt{3})a^2\pi. \end{aligned}$$

抛物面的方程为 $z=\dfrac{x^2+y^2}{2a}$,则有

$$\frac{\partial z}{\partial x}=\frac{x}{a},\ \frac{\partial z}{\partial y}=\frac{y}{a},$$

抛物面部分的面积为

$$\begin{aligned} A_2 &= \iint_{D_{xy}} \sqrt{1+\left(\frac{x}{a}\right)+\left(\frac{y}{a}\right)^2}\mathrm{d}x\mathrm{d}y \\ &= \int_0^{2\pi}\mathrm{d}\theta\int_0^{\sqrt{2}a}\sqrt{1+\frac{\rho^2}{a^2}}\rho\mathrm{d}\rho \\ &= 2\pi\times\frac{a^2}{3}\left(1+\frac{\rho^2}{a^2}\right)^{\frac{3}{2}}\Bigg|_0^{\sqrt{2}a} = \frac{2\pi}{3}a^2(3\sqrt{3}-1), \end{aligned}$$

因此,所求表面积为

$$\begin{aligned} A &= A_1+A_2=2\pi a^2(3-\sqrt{3})+\frac{2\pi}{3}a^2(3\sqrt{3}-1) \\ &= \frac{16}{3}\pi a^2. \end{aligned}$$

二、质心

首先讨论平面薄片的质心.

设有一薄片占有 xOy 平面上闭区域 D,在(x,y)处的面密度为 $\mu(x,y)$(在 D 上连续),下面求薄片质心的坐标$(\bar{x},\bar{y})$.

由力学知识可知,对于 xOy 平面上的 n 个质点,如果它们分别位于点(x_1,y_1),(x_2,y_2),$\cdots$,(x_n,y_n)处,质量分别为 $m_1,m_2,\cdots,m_n$,则这个质点系的质心坐标为

$$\bar{x}=\frac{M_y}{M}=\frac{\sum_{i=1}^{n}m_ix_i}{\sum_{i=1}^{n}m_i},\quad \bar{y}=\frac{M_x}{M}=\frac{\sum_{i=1}^{n}m_iy_i}{\sum_{i=1}^{n}m_i},$$

其中 $M=\sum_{i=1}^{n}m_i$ 为质点系的总质量,$M_y=\sum_{i=1}^{n}m_ix_i$ 和 $M_x=\sum_{i=1}^{n}m_iy_i$ 分别为质点系对 y 轴和 x 轴的静力矩.

现将薄片所占闭区域 D 分成许多很小的闭区域,每个小闭区域看作质点,在其中任取一个小闭区域 $\mathrm{d}\sigma$,(x,y) 为 $\mathrm{d}\sigma$ 上任一点,则 $\mathrm{d}\sigma$ 的质量为 $\mu(x,y)\mathrm{d}\sigma$(因为 $\mu(x,y)$ 连续且 $\mathrm{d}\sigma$ 很小),两坐标轴的静力矩元素分别为

$$\mathrm{d}M_y=x\mu(x,y)\mathrm{d}\sigma,\quad \mathrm{d}M_x=y\mu(x,y)\mathrm{d}\sigma,$$

整个薄片的静力矩分别为

$$M_y=\iint_D x\mu(x,y)\mathrm{d}\sigma,\quad M_x=\iint_D y\mu(x,y)\mathrm{d}\sigma,$$

又因为薄片的质量为 $M=\iint_D \mu(x,y)\mathrm{d}\sigma$,于是薄片的质心为

$$\bar{x}=\frac{M_y}{M}=\frac{\iint_D x\mu(x,y)\mathrm{d}\sigma}{\iint_D \mu(x,y)\mathrm{d}\sigma},\quad \bar{y}=\frac{M_x}{M}=\frac{\iint_D y\mu(x,y)\mathrm{d}\sigma}{\iint_D \mu(x,y)\mathrm{d}\sigma}.\tag{1}$$

如果薄片均匀,即 $\mu(x,y)$为常数,则式(1)变为

$$\bar{x}=\frac{\iint_D x\,\mathrm{d}\sigma}{\iint_D \mathrm{d}\sigma},\quad \bar{y}=\frac{\iint_D y\,\mathrm{d}\sigma}{\iint_D \mathrm{d}\sigma},$$

这时,质心$(\bar{x},\bar{y})$完全取决于 D 的形状.因此,平面图形(看作均匀薄片)的质心又称为平面图形的形心.

类似地,对于空间物体,如果物体占有空间有界闭区域 Ω,它在点(x,y,z)处的密度为 $\mu(x,y,z)$(在 Ω 上连续),则物体的质心坐标为$(\bar{x},\bar{y},\bar{z})$:

$$\bar{x}=\frac{1}{M}\iiint_\Omega x\mu(x,y,z)\mathrm{d}v,\ \bar{y}=\frac{1}{M}\iiint_\Omega y\mu(x,y,z)\mathrm{d}v,\ \bar{z}=\frac{1}{M}\iiint_\Omega z\mu(x,y,z)\mathrm{d}v,$$

其中，$M=\iiint\limits_{\Omega}\mu(x,y,z)\mathrm{d}v$，

例 2　求位于两圆 $\rho=2\sin\theta$ 和 $\rho=4\sin\theta$ 之间的均匀薄片的质心(见图 8-33).

解　因为闭区域 D 关于 y 轴对称，所以 $\bar{x}=0$，即质心 $(\bar{x},\bar{y})$ 在 y 轴上. 因此

$$\bar{y}=\frac{\iint\limits_{D}y\,\mathrm{d}\sigma}{\iint\limits_{D}\mathrm{d}\sigma},$$

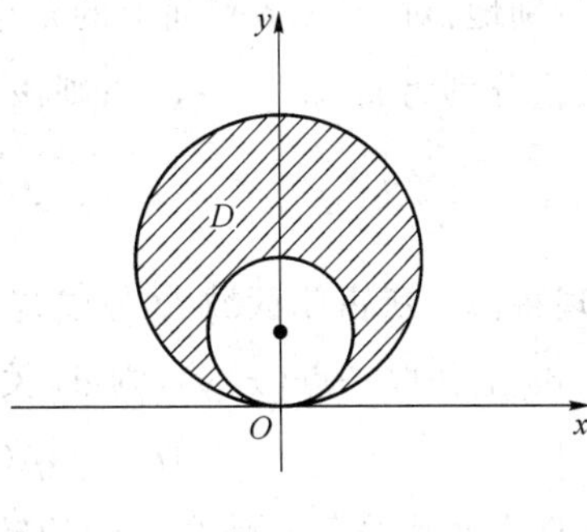

图 8-33

$\iint\limits_{D}\mathrm{d}\sigma$ 为闭区域 D 的面积：$4\pi-\pi=3\pi$，而

$$\iint\limits_{D}y\,\mathrm{d}\sigma=\iint\limits_{D}\rho^2\sin\theta\mathrm{d}\rho\mathrm{d}\theta=\int_0^{\pi}\mathrm{d}\theta\int_{2\sin\theta}^{4\sin\theta}\rho^2\sin\theta\mathrm{d}\rho$$

$$=\frac{56}{3}\int_0^{\pi}\sin^4\theta\mathrm{d}\theta=7\pi,$$

因此，$\bar{y}=\frac{7\pi}{3\pi}=\frac{7}{3}$，所求质心是 $\left(0,\frac{7}{3}\right)$.

例 3　求由抛物面 $z=x^2+y^2$ 及平面 $z=1$ 所围立体的质心(设密度 $\mu=1$).

解　因为 z 轴为立体的对称轴，所以质心在 z 轴上，从而有 $\bar{x}=\bar{y}=0$.

立体所占空间闭区域 $\Omega=\{(x,y,z)\mid x^2+y^2\leqslant z\leqslant 1\}$，其体积

$$V=\iiint\limits_{\Omega}\mathrm{d}v=\int_0^{2\pi}\mathrm{d}\theta\int_0^1\rho\mathrm{d}\rho\int_{\rho^2}^1\mathrm{d}z=\frac{\pi}{2},$$

又

$$\iiint\limits_{\Omega}z\,\mathrm{d}v=\int_0^{2\pi}\mathrm{d}\theta\int_0^1\rho\mathrm{d}\rho\int_{\rho^2}^1 z\mathrm{d}z=\frac{1}{3}\pi,$$

因此

$$\bar{z}=\frac{1}{V}\iiint\limits_{\Omega}z\,\mathrm{d}v=\frac{\frac{1}{3}\pi}{\frac{\pi}{2}}=\frac{2}{3},$$

所以，所求质心为 $\left(0,0,\frac{2}{3}\right)$.

三、转动惯量

首先讨论平面薄片的转动惯量.

设有一薄片位于平面闭区域 D 上，点 (x,y) 处的面密度为 $\mu(x,y)$(在 D 上连续)，现在要求该薄片关于 x 轴和 y 轴的转动惯量 I_x 和 I_y.

由力学知识可知，n 个质点构成的质点系绕一轴 l 以角速度 ω 转动的动能为

$$\sum_{i=1}^{n} \frac{1}{2} m_i (\omega r_i)^2 = \frac{\omega^2}{2} \sum_{i=1}^{n} m_i r_i^2,$$

其中 m_i 是第 i 个质点的质量,r_i 是它到轴 l 的距离;$\sum\limits_{i=1}^{n} m_i r_i^2$ 称为质点系对轴 l 的转动惯量.

特别地,对于 xOy 平面上的 n 个质点,若它们分别位于点 $(x_1, y_1), (x_2, y_2), \cdots, (x_n, y_n)$ 处,质量分别为 $m_1, m_2, \cdots, m_n$,则该质点系关于 x 轴及 y 轴的转动惯量分别为

$$I_x = \sum_{i=1}^{n} m_i y_i^2, \quad I_y = \sum_{i=1}^{n} m_i x_i^2.$$

现将薄片所占闭区域 D 分成若干个很小的闭区域,每个闭区域看成质点,任取一闭区域 $\mathrm{d}\sigma$,在 $\mathrm{d}\sigma$ 上任取一点 (x,y),则 $\mathrm{d}\sigma$ 关于 x 轴及 y 轴的转动惯量元素分别为

$$\mathrm{d}I_x = y^2 \mu(x,y) \mathrm{d}\sigma, \quad \mathrm{d}I_y = x^2 \mu(x,y) \mathrm{d}\sigma,$$

于是,整个薄片关于 x 轴及 y 轴的转动惯量分别为

$$I_x = \iint_D y^2 \mu(x,y) \mathrm{d}\sigma, \quad I_y = \iint_D x^2 \mu(x,y) \mathrm{d}\sigma.$$

类似地,若物体占有空间有界闭区域 Ω,在点 (x,y,z) 处的密度为 $\mu(x,y,z)$(在 Ω 上连续),则物体关于 x, y 和 z 轴的转动惯量分别为

$$I_x = \iiint_\Omega (y^2 + z^2) \mu(x,y,z) \mathrm{d}v,$$

$$I_y = \iiint_\Omega (x^2 + z^2) \mu(x,y,z) \mathrm{d}v,$$

$$I_z = \iiint_\Omega (x^2 + y^2) \mu(x,y,z) \mathrm{d}v.$$

例 4 求底半径为 a 且高为 h 的匀匀圆锥体关于中心轴的转动惯量(设密度为 ρ).

解 以圆锥的顶点为原点且中心轴为 z 轴建立空间直角坐标系.

圆锥体 Ω 可表为

$$\Omega = \left\{ (x,y,z) \,\middle|\, \frac{h^2}{a^2}(x^2 + y^2) \leqslant z^2, 0 \leqslant z \leqslant h \right\}.$$

关于 z 轴的转动惯量为

$$I_z = \iiint_\Omega (x^2 + y^2) \rho \mathrm{d}v.$$

采用球面坐标计算 I_z,在球面坐标系中,Ω 可表示为

$$0 \leqslant r \leqslant \frac{h}{\cos\varphi}, \quad 0 \leqslant \varphi \leqslant \arctan\frac{a}{h}, \quad 0 \leqslant \theta \leqslant 2\pi,$$

于是

$$
\begin{aligned}
I_z &= \rho\iiint\limits_{\Omega} r^2\sin^2\varphi\cdot r^2\sin\varphi\mathrm{d}r\mathrm{d}\varphi\mathrm{d}\theta \\
&= \rho\int_0^{2\pi}\mathrm{d}\theta\int_0^{\arctan\frac{a}{h}}\mathrm{d}\varphi\int_0^{\frac{h}{\cos\varphi}} r^4\sin^3\varphi\mathrm{d}r \\
&= \rho\int_0^{2\pi}\mathrm{d}\theta\int_0^{\arctan\frac{a}{h}}\frac{h^5}{5}\frac{\sin^3\varphi}{\cos^5\varphi}\mathrm{d}\varphi \\
&= \frac{\pi}{10}\rho h a^4.
\end{aligned}
$$

本例题中的三重积分采用柱面坐标更简便,请读者自行验证.

四、引力

首先讨论平面薄片对质点的引力.

设薄片占有 xOy 平面上的闭区域 D,在点 (x,y) 处的面密度为 $\mu(x,y)$,在 xOy 平面上点 $P_0(x_0,y_0)$ 处有一质量为 m 的质点,求薄片对该质点的引力.

将薄片 D 分成若干很小的闭区域,每个小闭区域看作质点,任取一闭区域 $\mathrm{d}\sigma$,在 $\mathrm{d}\sigma$ 内任取一点 $P(x,y)$,按两质点间的引力公式,$\mathrm{d}\sigma$ 对质点 P_0 的引力为

$$
\mathrm{d}F = G\frac{m\mu(x,y)\mathrm{d}\sigma}{(x-x_0)^2+(y-y_0)^2}\quad (G\text{ 为引力常数}),
$$

记向量 $\overrightarrow{P_0P}$ 与 x 轴正向及 y 轴正向的夹角分别为 α 和 β,则

$$
\cos\alpha = \frac{x-x_0}{\sqrt{(x-x_0)^2+(y-y_0)^2}},\quad \cos\beta = \frac{y-y_0}{\sqrt{(x-x_0)^2+(y-y_0)^2}},
$$

于是 $\mathrm{d}\sigma$ 对质点 P_0 的引力在 x 轴和 y 轴的投影分别为

$$
\mathrm{d}F_x = \mathrm{d}F\cos\alpha = Gm\frac{\mu(x,y)(x-x_0)}{[(x-x_0)^2+(y-y_0)^2]^{\frac{3}{2}}}\mathrm{d}\sigma,
$$

$$
\mathrm{d}F_y = \mathrm{d}F\cos\beta = Gm\frac{\mu(x,y)(y-y_0)}{[(x-x_0)^2+(y-y_0)^2]^{\frac{3}{2}}}\mathrm{d}\sigma,
$$

因此,薄片时质点 P_0 的引力在 x 轴和 y 轴的投影分别为

$$
F_x = Gm\iint\limits_{D}\frac{\mu(x,y)(x-x_0)}{[(x-x_0)^2+(y-y_0)^2]^{\frac{3}{2}}}\mathrm{d}\sigma,
$$

$$
F_y = Gm\iint\limits_{D}\frac{\mu(x,y)(y-y_0)}{[(x-x_0)^2+(y-y_0)^2]^{\frac{3}{2}}}\mathrm{d}\sigma,
$$

引力为向量

$$
\boldsymbol{F} = (\boldsymbol{F}_x, \boldsymbol{F}_y).
$$

类似地,若物体占有空间有界闭区域 Ω,它在点 (x,y,z) 处的密度为 $\mu(x,y,z)$(在 Ω 上连续),物体外在 $P_0(x_0,y_0,z_0)$ 处有一个质量为 m 的质点,则物体对质点的引力为

$$\boldsymbol{F}=(\boldsymbol{F}_x,\boldsymbol{F}_y,\boldsymbol{F}_z)$$
$$=\left(\iiint\limits_{\Omega}Gm\frac{\mu(x,y,z)(x-x_0)}{r^3}\mathrm{d}v,\iiint\limits_{\Omega}Gm\frac{\mu(x,y,z)(y-y_0)}{r^3}\mathrm{d}v,\iiint\limits_{\Omega}Gm\frac{\mu(x,y,z)(z-z_0)}{r^3}\mathrm{d}v\right),$$

其中,$r=\sqrt{(x-x_0)^2+(y-y_0)^2+(z-z_0)^2}$.

习题 8-4

1. 求平面$\frac{x}{a}+\frac{y}{b}+\frac{z}{c}=1(a>0,b>0,c>0)$被三个坐标面割出部分的面积.

2. 求球面 $x^2+y^2+z^2=a^2$ 在柱面 $x^2+y^2-ax=0$ 内部分的面积.

3. 求圆锥面 $z=\sqrt{x^2+y^2}$被柱面 $z^2=2x$ 所割下部分的曲面面积.

4. 求半径为 a 且顶角为 2α 的扇形薄片的质心(设面密度 $\mu=1$).

5. 求位于 $y^2=x,x=1,y=0$ 所围成的闭区域的均匀薄片的质心.

6. 求由曲面 $z=\sqrt{x^2+y^2}$及平面 $z=1$ 所围立体的质心.

7. 设有位于 $y^2=\frac{9}{2}x$ 和 $x=2$ 所围成的闭区域的均匀薄片(其面密度 $\mu=1$),求薄片分别对于 x 轴与 y 轴的转动惯量 I_x 及 I_y.

8. 求半径为 a 且高为 h 的均匀圆柱体对于过中心而平行于母线的轴的转动惯量(设密度 $\mu=1$).

9. 求半圆环 $a^2\leqslant x^2+y^2\leqslant b^2(y\geqslant 0)$薄片对原点处质量为 m 的质点的引力(设面密度为 $\mu(x,y)=y$).

10. 设均匀柱体密度为 ρ,占有闭区域 $\Omega=\{(x,y,z)\mid x^2+y^2\leqslant R^2,0\leqslant z\leqslant h\}$. 求它对位于点 $M_0(0,0,a)(a>h)$处的单位质量的质点的引力.

*第五节 含参变量的积分

设函数 $f(x,y)$在矩形闭区域 $D:a\leqslant x\leqslant b,c\leqslant y\leqslant d$ 上连续. 在$[a,b]$上任意取定 x 的值,则 $f(x,y)$是变量 y 在$[c,d]$上的一个连续函数,于是定积分

$$\int_c^d f(x,y)\mathrm{d}y$$

存在,它的值与 x 有关,这样就确定了一个定义在$[a,b]$上的函数,记作 $\varphi(x)$,即

$$\varphi(x)=\int_c^d f(x,y)\mathrm{d}y,$$

称$\int_c^d f(x,y)\mathrm{d}y$为含参变量的积分，参变量为$x$. 下面研究$\varphi(x)$的性质.

定理 1 设函数$f(x,y)$在矩形闭区域$D: a \leqslant x \leqslant b, c \leqslant y \leqslant d$上连续，则$\varphi(x) = \int_c^d f(x,y)\mathrm{d}y$在$[a,b]$上连续.

证 设x和$x+\Delta x$是$[a,b]$上的两点，则

$$\varphi(x+\Delta x) - \varphi(x) = \int_c^d [f(x+\Delta x, y) - f(x,y)]\mathrm{d}y,$$

由于$f(x,y)$在闭区域D上连续，从而一致连续，即对于任意取定的$\varepsilon>0$，存在$\delta>0$，使得对于D内的任意两点(x_1,y_1)及(x_2,y_2)，当$\sqrt{(x_2-x_1)^2+(y_2-y_1)^2}<\delta$时，都有$|f(x_2,y_2)-f(x_1,y_1)|<\varepsilon$. 因此，当$|\Delta x|<\delta$时，有$|f(x+\Delta x,y)-f(x,y)|<\varepsilon$对一切$x\in[a,b]$都成立，于是

$$|\varphi(x+\Delta x) - \varphi(x)| \leqslant \int_c^d |f(x+\Delta x,y) - f(x,y)|\mathrm{d}y < \varepsilon(d-c),$$

从而知$\varphi(x)$在$[a,b]$上连续.

由这个定理知，$\lim\limits_{x\to x_0}\varphi(x) = \varphi(x_0)$，于是对于$x_0\in[a,b]$，有

$$\lim_{x\to x_0}\int_c^d f(x,y)\mathrm{d}y = \int_c^d \lim_{x\to x_0} f(x,y)\mathrm{d}y,$$

即极限运算与积分运算可以交换次序，称为可在积分下求极限.

由于$\varphi(x)$在$[a,b]$上连续，可知定积分$\int_a^b \varphi(x)\mathrm{d}x = \int_a^b\left[\int_c^d f(x,y)\mathrm{d}y\right]\mathrm{d}x = \int_a^b \mathrm{d}x\int_c^d f(x,y)\mathrm{d}y$存在.

$\int_a^b \mathrm{d}x\int_c^d f(x,y)\mathrm{d}y$是函数$f(x,y)$先对$y$后对$x$的二次积分，它与函数$f(x,y)$在矩形闭区域$D$上的二重积分$\iint\limits_D f(x,y)\mathrm{d}\sigma$相等. 二重积分$\iint\limits_D f(x,y)\mathrm{d}\sigma$也可以化为先对$x$后对$y$的二次积分$\int_c^d \mathrm{d}y\int_a^b f(x,y)\mathrm{d}x$. 这两个二次积分相等，因此有下面的定理.

定理 2 如果函数$f(x,y)$在矩形闭区域$D: a\leqslant x\leqslant b, c\leqslant y\leqslant d$上连续，则

$$\int_a^b \mathrm{d}x\int_c^d f(x,y)\mathrm{d}y = \int_c^d \mathrm{d}y\int_a^b f(x,y)\mathrm{d}x,$$

也就是积分次序可以变换.

定理 3 设函数$f(x,y)$及$f_x(x,y)$都在矩形闭区域$D: a\leqslant x\leqslant b, c\leqslant y\leqslant d$上连续，则对于每一个$x\in[a,b]$，$\varphi'(x)$存在，且$\frac{\mathrm{d}}{\mathrm{d}x}\int_c^d f(x,y)\mathrm{d}y = \int_c^d f_x(x,y)\mathrm{d}y$，即求导运算与积分运算可以交换次序，称为可在积分号下求导.

证 对于每一个$x\in[a,b]$，设$x+\Delta x\in[a,b]$，则

$$\frac{\varphi(x+\Delta x)-\varphi(x)}{\Delta x}=\int_c^d \frac{f(x+\Delta x,y)-f(x,y)}{\Delta x}\mathrm{d}y,$$

由拉格朗日中值定理得

$$\frac{\varphi(x+\Delta x)-\varphi(x)}{\Delta x}=\int_c^d f_x(x+\theta\Delta x,y)\mathrm{d}y \quad (0<\theta<1),$$

因为 $f_x(x,y)$ 在闭区域 D 上连续,由定理 1 可得

$$\begin{aligned}\lim_{\Delta x\to 0}\int_c^d f_x(x+\theta\Delta x,y)\mathrm{d}y &= \int_c^d \lim_{\Delta x\to 0} f_x(x+\theta\Delta x,y)\mathrm{d}y \\ &= \int_c^d f_x(x,y)\mathrm{d}y,\end{aligned}$$

于是

$$\varphi'(x)=\int_c^d f_x(x,y)\mathrm{d}y,$$

即

$$\frac{\mathrm{d}}{\mathrm{d}x}\int_c^d f(x,y)\mathrm{d}y=\int_c^d f_x(x,y)\mathrm{d}y.$$

以上积分中的上限 d 和下限 c 都是常数. 但也会遇积分限都是参变量 x 的函数的情形,这时,积分

$$\varphi(x)=\int_{\alpha(x)}^{\beta(x)} f(x,y)\mathrm{d}y$$

仍是参变量 x 的函数. 下面讨论这种函数 $\varphi(x)$ 的性质.

定理 4 设函数 $f(x,y)$ 在矩形闭区域 $D: a\leqslant x\leqslant b, c\leqslant y\leqslant d$ 上连续,函数 $\alpha(x)$ 及 $\beta(x)$ 在 $[a,b]$ 上连续且 $c\leqslant\alpha(x)\leqslant d, c\leqslant\beta(x)\leqslant d (x\in[a,b])$,则 $\varphi(x)=\int_{\alpha(x)}^{\beta(x)} f(x,y)\mathrm{d}y$ 在 $[a,b]$ 上连续.

证 对于每一个 $x\in[a,b]$,设 $x+\Delta x\in[a,b]$,则

$$\begin{aligned}\varphi(x+\Delta x)-\varphi(x) &= \int_{\alpha(x+\Delta x)}^{\beta(x+\Delta x)} f(x+\Delta x,y)\mathrm{d}y-\int_{\alpha(x)}^{\beta(x)} f(x,y)\mathrm{d}y \\ &= \int_{\beta(x)}^{\beta(x+\Delta x)} f(x+\Delta x,y)\mathrm{d}y+\int_{\alpha(x)}^{\beta(x)}[f(x+\Delta x,y)-f(x,y)]\mathrm{d}y+ \\ &\quad \int_{\alpha(x+\Delta x)}^{\alpha(x)} f(x+\Delta x,y)\mathrm{d}y,\end{aligned}$$

因为 $f(x,y)$ 在 D 上连续,必存在 $M>0$,使 $|f(x,y)|\leqslant M$ 在 D 上恒成立,所以

$$\left|\int_{\beta(x)}^{\beta(x+\Delta x)} f(x+\Delta x,y)\mathrm{d}y\right|\leqslant M\left|\beta(x+\Delta x)-\beta(x)\right|,$$

$$\left|\int_{\alpha(x+\Delta x)}^{\alpha(x)} f(x+\Delta x,y)\mathrm{d}y\right|\leqslant M\left|\alpha(x+\Delta x)-\alpha(x)\right|.$$

再根据 $\alpha(x)$ 和 $\beta(x)$ 在 $[a,b]$ 上连续,当 $\Delta x\to 0$ 时,知 $\int_{\beta(x)}^{\beta(x+\Delta x)} f(x+\Delta x,y)\mathrm{d}y$ 及

$\int_{\alpha(x+\Delta x)}^{\alpha(x)} f(x+\Delta x,y)\mathrm{d}y$必趋于零.另外,由定理1知$\int_{\alpha(x)}^{\beta(x)}[f(x+\Delta x,y)-f(x,y)]\mathrm{d}y$也趋于零.于是,当$\Delta x\to 0$时,有$\varphi(x+\Delta x)-\varphi(x)\to 0(x\in[a,b])$.所以,$\varphi(x)$在$[a,b]$上连续.

定理5 设函数$f(x,y)$及$f_x(x,y)$都在矩形闭区域$D:a\leqslant x\leqslant b,c\leqslant y\leqslant d$上连续,函数$\alpha(x)$和$\beta(x)$在$[a,b]$上可导,并且$c\leqslant\alpha(x)\leqslant d,c\leqslant\beta(x)\leqslant d(x\in[a,b])$,则$\varphi(x)$在$[a,b]$上可导,且

$$\begin{aligned}\varphi'(x)&=\frac{\mathrm{d}}{\mathrm{d}x}\int_{\alpha(x)}^{\beta(x)} f(x,y)\mathrm{d}y\\&=\int_{\alpha(x)}^{\beta(x)} f_x(x,y)\mathrm{d}y+f[x,\beta(x)]\beta'(x)-f[x,\alpha(x)]\alpha'(x).\end{aligned}$$

证 设

$$\varphi(x)=F[x,\alpha(x),\beta(x)]=\int_{\alpha(x)}^{\beta(x)} f(x,y)\mathrm{d}y,$$

由全导数的求导公式得

$$\begin{aligned}\varphi'(x)&=\frac{\partial F}{\partial x}+\frac{\partial F}{\partial\alpha}\frac{\mathrm{d}\alpha}{\mathrm{d}x}+\frac{\partial F}{\partial\beta}\frac{\mathrm{d}\beta}{\mathrm{d}x}\\&=\int_{\alpha(x)}^{\beta(x)} f_x(x,y)\mathrm{d}y-f[x,\alpha(x)]\alpha'(x)+f[x,\beta(x)]\beta'(x).\end{aligned}$$

定理5中的求导公式称为莱布尼茨公式.

例1 设$\varphi(x)=\int_x^{x^2}\frac{\ln(1+xy)}{y}\mathrm{d}y$,求$\varphi'(x)$.

解 利用莱布尼茨公式,有

$$\begin{aligned}\varphi'(x)&=\int_x^{x^2}\frac{1}{1+xy}\mathrm{d}y+\frac{\ln(1+x^3)}{x^2}\times 2x-\frac{\ln(1+x^2)}{x}\times 1\\&=\left[\frac{\ln(1+xy)}{x}\right]\Bigg|_x^{x^2}+\frac{2\ln(1+x^3)-\ln(1+x^2)}{x}\\&=\frac{3\ln(1+x^3)-2\ln(1+x^2)}{x}.\end{aligned}$$

例2 求$I=\int_0^1\frac{x^b-x^a}{\ln x}\mathrm{d}x\quad(0<a<b)$.

解 因为$\int_a^b x^y\mathrm{d}y=\frac{x^b-x^a}{\ln x}$,所以

$$I=\int_0^1\mathrm{d}x\int_a^b x^y\mathrm{d}y,$$

函数$f(x,y)=x^y$在矩形闭区域$0\leqslant x\leqslant 1,0<a\leqslant y\leqslant b$上连续,由定理2得

$$I=\int_a^b\mathrm{d}y\int_0^1 x^y\mathrm{d}x=\int_a^b\frac{1}{y+1}\mathrm{d}y=\ln\frac{b+1}{a+1}.$$

例3 求 $I(\theta)=\int_0^{\pi}\ln(1+\theta\cos x)\mathrm{d}x$，其中 $|\theta|<1$.

解 在 $|\theta|<1$ 中任取一定值 θ，一定存在 b，使 $|\theta|\leqslant b<1$，这时 $f(x,\theta)=\ln(1+\theta\cos x)$ 及 $f_\theta(x,\theta)=\dfrac{\cos x}{1+\theta\cos x}$ 在矩形闭区域 $0\leqslant x\leqslant\pi$，$-b\leqslant\theta\leqslant b$ 上连续，由定理3得

$$I'(\theta)=\int_0^{\pi}\frac{\cos x}{1+\theta\cos x}\mathrm{d}x=\frac{\pi}{\theta}-\frac{1}{\theta}\int_0^{\pi}\frac{\mathrm{d}x}{1+\theta\cos x},$$

作代换 $t=\tan\dfrac{x}{2}$，计算不定积分，即

$$\int\frac{\mathrm{d}x}{1+\theta\cos x}=\int\frac{2}{(1+\theta)+(1-\theta)t^2}\mathrm{d}t=\frac{2}{\sqrt{1-\theta^2}}\arctan\left(\sqrt{\frac{1-\theta}{1+\theta}}\tan\frac{x}{2}\right)+C,$$

于是

$$I'(\theta)=\frac{\pi}{\theta}-\frac{1}{\theta}\frac{2}{\sqrt{1-\theta^2}}\frac{\pi}{2}=\pi\left(\frac{1}{\theta}-\frac{1}{\theta\sqrt{1-\theta^2}}\right),$$

此式对于 $|\theta|<1$ 中一切 θ 均成立. 对 θ 积分，得

$$I(\theta)=\pi\left(\ln\theta+\ln\frac{1+\sqrt{1-\theta^2}}{\theta}\right)+C=\pi\ln(1+\sqrt{1-\theta^2})+C,$$

因为 $I(0)=0$，所以 $C=-\pi\ln 2=\pi\ln\dfrac{1}{2}$，知 $I(\theta)=\pi\ln\dfrac{1+\sqrt{1-\theta^2}}{2}$.

*习题 8-5

1. 求下列函数的导数(或偏导数)：

(1) $\varphi(x)=\int_x^{x^2}\dfrac{\sin(xy)}{y}\mathrm{d}y$；　(2) $\varphi(x)=\int_{\sin x}^{\cos x}\mathrm{e}^{x\sqrt{1-y^2}}\mathrm{d}y$；

(3) $\varphi(x)=\int_x^{x^2}\mathrm{e}^{-xy^2}\mathrm{d}y$；

(4) 设 $f(x)$ 为可导函数，$F(x,y)=\int_{\frac{x}{y}}^{xy}(x-yz)f(z)\mathrm{d}z$，求 $F_{xy}(x,y)$.

2. 计算积分：

(1) $\int_0^{\frac{\pi}{2}}\dfrac{\arctan(a\tan x)}{\tan x}\mathrm{d}x(a\geqslant 0)$；　(2) $\int_0^{\frac{\pi}{2}}\ln\dfrac{1+a\cos x}{1-a\cos x}\dfrac{\mathrm{d}x}{\cos x}(|a|<1)$；

(3) $\int_0^1\sin\left(\ln\dfrac{1}{x}\right)\dfrac{x^b-x^a}{\ln x}\mathrm{d}x(b>a>0)$；　(4) $\int_0^{\pi}\ln(1-2r\cos x+r^2)\mathrm{d}x(|r|>1)$；

(5) $\int_0^{\frac{\pi}{2}}\ln(\cos^2 x+a\sin^2 x)\mathrm{d}x(a>0)$.

3. 求 $\varphi(t)=\int_0^1 \frac{\ln(1+tx)}{1+x^2}dx$ 的导数,并计算 $\int_0^1 \frac{\ln(1+x)}{1+x^2}dx$.

总习题八

1. 填空题

(1) $\int_{\frac{1}{4}}^{\frac{1}{2}}dy\int_{\frac{1}{2}}^{\sqrt{y}}e^{\frac{y}{x}}dx+\int_{\frac{1}{2}}^{1}dy\int_{y}^{\sqrt{y}}e^{\frac{y}{x}}dx=$ ________.

(2) 设 $F(t)=\int_1^t dy\int_y^t f(x)dx$,其中 $f(x)$ 为连续函数,则 $F'(2)=$ ________.

(3) 设 $f(x,y)$ 连续,且 $f(x,y)=xy+\iint\limits_D f(u,v)dudv$,其中 D 是由 $y=0,y=x^2,x=1$ 所围区域,则 $f(x,y)=$ ________.

(4) $\int_0^{\frac{\pi}{6}}dy\int_y^{\frac{\pi}{6}}\frac{\cos x}{x}dx-$ ________.

(5) 若 $z(x,y)$ 在 xOy 面的任一有界闭区域 D 上存在连续偏导数,且 $\iint\limits_D\left(\frac{\partial z}{\partial x}\right)^2dxdy=\iint\limits_D\left(2xz\frac{\partial z}{\partial x}-x^2z^2\right)dxdy$,则 $z(x,y)=$ ________.

(6) 设 D 是极坐标下第一象限内曲线 $\rho=2$ 之外,心脏线 $\rho=2(1+\cos\theta)$ 之内的那部分闭区域,则 $\iint\limits_D \sin\theta d\sigma=$ ________.

(7) $\int_0^1 dx\int_0^{1-x}dz\int_0^{1-x-z}(1-y)e^{-(1-y-z)^2}dy=$ ________.

(8) 由平面 $z=\frac{1}{2}$,曲面 $x^2+y^2=2z$ 及 $z=4-\sqrt{x^2+y^2}$ 所围成的立体的体积为________.

2. 选择题

(1) 积分 $\iint\limits_{x^2+y^2\leqslant 1}f(x,y)dxdy=4\int_0^1dx\int_0^{\sqrt{1-x^2}}f(x,y)dy$ 在(　　)情况下成立.

(A) $f(x,y)$ 满足 $f(-x,y)=-f(x,y)$

(B) $f(x,y)$ 满足 $f(-x,-y)=-f(x,y)$

(C) $f(x,y)$ 同时满足 $f(-x,y)=f(x,y)$ 及 $f(x,-y)=f(x,y)$

(2) 设 D 是由 $y=x^3,y=1$ 及 $x=-1$ 所围闭区域,D_1 是 D 在第一象限的部分,则 $\iint\limits_D(xye^{x^2+y^2}+\sin y)dxdy=$(　　).

(A) $2\iint\limits_{D_1}\sin y\mathrm{d}x\mathrm{d}y$ (B) $\iint\limits_{D_1}xy\mathrm{e}^{x^2+y^2}\mathrm{d}x\mathrm{d}y$

(C) $2\iint\limits_{D_1}(xy\mathrm{e}^{x^2+y^2}+\sin y)\mathrm{d}x\mathrm{d}y$ (D) 0

(2) 累次积分 $\int_0^{\frac{\pi}{2}}\mathrm{d}\theta\int_0^{\cos\theta}f(r\cos\theta,r\sin\theta)r\mathrm{d}r$ 可以写成(　　).

(A) $\int_0^1\mathrm{d}y\int_0^{\sqrt{y-y^2}}f(x,y)\mathrm{d}x$ (B) $\int_0^1\mathrm{d}y\int_0^{\sqrt{1-y^2}}f(x,y)\mathrm{d}x$

(C) $\int_0^1\mathrm{d}x\int_0^1 f(x,y)\mathrm{d}y$ (D) $\int_0^1\mathrm{d}x\int_0^{\sqrt{x-x^2}}f(x,y)\mathrm{d}y$

(3) 设 $\Omega_1:x^2+y^2+z^2\leqslant R^2,z\geqslant 0,\Omega_2:x^2+y^2+z^2\leqslant R^2,x\geqslant 0,y\geqslant 0,z\geqslant 0$,则(　　).

(A) $\iiint\limits_{\Omega_1}x\mathrm{d}v=4\iiint\limits_{\Omega_2}x\mathrm{d}v$ (B) $\iiint\limits_{\Omega_1}y\mathrm{d}v=4\iiint\limits_{\Omega_2}y\mathrm{d}v$

(C) $\iiint\limits_{\Omega_1}z\mathrm{d}v=4\iiint\limits_{\Omega_2}z\mathrm{d}v$ (D) $\iiint\limits_{\Omega_1}xyz\mathrm{d}v=4\iiint\limits_{\Omega_2}xyz\mathrm{d}v$

(4) 计算 $I=\iiint\limits_{\Omega}z\mathrm{d}v$,其中 Ω 为 $z=\sqrt{x^2+y^2},z=1$ 围成的立体,则(　　).

(A) $I=\int_0^{2\pi}\mathrm{d}\theta\int_0^1 r\mathrm{d}r\int_0^1 z\mathrm{d}z$ (B) $I=\int_0^{2\pi}\mathrm{d}\theta\int_0^1 r\mathrm{d}r\int_r^1 z\mathrm{d}z$

(C) $I=\int_0^{2\pi}\mathrm{d}\theta\int_0^1 z\mathrm{d}z\int_0^z r\mathrm{d}r$ (D) $I=\int_0^1 z\mathrm{d}z\int_0^{\pi}\mathrm{d}\theta\int_0^z r\mathrm{d}r$

(5) 设函数 $f(u)$ 具有连续导数,且 $f(0)=0$,则 $\lim\limits_{t\to 0}\frac{1}{\pi t^4}\iiint\limits_{x^2+y^2+z^2\leqslant t^2}f(\sqrt{x^2+y^2+z^2})\mathrm{d}x\mathrm{d}y\mathrm{d}z=$(　　).

(A) $f(0)$ (B) $f'(0)$

(C) $\frac{1}{\pi}f'(0)$ (D) $\frac{2}{\pi}f'(0)$

(6) 设空间闭区域 Ω 由 $3x^2+y^2=z,z=1-x^2$ 所围,则 $\iiint\limits_{\Omega}f(x,y,z)\mathrm{d}v$ (　　).

(A) $2\int_0^{\frac{1}{2}}\mathrm{d}x\int_0^{\sqrt{4-x^2}}\mathrm{d}y\int_{3x^2+y^2}^{1-x^2}f(x,y,z)\mathrm{d}z$ (B) $\int_0^{\frac{1}{2}}\mathrm{d}x\int_0^{\sqrt{4-x^2}}\mathrm{d}y\int_{3x^2+y^2}^{1-x^2}f(x,y,z)\mathrm{d}z$

(C) $\int_{-\frac{1}{2}}^{\frac{1}{2}}\mathrm{d}x\int_{-\sqrt{4-x^2}}^{\sqrt{4-x^2}}\mathrm{d}y\int_{3x^2+y^2}^{1-x^2}f(x,y,z)\mathrm{d}z$ (D) $\int_{-\frac{1}{2}}^{\frac{1}{2}}\mathrm{d}x\int_{-\sqrt{4-x^2}}^{\sqrt{4-x^2}}\mathrm{d}y\int_{1-x^2}^{3X^2+y^2}f(x,y,z)\mathrm{d}z$

3. 计算下列二重积分:

(1) $\iint\limits_{D}(x^2+xy\mathrm{e}^{x^2+y^2})\mathrm{d}x\mathrm{d}y$,其中 $D=\{(x,y)\mid x^2+y^2\leqslant 1\}$;

(2) $\iint\limits_D |\sin(x-y)|\mathrm{d}x\mathrm{d}y, D=\{(x,y)\mid 0\leqslant x\leqslant y\leqslant 2\pi\}$；

(3) $\iint\limits_D \sqrt{x^2+y^2}\mathrm{d}x\mathrm{d}y, D=\{(x,y)\mid (x-1)^2+y^2\leqslant 1\}$；

(4) $\iint\limits_D |x+y|\mathrm{d}x\mathrm{d}y, D=\{(x,y)\mid x^2+y^2\leqslant a^2\}$.

4. 计算 $\int_0^{\frac{a}{\sqrt{2}}}\mathrm{e}^{-y^2}\mathrm{d}y\int_0^y \mathrm{e}^{-x^2}\mathrm{d}x+\int_{\frac{a}{\sqrt{2}}}^a \mathrm{e}^{-y^2}\mathrm{d}y\int_0^{\sqrt{a^2-y^2}}\mathrm{e}^{-x^2}\mathrm{d}x$.

5. 证明 $\iint\limits_D f(x-y)\mathrm{d}x\mathrm{d}y=\int_{-a}^a (a-|t|)f(t)\mathrm{d}t$，其中 $f(t)$ 为连续函数，$D=\left\{(x,y)\mid |x|\leqslant \frac{a}{2},\ |y|\leqslant \frac{a}{2}\right\}$.

6. 求由 $x^2+y^2=az(a>0)$ 与 $z=2a-\sqrt{x^2+y^2}$ 所围成的立体的体积和表面积.

7. 求抛物面 $y=\frac{1}{2}(x^2+z^2)$ 被柱面 $x^2+z^2=1$ 割下的那块曲面的面积.

8. 计算三重积分：

(1) $\iiint\limits_\Omega (x^2+y^2+z^2)\mathrm{d}v$，$\Omega$ 为 $\{(x,y,z)\mid x^2+y^2+z^2\leqslant 2z, x^2+y^2+z^2\leqslant 1\}$；

(2) $\iiint\limits_\Omega y\mathrm{d}x\mathrm{d}y\mathrm{d}z$，$\Omega$ 为球面 $x^2+y^2+z^2=4$ 与 $y=\sqrt{x^2+z^2}$ 所围成的闭区域；

(3) $\iiint\limits_\Omega (x^2+y^2)\mathrm{d}v$，$\Omega$ 是由曲线 $\begin{cases} y^2=2z \\ x=0 \end{cases}$ 绕 z 轴旋转一周而成的曲面与平面 $z=2$ 和 $z=8$ 所围成的闭区域；

(4) $\iiint\limits_\Omega (y^2+z^2)\mathrm{d}v$，$\Omega$ 是由 xOy 平面上曲线 $y^2=2x$ 绕 x 轴旋转而成的曲面与平面 $x=5$ 所围成的闭区域；

(5) $\iiint\limits_\Omega \left|\sqrt{x^2+y^2+z^2}-1\right|\mathrm{d}v$，$\Omega$ 为 $z=\sqrt{x^2+y^2}$ 及 $z=1$ 所围成的闭区域.

9. 将三次积分 $\int_0^1\mathrm{d}x\int_0^{\sqrt{1-x^2}}\mathrm{d}y\int_{\sqrt{x^2+y^2}}^{\sqrt{2-x^2-y^2}} f(x,y,z)\mathrm{d}z$ 换序为 $y\to x\to z$（从里到外）的三次积分.

10. 设 $f(u)$ 在 $u=0$ 处可导，且 $f(0)=0$，求极限

$$\lim_{t\to 0^+}\frac{\iiint\limits_\Omega f\left(\sqrt{x^2+y^2+z^2}\right)\mathrm{d}v}{t^4}$$

其中，$\Omega=\{(x,y,z)\mid x^2+y^2+z^2\leqslant t^2\}$.

11. 设 $p(x)$,$f(x)$和 $g(x)$在$[a,b]$上连续,且 $p(x)>0$,$f(x)$及 $g(x)$均单调递增,证明:

$$\int_a^b p(x)f(x)g(x)\mathrm{d}x\int_a^b p(x)\mathrm{d}x \geqslant \int_a^b p(x)f(x)\mathrm{d}x\int_a^b p(x)g(x)\mathrm{d}x$$

12. 求由抛物线 $y=x^2$ 及直线 $y=1$ 所围成的均匀薄片对于直线 $y=-1$ 的转动惯量(设面密度为常数 μ).

13. 设湖面的边界为椭圆$\frac{x^2}{a^2}+\frac{y^2}{b^2}=1$,湖床形状为椭球正弦曲面

$$f(x,y)=-h\cos\left(\frac{\pi}{2}\sqrt{\frac{x^2}{a^2}+\frac{y^2}{b^2}}\right),\quad (x,y)\in D:\frac{x^2}{a^2}+\frac{y^2}{b^2}\leqslant 1,$$

h 为最大水深,求湖水的总体积 V 及平均水深 $\bar{h}$.

第九章　曲线积分与曲面积分

本章把积分的概念推广到一段曲线弧或一张曲面上，这种积分就是曲线积分或曲面积分，并建立曲线积分与二重积分及曲面积分与三重积分之间的联系.

第一节　对弧长的曲线积分

一、对弧长的曲线积分的概念与性质

实例　曲线形物体的质量

设一平面曲线形物体占有 xOy 面内一段曲线弧 L，其线密度分布不均匀，线密度为 L 上的连续函数 $\mu(x,y)$，现在要求此曲线形物体的质量(见图 9-1).

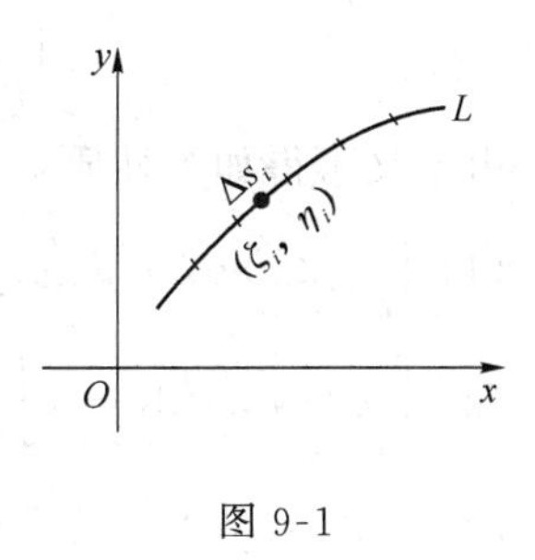

图 9-1

将 L 任意分成 n 个小弧段 $\Delta s_1,\Delta s_2,\cdots,\Delta s_n$，在每一小弧段 $\Delta s_i(i=1,2,\cdots,n)$上任取一点$(\zeta_i,\eta_i)$，因为线密度连续变化，只要这些小弧段很短，每段的质量可以近似表示为 $\mu(\zeta_i,\eta_i)\Delta s_i$($\Delta s_i$ 的弧长也用同样的记号). 于是，整个曲线形物体的质量为

$$M\approx\sum_{i=1}^{n}\mu(\zeta_i,\eta_i)\Delta s_i. \tag{1}$$

设 λ 是 n 个小弧段的最大长度，即 $\lambda=\max\limits_{1\leqslant i\leqslant n}\{\Delta s_i\}$，当 $\lambda\to 0$ 时，式(1)右端和式的极限就是曲线形物体质量的精确值，即

$$M=\lim_{\lambda\to 0}\sum_{i=1}^{n}\mu(\zeta_i,\eta_i)\Delta s_i.$$

这种和式极限在研究其他问题时也会遇到，因此其归结为对弧长的曲线积分.

定义 1　设函数 $f(x,y)$ 在光滑(或分段光滑) 的平面曲线 L 上有界. 将 L 任意分成 n 个小弧段 $\Delta s_1,\Delta s_2,\cdots,\Delta s_n$，在每个小弧段 Δs_i 上任取一点$(\zeta_i,\eta_i)(i=1,2,\cdots,n)$，作和式

$\sum_{i=1}^{n} f(\zeta_i,\eta_i)\Delta s_i$($\Delta s_i$ 也表示它的长度),如果当这 n 个小弧段长度的最大值 $\lambda\to 0$ 时,和式的极限总存在,则称此极限为函数 $f(x,y)$ 在曲线 L 上对弧长的曲线积分或第一类曲线积分,记作 $\int_L f(x,y)\mathrm{d}s$,即

$$\int_L f(x,y)\mathrm{d}s=\lim_{\lambda\to 0}\sum_{i=1}^{n}\mu(\zeta_i,\eta_i)\Delta s_i,$$

其中,$f(x,y)$ 称为被积函数,曲线 L 称为积分弧段,$\mathrm{d}s$ 称为弧长元素.

根据这个定义,前面讲过的曲线形物体的质量为

$$M=\int_L \mu(x,y)\mathrm{d}s.$$

可以证明:若函数 $f(x,y)$ 在光滑曲线 L 上连续,则 $f(x,y)$ 在 L 上对弧长的曲线积分 $\int_L f(x,y)\mathrm{d}s$ 存在.

若 L 是闭曲线,则函数 $f(x,y)$ 在闭曲线 L 上对弧长的曲线积分通常记为 $\oint_L f(x,y)\mathrm{d}s$.

如果积分弧段为空间曲线弧,函数 $f(x,y,z)$ 在空间曲线弧 Γ 上对弧长的曲线积分定义为

$$\int_\Gamma f(x,y,z)\mathrm{d}s=\lim_{\lambda\to 0}\sum_{i=1}^{n} f(\xi_i,\eta_i,\zeta_i)\Delta s_i.$$

由定义可得如下性质:

(1) $\int_L [f(x,y)\pm g(x,y)]\mathrm{d}s=\int_L f(x,y)\mathrm{d}s\pm\int_L g(x,y)\mathrm{d}s$;

(2) $\int_L kf(x,y)\mathrm{d}s=k\int_L f(x,y)\mathrm{d}s$ (k 为常数);

(3) $\int_L f(x,y)\mathrm{d}s=\int_{L_1} f(x,y)\mathrm{d}s+\int_{L_2} f(x,y)\mathrm{d}s$($L$ 分成两段 L_1 及 L_2:$L=L_1+L_2$).

上述性质对空间曲线弧上的积分也成立.

二、对弧长的曲线积分的计算法

定理 1 设函数 $f(x,y)$ 在曲线 L 上连续,L 的参数方程为

$$\begin{cases}x=\varphi(t),\\ y=\psi(t),\end{cases}(\alpha\leqslant t\leqslant\beta),$$

其中 $\varphi(t)$ 和 $\psi(t)$ 在 $[\alpha,\beta]$ 上具有一阶连续导数,且 $\varphi'^2(t)+\psi'^2(t)\neq 0$,则

$$\int_L f(x,y)\mathrm{d}s=\int_\alpha^\beta f[\varphi(t),\psi(t)]\sqrt{\varphi'^2(t)+\psi'^2(t)}\mathrm{d}t\quad(\alpha<\beta).$$

证 将 L 分成 n 个小弧段 $\Delta s_1,\Delta s_2,\cdots,\Delta s_n$,其分点对应于一列参数值 $\alpha=t_0<t_1<t_2<$

$\cdots < t_n = \beta$.

在每个小弧段 Δs_i 上任取一点 (ξ_i, η_i)，对应于参数值 τ_i，即 $\xi_i = \varphi(\tau_i), \eta_i = \psi(\tau_i)$，$t_{i-1} \leqslant \tau_i \leqslant t_i (i = 1, 2, \cdots, n)$，$\Delta s_i$ 的长度 $\Delta s_i = \int_{t_{i-1}}^{t_i} \sqrt{\varphi'^2(t) + \psi'^2(t)} \mathrm{d}t$，由积分中值定理知 $\Delta s_i = \sqrt{\varphi'^2(\tau_i^*) + \psi'^2(\tau_i^*)} \Delta t_i$，其中 $\Delta t_i = t_i - t_{i-1}$，$t_{i-1} \leqslant \tau_i^* \leqslant t_i$.

根据对弧长的曲线积分定义得

$$\int_L f(x,y) \mathrm{d}s = \lim_{\lambda \to 0} \sum_{i=1}^{n} f(\xi_i, \eta_i) \Delta s_i$$

$$= \lim_{\lambda \to 0} \sum_{i=1}^{n} f[\varphi(\tau_i), \psi(\tau_i)] \sqrt{\varphi'^2(\tau_i^*) + \psi'^2(\tau_i^*)} \Delta t_i.$$

由于 $\sqrt{\varphi'^2(t) + \psi'^2(t)}$ 在 $[\alpha, \beta]$ 上连续，故在 $[\alpha, \beta]$ 上一致连续. 可以把上式中的 τ_i^* 换成 τ_i 而不影响极限值，于是

$$\int_L f(x,y) \mathrm{d}s = \lim_{\lambda \to 0} \sum_{i=1}^{n} f[\varphi(\tau_i), \psi(\tau_i)] \sqrt{\varphi'^2(\tau_i) + \psi'^2(\tau_i)} \Delta t_i$$

$$= \int_\alpha^\beta f[\varphi(t), \psi(t)] \sqrt{\varphi'^2(t) + \psi'^2(t)} \mathrm{d}t.$$

注意　以上公式中定积分的下限 α 要小于上限 β. 这是因为证明过程中的 $\Delta s_i > 0$，从而有 $\Delta t_i > 0$，所以 $\alpha < \beta$.

如果曲线 L 的方程为 $y = \varphi(x)$，$x \in [a, b]$，且 $\varphi(x)$ 有连续导数，这时弧长元素为

$$\mathrm{d}s = \sqrt{1 + \varphi'^2(x)} \mathrm{d}x,$$

于是

$$\int_L f(x,y) \mathrm{d}s = \int_a^b f[x, \varphi(x)] \sqrt{1 + \varphi'^2(x)} \mathrm{d}x.$$

类似可得，若曲线 L 的方程为 $x = \psi(y)$，$y \in [c, d]$，且 $\psi(y)$ 有连续导数，则

$$\int_L f(x,y) \mathrm{d}s = \int_c^d f[\psi(y), y] \sqrt{1 + \psi'^2(y)} \mathrm{d}y.$$

如果曲线 L 的方程在极坐标下表示为 $\rho = \rho(\theta)$，$\alpha \leqslant \theta \leqslant \beta$. 由曲线 L 的参数方程

$$\begin{cases} x = \rho(\theta) \cos\theta, \\ y = \rho(\theta) \sin\theta, \end{cases} (\alpha \leqslant \theta \leqslant \beta),$$

可得

$$\mathrm{d}s = \sqrt{\rho^2(\theta) + \rho'^2(\theta)} \mathrm{d}\theta,$$

于是

$$\int_L f(x,y) \mathrm{d}s = \int_\alpha^\beta f[\rho(\theta)\cos\theta, \rho(\theta)\sin\theta] \sqrt{\rho^2(\theta) + \rho'^2(\theta)} \mathrm{d}\theta.$$

对于空间曲线 Γ，如果 Γ 的参数方程为

$$\begin{cases} x=\varphi(t), \\ y=\psi(t), \quad (\alpha\leqslant t\leqslant\beta), \\ z=\omega(t), \end{cases}$$

则有

$$ds=\sqrt{\varphi'^2(t)+\psi'^2(t)+\omega'^2(t)}\,dt,$$

那么

$$\int_\Gamma f(x,y,z)\,ds=\int_\alpha^\beta f[\varphi(t),\psi(t),\omega(t)]\sqrt{\varphi'^2(t)+\psi'^2(t)+\omega'^2(t)}\,dt.$$

例 1 计算$\int_L \sqrt{x^2+y^2}\,ds$,其中$L: x^2+y^2=ax(a>0)$.

(方法一) 曲线L的参数方程为

$$\begin{cases} x=\frac{a}{2}+\frac{a}{2}\cos t \\ y=\frac{a}{2}\sin t \end{cases} \quad 0\leqslant t\leqslant 2\pi,$$

于是

$$ds=\sqrt{\left(-\frac{a}{2}\sin t\right)^2+\left(\frac{a}{2}\cos t\right)^2}\,dt=\frac{a}{2}dt,$$

故

$$\begin{aligned}\int_L \sqrt{x^2+y^2}\,ds &= \frac{a}{2}\int_0^{2\pi}\sqrt{\frac{a^2(1+\cos t)}{2}}\,dt \\ &= \frac{a}{2}\int_0^{2\pi}\left|\cos\frac{t}{2}\right|dt \\ &= 2a^2\int_0^{\frac{\pi}{2}}\cos t\,dt = 2a^2.\end{aligned}$$

(方法二) 曲线L的极坐标方程$\rho=a\cos\theta,-\frac{\pi}{2}\leqslant\theta\leqslant\frac{\pi}{2}$. 于是

$$ds=\sqrt{(a\cos\theta)^2+(-a\sin\theta)^2}\,d\theta=a\,d\theta,$$

故

$$\int_L \sqrt{x^2+y^2}\,ds=\int_{-\frac{\pi}{2}}^{\frac{\pi}{2}} a\cos\theta\, a\,d\theta=2a^2.$$

例 2 计算均匀曲线弧$x=a(t-\sin t),y=a(1-\cos t)(0\leqslant t\leqslant\pi)$的质心(设线密度$\mu=1$).

解 平面均匀曲线弧L的质心$(\overline{x},\overline{y})$公式为

$$\overline{x}=\frac{\int_L x\,ds}{\int_L ds},\quad \overline{y}=\frac{\int_L y\,ds}{\int_L ds},$$

因为

$$\int_L \mathrm{d}s = \int_0^\pi \sqrt{a^2(1-\cos t)^2 + a^2\sin^2 t}\,\mathrm{d}t = a\int_0^\pi \sqrt{2-2\cos t}\,\mathrm{d}t$$

$$= 2a\int_0^\pi \sin\frac{t}{2}\mathrm{d}t = 4a,$$

$$\int_L x\,\mathrm{d}s = a\int_0^\pi (t-\sin t)\sqrt{a^2(1-\cos t)^2 + a^2\sin t}\,\mathrm{d}t$$

$$= a\int_0^\pi (t-\sin t)2a\sin\frac{t}{2}\mathrm{d}t = 2a\int_0^\pi \left(t\sin\frac{t}{2} - 2\sin^2\frac{t}{2}\cos\frac{t}{2}\right)\mathrm{d}t$$

$$= \frac{16}{3}a^2,$$

$$\int_L y\,\mathrm{d}s = \int_0^\pi a(1-\cos t)2a\sin\frac{t}{2}\mathrm{d}t$$

$$= 4a^2\int_2^\pi \sin^3\frac{t}{2}\mathrm{d}t$$

$$= 8a^2\int_0^{\frac{\pi}{2}} \sin^3 u\,\mathrm{d}u = 8a^2 \times \frac{2}{3} \times 1 = \frac{16}{3}a^2,$$

所以

$$\bar{x} = \frac{\frac{16}{3}a^2}{4a} = \frac{4}{3}a, \bar{y} = \frac{\frac{16}{3}a^2}{4a} = \frac{4}{3}a,$$

即所求曲线弧的质心为$\left(\frac{4}{3}a, \frac{4}{3}a\right)$.

例 3 计算$\int_\Gamma \sqrt{2y^2+z^2}\,\mathrm{d}s$,其中$\Gamma$为球面$x^2+y^2+z^2=a^2$与平面$y=x$的交线.

解 空间曲线Γ:$\begin{cases} x^2+y^2+z^2=a^2 \\ y=x \end{cases}$的参数方程为

$$\begin{cases} x = \dfrac{a}{\sqrt{2}}\cos t, \\ y = \dfrac{a}{\sqrt{2}}\cos t, \\ z = a\sin t, \end{cases} \quad 0 \leqslant t \leqslant 2\pi,$$

弧长元素 $\mathrm{d}s = \sqrt{\frac{a^2}{2}\sin^2 t + \frac{a^2}{2}\sin^2 t + a^2\cos^2 t}\,\mathrm{d}t = a\,\mathrm{d}t$,所以

$$\int_\Gamma \sqrt{2y^2+z^2}\,\mathrm{d}s = \int_0^{2\pi} \sqrt{a^2\cos^2 t + a^2\sin^2 t}\,a\,\mathrm{d}t$$

$$= 2\pi a^2.$$

可以利用对弧长的曲线积分来求柱面的面积,方法如下:

设 $f(x,y)\geqslant 0$,以 xOy 面上曲线 L 为准线,母线平行于 z 轴的柱面上 $0\leqslant z\leqslant f(x,y)$ 的那一部分柱面的面积就是曲线积分 $\int_L f(x,y)\mathrm{d}s$(见图 9-2).

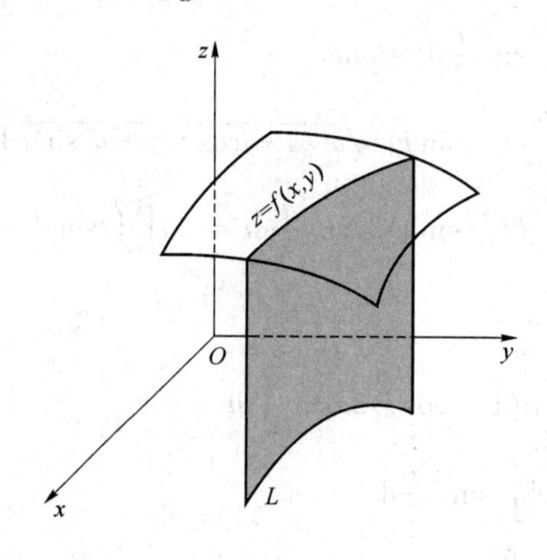

图 9-2

例 4 求圆柱面 $x^2+y^2=a^2$ 被圆柱面 $x^2+z^2=a^2$ 所围部分的面积.

解 图 9-3 的阴影部分是所求面积在第一象限的部分,即为所求面积的八分之一. 所以

$$A=8\int_L f(x,y)\mathrm{d}s=8\int_L \sqrt{a^2-x^2}\mathrm{d}s,$$

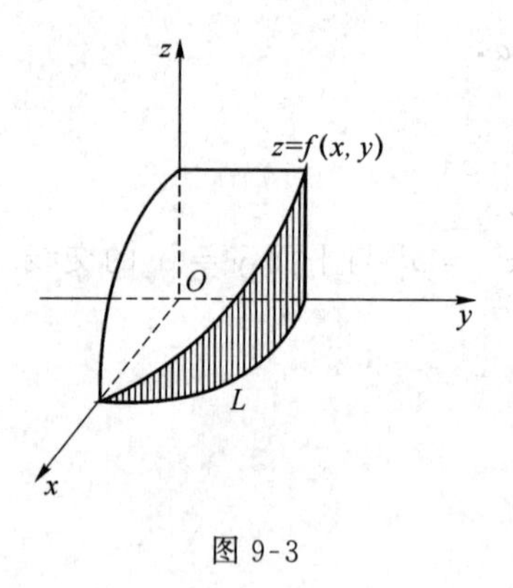

图 9-3

其中,L 的参数方程为

$$\begin{cases}x=a\cos t,\\ y=a\sin t,\end{cases}\quad 0\leqslant t\leqslant\frac{\pi}{2},$$

则

$$A=8\int_0^{\frac{\pi}{2}} a\sqrt{1-\cos^2 t}\sqrt{(-a\sin t)^2+(a\cos t)^2}\mathrm{d}t$$

$$=8a^2\int_0^{\frac{\pi}{2}}\sin t\mathrm{d}t=8a^2.$$

习题 9-1

1. 计算下列对弧长的曲线积分:

(1) $\int_L (x+y)\mathrm{d}s$,其中 L 是以(0,0),(1,0)和(1,1)为顶点的三角形;

(2) $\int_L |y|\,\mathrm{d}s$,其中 L 是圆周 $x^2+y^2=1$;

(3) $\int_L \mathrm{e}^{\sqrt{x^2+y^2}}\mathrm{d}s$,其中 L 为圆周 $x^2+y^2=a^2$,直线 $y=x$ 与 x 轴在第一象限中所围成的扇形的边界;

(4) $\int_L y^2\mathrm{d}s$,其中 L 为摆线的一拱 $x=a(t-\sin t),y=a(1-\cos t)\ (0\leqslant t\leqslant 2\pi)$;

(5) $\int_L (x^{\frac{4}{3}}+y^{\frac{4}{3}})\mathrm{d}s$,其中 L 是内摆线 $x^{\frac{2}{3}}+y^{\frac{2}{3}}=a^{\frac{2}{3}}$;

(6) $\int_L |y|\,\mathrm{d}s$,其中 L 为双纽线 $(x^2+y^2)^2=a^2(x^2-y^2)$;

(7) $\int_\Gamma \frac{z^2}{x^2+y^2}\mathrm{d}s$,其中 Γ 是螺线的第一旋 $x=a\cos t,y=a\sin t,z=at\ (0\leqslant t\leqslant 2\pi)$;

(8) $\int_\Gamma x^2\mathrm{d}s$,其中 Γ 是球面 $x^2+y^2+z^2=a^2$ 与平面 $x+y+z=0$ 相交的圆周;

(9) $\int_\Gamma \frac{1}{x^2+y^2+z^2}\mathrm{d}s$,其中 Γ 为曲线 $x=\mathrm{e}^t\cos t,y=\mathrm{e}^t\sin t,z=\mathrm{e}^t$ 上相应于 t 从 0 变到 2 的一段弧.

2. 求半径为 a 且中心角为 2φ 的均匀圆弧(线密度 $\mu=1$)的质心.

3. 求螺线 $x=a\cos t,y=a\sin t,z=\frac{h}{2\pi}t(0\leqslant t\leqslant 2\pi)$ 的一段对于 z 轴的转动惯量 I_z.

4. 求圆柱面 $x^2+y^2=4$ 被平面 $x+2z=2$ 与 $z=0$ 所截下的部分柱面的面积.

5. 求柱面 $x^{\frac{2}{3}}+y^{\frac{2}{3}}=1$ 在球面 $x^2+y^2+z^2=1$ 内的侧面积.

第二节　对坐标的曲线积分

一、对坐标的曲线积分的概念

实例　变力沿曲线所做的功

设有一个质点在变力 $\boldsymbol{F}(x,y)=P(x,y)\boldsymbol{i}+Q(x,y)\boldsymbol{j}$ 作用下,沿一平面曲线 L 由点 A 移动点 B. 计算质点在移动过程中变力 $\boldsymbol{F}(x,y)$ 所做的功(见图 9-4).

因为力 $\boldsymbol{F}(x,y)$ 不是常力,位移也不是常位移(即 $\widehat{AB}$ 不是有向直线段),所以不能直接用公式 $W=\boldsymbol{F}\cdot\overrightarrow{AB}$ 计算.

将曲线 $\widehat{AB}$ 用点 $M_1(x_1,y_1),M_2(x_2,y_2),\cdots,M_{n-1}(x_{n-1},y_{n-1})$ 把 $\widehat{AB}$ 分成 n 个小弧段,每个有向小弧段 $\widehat{M_{i-1}M_i}$ 可用有向线段 $\overrightarrow{M_{i-1}M_i}$ 近似代替,而

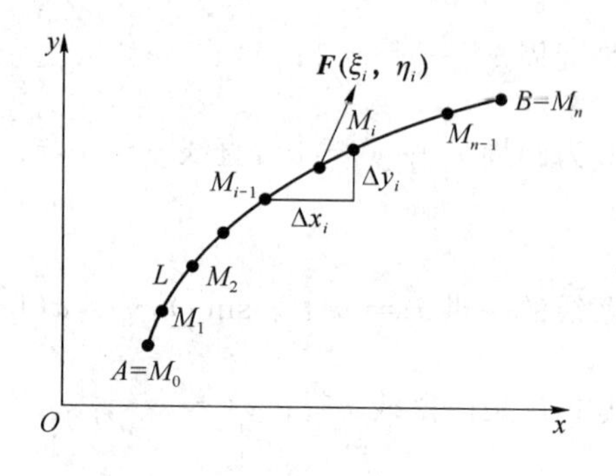

图 9-4

$$\overrightarrow{M_{i-1}M_i}=\Delta x_i\boldsymbol{i}+\Delta y_i\boldsymbol{j},$$

其中,$\Delta x_i=x_i-x_{i-1}$,$\Delta y_i=y_i-y_{i-1}$.

如果 $P(x,y)$ 和 $Q(x,y)$ 在 L 上连续,可以用$\overparen{M_{i-1}M_i}$上任意一点(ξ_i,η_i)处的力 $\boldsymbol{F}(\xi_i,\eta_i)=P(\xi_i,\eta_i)\boldsymbol{i}+Q(\xi_i,\eta_i)\boldsymbol{j}$ 近似代替这小弧段上各点处的力. 于是,变力 $\boldsymbol{F}(x,y)$ 沿$\overparen{M_{i-1}M_i}$所做的功为

$$\begin{aligned}\Delta W_i&\approx\boldsymbol{F}(\xi_i,\eta_i)\cdot\overrightarrow{M_{i-1}M_i}\\&=P(\xi_i,\eta_i)\Delta x_i+Q(\xi_i,\eta_i)\Delta y_i,\end{aligned}$$

总功为 $W=\sum\limits_{i=1}^{n}\Delta W_i\approx\sum\limits_{i=1}^{n}[P(\xi_i,\eta_i)\Delta x_i+Q(\xi_i,\eta_i)\Delta y_i]$.

令 λ 为 n 个小弧段的最大长度,当 $\lambda\to0$ 时,上述和式的极限自然可看作变力 $\boldsymbol{F}(x,y)$ 沿有向曲线弧 L 所做的功,即

$$W=\lim_{\lambda\to0}\sum_{i=1}^{n}[P(\xi_i,\eta_i)\Delta x_i+Q(\xi_i,\eta_i)\Delta y_i].$$

为了解决此类和式的极限问题,须引用下面的定义.

定义1 设L为平面上光滑有向曲线弧,其起点A,终点为B. 函数 $P(x,y)$ 和 $Q(x,y)$ 在 L 上有界,在 L 上沿 L 的方向依次任意插入分点 $M_1(x_1,y_1)$,$M_2(x_2,y_2)$,$\cdots$,$M_{n-1}(x_{n-1},y_{n-1})$,记起点 A 为 $M_0(x_0,y_0)$,终点 B 为 $M_n(x_n,y_n)$. 把 L 分成 n 个有向弧段$\overparen{M_{i-1}M_i}$$(i=1,2,\cdots,n)$. 在每个小弧段$\overparen{M_{i-1}M_i}$上任取一点$(\xi_i,\eta_i)$,作和式$\sum\limits_{i=1}^{n}P(\xi_i,\eta_i)\Delta x_i$ 及 $\sum\limits_{i=1}^{n}Q(\xi_i,\eta_i)\Delta y_i$(其中,$\Delta x_i=x_i-x_{i-1}$,$\Delta y_i=y_i-y_{i-1}$). 当这 n 个小弧段长度的最大值 $\lambda\to0$ 时,如果两和式的极限总存在,则称它们的极限分别为函数 $P(x,y)$ 沿 L 对坐标 x 及函数 $Q(x,y)$ 沿 L 对坐标 y 的曲线积分(或第二类曲线积分),记作$\int_L P(x,y)\mathrm{d}x$ 和$\int_L Q(x,y)\mathrm{d}y$,即

$$\int_L P(x,y)\mathrm{d}x=\lim_{\lambda\to0}\sum_{i=1}^{n}P(\xi_i,\eta_i)\Delta x_i,\quad\int_L Q(x,y)\mathrm{d}y=\lim_{\lambda\to0}\sum_{i=1}^{n}Q(\xi_i,\eta_i)\Delta y_i,$$

其中 $P(x,y)$,$Q(x,y)$称为被积函数,L 称为积分曲线弧.

根据这个定义,变力 $\boldsymbol{F}(x,y)=P(x,y)\boldsymbol{i}+Q(x,y)\boldsymbol{j}$,沿曲线 L 所做的功为

$$W=\int_L P(x,y)\mathrm{d}x+\int_L Q(x,y)\mathrm{d}y,$$

简写为

$$W=\int_L P(x,y)\mathrm{d}x+Q(x,y)\mathrm{d}y.$$

同样可以定义空间上的曲线积分为

$$\int_\Gamma P(x,y,z)\mathrm{d}x+Q(x,y,z)\mathrm{d}y+R(x,y,z)\mathrm{d}z,$$

这里,Γ 为空间有向曲线弧.

由定义可得对坐标曲线积分的性质:

(1) $\int_L P\mathrm{d}x+Q\mathrm{d}y=\int_{L_1} P\mathrm{d}x+Q\mathrm{d}y+\int_{L_2} P\mathrm{d}x+Q\mathrm{d}y$ (L 分成两段有向曲线 L_1 和 L_2,即 $L=L_1+L_2$);

(2) $\int_L P\mathrm{d}x+Q\mathrm{d}y=-\int_{L^-} P\mathrm{d}x+Q\mathrm{d}y$ (L^- 是 L 的反向曲线弧).

在性质(2)中,当积分曲线弧 L 的方向改变时,定义中的 Δx_i 及 Δy_i 都改变符号,而其他都不变,因此整个曲线积分变号. 计算此类积分时必须注意积分曲线弧的方向(对弧长的曲线积分不具备此性质).

二、对坐标的曲线积分的计算法

定理 1　设函数 $P(x,y)$ 和 $Q(x,y)$ 在有向曲线弧 L 上连续,L 的参数方程为

$$\begin{cases}x=\varphi(t),\\ y=\psi(t),\end{cases}$$

L 是光滑曲线弧(即 $\varphi(t)$ 和 $\psi(t)$ 具有一阶连续导数且 $\varphi'^2(t)+\psi'^2(x)\neq 0$),当参数 t 单调地由 α 变到 β 时,点 $M(x,y)$ 从 L 的起点 A 运动到终点 B,则曲线积分 $\int_L P(x,y)\mathrm{d}x+Q(x,y)\mathrm{d}y$ 存在,且

$$\int_L P(x,y)\mathrm{d}x+Q(x,y)\mathrm{d}y=\int_\alpha^\beta\{P[\varphi(t),\psi(t)]\varphi'(t)+Q[\varphi(t),\psi(t)]\psi'(t)\}\mathrm{d}t.$$

证　在 $\widehat{AB}$ 的点 A 和点 B 之间插入 $n-1$ 个分点 $M_1,M_2,\cdots,M_{n-1}$,把 $\widehat{AB}$ 分为 n 个弧段 $\widehat{M_{i-1}M_i}$ $(i=1,2,\cdots,n;M_0=A,M_n=B)$.

根据假设,必有一列单调变化的参数值 $\alpha=t_0,t_1,t_2,\cdots,t_{n-1},t_n=\beta$ 与点 $A,M_1,M_2,\cdots,M_{n-1},B$ 相对应,在每个小弧段 $\widehat{M_{i-1}M_i}$ 上任取一点 (ξ_i,η_i),同样有参数值 $t=\tau_i$ 与点 (ξ_i,η_i) 相对应,这里 τ_i 介于 t_{i-1} 与 t_i 之间. 由于 $\Delta x_i=\varphi(t_i)-\varphi(t_{i-1})$,应用微分中值定理,有

$$\Delta x_i=\varphi'(\tau_i^*)\Delta t_i,$$

其中 $\Delta t_i = t_i - t_{i-1}$，$\tau_i^*$ 介于 t_{i-1} 与 t_i 之间. 于是

$$\int_L P(x,y)\mathrm{d}x = \lim_{\lambda\to 0}\sum_{i=1}^{n} P(\xi_i,\eta_i)\Delta x_i$$

$$= \lim_{\lambda\to 0}\sum_{i=1}^{n} P[\varphi(\tau_i),\psi(\tau_i)]\varphi'(\tau_i^*)\Delta t_i.$$

因为 $\varphi'(t)$ 在 $[\alpha,\beta]$ (或 $[\beta,\alpha]$) 上连续(从而一致连续)，可以把上述和式中的 τ_i^* 换成 τ_i 而不影响其极限，所以

$$\int_L P(x,y)\mathrm{d}x = \lim_{\lambda\to 0}\sum_{i=1}^{n} P[\varphi(\tau_i),\psi(\tau_i)]\varphi'(\tau_i)\Delta x_i,$$

其中 λ 为 $\widehat{M_{i-1}M_i}\,(i=1,2,\cdots,n)$ 弧长的最大值，令 $\mu=\max\limits_{1\leqslant i\leqslant n}\{|\Delta t_i|\}$，当 $\lambda\to 0$ 时，有 $\mu\to 0$，于是

$$\int_L P(x,y)\mathrm{d}x = \lim_{\mu\to 0}\sum_{i=1}^{n} P[\varphi(\tau_i),\psi(\tau_i)]\varphi'(\tau_i)\Delta x_i = \int_\alpha^\beta P[\varphi(t_i),\psi(t_i)]\varphi'(t)\mathrm{d}t, \tag{1}$$

同理可证

$$\int_L Q(x,y)\mathrm{d}y = \int_\alpha^\beta Q[\varphi(t),\psi(t)]\psi'(t)\mathrm{d}t, \tag{2}$$

把式(1)、式(2)相加，得到

$$\int_L P(x,y)\mathrm{d}x + Q(x,y)\mathrm{d}y = \int_\alpha^\beta \{P[\varphi(t),\psi(t)]\varphi'(t) + Q[\varphi(t),\psi(t)]\psi'(t)\}\mathrm{d}t. \tag{3}$$

注意 式(3)中下限 α 对应 L 的起点 A，上限 β 对应 L 的终点 B，α 不一定小于 β.

如果积分曲线弧 L 由方程 $y=\varphi(x)$ 或 $x=\psi(y)$ 给出，则式(3)可写为

$$\int_L P(x,y)\mathrm{d}x + Q(x,y)\mathrm{d}y = \int_a^b \{P[x,\varphi(x)] + Q[x,\varphi(x)]\varphi'(x)\}\mathrm{d}x,$$

其中下限 a 对应 L 的起点，上限 b 对应 L 的终点，或

$$\int_L P(x,y)\mathrm{d}x + Q(x,y)\mathrm{d}y = \int_c^d \{P[\psi(y),y]\psi'(y) + Q[\psi(y),y]\}\mathrm{d}y,$$

其中下限 c 对应 L 的起点，上限 d 对应 L 的终点.

如果积分曲线弧 Γ 为空间曲线，它的参数方程为

$$\begin{cases} x=\varphi(t), \\ y=\psi(t), \\ z=\omega(t), \end{cases}$$

则有

$$\int_\Gamma P(x,y,z)\mathrm{d}x + Q(x,y,z)\mathrm{d}y + R(x,y,z)\mathrm{d}z$$

$$= \int_\alpha^\beta \{P[\varphi(t),\psi(t),\omega(t)]\varphi'(t) + Q[\varphi(t),\psi(t),\omega(t)]\psi'(t) +$$

$$R[\varphi(t),\psi(t),\omega(t)]\omega'(t)\}\mathrm{d}t,$$

其中下限 α 对应 Γ 的起点，上限 β 对应 Γ 的终点.

注意　此处并不要求 $\alpha<\beta$.

例 1　计算曲线积分 $\int_L 2xy\,dx-(3x+y)\,dy$，$L$ 的起点为 $O(0,0)$，终点为 $A(1,1)$，其路径分别为

(1) 抛物线 $y=x^2$；　(2) 抛物线 $x=y^2$；

(3) 折线 OBA（见图 9-5）.

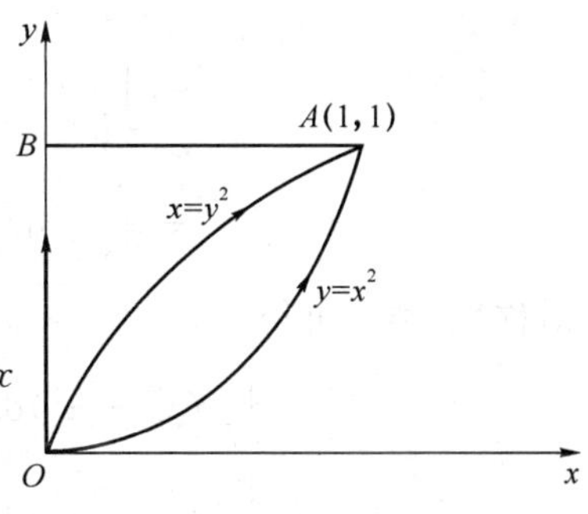

图 9-5

解　(1) L 的方程为 $y=x^2$，x 从 0 变到 1，$dy=2x\,dx$，则

$$\int_L 2xy\,dx-(3x+y)\,dy=\int_0^1[2xx^2-(3x+x^2)\times 2x]\,dx$$
$$=-\int_0^1 6x^2\,dx=-2.$$

(2) L 的方程为 $x=y^2$，y 从 0 变到 1，$dx=2y\,dy$，则

$$\int_L 2xy\,dx-(3x+y)\,dy=\int_0^1[2y^2y\times 2y-(3y^2+y)]\,dy$$
$$=\frac{4}{5}-1-\frac{1}{2}=-\frac{7}{10}.$$

(3) $\int_L 2xy\,dx-(3x+y)\,dy=\int_{OB}2xy\,dx-(3x+y)\,dy+\int_{BA}2xy\,dx-(3x+y)\,dy$，

在 OB 上，$x=0$，y 从 0 变到 1，则

$$\int_{OB}2xy\,dx-(3x+y)\,dy=\int_0^1[2\times 0\times y\times 0-(3\times 0+y)]\,dy=-\frac{1}{2},$$

在 BA 上，$y=1$，x 从 0 变到 1，则

$$\int_{BA}2xy\,dx-(3x+y)\,dy=\int_0^1[2x\times 1-(3x+1)\times 0]\,dx=1,$$

所以

$$\int_L 2xy\,dx-(3x+y)\,dy=-\frac{1}{2}+1=\frac{1}{2}.$$

由以上计算可知：积分路径的起点和终点虽然相同，但路径不同，所得曲线积分的值并不相同.

例 2　计算 $\int_\Gamma (y^2-z^2)\,dx+(z^2-x^2)\,dy+(x^2-y^2)\,dz$，其中 Γ 为球面 $x^2+y^2+z^2=1$ 在第一卦限部分的边界，当在第一卦限内从球面外面看时为顺时针方向（见图 9-6）.

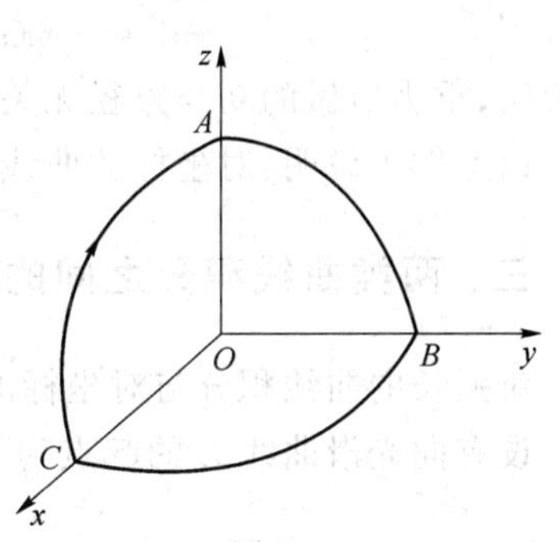

图 9-6

解　曲线 Γ 由圆弧段 $\overset{\frown}{AB}$、$\overset{\frown}{BC}$ 和 $\overset{\frown}{CA}$ 组成，沿 Γ 的

曲线积分是沿这些圆弧段的曲线积分之和.

圆弧段$\widehat{AB}$的参数方程为$x=0,y=\cos t,z=\sin t$,参数t从$\frac{\pi}{2}$变到0.所以

$$\begin{aligned}&\int_{\widehat{AB}}(y^2-z^2)\mathrm{d}x+(z^2-x^2)\mathrm{d}y+(x^2-y^2)\mathrm{d}z\\=&\int_{\frac{\pi}{2}}^{0}[0+\sin^2 t(-\sin t)+(-\cos^2 t)\cos t]\mathrm{d}t\\=&\int_0^{\frac{\pi}{2}}(\sin^3 t+\cos^3 t)\mathrm{d}t=\frac{2}{3}\times1+\frac{2}{3}\times1=\frac{4}{3},\end{aligned}$$

由对称性,类似可得

$$\int_{\widehat{BC}}(y^2-z^2)\mathrm{d}x+(z^2-x^2)\mathrm{d}y+(x^2-y^2)\mathrm{d}z=\frac{4}{3},$$

$$\int_{\widehat{CA}}(y^2-z^2)\mathrm{d}x+(z^2-x^2)\mathrm{d}y+(x^2-y^2)\mathrm{d}z=\frac{4}{3},$$

因此,

$$\int_{\Gamma}(y^2-z^2)\mathrm{d}x+(z^2-x^2)\mathrm{d}y+(x^2-y^2)\mathrm{d}z=\frac{4}{3}+\frac{4}{3}+\frac{4}{3}=4.$$

例3 求空间中一质量为m的物体沿一光滑曲线Γ从A点移动到B点时(见图9-7)重力所做的功.

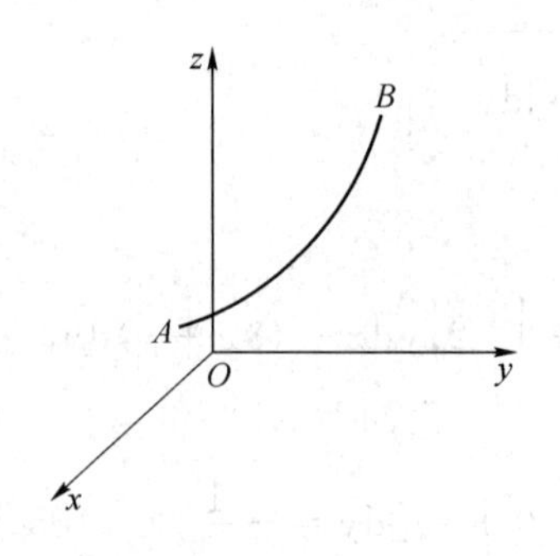

图 9-7

解 作直角坐标系(见图9-7),在这个坐标下,设A的坐标为(x_1,y_1,z_1),B的坐标为(x_2,y_2,z_2).

设曲线Γ的方程为

$$x=\varphi(t),y=\psi(t),z=\omega(t),t\in[\alpha,\beta](\text{或}[\beta,\alpha]),$$

点A对应$t=\alpha$,点B对应$t=\beta$,即

$$(x_1,y_1,z_1)=(\varphi(\alpha),\psi(\alpha),\omega(\alpha)),(x_2,y_2,z_2)=(\varphi(\beta),\psi(\beta),\omega(\beta)).$$

显然,重力为常力,$\boldsymbol{F}=-mG\boldsymbol{k}$,这里$G$为重力加速度,则重力所做的功为

$$\begin{aligned}W&=\int_{\Gamma}(-mG)\mathrm{d}z=-mG\int_{\Gamma}\mathrm{d}z=-mG\int_{\alpha}^{\beta}w'(t)\mathrm{d}t\\&=-mG[w(\beta)-w(\alpha)]=mG(z_1-z_2),\end{aligned}$$

这说明,重力所做的功与路径无关,它仅取决于物体下降(或上升)的距离.

以上例子说明:对坐标的曲线积分既可能与路径有关,也可能与路径无关.

三、两类曲线积分之间的联系

对弧长的曲线积分与对坐标的曲线积分都是沿曲线的积分,两者之间有着密切的关系.设有向光滑曲线L的起点为A,终点为B,L的参数方程为

$$\begin{cases} x=\varphi(t), \\ y=\psi(t), \end{cases}$$

L 的起点 A 和终点 B 分别对应参数 a 和 b.

根据对坐标的曲线积分的计算公式，有

$$\int_L P(x,y)\,\mathrm{d}x + Q(x,y)\,\mathrm{d}y = \int_a^b \{P[\varphi(t),\psi(t)]\varphi'(t) + Q[\varphi(t),\psi(t)]\psi'(t)\}\,\mathrm{d}t.$$

另外，曲线弧 L 在点 $M(\varphi(t),\psi(t))$ 处的一个切向量为 $\boldsymbol{\tau}=\varphi'(t)\boldsymbol{i}+\psi'(t)\boldsymbol{j}$，它的指向与有向曲线弧 L 的走向一致，当 $a<b$ 时，这个指向就是参数 t 增大时点 M 移动的走向，切向量 $\boldsymbol{\tau}$ 的方向余弦为

$$\cos\alpha=\frac{\varphi'(t)}{\sqrt{\varphi'^2(t)+\psi'^2(t)}},\quad \cos\beta=\frac{\psi'(t)}{\sqrt{\varphi'^2(t)+\psi'^2(t)}},$$

于是，对弧长的曲线积分为

$$\begin{aligned}
&\int_L [P(x,y)\cos\alpha + Q(x,y)\cos\beta]\,\mathrm{d}s \\
&= \int_a^b \left\{P[\varphi(t),\psi(t)]\frac{\varphi'(t)}{\sqrt{\varphi'^2(t)+\psi'^2(t)}} + Q[\varphi(t),\psi(t)]\frac{\psi'(t)}{\sqrt{\varphi'^2(t)+\psi'^2(t)}}\right\}\sqrt{\varphi'^2(t)+\psi'^2(t)}\,\mathrm{d}t \\
&= \int_a^b \{P[\varphi(t),\psi(t)]\varphi'(t) + Q[\varphi(t),\psi(t)]\psi'(t)\}\,\mathrm{d}t,
\end{aligned} \tag{4}$$

式(4)假定 $a<b$(若 $a>b$，在 L 的参数方程中，可令 $t=-u$，A 和 B 对应 $u=-a$ 和 $u=-b$，有$(-a)<(-b)$，再以 u 为参数进行讨论).

由此可见，平面光滑曲线弧 L 上的两类曲线积分之间有如下关系：

$$\int_L P\,\mathrm{d}x + Q\,\mathrm{d}y = \int_L (P\cos\alpha + Q\cos\beta)\,\mathrm{d}s,$$

其中 α 和 β 为有向曲线弧 L 在点(x,y)处的切向量的方向角.

同样，空间曲线弧 Γ 上的两类曲线积分之间有如下联系：

$$\int_\Gamma P\,\mathrm{d}x + Q\,\mathrm{d}y + R\,\mathrm{d}z = \int_\Gamma (P\cos\alpha + Q\cos\beta + R\cos\gamma)\,\mathrm{d}s,$$

其中 α,β 和 γ 为有向曲线弧 Γ 在点(x,y,z)处的切向量的方向角.

两类曲线积分之间的联系公式也可用向量形式表示. 例如，空间曲线弧 Γ 的两类曲线积分之间的联系可表示为

$$\int_\Gamma \mathbf{A}\cdot\mathrm{d}\boldsymbol{\gamma} = \int_\Gamma \mathbf{A}\cdot\boldsymbol{\tau}\,\mathrm{d}s,$$

其中 $\mathbf{A}=\{P,Q,R\}$，$\boldsymbol{\tau}=\{\cos\alpha,\cos\beta,\cos\gamma\}$，$\mathrm{d}\boldsymbol{\gamma}=\{\mathrm{d}x,\mathrm{d}y,\mathrm{d}z\}=\boldsymbol{\tau}\mathrm{d}s$ 称为有向曲线元.

习题 9-2

1. 计算下列对坐标的曲线积分：

(1) $\int_L xy\,dx + (y-x)\,dy$, L 为曲线 $y = x^3$ 上从 $(0,0)$ 到 $(1,1)$ 的一段弧；

(2) $\int_L y^2\,dx + x^2\,dy$, L 为椭圆 $\frac{x^2}{a^2} + \frac{y^2}{b^2} = 1$ 从左到右的上半部分；

(3) $\oint_L xy\,dx$, L 为圆周 $(x-a)^2 + y^2 = a^2\ (a > 0)$ 及 x 轴所围成的在第一象限内区域的整个边界(按逆时针方向绕行)；

(4) $\oint_L \frac{(x+y)\,dx - (x-y)\,dy}{x^2+y^2}$, 其中 L 为圆周 $x^2 + y^2 = a^2$(按逆时针绕行)；

(5) $\int_L (x^2+y^2)\,dx + (x^2-y^2)\,dy$, L 为曲线 $y = 1 - |1-x|$ 上从 $(0,0)$ 到 $(2,0)$ 的折线段；

(6) $\int_\Gamma x\,dx + y\,dy + (x+y-1)\,dz$, Γ 是从点 $(1,1,1)$ 到点 $(2,3,4)$ 的直线段；

(7) $\int_\Gamma (y-z)\,dx + (z-x)\,dy + (x-y)\,dz$, Γ 为圆周 $\begin{cases} x^2+y^2=1 \\ z=1 \end{cases}$ 沿逆时针方向；

(8) $\oint_\Gamma y^2\,dx + z^2\,dy + x^2\,dz$, Γ 为曲线 $\begin{cases} x^2+y^2+z^2=R^2 \\ x^2+y^2=Rx \end{cases}$ $(R > 0, z \geqslant 0)$ 从 x 轴的正向观察为逆时针方向.

2. 有一平面力场 $\boldsymbol{F}(x,y)$，其力的方向为 y 轴的负方向，力的大小为作用点的横坐标的平方，求沿抛物线 $1-x=y^2$ 从 $(1,0)$ 到 $(0,1)$ 时力场所做的功.

3. 设质点受力 $\boldsymbol{F}(x,y)$ 作用，力的方向指向原点，大小为质点到原点的距离，计算：

(1) 当质点沿椭圆 $x = a\cos t, y = b\sin t$ 在第一象限中的弧段从 $(a,0)$ 到 $(0,b)$ 时，力 $\boldsymbol{F}(x,y)$ 所做的功；

(2) 当质点沿椭圆逆时针方向运动一周时，力 $\boldsymbol{F}(x,y)$ 所做的功.

4. 把对坐标的曲线积分 $\int_L P(x,y)\,dx + Q(x,y)\,dy$ 化为对弧长的曲线积分，其中 L 为沿上半圆周 $x^2 + y^2 = 2x$ 从点 $(0,0)$ 到点 $(1,1)$ 的一段弧.

5. 把空间对坐标的曲线积分 $\int_\Gamma P\,dx + Q\,dy + R\,dz$ 化为对弧长的曲线积分，其中 Γ 为曲线

$x=t,y=t^2,z=t^3$ 上相应于 t 从 0 变到 1 的曲线弧.

6. 在变力 $\boldsymbol{F}(x,y,z)=yz\boldsymbol{i}+zx\boldsymbol{j}+xy\boldsymbol{k}$ 的作用下，质点从原点沿直线运动到椭球面 $\frac{x^2}{a^2}+\frac{y^2}{b^2}+\frac{z^2}{c^2}=1$ 上第一卦限的点 $M(\xi,\eta,\zeta)$，向 ξ,η 和 ζ 取何值时，$\boldsymbol{F}$ 所做的功 W 最大，并求出 W 的最大值.

第三节　格林公式及其应用

一、格林公式

首先介绍平面单连通区域的概念. 设 D 为平面区域，如果 D 内的任何一条闭曲线都可以不经过 D 以外的点而连续地收缩成一点，则称此区域 D 为单连通区域，否则称为复连通区域. 例如，单位圆盘 $\{(x,y)\mid x^2+y^2<1\}$ 和半平面 $\{(x,y)\mid y>0,x\in\mathbf{R}\}$ 都是单连通区域，而圆环形区域 $\{(x,y)\mid 1<x^2+y^2<4\}$ 和 $\{(x,y)\mid 0<x^2+y^2<1\}$ 都是复连通区域. 通俗地说，平面单连通区域之中不含有“洞”(或点“洞”)，而复连通区域之中会有“洞”(或点“洞”).

对于平面区域 D，给它的边界 L 规定一个正向：如果一个人沿 L 的这个方向行走时，D 总是在他左边. 例如，区域 D 是边界 L 与 l 所围成的复连通区域(见图 9-8)，作为 D 的正向边界，外边界 L 的正向是逆时针方向，而内边界 l 的正向是顺时针方向.

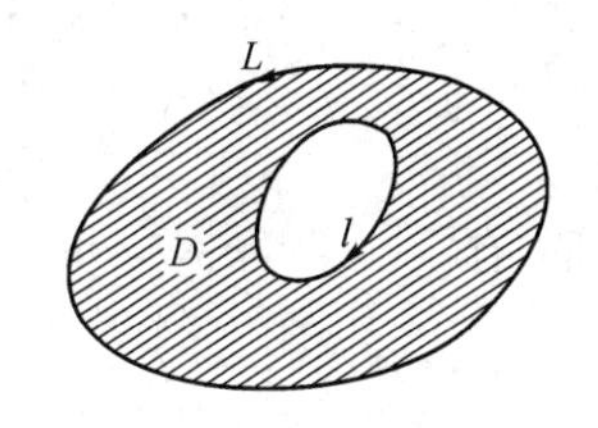

图 9-8

下面的格林(Green)公式说明了平面闭区域上的二重积分与沿其边界曲线的曲线积分之间的联系.

定理 1　设区域 D 是以分段光滑曲线 L 为边界的单连通区域，函数 $P(x,y)$ 和 $Q(x,y)$ 在 D 及 L 上具有连续偏导数，那么

$$\iint\limits_D\left(\frac{\partial Q}{\partial x}-\frac{\partial P}{\partial y}\right)\mathrm{d}x\mathrm{d}y=\oint_L P\,\mathrm{d}x+Q\mathrm{d}y,$$

其中 L 取正向.

证　首先考虑最简单的情形. 假设穿过区域 D 且平行于坐标轴的直线与 D 的边界曲线 L 的交点至多两个(见图 9-9)，即区域 D 既是 X-型，又是 Y-型区域.

D 可同时表示为两种形式，即

$$\begin{aligned}D&=\{(x,y)\mid\varphi_1(x)\leqslant y\leqslant\varphi_2(x),a\leqslant x\leqslant b\}\\&=\{(x,y)\mid\psi_1(y)\leqslant x\leqslant\psi_2(y),c\leqslant y\leqslant d\}.\end{aligned}$$

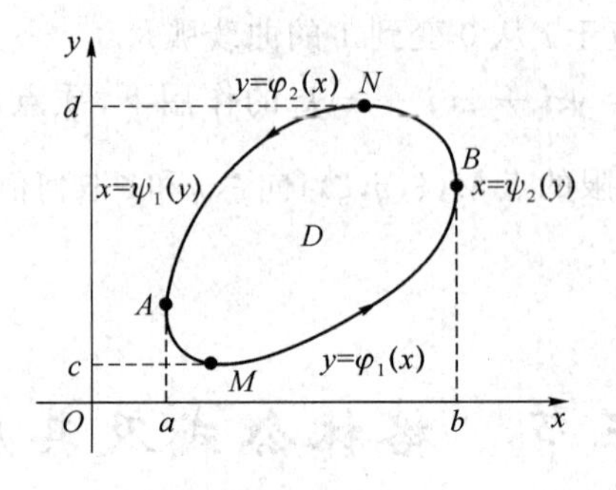

图 9-9

因为$\frac{\partial P}{\partial y}$连续,所以

$$\iint_D \frac{\partial P}{\partial y}\mathrm{d}x\mathrm{d}y=\int_a^b \mathrm{d}x\int_{\varphi_1(x)}^{\varphi_2(x)}\frac{\partial P}{\partial y}\mathrm{d}y=\int_a^b[P(x,\varphi_2(x))-P(x,\varphi_1(x))]\mathrm{d}x.$$

另外,由对坐标的曲线积分的性质及计算法有

$$\begin{aligned}\oint_L P\,\mathrm{d}x&=\int_{\widehat{AMB}}P\,\mathrm{d}x+\int_{\widehat{BNA}}P\,\mathrm{d}x\\&=\int_a^b P(x,\varphi_1(x))\mathrm{d}x+\int_b^a P(x,\varphi_2(x))\mathrm{d}x\\&=\int_a^b[P(x,\varphi_1(x))-P(x,\varphi_2(x))]\mathrm{d}x,\end{aligned}$$

于是,有

$$-\iint_D \frac{\partial P}{\partial y}\mathrm{d}x\mathrm{d}y=\oint_L P\,\mathrm{d}x, \tag{1}$$

类似可得

$$\iint_D \frac{\partial Q}{\partial x}\mathrm{d}x\mathrm{d}y=\int_c^d \mathrm{d}y\int_{\psi_1(y)}^{\psi_2(y)}\frac{\partial Q}{\partial x}\mathrm{d}x=\oint_L Q(x,y)\mathrm{d}y, \tag{2}$$

式(1)、式(2)合并得

$$\iint_D\left(\frac{\partial Q}{\partial x}-\frac{\partial P}{\partial y}\right)\mathrm{d}x\mathrm{d}y=\oint_L P\,\mathrm{d}x+Q\mathrm{d}y.$$

再考虑一般情形,如果 D 不是 X-型或 Y-型区域,在这种区域上,平行于坐标轴的直线与 D 的边界的交点可能多于两个,那么可以在 D 内引进一条或几条辅助曲线把 D 分成若干个区域,使得每个区域既是 X-型,又是 Y-型区域. 例如,设 D 如图 9-10 所示,其边界曲线为 L,作一条辅助线,将 D 分为三个区域 D_1,D_2 及 D_3,它们的边界曲线分别记成 L_1,L_2 及 L_3. 在每部分区域上,应用前面已证的公式,有

$$\iint_{D_1}\left(\frac{\partial Q}{\partial x}-\frac{\partial P}{\partial y}\right)\mathrm{d}x\mathrm{d}y=\oint_{L_1}P\mathrm{d}x+Q\mathrm{d}y, \tag{3}$$

$$\iint_{D_2}\left(\frac{\partial Q}{\partial x}-\frac{\partial P}{\partial y}\right)\mathrm{d}x\mathrm{d}y=\oint_{L_2}P\mathrm{d}x+Q\mathrm{d}y, \tag{4}$$

$$\iint_{D_3}\left(\frac{\partial Q}{\partial x}-\frac{\partial P}{\partial y}\right)\mathrm{d}x\mathrm{d}y=\oint_{L_3}P\mathrm{d}x+Q\mathrm{d}y. \tag{5}$$

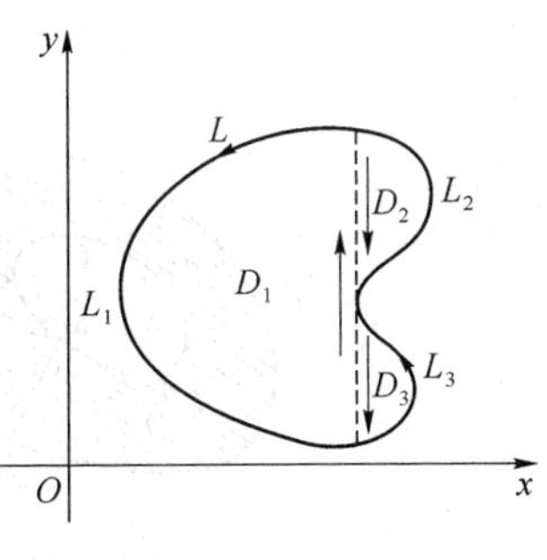

图 9-10

将式(3)、式(4)、式(5)相加，左端为 D 上的二重积分，而右端三个曲线积分在辅助线上的部分抵消，于是可得

$$\iint_{D}\left(\frac{\partial Q}{\partial x}-\frac{\partial P}{\partial y}\right)\mathrm{d}x\mathrm{d}y=\oint_{L}P\mathrm{d}x+Q\mathrm{d}y,$$

其中 L 的方向为正向.

这样便证明了格林公式中 D 为单连通区域时定理 1 成立.

格林公式还可以推广到有限个“洞”的复连通区域. 以只有一个“洞”的复连通区域为例(见图 9-11)，用一条光滑曲线$\widehat{MN}$把区域 D 的外边界曲线 L 和内边界曲线 l 连接起来，那么以曲线 L 和 l 及$\widehat{MN}$为边界的区域就成了一个单连通区域，利用上面已证的格林公式，有

$$\begin{aligned}\iint_{D}\left(\frac{\partial Q}{\partial x}-\frac{\partial P}{\partial y}\right)\mathrm{d}x\mathrm{d}y&=\left(\int_{L}+\int_{\widehat{NM}}+\int_{l}+\int_{\widehat{MN}}\right)P\mathrm{d}x+Q\mathrm{d}y\\&=\oint_{L}P\mathrm{d}x+Q\mathrm{d}y+\oint_{l}P\mathrm{d}x+Q\mathrm{d}y,\end{aligned}$$

其中 L 为逆时针方向，l 为顺时针方向，它们均为 D 的正向边界.

在格林公式中，令 $P=-y,Q=x$，则得到一个计算区域 D 面积 A 的公式：

$$A=\iint_{D}\mathrm{d}x\mathrm{d}y=\frac{1}{2}\oint_{L}x\mathrm{d}y-y\mathrm{d}x.$$

格林公式还有另一种常用的表示形式. 设区域 D 的正向边界曲线 L 上的单位切向量为 $\boldsymbol{\tau}$，单位外法向量为 $\boldsymbol{n}$(见图 9-12)，那么

$$\cos(\widehat{\boldsymbol{n},y})=-\cos(\widehat{\boldsymbol{\tau},x}),\cos(\widehat{\boldsymbol{n},x})=\sin(\widehat{\boldsymbol{\tau},x}),$$

于是，有

$$\begin{aligned}\iint_{D}\left(\frac{\partial F}{\partial x}+\frac{\partial G}{\partial y}\right)\mathrm{d}x\mathrm{d}y&=\oint_{L}F\mathrm{d}y-G\mathrm{d}x=\oint_{L}[F\sin(\widehat{\boldsymbol{\tau},x})-G\cos(\widehat{\boldsymbol{\tau},x})]\mathrm{d}s\\&=\oint_{L}[F\cos(\widehat{\boldsymbol{n},x})+G\cos(\widehat{\boldsymbol{n},y})]\mathrm{d}s,\end{aligned}$$

这种形式便于记忆和推广.

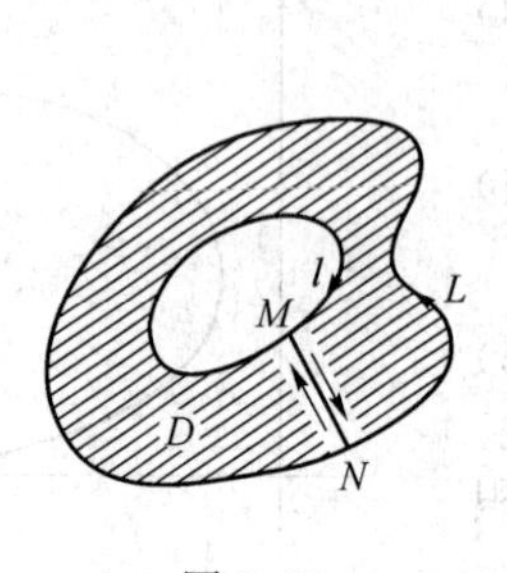

图 9-11

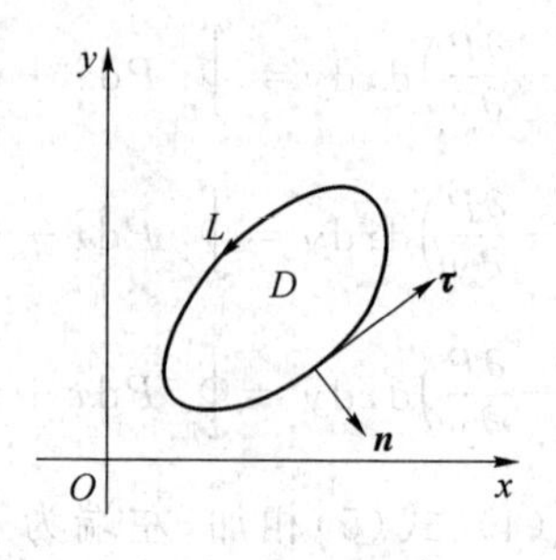

图 9-12

例 1 计算椭圆$\dfrac{x^2}{a^2}+\dfrac{y^2}{b^2}=1(a,b>0)$所围图形的面积.

解 椭圆的参数方程为

$$x=a\cos\theta,\ y=b\sin\theta,\ 0\leqslant\theta\leqslant 2\pi,$$

设椭圆的正向边界为 L,则椭圆面积为

$$A=\frac{1}{2}\oint_L x\,\mathrm{d}y-y\,\mathrm{d}x=\frac{1}{2}\int_0^{2\pi}(ab\cos^2\theta+ab\sin^2\theta)\mathrm{d}\theta$$

$$=\frac{1}{2}ab\int_0^{2\pi}\mathrm{d}\theta=\pi ab.$$

例 2 计算$\oint_L \sqrt{x^2+y^2}\,\mathrm{d}x+y\left[xy+\ln(x+\sqrt{x^2+y^2})\right]\mathrm{d}y$,其 L 为曲线 $y=\sin(x-1)$ $(1\leqslant x\leqslant\pi+1)$ 与 x 轴所围区域 D 的边界,方向为逆时针方向.

解 $P=\sqrt{x^2+y^2}$,$Q=y\left[xy+\ln(x+\sqrt{x^2+y^2})\right]$,则

$$\frac{\partial P}{\partial y}=\frac{y}{\sqrt{x^2+y^2}},\quad \frac{\partial Q}{\partial x}=y^2+\frac{y}{\sqrt{x^2+y^2}},$$

由格林公式得

$$\oint_L \sqrt{x^2+y^2}\,\mathrm{d}x+y\left[xy+\ln\left(x+\sqrt{x^2+y^2}\right)\right]\mathrm{d}y=\iint_D\left(\frac{\partial Q}{\partial x}-\frac{\partial P}{\partial y}\right)\mathrm{d}x\mathrm{d}y$$

$$=\iint_D y^2\,\mathrm{d}x\mathrm{d}y=\int_1^{\pi+1}\mathrm{d}x\int_0^{\sin(x-1)}y^2\,\mathrm{d}y=\frac{1}{3}\int_0^{\pi}\sin^3 x\,\mathrm{d}x=\frac{4}{9}.$$

例 3 求 $I=\int_l(x^3-\mathrm{e}^x\cos y)\mathrm{d}x+(\mathrm{e}^x\sin y+4x)\mathrm{d}y$,其中 l 是由 $A(0,2)$ 沿右半圆周到 $O(0,0)$ 的路径(见图 9-13).

解 作辅助线段 OA(图 9-13),使之成为闭曲线,记为 L,于是

$$I=\left(\oint_L-\int_{OA}\right)(x^3-\mathrm{e}^x\cos y)\mathrm{d}x+(\mathrm{e}^x\sin y+4x)\mathrm{d}y$$

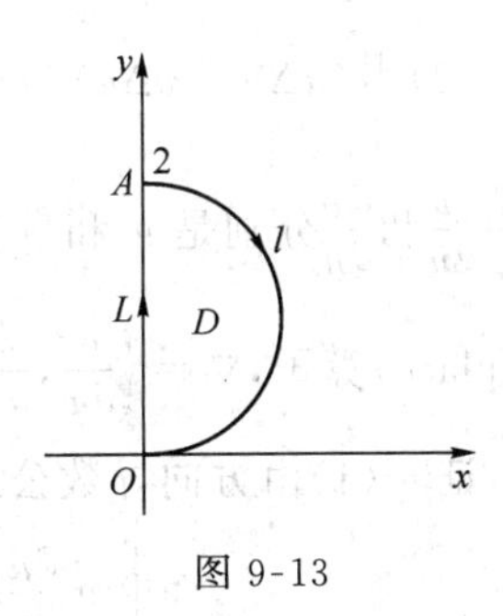

图 9-13

$$\begin{aligned}&\oint_L(x^3-\mathrm{e}^x\cos y)\mathrm{d}x+(\mathrm{e}^x\sin y+4x)\mathrm{d}y\\&=-\iint_D[(\mathrm{e}^x\sin y+4)-\mathrm{e}^x\sin y]\mathrm{d}x\mathrm{d}y\\&=-4\iint_D\mathrm{d}x\mathrm{d}y=-4\times\frac{\pi}{2}=-2\pi,\end{aligned}$$

这里 L 不是正向,应用格林公式时要注意.

$$\begin{aligned}&\int_{OA}(x^3-\mathrm{e}^x\cos y)\mathrm{d}x+(\mathrm{e}^x\sin y+4x)\mathrm{d}y\\&=\int_0^2[0+(\mathrm{e}^0\sin y+0)]\mathrm{d}y=\int_0^2\sin y\mathrm{d}y\\&=1-\cos 2,\end{aligned}$$

于是,所求曲线积分 $I=-2\pi-(1-\cos 2)=-2\pi+\cos 2-1$.

例 4　计算二重积分 $I=\iint\limits_D y^2\mathrm{d}x\mathrm{d}y$,其中 D 是由 x 轴和摆线的一拱 $x=a(t-\sin t)$, $y=a(1-\cos t)(0\leqslant t\leqslant 2\pi,a>0)$ 所围的区域.

解　设 L 为区域 D 的边界曲线,取正向;l 为 L 的摆线部分曲线弧.

令 $P=0,Q=xy^2$,由格林公式知

$$\begin{aligned}I&=\iint_D y^2\mathrm{d}x\mathrm{d}y=\oint_L P\mathrm{d}x+Q\mathrm{d}y=\oint_L xy^2\mathrm{d}y\\&=0+\int_l xy^2\mathrm{d}y\\&=\int_{2\pi}^0 a(t-\sin t)[a(1-\cos t)]^2 a\sin t\mathrm{d}t\\&=-a^4\int_0^{2\pi}(t\sin t-2t\sin t\cos t+t\sin t\cos^2 t-\sin^2 t+\\&\quad 2\sin^2 t\cos t-\sin^2 t\cos^2 t)\mathrm{d}t\\&=-a^4\left(-2\pi+\pi-\frac{2\pi}{3}-\pi+0-\frac{\pi}{4}\right)=\frac{35}{12}\pi a^4,\end{aligned}$$

本题的二重积分也可化为二次积分计算,请读者自行计算.

例 5　设 $u(x,y)$ 和 $v(x,y)$ 在闭区域 D 上具有二阶连续偏导数,D 的边界曲线分段光滑,证明:

(1) $\iint\limits_D v\Delta u\mathrm{d}x\mathrm{d}y=\oint_L v\dfrac{\partial u}{\partial n}\mathrm{d}s-\iint\limits_D\nabla u\cdot\nabla v\mathrm{d}x\mathrm{d}y$　(称为格林第一公式);

(2) $\iint\limits_D (u\Delta v - v\Delta u)\mathrm{d}x\mathrm{d}y = \oint_L \left(u\dfrac{\partial u}{\partial n}\mathrm{d}s - v\dfrac{\partial v}{\partial n}\right)\mathrm{d}s$ (称为格林第二公式),

其中$\dfrac{\partial u}{\partial n}$和$\dfrac{\partial v}{\partial n}$分别是 u 和 v 沿 L 的外法线向量 $\boldsymbol{n}$ 的方向导数,$\Delta = \dfrac{\partial^2}{\partial x^2} + \dfrac{\partial^2}{\partial y^2}$称为拉普拉斯(Laplace)算子,$\nabla = \left\{\dfrac{\partial}{\partial x}, \dfrac{\partial}{\partial y}\right\}$称为梯度算子.

证 (1)由方向导数公式及格林公式知

$$\begin{aligned}
\oint_L v\frac{\partial u}{\partial n}\mathrm{d}s &= \oint_L \left[v\frac{\partial u}{\partial x}\cos(\widehat{\boldsymbol{n},x}) + v\frac{\partial u}{\partial y}\cos(\widehat{\boldsymbol{n},y})\right]\mathrm{d}s \\
&= \iint\limits_D \left[\frac{\partial}{\partial x}\left(v\frac{\partial u}{\partial x}\right) + \frac{\partial}{\partial y}\left(v\frac{\partial u}{\partial y}\right)\right]\mathrm{d}x\mathrm{d}y \\
&= \iint\limits_D \left[\left(\frac{\partial u}{\partial x}\frac{\partial v}{\partial x} + \frac{\partial u}{\partial y}\frac{\partial v}{\partial y}\right) + v\left(\frac{\partial^2 u}{\partial x^2} + \frac{\partial^2 u}{\partial y^2}\right)\right]\mathrm{d}x\mathrm{d}y \\
&= \iint\limits_D \nabla u \cdot \nabla v\mathrm{d}x\mathrm{d}y + \iint\limits_D v\Delta u\mathrm{d}x\mathrm{d}y,
\end{aligned}$$

所以

$$\iint\limits_D v\Delta u\mathrm{d}x\mathrm{d}y = \oint_L v\frac{\partial u}{\partial n}\mathrm{d}s - \iint\limits_D \nabla u \cdot \nabla v\mathrm{d}x\mathrm{d}y.$$

(2) 对调(1)中 u 和 v,有

$$\iint\limits_D u\Delta v\mathrm{d}x\mathrm{d}y = \oint_L u\frac{\partial v}{\partial n}\mathrm{d}s - \iint\limits_D \nabla u \cdot \nabla v\mathrm{d}x\mathrm{d}y,$$

与式(1)相减,于是有

$$\iint\limits_D (u\Delta v - v\Delta u)\mathrm{d}x\mathrm{d}y = \oint_L \left(u\frac{\partial v}{\partial \boldsymbol{n}} - v\frac{\partial u}{\partial \boldsymbol{n}}\right)\mathrm{d}s.$$

二、平面曲线积分与路径无关的条件

对坐标曲线积分的积分值不仅与积分曲线弧的起点和终点有关,而且还会随路径的不同而不同;也有一些曲线积分的值,如重力所做的功,可以仅与起点和终点有关而与路径无关.下面探讨曲线积分与路径无关的条件.

定义1 设 D 为平面区域,函数 $P(x,y)$ 和 $Q(x,y)$ 在 D 上连续.如果对于 D 内任意两点 A 和 B,曲线积分

$$\int_L P\mathrm{d}x + Q\mathrm{d}y$$

的积分值只与 A 和 B 两点有关,而与从 A 到 B 的路径 L 无关,则称曲线积分$\int_L P\mathrm{d}x + Q\mathrm{d}y$在

D 内与路径无关,否则称为与路径有关.

曲线积分与路径无关问题归结为以下定理.

定理 2　设 D 为平面上的单连通区域,$P(x,y)$ 及 $Q(x,y)$ 在 D 上具有连续偏导数,则以下命题相互等价:

(1) 对于 D 内任一条闭曲线 L,曲线积分 $\oint_L P\,dx + Q\,dy = 0$;

(2) 曲线积分 $\int_L P\,dx + Q\,dy$ 在 D 内与路径无关;

(3) $P(x,y)dx+Q(x,y)dy$ 在 D 内是某函数 $U(x,y)$ 的全微分,即 $dU=Pdx+Qdy$,这时称 $U(x,y)$ 为 $Pdx+Qdy$ 的原函数;

(4) $\frac{\partial P}{\partial y}=\frac{\partial Q}{\partial x}$ 在 D 内处处成立.

证　(1)⇒(2). 在 D 内任意取定两点 A 和 B 及两条都以 A 为起点且 B 为终点的路径 L_1 和 L_2,如图 9-14 所示. 于是有

$$\int_{L_1} Pdx + Qdy - \int_{L_2} Pdx + Qdy = \int_{L_1} Pdx + Qdy + \int_{L_2^-} Pdx + Qdy,$$

$L_1 + L_2^-$ 构成有向闭曲线,由(1) 知

$$\int_{L_1} Pdx + Qdy + \int_{L_2^-} Pdx + Qdy = \oint_{L_1+L_2^-} Pdx + Qdy = 0,$$

所以

$$\int_{L_1} Pdx + Qdy = \int_{L_2} Pdx + Qdy,$$

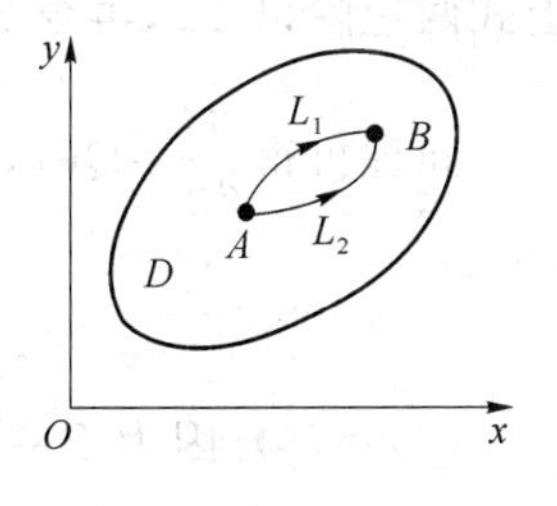

图 9-14

因此曲线积分在 D 内与路径无关.

(2)⇒(3). 考虑函数

$$U(x,y) = \int_{(x_0,y_0)}^{(x,y)} Pdx + Qdy,$$

其中(x_0,y_0)是 D 内一固定点,而(x,y)在 D 内变动. 由于曲线积分与路径无关,因此$U(x,y)$在 D 内为一个单值函数.

取$|\Delta x|$很小,使 $(x+\Delta x,y)\in D$,则

$$U(x+\Delta x,y) - U(x,y) = \int_{(x_0,y_0)}^{(x_0+\Delta x,y)} Pdx + Qdy - \int_{(x_0,y_0)}^{(x,y)} Pdx + Qdy,$$

因为曲线积分与路径无关,从(x_0,y_0)到$(x_0+\Delta x,y)$的路径可以取通过点(x,y)的曲线(如图9-15所示),所以

$$U(x+\Delta x,y) - U(x,y) = \int_{(x,y)}^{(x+\Delta x,y)} Pdx + Qdy,$$

(x,y)到$(x+\Delta x,y)$的路径取直线段,故 $dy=0$,于是有

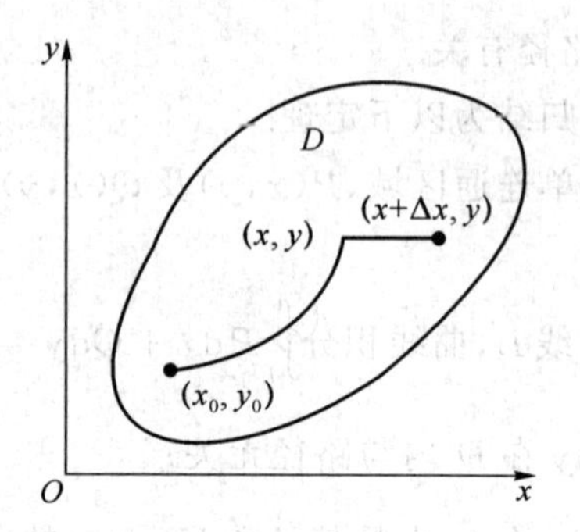

图 9-15

$$U(x+\Delta x,y)-U(x,y)=\int_{(x,y)}^{(x+\Delta x,y)}P\mathrm{d}x=\int_{x}^{x+\Delta x}P(x,y)\mathrm{d}x,$$

利用积分中值定理得

$$U(x+\Delta x,y)-U(x,y)=P(x+\theta\Delta x,y)\Delta x\quad(0<\theta<1)$$

上式两边除以 Δx,再令 $\Delta x\to 0$,可得$\dfrac{\partial U}{\partial x}=P(x,y)$.

同理可得$\dfrac{\partial U}{\partial y}=Q(x,y)$,故

$$\mathrm{d}U=\frac{\partial U}{\partial x}\mathrm{d}x+\frac{\partial U}{\partial y}\mathrm{d}y=P\mathrm{d}x+Q\mathrm{d}y.$$

(3)⇒(4). 因为 $P=\dfrac{\partial U}{\partial x},Q=\dfrac{\partial U}{\partial y},\dfrac{\partial P}{\partial y}=\dfrac{\partial^2 U}{\partial x\partial y}$及$\dfrac{\partial Q}{\partial x}=\dfrac{\partial^2 U}{\partial y\partial x}$都在 D 内连续,所以$\dfrac{\partial P}{\partial y}=\dfrac{\partial Q}{\partial x}$.

(4)⇒(1). 对于 D 内的任一条闭曲线 L,设它包围的区域为 $\widetilde{D}$,L 不妨取正向,那么由格林公式得

$$\oint_L P\mathrm{d}x+Q\mathrm{d}y=\iint_{\widetilde{D}}\left(\frac{\partial Q}{\partial x}-\frac{\partial P}{\partial y}\right)\mathrm{d}x\mathrm{d}y=0,$$

这就证明了(1).

上面的证明过程给出了当曲线积分在 D 内与路径无关时,$P\mathrm{d}x+Q\mathrm{d}y$ 在 D 内原函数的构造方法,即

$$U(x,y)=\int_{(x_0,y_0)}^{(x,y)}P\mathrm{d}x+Q\mathrm{d}y,$$

计算 $U(x,y)$时一般取路径为平行于 x 轴和 y 轴的折线(如图 9-16 所示).

若取路径为折线 AMB,则

$$U(x,y)=\int_{y_0}^{y}Q(x_0,y)\mathrm{d}y+\int_{x_0}^{x}P(x,y)\mathrm{d}x.$$

若取路径为折线 ANB,则

$$U(x,y)=\int_{x_0}^{x}P(x,y_0)\mathrm{d}x+\int_{y_0}^{y}Q(x,y)\mathrm{d}y,$$

所有原函数则是$U(x,y)+C$(C为常数).

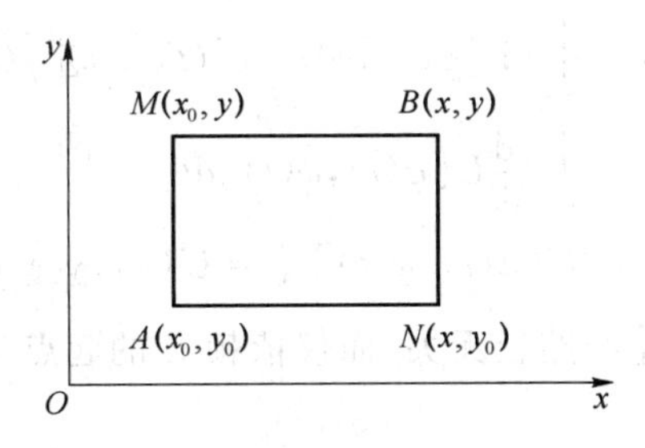

图 9-16

定理 3 设D为平面区域,函数$P(x,y)$和$Q(x,y)$在D上连续,那么曲线积分$\int_L P\mathrm{d}x+Q\mathrm{d}y$在$D$内与路径无关的充分必要条件是$P\mathrm{d}x+Q\mathrm{d}y$存在一个原函数$U(x,y)$.这时,对于$D$内任意两点$(x_1,y_1)$和$(x_2,y_2)$,计算公式

$$\int_{(x_1,y_1)}^{(x_2,y_2)} P\mathrm{d}x+Q\mathrm{d}y=U(x_2,y_2)-U(x_1,y_1)$$

对于从点(x_1,y_1)到点(x_2,y_2)的任意路径均成立.

证 先证必要性.

构造函数

$$U(x,y)=\int_{(x_0,y_0)}^{(x,y)} P\mathrm{d}x+Q\mathrm{d}y,$$

易知$U(x,y)$是$P\mathrm{d}x+Q\mathrm{d}y$的一个原函数.

这时,对于D内任意两点$A(x_1,y_1)$和$B(x_2,y_2)$及从点A到点B的任意路径L,任意一条D内从点(x_0,y_0)到点A的路径L',有

$$U(x_1,y_1)=\int_{(x_0,y_0)}^{(x_1,y_1)} P\mathrm{d}x+Q\mathrm{d}y=\int_{L'} P\mathrm{d}x+Q\mathrm{d}y,$$

$$U(x_2,y_2)=\int_{(x_0,y_0)}^{(x_2,y_2)} P\mathrm{d}x+Q\mathrm{d}y=\int_{L'+L} P\mathrm{d}x+Q\mathrm{d}y,$$

于是

$$\begin{aligned}\int_{(x_1,y_1)}^{(x_2,y_2)} P\mathrm{d}x+Q\mathrm{d}y&=\int_L P\mathrm{d}x+Q\mathrm{d}y=\int_{L'+L} P\mathrm{d}x+Q\mathrm{d}y-\int_{L'} P\mathrm{d}x+Q\mathrm{d}y\\&=U(x_2,y_2)-U(x_1,y_1),\end{aligned}$$

再证充分性.

若$U(x,y)$是$P\mathrm{d}x+Q\mathrm{d}y$的一个原函数,任取一条从$(x_1,y_1)$到$(x_2,y_2)$的路径$L$,有

$$\begin{cases}x=\varphi(t),\\y=\psi(t),\end{cases}\quad t\in[\alpha,\beta](\text{或}[\beta,\alpha]),$$

不妨设L为光滑曲线,且$t=\alpha$和$t=\beta$分别对应点(x_1,y_1)和点(x_2,y_2),即$\varphi(\alpha)=x_1,\psi(\alpha)=y_1,\varphi(\beta)=x_2,\psi(\beta)=y_2$.

根据对坐标的曲线积分计算公式,有

$$\begin{aligned}\int_L P\,\mathrm{d}x+Q\mathrm{d}y&=\int_\alpha^\beta\{P[\varphi(t),\psi(t)]\varphi'(t)+Q[\varphi(t),\psi(t)]\psi'(t)\}\mathrm{d}t\\&=\int_\alpha^\beta\frac{\mathrm{d}}{\mathrm{d}t}U[\varphi(t),\psi(t)]\mathrm{d}t\\&=U[\varphi(t),\psi(t)]\big|_\alpha^\beta=U(x_2,y_2)-U(x_1,y_1),\end{aligned}$$

这说明曲线积分$\int_L P\,\mathrm{d}x+Q\mathrm{d}y$与路径无关,而仅依赖$L$的起点$(x_1,y_1)$及终点$(x_2,y_2)$.

此时,仍有公式

$$\int_{(x_1,y_1)}^{(x_2,y_2)}P\mathrm{d}x+Q\mathrm{d}y=U(x_2,y_2)-U(x_1,y_1).$$

例 6 计算曲线积分

$$I=\int_L(2x\cos y-y^2\sin x)\mathrm{d}x+(2y\cos x-x^2\sin y)\mathrm{d}y,$$

其中L是抛物线$y=x^2$上从(0,0)到(1,1)的一段曲线弧.

解 $P=2x\cos y-y^2\sin x$和$Q=2y\cos x-x^2\sin y$在整个平面上具有连续偏导数,且

$$\frac{\partial P}{\partial y}=\frac{\partial Q}{\partial x}=-2x\sin y-2y\sin x$$

在整个平面上处处成立,故曲线积分在整个平面上与路径无关.

可把积分路径选择为由(0,0)到(1,0),再由(1,0)到(1,1)的折线,所求曲线积分为

$$\begin{aligned}I&=\int_0^1(2x\cos 0-0)\mathrm{d}x+\int_0^1(2y\cos 1-1^2\times\sin y)\mathrm{d}y\\&=1+(2\cos 1-1)=2\cos 1.\end{aligned}$$

例 7 问$\dfrac{(x+2y)\mathrm{d}x+y\mathrm{d}y}{(x+y)^2}$是否为某个函数的全微分?若是,求出一个这样的函数.

解 因为$P=\dfrac{x+2y}{(x+y)^2}$,$Q=\dfrac{y}{(x+y)^2}$,于是

$$\frac{\partial P}{\partial y}=-\frac{2y}{(x+y)^3},\quad\frac{\partial Q}{\partial x}=-\frac{2y}{(x+y)^3},$$

在单连通区域$\{(x,y)\mid x+y>0\}$(或$\{(x,y)\mid x+y<0\}$)内,$\dfrac{\partial P}{\partial y}$和$\dfrac{\partial Q}{\partial x}$连续且相等. 由定理2的(4)⇒(3)知,$P\mathrm{d}x+Q\mathrm{d}y$是某个函数的全微分,它的一个原函数为

$$\begin{aligned}U(x,y)&=\int_{(1,0)}^{(x,y)}\frac{(x+2y)\mathrm{d}x+y\mathrm{d}y}{(x+y)^2}\\&=\int_1^x\frac{1}{x}\mathrm{d}x+\int_0^y\frac{y}{(x+y)^2}\mathrm{d}y\quad(\text{选取折线}(1,0)\to(x,0)\to(x,y))\\&=\ln|x|\,\Big|_1^x+\left(\ln|x+y|+\frac{x}{x+y}\right)\Big|_0^y\\&=\ln|x+y|+\frac{x}{x+y}-1\end{aligned}$$

$$= \ln|x+y| - \frac{y}{x+y},$$

还可以用以下方法求原函数 $U(x,y)$：因为 $\frac{\partial U}{\partial x} = \frac{x+2y}{(x+y)^2} = \frac{1}{x+y} + \frac{y}{(x+y)^2}$，故

$$U(x,y) = \int\left[\frac{1}{x+y} + \frac{y}{(x+y)^2}\right]\mathrm{d}x = \ln|x+y| - \frac{y}{x+y} + \varphi(y),$$

其中 $\varphi(y)$ 为 y 的待定函数. 由此得

$$\frac{\partial U}{\partial y} = \frac{1}{x+y} - \frac{x}{(x+y)^2} + \varphi'(y),$$

又因为

$$\frac{\partial U}{\partial y} = \frac{y}{(x+y)^2},$$

故

$$\frac{1}{x+y} - \frac{x}{(x+y)^2} + \varphi'(y) = \frac{y}{(x+y)^2},$$

即 $\varphi'(y)=0, \varphi(y)=C$. 所求函数为

$$U(x,y) = \ln|x+y| - \frac{y}{x+y} + C.$$

例 8　求曲线积分 $I = \int_L \varphi(x)\mathrm{d}x + \psi(y)\mathrm{d}y$，其中 L 为从 $(0,0)$ 到 $(1,1)$ 的任意一条光滑曲线，φ 和 ψ 均为连续函数.

解　$\varphi(x)\mathrm{d}x + \psi(y)\mathrm{d}y$ 为全微分式，它的一个原函数为 $U(x,y) = \int_0^x \varphi(t)\mathrm{d}t + \int_0^y \psi(t)\mathrm{d}t$，故曲线积分与路径无关. 于是

$$I = U(1,1) - U(0,0) = \int_0^1 \varphi(t)\mathrm{d}t + \int_0^1 \psi(t)\mathrm{d}t.$$

在定理 2 中，要求区域 D 为单连通区域，且函数 $P(x,y)$ 和 $Q(x,y)$ 在 D 内具有连续偏导数，如果这两个条件之一不满足，那么定理的结论不能保证成立.

定理 4　设 D 为 n 个"洞"的复连通区域，L 为 D 的外边界，$L_1, L_2, \cdots, L_n$ 为其内边界（见图 9-17）. 函数 $P(x,y)$ 和 $Q(x,y)$ 在 D 内及边界 $L, L_1, L_2, \cdots, L_n$ 上有连续偏导数且 $\frac{\partial P}{\partial y} = \frac{\partial Q}{\partial x}$ 恒成立，则

$$\oint_L P\mathrm{d}x + Q\mathrm{d}y = \sum_{i=1}^{n}\oint_{L_i} P\mathrm{d}x + Q\mathrm{d}y,$$

其中，$L, L_1, L_2, \cdots, L_n$ 的方向都为逆时针（或顺时针）.

用复连通区域情形下的格林公式即可证明此定理.

如果在单连通区域 D 内有 $P(x,y)$ 和 $Q(x,y)$ 的偏导数不连续的点（这样的点称为奇

点),可以将这些点从区域中除掉,于是区域内就含有点“洞”,有与定理4类似的结论,在此不再叙述.

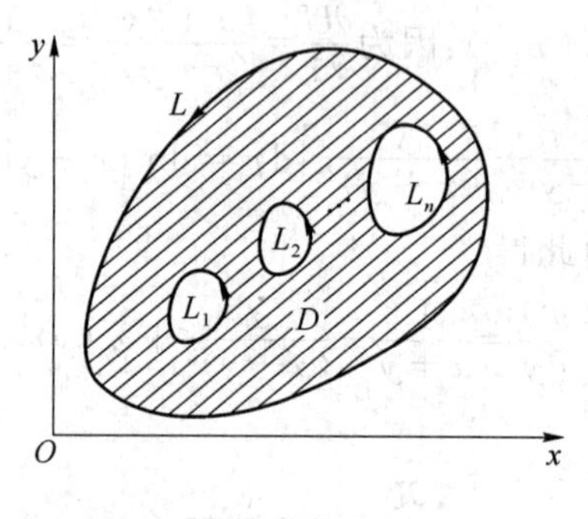

图 9-17

例 9 计算 $I=\oint_L \frac{y\mathrm{d}x-x\mathrm{d}y}{x^2+y^2}$,其中 L 为不通过原点的任意一条闭曲线,方向为逆时针方向.

解 因为 $P=\frac{y}{x^2+y^2}$,$Q=\frac{-x}{x^2+y^2}$,则

$$\frac{\partial Q}{\partial x}=\frac{x^2-y^2}{(x^2+y^2)^2}=\frac{\partial P}{\partial y}\quad (x^2+y^2\neq 0).$$

(1) 当 L 包围的区域不含原点(0,0)时,P 和 Q 在 D 内及 L 上有连续偏导数且 $\frac{\partial Q}{\partial x}=\frac{\partial P}{\partial y}$ 恒成立.于是,由格林公式得

$$I=\iint_D\left(\frac{\partial Q}{\partial x}-\frac{\partial P}{\partial y}\right)\mathrm{d}x\mathrm{d}y=0.$$

(2) 当 L 包围的区域 D 含原点(0,0)时,原点为奇点,取一个小圆 L_1(如图9-18所示):

$$\begin{cases}x=\varepsilon\cos t,\\ y=\varepsilon\sin t,\end{cases}\quad 0\leqslant t\leqslant 2\pi,\ \varepsilon>0,$$

使 L_1 在 L 所围区域内,由定理4($n=1$ 的情形)知

$$\begin{aligned}\oint_L \frac{y\mathrm{d}x-x\mathrm{d}y}{x^2+y^2}&=\oint_{L_1}\frac{y\mathrm{d}x-x\mathrm{d}y}{x^2+y^2}\\&=\int_0^{2\pi}\frac{\varepsilon\sin t(-\varepsilon\sin t)-\varepsilon\cos t\cdot\varepsilon\cos t}{\varepsilon^2}\mathrm{d}t\\&=-\int_0^{2\pi}\mathrm{d}t=-2\pi.\end{aligned}$$

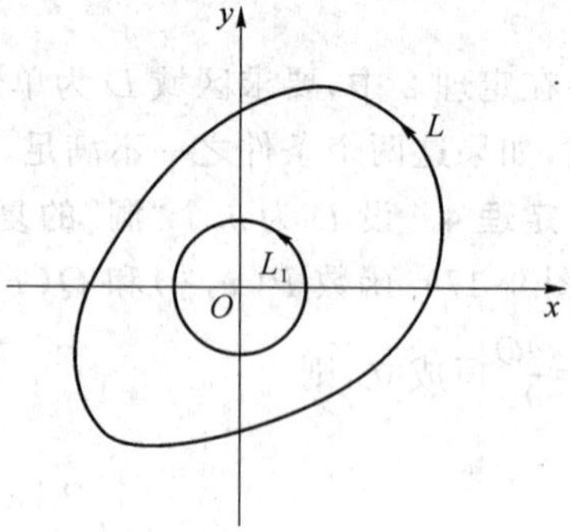

图 9-18

习题 9-3

1. 利用格林公式计算下列曲线积分：

(1) $\oint_L (x+y)^2\mathrm{d}x-(x^2+y^2)\mathrm{d}y$，$L$ 为以 $(0,0)$，$(1,0)$ 和 $(0,1)$ 为顶点的三角形，取正向；

(2) $\oint_L \mathrm{e}^x[(1-\cos y)\mathrm{d}x-(y-\sin y)\mathrm{d}y]$，$L$ 为由 $y=\sin x(0\leqslant x\leqslant \pi)$ 和 $y=0$ 构成的闭曲线，取正向；

(3) $\int_L (\mathrm{e}^x\sin y-my)\mathrm{d}x+(\mathrm{e}^x\cos y-m)\mathrm{d}y$，$L$ 为由 $A(a,0)$ 经上半圆 $x^2+y^2=ax$ 到 $O(0,0)$ 的路径；

(4) $\oint_L (x^2y\cos x+2xy\sin x-y^2\mathrm{e}^x)\mathrm{d}x+(x^2\sin x-2y\mathrm{e}^x)\mathrm{d}y$，其中 L 为正向星形线 $x^{\frac{2}{3}}+y^{\frac{2}{3}}=a^{\frac{2}{3}}(a>0)$；

(5) $\int_L (x^4+4xy^3)\mathrm{d}x+(6x^2y^2-5y^4)\mathrm{d}y$，$L$ 为由 $A(a,0)$ 经椭圆 $\frac{x^2}{a^2}+\frac{y^2}{b^2}=1$ 第一象限部分到 $B(0,b)$ 的路径；

(6) $\int_L (2xy^3-y^2\cos x)\mathrm{d}x+(1-2y\sin x+3x^2y^2)\mathrm{d}y$，$L$ 为抛物线 $2x=\pi y^2$ 上从 $(0,0)$ 到 $\left(\frac{\pi}{2},1\right)$ 的曲线弧.

2. 证明曲线积分与路径无关，并计算积分值：

(1) $\int_{(0,0)}^{(4,0)} (1+x\mathrm{e}^{2y})\mathrm{d}x+(x^2\mathrm{e}^{2y}-y)\mathrm{d}y$；

(2) $\int_{(2,1)}^{(1,2)} \varphi(x)\mathrm{d}x+\psi(y)\mathrm{d}y$，其中 $\varphi(x)$ 和 $\psi(y)$ 为连续函数；

(3) $\int_{(0,0)}^{(1,0)} xf(x^2+y^2)\mathrm{d}x+yf(x^2+y^2)\mathrm{d}y$，其中 $f(u)$ 为连续函数；

(4) $\int_L \left(1-\frac{y^2}{x^2}\cos\frac{y}{x}\right)\mathrm{d}x+\left(\sin\frac{y}{x}+\frac{y}{x}\cos\frac{y}{x}\right)\mathrm{d}y$，$L$ 为右半平面 $(x>0)$ 内任意一条由 $(1,\pi)$ 到 $(2,\pi)$ 的曲线弧；

(5) $\int_L \left(\ln\frac{y}{x}-1\right)\mathrm{d}x+\frac{x}{y}\mathrm{d}y$，$L$ 为第一象限内由 $(1,1)$ 到 $(3,3\mathrm{e})$ 的任意曲线弧.

3. 利用曲线积分求下列曲线所围成图形的面积：

(1) 星形线 $x=a\cos^3 t$，$y=a\sin^3 t$；

(2) 摆线的一拱 $x=a(t-\sin t)$，$y=a(1-\cos t)$，$t\in[0,2\pi]$ 与 x 轴.

4. 计算下列曲线积分：

(1) $\int_L \frac{y\mathrm{d}x - x\mathrm{d}y}{x^2 + y^2}$,其中 L 是由 $A(-1,0)$ 到 $B(1,0)$ 的任意一条不过原点的曲线(在 $y > 0$ 内)；

(2) $\int_L \frac{(x-y)\mathrm{d}x + (x+4y)\mathrm{d}y}{x^2 + 4y^2}$,其中 L 为单位圆周 $x^2 + y^2 = 1$,方向为逆时针方向；

(3) $\int_L \frac{-y\mathrm{d}x + (x-1)\mathrm{d}y}{(x-1)^2 + y^2}$,其中 L 为抛物线 $y = x^2 - 2x$ 上从$(0,0)$到$(4,8)$的曲线弧.

5. 验证下列 $P(x,y)\mathrm{d}x+Q(x,y)\mathrm{d}y$ 是全微分式,并求原函数 $U(x,y)$：

(1) $2xy\mathrm{d}x+x^2\mathrm{d}y$；

(2) $(\mathrm{e}^y+x)\mathrm{d}x+(x\mathrm{e}^y-2y)\mathrm{d}y$；

(3) $(3x^2y+8xy^2)\mathrm{d}x+(x^3+8x^2y+12y\mathrm{e}^y)\mathrm{d}y$；

(4) $(2x\cos y+y^2\cos x)\mathrm{d}x+(2y\sin x-x^2\sin y)\mathrm{d}y$.

6. 设 D 为平面单连通区域,$U(x,y)$ 在 D 上具有二阶连续偏导数,证明:$U(x,y)$ 是调和函数$\left(即 U(x,y) 满足\frac{\partial^2 U}{\partial x^2} + \frac{\partial^2 U}{\partial y^2} = 0, \forall (x,y) \in D\right)$的充分必要条件是对于$D$内任一圆周 L 都有$\oint_L \frac{\partial U}{\partial \boldsymbol{n}}\mathrm{d}s = 0$,其中 $\boldsymbol{n}$ 为 L 的外法线方向.

7. 设 $U(x,y)$是闭区域 D 上具有二阶连续偏导数的调和函数$\left(即\frac{\partial^2 U}{\partial x^2}+\frac{\partial^2 U}{\partial y^2}=0\right)$,$D$ 的边界曲线 L 分段光滑,证明：

(1) $\oint_L U\frac{\partial U}{\partial \boldsymbol{n}}\mathrm{d}s = \iint_D \left[\left(\frac{\partial U}{\partial x}\right)^2 + \left(\frac{\partial U}{\partial y}\right)^2\right]\mathrm{d}x\mathrm{d}y$,其中 $\boldsymbol{n}$ 为 L 的外法线方向；

(2) 若 $U(x,y)$在 L 上恒为零,则在 D 内,$U(x,y)=0$.

第四节　对面积的曲面积分

一、对面积的曲面积分的概念

设有一曲面 Σ,其质量分布不均匀,面密度为 Σ 上的连续函数 $\mu(x,y,z)$,试求曲面 Σ 的质量 M.

因为质量分布不均匀,不能直接使用公式:质量=面密度×面积.将曲面 Σ 分成 n 小块曲面 $\Delta S_1,\Delta S_2,\cdots,\Delta S_n$,在每一小块曲面 $\Delta S_i(i=1,2,\cdots,n)$上任取一点$(\xi_i,\eta_i,\zeta_i)$.因为面密度连续变化,第 i 块曲面 ΔS_i 的质量 $\Delta M_i\approx\mu(\xi_i,\eta_i,\zeta_i)\Delta S_i$($\Delta S_i$ 也表示这块曲面的面积),所

以曲面 Σ 的质量 $M=\sum_{i=1}^{n}\Delta M_i\approx\sum_{i=1}^{n}\mu(\xi_i,\eta_i,\zeta_i)\Delta S_i$.

设 λ 为 n 块小曲面的直径的最大值,则所求质量为

$$M=\lim_{\lambda\to 0}\sum_{i=1}^{n}\mu(\xi_i,\eta_i,\zeta_i)\Delta S_i,$$

这类和式的极限归结为对面积的曲面积分的概念.

定义 1　设函数 $f(x,y,z)$ 在光滑曲面(有连续转动的切平面的曲面)Σ 上有界,把 Σ 任意分成 n 块小曲面 $\Delta S_i(i=1,2,\cdots,n)$(其面积也用 ΔS_i 表示),在 ΔS_i 上任取点(ξ_i,η_i,ζ_i),作和式 $\sum_{i=1}^{n}f(\xi_i,\eta_i,\zeta_i)\Delta S_i$. 如果当这 n 块曲面的直径的最大值 $\lambda\to 0$ 时,和式的极限总存在,则称此极限为函数 $f(x,y,z)$ 在曲面 Σ 上对面积的曲面积分或第一类曲面积分,记作 $\iint\limits_{\Sigma}f(x,y,z)\mathrm{d}S$,即

$$\iint\limits_{\Sigma}f(x,y,z)\mathrm{d}S=\lim_{\lambda\to 0}\sum_{i=1}^{n}f(\xi_i,\eta_i,\zeta_i)\Delta S_i,$$

其中,曲面 Σ 称为积分曲面,$\mathrm{d}S$ 称为曲面的面积元素.

根据上述定义,面密度为 $\mu(x,y,z)$ 的光滑曲面 Σ 的质量 M 可表示为

$$\iint\limits_{\Sigma}\mu(x,y,z)\mathrm{d}S.$$

可以证明,当 $f(x,y,z)$ 在光滑曲面 Σ 上连续时,对面积的曲面积分 $\iint\limits_{\Sigma}f(x,y,z)\mathrm{d}S$ 一定存在.

如果 Σ 分片光滑,函数在 Σ 上对面积的曲面积分等于函数在各片光滑曲面上对面积的曲面积分之和. 例如,设 Σ 可分成两片光滑曲面 Σ_1 及 Σ_2(记作 $\Sigma=\Sigma_1+\Sigma_2$),则

$$\iint\limits_{\Sigma_1+\Sigma_2}f(x,y,z)\mathrm{d}S=\iint\limits_{\Sigma_1}f(x,y,z)\mathrm{d}S+\iint\limits_{\Sigma_2}f(x,y,z)\mathrm{d}S.$$

由定义可知,对面积的曲面积分具有对弧长的曲线积分类似的性质,在此不再叙述.

二、对面积的曲面积分的计算法

设积分曲面 Σ 由方程 $z=z(x,y)$ 给出,Σ 在 xOy 面上的投影区域为 D_{xy},函数 $z(x,y)$ 在 D_{xy} 上具有连续偏导数,函数 $f(x,y,z)$ 在 Σ 上连续. 在二重积分的应用中,计算曲面面积时,已求得曲面的面积元素为 $\mathrm{d}S=\sqrt{1+z_x^2+z_y^2}\mathrm{d}x\mathrm{d}y$,于是

$$\iint\limits_{\Sigma}f(x,y,z)\mathrm{d}S=\iint\limits_{D_{xy}}f[x,y,z(x,y)]\sqrt{1+z_x^2(x,y)+z_y^2(x,y)}\mathrm{d}x\mathrm{d}y.$$

如果积分曲面 Σ 的方程为 $x=x(y,z)$ 或 $y=y(x,z)$，则有类似的计算公式，即

$$\iint_{\Sigma} f(x,y,z)\mathrm{d}S=\iint_{D_{yz}} f[x(y,z),y,z]\sqrt{1+x_y^2(y,z)+x_z^2(y,z)}\mathrm{d}y\mathrm{d}z$$

或

$$\iint_{\Sigma} f(x,y,z)\mathrm{d}S=\iint_{D_{xz}} f[x,y(x,z),z]\sqrt{1+y_x^2(x,z)+y_z^2(x,z)}\mathrm{d}x\mathrm{d}z,$$

其中，D_{yz} 和 D_{xz} 分别为曲面 Σ 在 yOz 面和 xOz 面上的投影区域.

例 1 计算 $\oiint_{\Sigma}(x+y+z)\mathrm{d}S$，其中 Σ 为半球体 $x^2+y^2+z^2\leqslant a^2, z\geqslant 0$ 的表面.

解 积分曲面 Σ 为闭曲面，它由半球面 $x^2+y^2+z^2=a^2, z\geqslant 0$ 及 xOy 面上圆 $x^2+y^2\leqslant a^2$ 两部分组成，分别记为 Σ_1 及 Σ_2.

在 Σ_1 上，因为 $z=\sqrt{a^2-x^2-y^2}$，所以

$$z_x=-\frac{x}{\sqrt{a^2-x^2-y^2}},\ z_y=-\frac{y}{\sqrt{a^2-x^2-y^2}},$$

从而有

$$\mathrm{d}S=\sqrt{1+z_x^2+z_y^2}\mathrm{d}x\mathrm{d}y=\frac{a}{\sqrt{a^2-x^2-y^2}}\mathrm{d}x\mathrm{d}y,$$

于是

$$\iint_{\Sigma_1}(x+y+z)\mathrm{d}S=\iint_{D_{xy}}(x+y+\sqrt{a^2-x^2-y^2})\frac{a}{\sqrt{a^2-x^2-y^2}}\mathrm{d}x\mathrm{d}y,$$

其中，D_{xy} 为 Σ_1 在 xOy 面上的投影区域 $x^2+y^2\leqslant a^2$.

用极坐标计算上述二重积分：

$$\begin{aligned}\iint_{\Sigma_1}(x+y+z)\mathrm{d}S&=\int_0^{2\pi}\mathrm{d}\theta\int_0^a(\rho\cos\theta+\rho\sin\theta+\sqrt{a^2-\rho^2})\frac{a}{\sqrt{a^2-\rho^2}}\rho\mathrm{d}\rho\\&=0+0+\int_0^{2\pi}\mathrm{d}\theta\int_0^a a\rho\mathrm{d}\rho=\pi a^3.\end{aligned}$$

在 Σ_2 上，$z=0$，所以

$$\iint_{\Sigma_2}(x+y+z)\mathrm{d}S=\iint_{D_{xy}}(x+y+0)\times 1\times\mathrm{d}x\mathrm{d}y=\iint_{D_{xy}}(x+y)\mathrm{d}x\mathrm{d}y=0,$$

所以

$$\oiint_{\Sigma}(x+y+z)\mathrm{d}S=\iint_{\Sigma_1}(x+y+z)\mathrm{d}s+\iint_{\Sigma_2}(x+y+z)\mathrm{d}s=\pi a^3.$$

例 2 求抛物面 $z=\dfrac{1}{2}(x^2+y^2)(0\leqslant z\leqslant 1)$ 的质量，设它的面密度为 $\mu(x,y,z)=z$.

解　抛物面的质量可用对面积的曲面积分表示，即

$$M=\iint\limits_{\Sigma}\mu(x,y,z)\mathrm{d}S=\iint\limits_{\Sigma}z\,\mathrm{d}S,$$

其中，Σ 为抛物面 $z=\frac{1}{2}(x^2+y^2)$，$0\leqslant z\leqslant 1$. 同时

$$\iint\limits_{\Sigma}z\,\mathrm{d}S=\iint\limits_{D_{xy}}\frac{1}{2}(x^2+y^2)\sqrt{1+x^2+y^2}\,\mathrm{d}x\mathrm{d}y,$$

其中，D_{xy} 为抛物面在 xOy 面上的投影区域 $\{(x,y)\mid x^2+y^2\leqslant 2\}$，于是

$$\begin{aligned}M&=\int_0^{2\pi}\mathrm{d}\theta\int_0^{\sqrt{2}}\frac{1}{2}\rho^2\sqrt{1+\rho^2}\rho\mathrm{d}\rho\\&=2\pi\left[\frac{1}{10}(1+\rho^2)^{\frac{5}{2}}-\frac{1}{6}(1+\rho^2)^{\frac{3}{2}}\right]\Bigg|_0^{\sqrt{2}}\\&=\frac{2}{5}\pi\left(2\sqrt{3}-\frac{1}{3}\right).\end{aligned}$$

习题 9-4

1. 求下列对面积的曲面积分：

(1) $\oiint\limits_{\Sigma}\frac{1}{(1+x+y)^2}\mathrm{d}S$，$\Sigma$ 是 $x+y+z=1$ 及三个坐标面所围成四面体的表面；

(2) $\iint\limits_{\Sigma}(x+y+z)\mathrm{d}S$，$\Sigma$ 为球面 $x^2+y^2+z^2=a^2$ 上 $z\geqslant h(0<h<a)$ 的部分；

(3) $\iint\limits_{\Sigma}(xy+yz+zx)\mathrm{d}S$，$\Sigma$ 为锥面 $z=\sqrt{x^2+y^2}$ 被柱面 $x^2+y^2=2ax$ 所截得的有限部分；

(4) $\iint\limits_{\Sigma}x^2\mathrm{d}S$，$\Sigma$ 为球面 $x^2+y^2+z^2=a^2$；

(5) $\iint\limits_{\Sigma}\frac{1}{x^2+y^2+z^2}\mathrm{d}S$，$\Sigma$ 为圆柱面 $x^2+y^2=R^2$ 介于平面 $z=0$，$z=h$ 之间的部分；

(6) $\iint\limits_{\Sigma}\frac{1}{z}\mathrm{d}S$，$\Sigma$ 为球面 $x^2+y^2+z^2=a^2$ 被平面 $z=h(0<h<a)$ 截出的顶部.

2. 球面上各点的面密度等于这点到球面某一直径距离的平方，求球面的质量.

3. 设 $R(x,y,z)$ 表示从原点到椭球面 $\Sigma.\ \frac{x^2}{a^2}+\frac{y^2}{b^2}+\frac{z^2}{c^2}=1$ 上点 $P(x,y,z)$ 的切平面的

距离,求证:

$$\oiint_{\Sigma} R(x,y,z)\,\mathrm{d}S = 4\pi abc.$$

4. 证明$\oiint\limits_{\Sigma}(x+y+z+\sqrt{3}a)^2\,\mathrm{d}S \geqslant 108\pi a^5$,其中$\Sigma$是球面$x^2+y^2+z^2-2ax-2ay-2az+2a^2=0(a>0)$.

5. 求面密度为μ的均匀半球壳$x^2+y^2+z^2=a^2(z\geqslant 0)$对于$z$轴的转动惯量.

第五节　对坐标的曲面积分

一、对坐标的曲面积分的概念及性质

设曲面Σ光滑(也就是在Σ上每一点都有确定的切平面,且切平面的位置随切点的位置而连续变化),在Σ上任取一点M_0,点M_0处法向量为$\boldsymbol{n}$(有两个方向,指定其中之一),当M_0在曲面上连续运动又回到出发点时(不越过Σ的边缘),法向量$\boldsymbol{n}$也回到原先的位置(见图9-19),称这种曲面为双侧曲面.

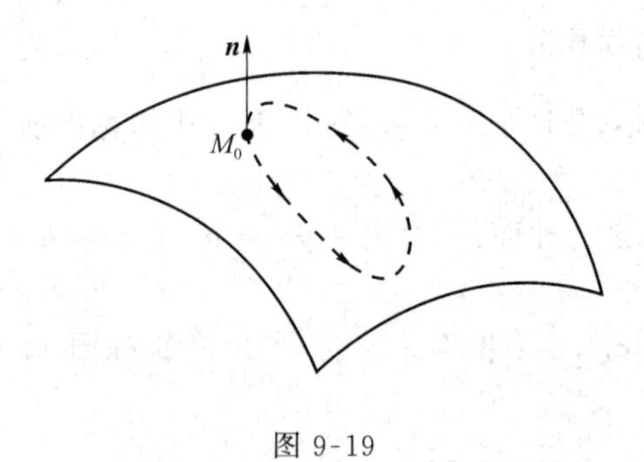

图 9-19

在双侧曲面上用曲面上的法向量的指向规定曲面的侧.例如,对于曲面$z=z(x,y)$,如果取它的法向量的指向朝上,就认为取定了曲面的上侧;又如,对于闭曲面,如果取它的法向量的指向朝外,就认为取定了曲面的外侧.这种取定了法向量亦即选定了侧的曲面称为有向曲面.

后面将要讲的对坐标的曲面积分都在这种双侧的有向曲面上进行.

在有向曲面Σ上,任取一小块曲面ΔS,ΔS在xOy面上的投影区域的面积为$(\Delta\sigma)_{xy}$.假设ΔS上各点处的法向量与z轴正向的夹角γ的余弦$\cos\gamma$有相同的符号(即$\cos\gamma$都为正或都为负).

规定 ΔS 在 xOy 面上的投影 $(\Delta S)_{xy}$ 为

$$(\Delta S)_{xy}=\begin{cases}(\Delta\sigma)_{xy}, & \cos\gamma>0,\\ -(\Delta\sigma)_{xy}, & \cos\gamma<0,\\ 0, & \cos\gamma\equiv 0,\end{cases}$$

其中 $\cos\gamma\equiv 0$，也就是 $(\Delta\sigma)_{xy}=0$ 的情形.

ΔS 在 xOy 面上的投影 $(\Delta S)_{xy}$ 实际上就是 ΔS 在 xOy 面上的投影区域的面积附以一定的正负号.类似可定义 ΔS 在 yOz 面及 zOx 面上的投影 $(\Delta S)_{yz}$ 及 $(\Delta S)_{zx}$.

实例　设不可压缩流体(设其密度为 1)在 (x,y,z) 处的流速可以表示为

$$\boldsymbol{v}(x,y,z)=P(x,y,z)\boldsymbol{i}+Q(x,y,z)\boldsymbol{j}+R(x,y,z)\boldsymbol{k},$$

并假设它与时间无关(即稳定流动)，计算在单位时间内通过某有向曲面 Σ 的流体的质量，即流量 Φ.

用光滑曲线网将 Σ 分成 n 块小曲面 $\Delta S_1,\Delta S_2,\cdots,\Delta S_n$($\Delta S_i$ 同时也代表它的面积)，当 ΔS_i 的直径很小时，可以用 ΔS_i 上任一点 (ξ_i,η_i,ζ_i) 的流速

$$\boldsymbol{v}_i=P(\xi_i,\eta_i,\zeta_i)\boldsymbol{i}+Q(\xi_i,\eta_i,\zeta_i)\boldsymbol{j}+R(\xi_i,\eta_i,\zeta_i)\boldsymbol{k}$$

近似代替 ΔS_i 上其他各点处的流速，以该点 (ξ_i,η_i,ζ_i) 处曲面 Σ 的单位法向量 $\boldsymbol{n}_i=\cos\alpha_i\boldsymbol{i}+\cos\beta_i\boldsymbol{j}+\cos\gamma_i\boldsymbol{k}$ 代替 ΔS_i 上其他各点处的单位法向量(见图 9-20). 于是，流过 ΔS_i(在单位时间内)的流量近似表示为

$$\boldsymbol{v}_i\cdot\boldsymbol{n}_i\Delta S_i(i=1,2,\cdots,n),$$

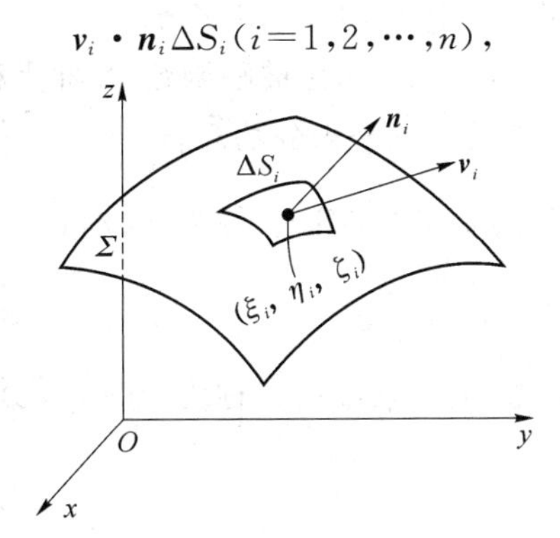

图 9-20

其中 $\boldsymbol{v}_i\cdot\boldsymbol{n}_i$ 表示 (ξ_i,η_i,ζ_i) 处流体沿法向量方向 $\boldsymbol{n}_i$ 的速度大小. 因此，单位时间内通过 Σ 的流量为

$$\begin{aligned}\Phi&\approx\sum_{i=1}^{n}(\boldsymbol{v}_i\cdot\boldsymbol{n}_i)\Delta S_i\\&=\sum_{i=1}^{n}[P(\xi_i,\eta_i,\zeta_i)\cos\alpha_i+Q(\xi_i,\eta_i,\zeta_i)\cos\beta_i+R(\xi_i,\eta_i,\zeta_i)\cos\gamma_i]\Delta S_i,\end{aligned}\tag{1}$$

又因为 $\cos\alpha_i\cdot\Delta S_i\approx(\Delta S_i)_{yz}$，$\cos\beta_i\cdot\Delta S_i\approx(\Delta S_i)_{zx}$，$\cos\gamma_i\cdot\Delta S_i\approx(\Delta S_i)_{xy}$，所以式(1)又写成

$$\Phi \approx \sum_{i=1}^{n}[P(\xi_i,\eta_i,\zeta_i)(\Delta S_i)_{yz}+Q(\xi_i,\eta_i,\zeta_i)(\Delta S_i)_{zx}+R(\xi_i,\eta_i,\zeta_i)(\Delta S_i)_{xy}],$$

令 $\lambda \to 0$,上述和式的极限值就是所求流量 Φ 的精确值.这样的和式极限也会在其他问题中遇到,抽去它们的具体意义,就得出下面对坐标曲面积分的概念.

定义 1 设 Σ 为光滑有向曲面,函数 $P(x,y,z)$,$Q(x,y,z)$ 及 $R(x,y,z)$ 在 Σ 上有界.把 Σ 任意分成 n 块小曲面 ΔS_i($i=1,2,\cdots,n$,其面积也用 ΔS_i 表示),ΔS_i 在三个坐标面 xOy,yOz 和 zOx 上的投影分别为 $(\Delta S_i)_{xy}$,$(\Delta S_i)_{yz}$ 和 $(\Delta S_i)_{zx}$,(ξ_i,η_i,ζ_i) 是 ΔS_i 上任一点,作和式 $\sum\limits_{i=1}^{n}[P(\xi_i,\eta_i,\zeta_i)(\Delta S_i)_{yz}+Q(\xi_i,\eta_i,\zeta_i)(\Delta S_i)_{zx}+R(\xi_i,\eta_i,\zeta_i)(\Delta S_i)_{xy}]$.如果当这 n 块小曲面的直径的最大值 $\lambda \to 0$ 时,和式的极限总存在,则称此极限为向量值函数 $\boldsymbol{A}(x,y,z)=P(x,y,z)\boldsymbol{i}+Q(x,y,z)\boldsymbol{j}+R(x,y,z)\boldsymbol{k}$ 在 Σ 上的对坐标的曲面积分或第二类曲面积分,记作

$$\iint_{\Sigma} P(x,y,z)\mathrm{d}y\mathrm{d}z+Q(x,y,z)\mathrm{d}z\mathrm{d}x+R(x,y,z)\mathrm{d}x\mathrm{d}y$$

或

$$\iint_{\Sigma} \boldsymbol{A}(x,y,z)\cdot \mathrm{d}\boldsymbol{S},$$

其中,$\mathrm{d}\boldsymbol{S}$ 称为有向曲面元,且 $\mathrm{d}\boldsymbol{S}=\{\mathrm{d}y\mathrm{d}z,\mathrm{d}z\mathrm{d}x,\mathrm{d}x\mathrm{d}y\}$.

$P(x,y,z)$,$Q(x,y,z)$ 和 $R(x,y,z)$ 称为被积函数,Σ 称为积分曲面.

定义中对坐标的曲面积分是以下三个积分的和:

$\iint\limits_{\Sigma} P(x,y,z)\mathrm{d}y\mathrm{d}z=\lim\limits_{\lambda\to 0} P(\xi_i,\eta_i,\zeta_i)(\Delta S_i)_{yz}$ 称为 $P(x,y,z)$ 在有向曲面 Σ 上对坐标 y 和 z 的曲面积分;

$\iint\limits_{\Sigma} Q(x,y,z)\mathrm{d}z\mathrm{d}x=\lim\limits_{\lambda\to 0} Q(\xi_i,\eta_i,\zeta_i)(\Delta S_i)_{zx}$ 称为 $Q(x,y,z)$ 在有向曲面 Σ 上对坐标 z 和 x 的曲面积分;

$\iint\limits_{\Sigma} R(x,y,z)\mathrm{d}x\mathrm{d}y=\lim\limits_{\lambda\to 0} R(\xi_i,\eta_i,\zeta_i)(\Delta S_i)_{xy}$ 称为 $R(x,y,z)$ 在有向曲面 Σ 上对坐标 x 和 y 的曲面积分.

按照上述定义,流体以流速 $\boldsymbol{v}(x,y,z)=P(x,y,z)\boldsymbol{i}+Q(x,y,z)\boldsymbol{j}+R(x,y,z)\boldsymbol{k}$ 在单位时间内流过有向曲面 Σ 的流量 Φ 可表示为

$$\Phi=\iint_{\Sigma} P(x,y,z)\mathrm{d}y\mathrm{d}z+Q(x,y,z)\mathrm{d}z\mathrm{d}x+R(x,y,z)\mathrm{d}x\mathrm{d}y.$$

如果 Σ 是分片光滑的有向曲面,则函数在 Σ 上对坐标的曲面积分等于函数在各片光滑曲面上对坐标的曲面积分之和.

对坐标的曲面积分具有与对坐标的曲线积分相类似的性质:

(1) 若 Σ 分成 Σ_1 和 Σ_2，记作 $\Sigma = \Sigma_1 + \Sigma_2$，则

$$\iint\limits_{\Sigma} P\mathrm{d}y\mathrm{d}z + Q\mathrm{d}z\mathrm{d}x + R\mathrm{d}x\mathrm{d}y = \iint\limits_{\Sigma_1} P\mathrm{d}y\mathrm{d}z + Q\mathrm{d}z\mathrm{d}x + R\mathrm{d}x\mathrm{d}y + \iint\limits_{\Sigma_2} P\mathrm{d}y\mathrm{d}z + Q\mathrm{d}z\mathrm{d}x + R\mathrm{d}x\mathrm{d}y;$$

(2) 设 Σ^- 是与 Σ 取相反侧的有向曲面，则

$$\iint\limits_{\Sigma^-} P\mathrm{d}y\mathrm{d}z + Q\mathrm{d}z\mathrm{d}x + R\mathrm{d}x\mathrm{d}y = -\iint\limits_{\Sigma} P\mathrm{d}y\mathrm{d}z + Q\mathrm{d}z\mathrm{d}x + R\mathrm{d}x\mathrm{d}y.$$

在性质(2)中，当积分曲面改为相反侧时，对坐标曲面积分定义中的 $(\Delta S_i)_{yz}$，$(\Delta S_i)_{zx}$ 及 $(\Delta S_i)_{xy}$ 的符号都要改变，因此对坐标的曲面积分要改变符号. 这个性质说明必须注意积分曲面所取的侧.

二、对坐标的曲面积分的计算法

设积分曲面 Σ 由方程 $z = z(x,y)$ 表示，Σ 在 xOy 面上的投影区域为 D_{xy}，$z(x,y)$ 在 D_{xy} 上具有一阶连续偏导数，被积函数 $R(x,y,z)$ 在 Σ 上连续.

如果 Σ 取上侧，$\cos\gamma > 0$，由定义知

$$\begin{aligned}\iint\limits_{\Sigma} R(x,y,z)\mathrm{d}x\mathrm{d}y &= \lim_{\lambda\to 0}\sum_{i=1}^{n} R(\xi_i,\eta_i,\zeta_i)(\Delta S_i)_{xy} \\ &= \lim_{\lambda\to 0}\sum_{i=1}^{n} R(\xi_i,\eta_i,\zeta_i)(\Delta\sigma_i)_{xy},\end{aligned}$$

又因为 (ξ_i,η_i,ζ_i) 是 Σ 上一点，故 $\zeta_i = z(\xi_i,\eta_i)$，所以

$$\begin{aligned}\iint\limits_{\Sigma} R(x,y,z)\mathrm{d}x\mathrm{d}y &= \lim_{\lambda\to 0}\sum_{i=1}^{n} R[\xi_i,\eta_i,z(\xi_i,\eta_i)](\Delta\sigma_i)_{xy} \\ &= \iint\limits_{D_{xy}} R[x,y,z(x,y)]\mathrm{d}x\mathrm{d}y.\end{aligned}$$

以上公式的曲面积分是取在曲面 Σ 的上侧. 若曲面积分取在 Σ 的下侧，这时 $\cos\gamma < 0$，那么 $(\Delta S_i)_{xy} = -(\Delta\sigma_i)_{xy}$，于是有公式

$$\iint\limits_{\Sigma} R(x,y,z)\mathrm{d}x\mathrm{d}y = -\iint\limits_{D_{xy}} R[x,y,z(x,y)]\mathrm{d}x\mathrm{d}y.$$

注意　公式中等式两端的 $\mathrm{d}x\mathrm{d}y$，第二类曲面积分中的 $\mathrm{d}x\mathrm{d}y$ 是曲面的面积元素 $\mathrm{d}S$ 在 xOy 面上的投影，可正可负；二重积分中的 $\mathrm{d}x\mathrm{d}y$ 是 xOy 面上的在直角坐标系下的面积元素，它总为正.

类似地，如果有向曲面 Σ 由方程 $x = x(y,z)$ 给出，Σ 在 yOz 面上的投影区域为 D_{yz}，则有

$$\iint\limits_{\Sigma} P(x,y,z)\mathrm{d}y\mathrm{d}z = \pm\iint\limits_{D_{yz}} P[x(y,z),y,z]\mathrm{d}y\mathrm{d}z, \tag{2}$$

如果 Σ 取前侧，$\cos\alpha > 0$，式(2)右端的符号取正号；如果 Σ 取后侧，$\cos\alpha < 0$，式(2)右端的符号取负号.

如果有向曲面 Σ 由方程 $y = y(z,x)$ 给出，Σ 在 zOx 面上的投影区域为 D_{zx}，则有

$$\iint_{\Sigma} Q(x,y,z)\,\mathrm{d}z\mathrm{d}x = \pm \iint_{D_{zx}} Q[x,y(z,x),z]\,\mathrm{d}z\mathrm{d}x, \tag{3}$$

如果 Σ 取右侧,$\cos\beta>0$,式(3) 右端的符号取正号;如果 Σ 取左侧,$\cos\beta<0$,式(3) 右端的符号取负号.

如果有向曲面 Σ 的方程不能由单值函数表示,则须将曲面分成若干片,使得每片曲面的方程都可由单值函数表示.在不改变原来曲面 Σ 的侧的情况下,Σ 上的曲面积分等于各片曲面上的曲面积分的和.

例 1 计算曲面积分 $I=\oiint_{\Sigma}(x+1)\mathrm{d}y\mathrm{d}z+y\mathrm{d}z\mathrm{d}x+\mathrm{d}x\mathrm{d}y$,$\Sigma$ 是由 $x+y+z=1$ 及三个坐标面所围四面体表面的外侧.

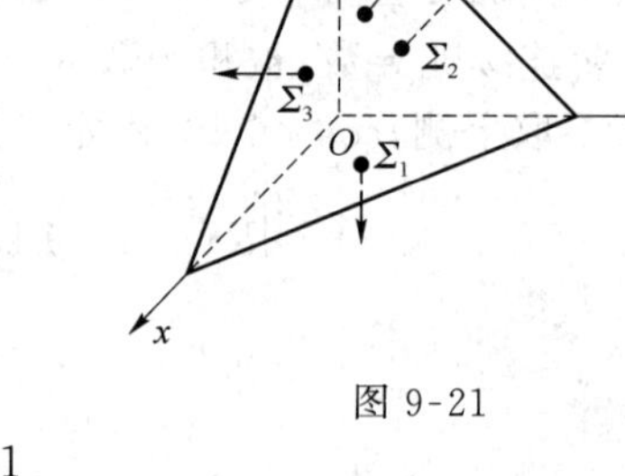

图 9-21

解 把 Σ 分成四个面(见图 9-21):

$\Sigma_1: z=0(0\leqslant y\leqslant 1-x, 0\leqslant x\leqslant 1)$ 的下侧;

$\Sigma_2: x=0(0\leqslant z\leqslant 1-y, 0\leqslant y\leqslant 1)$ 的右侧;

$\Sigma_3: y=0(0\leqslant z\leqslant 1-x, 0\leqslant x\leqslant 1)$ 的左侧;

$\Sigma_4: x+y+z=1(x\geqslant 0, y\geqslant 0, z\geqslant 0)$ 的上侧.

因为 Σ_1 在 yOz 及 zOx 面上的投影均为零,所以

$$\iint_{\Sigma_1}(x+1)\mathrm{d}y\mathrm{d}z+y\mathrm{d}z\mathrm{d}x+\mathrm{d}x\mathrm{d}y = 0+0+\iint_{\Sigma_1}\mathrm{d}x\mathrm{d}y$$

$$= -\iint_{D_{xy}}\mathrm{d}x\mathrm{d}y = -\frac{1}{2},$$

Σ_2 在 xOy 和 zOx 面上的投影均为零,则

$$\iint_{\Sigma_2}(x+1)\mathrm{d}y\mathrm{d}z+y\mathrm{d}z\mathrm{d}x+\mathrm{d}x\mathrm{d}y = \iint_{\Sigma_2}(x+1)\mathrm{d}y\mathrm{d}z+0+0$$

$$= -\iint_{D_{yz}}\mathrm{d}y\mathrm{d}z = -\frac{1}{2}(\text{因 } \Sigma_2: x=0 \text{ 取右侧}),$$

Σ_3 在 xOy 和 yOz 面上的投影均为零,则

$$\iint_{\Sigma_3}(x+1)\mathrm{d}y\mathrm{d}z+y\mathrm{d}z\mathrm{d}x+\mathrm{d}x\mathrm{d}y = 0+\iint_{\Sigma_3}y\mathrm{d}z\mathrm{d}x+0$$

$$= 0(\text{因 } \Sigma_3: y=0),$$

在 Σ_4 上,有

$$\iint_{\Sigma_4}(x+1)\mathrm{d}y\mathrm{d}z = \iint_{D_{yz}}(2-y-z)\mathrm{d}y\mathrm{d}z$$

$$= \int_0^1\mathrm{d}y\int_0^{1-y}(2-y-z)\mathrm{d}z = \frac{2}{3},$$

$$\iint_{\Sigma_4} y\mathrm{d}z\mathrm{d}x = \iint_{D_{zx}} (1-x-z)\mathrm{d}z\mathrm{d}x$$

$$= \int_0^1 \mathrm{d}x\int_0^{1-x}(1-x-z)\mathrm{d}z = \frac{1}{6},$$

$$\iint_{\Sigma_4} \mathrm{d}x\mathrm{d}y = \iint_{D_{xy}} \mathrm{d}x\mathrm{d}y = \frac{1}{2},$$

于是

$$\iint_{\Sigma_4}(x+1)\mathrm{d}y\mathrm{d}z + y\mathrm{d}z\mathrm{d}x + \mathrm{d}x\mathrm{d}y = \frac{2}{3}+\frac{1}{6}+\frac{1}{2}=\frac{4}{3},$$

因此

$$I=-\frac{1}{2}-\frac{1}{2}+0+\frac{4}{3}=\frac{1}{3}.$$

例 2　计算曲面积分$\iint_{\Sigma} xyz\,\mathrm{d}x\mathrm{d}y$，其中$\Sigma$是球面$x^2+y^2+z^2=1$外侧在$x\geqslant 0, y\geqslant 0$的部分.

解　把Σ分为上下两部分Σ_1及Σ_2.

$$\Sigma_1: z=\sqrt{1-x^2-y^2}\,(x\geqslant 0, y\geqslant 0)\text{ 的上侧}$$

$$\Sigma_2: z=-\sqrt{1-x^2-y^2}\,(x\geqslant 0, y\geqslant 0)\text{ 的下侧}$$

$$\iint_{\Sigma} xyz\,\mathrm{d}x\mathrm{d}y = \iint_{\Sigma_1} xyz\,\mathrm{d}x\mathrm{d}y + \iint_{\Sigma_2} xyz\,\mathrm{d}x\mathrm{d}y$$

$$= \iint_{D_{xy}} xy\sqrt{1-x^2-y^2}\,\mathrm{d}x\mathrm{d}y - \iint_{D_{xy}} xy(-\sqrt{1-x^2-y^2})\mathrm{d}x\mathrm{d}y$$

$$= 2\iint_{D_{xy}} xy\sqrt{1-x^2-y^2}\,\mathrm{d}x\mathrm{d}y,$$

其中，$D_{xy}=\{(x,y)\mid x^2+y^2\leqslant 1, x\geqslant 0, y\geqslant 0\}$.

利用极坐标计算二重积分，即

$$2\iint_{D_{xy}} xy\sqrt{1-x^2-y^2}\,\mathrm{d}x\mathrm{d}y = 2\int_0^{\frac{\pi}{2}}\mathrm{d}\theta\int_0^1 \rho^2\sin\theta\cos\theta\sqrt{1-\rho^2}\,\rho\mathrm{d}\rho$$

$$= \int_0^{\frac{\pi}{2}}\sin 2\theta\mathrm{d}\theta\int_0^1\rho^3\sqrt{1-\rho^2}\,\mathrm{d}\rho$$

$$= \frac{2}{15},$$

从而有$\iint_{\Sigma} xyz\,\mathrm{d}x\mathrm{d}y = \frac{2}{15}$.

三、两类曲面积分的联系

设光滑有向曲面Σ由方程$z=z(x,y)$给出,Σ在xOy面上的投影区域为D_{xy},则有计算公式

$$\iint_{\Sigma}R(x,y,z)\mathrm{d}x\mathrm{d}y=\pm\iint_{D_{xy}}R[x,y,z(x,y)]\mathrm{d}x\mathrm{d}y,$$

其中,右端积分前的正负号由曲面Σ上指定的法向量$\boldsymbol{n}$与z轴正向夹角γ的余弦$\cos\gamma$的正负确定.

另外,由于$\cos\gamma=\pm\dfrac{1}{\sqrt{1+z_x^2+z_y^2}}$及曲面的面积元素$\mathrm{d}S=\sqrt{1+z_x^2+z_y^2}\mathrm{d}x\mathrm{d}y$,可得

$$\iint_{\Sigma}R(x,y,z)\cos\gamma\mathrm{d}S=\pm\iint_{D_{xy}}R[x,y,z(x,y)]\mathrm{d}x\mathrm{d}y,$$

因此

$$\iint_{\Sigma}R(x,y,z)\mathrm{d}x\mathrm{d}y=\iint_{\Sigma}R(x,y,z)\cos\gamma\mathrm{d}S. \tag{3}$$

类似可推得

$$\iint_{\Sigma}P(x,y,z)\mathrm{d}y\mathrm{d}z=\iint_{\Sigma}P(x,y,z)\cos\alpha\mathrm{d}S, \tag{4}$$

$$\iint_{\Sigma}Q(x,y,z)\mathrm{d}z\mathrm{d}x=\iint_{\Sigma}Q(x,y,z)\cos\beta\mathrm{d}S, \tag{5}$$

将式(3)、式(4)及式(5)合并,得两类曲面积分之间的联系公式为

$$\iint_{\Sigma}P\mathrm{d}y\mathrm{d}z+Q\mathrm{d}z\mathrm{d}x+R\mathrm{d}x\mathrm{d}y=\iint_{\Sigma}(P\cos\alpha+Q\cos\beta+R\cos\gamma)\mathrm{d}S,$$

其中,$\cos\alpha$,$\cos\beta$和$\cos\gamma$是有向曲面Σ上点(x,y,z)处法向量的方向余弦.

两类曲面积分之间的联系公式也可向量形式表示,即

$$\iint_{\Sigma}\boldsymbol{A}\cdot\mathrm{d}\boldsymbol{S}=\iint_{\Sigma}\boldsymbol{A}\cdot\boldsymbol{n}\mathrm{d}S,$$

其中,$\boldsymbol{A}=(P,Q,R)$及$\boldsymbol{n}=(\cos\alpha,\cos\beta,\cos\gamma)$为有向曲面$\Sigma$在点$(x,y,z)$处的单位法向量,$\mathrm{d}\boldsymbol{S}=\boldsymbol{n}\mathrm{d}S=(\mathrm{d}y\mathrm{d}z,\mathrm{d}z\mathrm{d}x,\mathrm{d}x\mathrm{d}y)$.

例 3 计算曲面积分

$$I=\iint_{\Sigma}[f(x,y,z)+x]\mathrm{d}y\mathrm{d}z+[2f(x,y,z)+y]\mathrm{d}z\mathrm{d}x+[f(x,y,z)+z]\mathrm{d}x\mathrm{d}y,$$

其中,Σ是平面$x-y+z=1$在第四卦限部分的上侧,函数$f(x,y,z)$在Σ上连续.

解 Σ的单位法向量为$\boldsymbol{n}=\left(\dfrac{1}{\sqrt{3}},-\dfrac{1}{\sqrt{3}},\dfrac{1}{\sqrt{3}}\right)$,故$\cos\alpha=\dfrac{1}{\sqrt{3}}$,$\cos\beta=-\dfrac{1}{\sqrt{3}}$,$\cos\gamma=\dfrac{1}{\sqrt{3}}$.

由两类曲面积分的联系公式得

$$I=\iint_{\Sigma}\{[f(x,y,z)+x]\cos\alpha+[2f(x,y,z)+y]\cos\beta+[f(x,y,z)+z]\cos\gamma\}\mathrm{d}S$$

$$=\iint_{\Sigma}\frac{1}{\sqrt{3}}(x-y+z)\mathrm{d}S=\frac{1}{\sqrt{3}}\iint_{\Sigma}\mathrm{d}S$$

$$=\frac{1}{\sqrt{3}}\iint_{D_{xy}}\sqrt{3}\mathrm{d}x\mathrm{d}y=\frac{1}{2}\quad(\text{注意 }\Sigma: x-y+z=1).$$

例 4　计算$\iint_{\Sigma}(z^2+x)\mathrm{d}y\mathrm{d}z+\sqrt{z}\mathrm{d}x\mathrm{d}y$，其中$\Sigma$为抛物面$z=\frac{1}{2}(x^2+y^2)$在$z=0$与$z=2$之间的部分的下侧.

解　由于$\mathrm{d}y\mathrm{d}z=\cos\alpha\mathrm{d}S$，$\mathrm{d}x\mathrm{d}y=\cos\gamma\mathrm{d}S$，因此

$$\iint_{\Sigma}(z^2+x)\mathrm{d}y\mathrm{d}z=\iint_{\Sigma}(z^2+x)\cos\alpha\mathrm{d}S=\iint_{\Sigma}(z^2+x)\frac{\cos\alpha}{\cos\gamma}\mathrm{d}x\mathrm{d}y,$$

而Σ取下侧，所以

$$\cos\alpha=\frac{x}{\sqrt{1+x^2+y^2}},\quad\cos\gamma=-\frac{1}{\sqrt{1+x^2+y^2}},$$

于是

$$\iint_{\Sigma}(z^2+x)\mathrm{d}y\mathrm{d}z+\sqrt{z}\mathrm{d}x\mathrm{d}y=\iint_{\Sigma}[(z^2+x)(-x)+\sqrt{z}]\mathrm{d}x\mathrm{d}y$$

$$=-\iint_{D_{xy}}\left\{\left[\left(\frac{x^2+y^2}{2}\right)^2+x\right](-x)+\sqrt{\frac{1}{2}(x^2+y^2)}\right\}\mathrm{d}x\mathrm{d}y$$

$$=-\int_0^{2\pi}\mathrm{d}\theta\int_0^2\left(-\frac{1}{4}\rho^5\cos\theta-\rho^2\cos^2\theta+\frac{1}{\sqrt{2}}\rho\right)\rho\mathrm{d}\rho$$

$$=\left(4-\frac{8}{3}\sqrt{2}\right)\pi,$$

其中，D_{xy}为Σ在xOy面上的投影区域$\{(x,y)\mid x^2+y^2\leqslant 4\}$.

习题 9-5

1. 求下列对坐标的曲面积分：

(1) $\oiint_{\Sigma}y^2z\mathrm{d}x\mathrm{d}y$，$\Sigma$为球面$x^2+y^2+z^2=R^2$的外侧；

(2) $\iint_{\Sigma}x\mathrm{d}y\mathrm{d}z+y\mathrm{d}z\mathrm{d}x+z\mathrm{d}x\mathrm{d}y$，$\Sigma$是柱面$x^2+y^2=1$被平面$z=0$及$z=3$所截部分的

外侧；

(3) $\oiint\limits_{\Sigma} xy\mathrm{d}y\mathrm{d}z + yz\mathrm{d}z\mathrm{d}x + xz\mathrm{d}x\mathrm{d}y$，$\Sigma$ 是坐标面与 $x+y+z=1$ 所围成的四面体表面的外侧；

(4) $\iint\limits_{\Sigma} \dfrac{z^2}{x^2+y^2}\mathrm{d}x\mathrm{d}y$，$\Sigma$ 为上半球面 $z=\sqrt{2ax-x^2-y^2}\,(a>0)$ 在圆柱面 $x^2+y^2=a^2$ 的外面部分的上侧；

(5) $\iint\limits_{\Sigma} -y\mathrm{d}z\mathrm{d}x + (z+1)\mathrm{d}x\mathrm{d}y$，$\Sigma$ 为圆柱面 $x^2+y^2=4$ 被平面 $x+z=2$ 和 $z=0$ 所截出的部分的外侧；

(6) $\oiint\limits_{\Sigma} x^3\mathrm{d}y\mathrm{d}z + y^3\mathrm{d}z\mathrm{d}x + z^3\mathrm{d}x\mathrm{d}y$，$\Sigma$ 是球面 $x^2+y^2+z^2=a^2$ 的外侧；

(7) $\oiint\limits_{\Sigma} x^2\mathrm{d}y\mathrm{d}z + y^2\mathrm{d}z\mathrm{d}x + z^2\mathrm{d}x\mathrm{d}y$，$\Sigma$ 是球面 $(x-1)^2+(y-1)^2+(z-1)^2=1$ 的外侧.

2. 把对坐标的曲面积分 $\iint\limits_{\Sigma} P\mathrm{d}y\mathrm{d}z + Q\mathrm{d}z\mathrm{d}x + R\mathrm{d}x\mathrm{d}y$ 化成对面积的曲面积分，其中：

(1) Σ 是平面 $3x+2y+2\sqrt{3}z=6$ 在第一卦限部分的上侧；

(2) Σ 是抛物面 $z=8-(x^2+y^2)$ 在 xOy 面上方部分的上侧.

第六节　高斯公式、通量与散度

一、高斯公式

高斯(Gauss)公式建立了空间闭区域上的三重积分与其边界曲面上对坐标的曲面积分之间的联系.

首先介绍空间二维单连通区域的概念. 对于空间区域 G，如果 G 内任一张闭曲面所围成的区域仍属于 G，则称 G 是空间二维单连通区域；否则称 G 为二维复连通区域. 通俗地讲，二维单连通区域之中不含有“洞”，而二维复连通区域之中含有“洞”. 例如，球面所围成的区域及环面所围成的区域都是空间二维单连通区域；两个同心球面之间的区域是空间二维复连通区域.

定理 1　设空间二维单连通区域 Ω 的边界曲面 Σ 光滑或分片光滑，函数 $P(x,y,z)$，$Q(x,y,z)$ 和 $R(x,y,z)$ 在 Ω 及 Σ 上具有一阶连续偏导数，则有

$$\iiint\limits_{\Omega}\left(\frac{\partial P}{\partial x}+\frac{\partial Q}{\partial y}+\frac{\partial R}{\partial z}\right)\mathrm{d}v=\oiint\limits_{\Sigma}P\,\mathrm{d}y\mathrm{d}z+Q\mathrm{d}z\mathrm{d}x+R\mathrm{d}x\mathrm{d}y$$

$$=\oiint\limits_{\Sigma}(P\cos\alpha+Q\cos\beta+R\cos\gamma)\mathrm{d}s,$$

这里，Σ 取外侧，$\cos\alpha$，$\cos\beta$ 和 $\cos\gamma$ 是 Σ 上点 (x,y,z) 处的外法线方向的方向余弦.

称此公式即为高斯公式.

证　(1) 设任一穿过 Ω 内部且平行于坐标轴的直线与 Ω 的边界曲面 Σ 的交点只有两点.

不妨设 Σ 由 Σ_1，Σ_2 和 Σ_3 组成(见图 9-22)，其中，Σ_1 及 Σ_2 的方程分别为 $z=z_1(x,y)$ 和 $z=z_2(x,y)(z_1(x,y)\leqslant z_2(x,y))$，$\Sigma_1$ 取下侧，Σ_2 取上侧；Σ_3 是以 Ω 在 xOy 面上的投影区域 D_{xy} 的边界曲线为准线，母线平行于 z 轴的柱面上的一部分，取外侧.

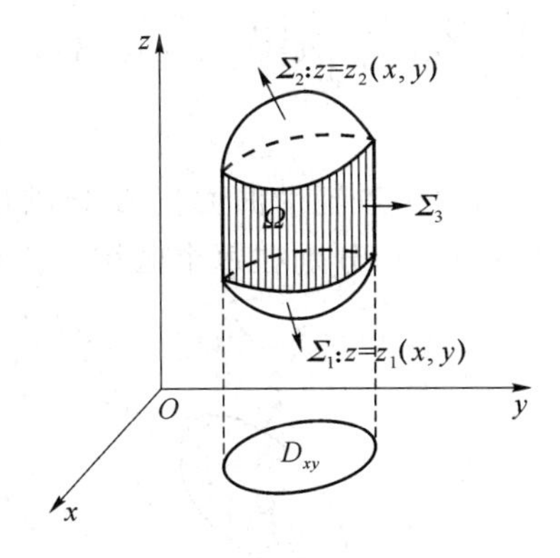

图 9-22

根据三重积分计算法得

$$\iiint\limits_{\Omega}\frac{\partial R}{\partial z}\mathrm{d}v=\iint\limits_{D_{xy}}\left[\int_{z_1(x,y)}^{z_2(x,y)}\frac{\partial R}{\partial z}\mathrm{d}z\right]\mathrm{d}x\mathrm{d}y$$

$$=\iint\limits_{D_{xy}}\{R[x,y,z_2(x,y)]-R[x,y,z_1(x,y)]\}\mathrm{d}x\mathrm{d}y.$$

另外，根据对坐标的曲面积分计算法得

$$\iint\limits_{\Sigma_1}R(x,y,z)\mathrm{d}x\mathrm{d}y=-\iint\limits_{D_{xy}}R[x,y,z_1(x,y)]\mathrm{d}x\mathrm{d}y,$$

$$\iint\limits_{\Sigma_2}R(x,y,z)\mathrm{d}x\mathrm{d}y=\iint\limits_{D_{xy}}R[x,y,z_2(x,y)]\mathrm{d}x\mathrm{d}y.$$

因 Σ_3 在 xOy 面上的投影为零，故

$$\iint\limits_{\Sigma_3}R(x,y,z)\mathrm{d}x\mathrm{d}y=0,$$

于是

$$\oiint_{\Sigma} R(x,y,z)\mathrm{d}x\mathrm{d}y = \iint_{\Sigma_1} R(x,y,z)\mathrm{d}x\mathrm{d}y + \iint_{\Sigma_2} R(x,y,z)\mathrm{d}x\mathrm{d}y + \iint_{\Sigma_3} R(x,y,z)\mathrm{d}x\mathrm{d}y$$

$$= \iint_{D_{xy}} \{R[x,y,z_2(x,y)] - R[x,y,z_1(x,y)]\}\mathrm{d}x\mathrm{d}y,$$

所以

$$\iiint_{\Omega} \frac{\partial R}{\partial z}\mathrm{d}v = \oiint_{\Sigma} R(x,y,z)\mathrm{d}x\mathrm{d}y.$$

类似可得

$$\iiint_{\Omega} \frac{\partial P}{\partial x}\mathrm{d}v = \oiint_{\Sigma} P(x,y,z)\mathrm{d}y\mathrm{d}z,$$

$$\iiint_{\Omega} \frac{\partial Q}{\partial y}\mathrm{d}v = \oiint_{\Sigma} Q(x,y,z)\mathrm{d}z\mathrm{d}x,$$

三式相加即得高斯公式.

(2) 如果 Ω 不满足情形(1),可以引进辅助曲面把 Ω 分成几个区域,使得每个区域均满足情形(1),然后按前面已证明的情形(1)分别在每个区域上应用高斯公式. 例如,见图 9-23 中,将 Ω 分成 Ω_1 及 Ω_2.

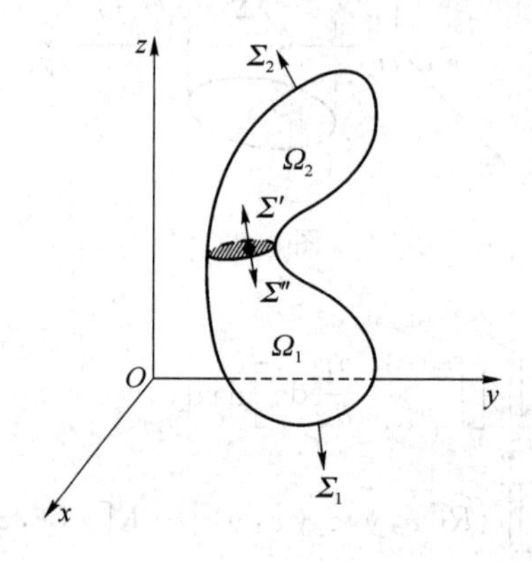

图 9-23

利用高斯公式得

$$\iiint_{\Omega_1} \frac{\partial R}{\partial z}\mathrm{d}v = \oiint_{\Sigma_1+\Sigma'} R(x,y,z)\mathrm{d}x\mathrm{d}y,$$

$$\iiint_{\Omega_2} \frac{\partial R}{\partial z}\mathrm{d}v = \oiint_{\Sigma_2+\Sigma''} R(x,y,z)\mathrm{d}x\mathrm{d}y,$$

因为 Σ' 和 Σ'' 是有相同的曲面,但法向量的方向正好相反,相加时,Σ' 和 Σ'' 上的曲面积分互相抵消,所以

$$\iiint_{\Omega} \frac{\partial R}{\partial z} \mathrm{d}v = \iiint_{\Omega_1} \frac{\partial R}{\partial z} \mathrm{d}v + \iiint_{\Omega_2} \frac{\partial R}{\partial z} \mathrm{d}v$$

$$= \iint_{\Sigma_1} R(x,y,z) \mathrm{d}x\mathrm{d}y + \iint_{\Sigma_2} R(x,y,z) \mathrm{d}x\mathrm{d}y$$

$$= \oiint_{\Sigma} R(x,y,z) \mathrm{d}x\mathrm{d}y,$$

这时,高斯公式仍成立.

高斯公式可以推广到具有限个“洞”的二维复连通区域.如果 Ω 为二维复连通区域,则 Ω 的边界曲面由若干个闭曲面组成.如图 9-24 所示,Ω 内有两个“洞”,Ω 的边界曲面由三个闭曲面 Σ,Σ_1 和 Σ_2 组成,Σ_1 及 Σ_2 包含在 Σ 内部,这时高斯公式仍旧成立,其边界曲面的法向量方向仍为 Ω 的表面外侧(注意,外面的边界 Σ 还是取外侧,但内部的边界 Σ_1 和 Σ_2 却取内侧).证明时需用辅助曲面 Σ'_1 和 Σ'_2 把 Ω 剖开,使它成为一个空间二维单连通区域,然后再利用高斯公式即可.

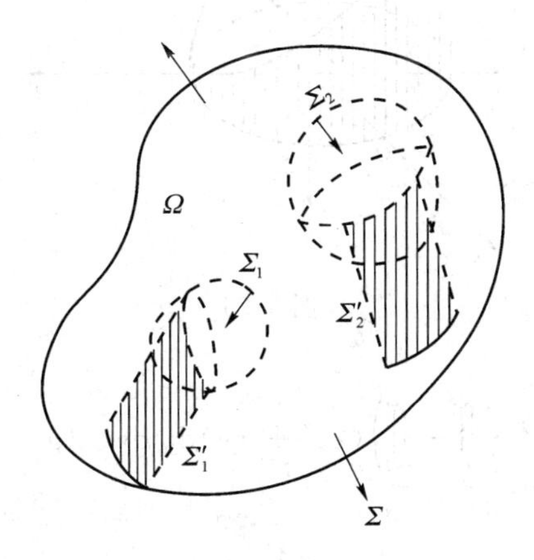

图 9-24

例 1　利用高斯公式计算曲面积分

$$\oiint_{\Sigma} x^3 \mathrm{d}y\mathrm{d}z + y^3 \mathrm{d}z\mathrm{d}x + z^3 \mathrm{d}x\mathrm{d}y,$$

其中,Σ 为球面 $x^2 + y^2 + z^2 = a^2$ 的外侧.

解　直接使用高斯公式把曲面积分化为三重积分:

$$\oiint_{\Sigma} x^3 \mathrm{d}y\mathrm{d}z + y^3 \mathrm{d}z\mathrm{d}x + z^3 \mathrm{d}x\mathrm{d}y = 3\iiint_{\Omega} (x^2 + y^2 + z^2) \mathrm{d}v,$$

这里,Ω 为球形闭区域 $x^2 + y^2 + z^2 \leqslant a^2$.

利用球面坐标计算三重积分,即

$$3\iiint_{\Omega}(x^2+y^2+z^2)\mathrm{d}v=3\int_0^{2\pi}\mathrm{d}\theta\int_0^{\pi}\mathrm{d}\varphi\int_0^{a}r^2r^2\sin\varphi\mathrm{d}r=\frac{12}{5}\pi a^5.$$

例 2 利用高斯公式计算曲面积分

$$I=\iint_{\Sigma}(2z^2+xy)\mathrm{d}y\mathrm{d}z+(x^2-yz)\mathrm{d}x\mathrm{d}y,$$

其中,Σ 是圆柱面 $x^2+y^2=1$ 被平面 $y+z=1$ 和 $z=0$ 所截出部分的外侧.

解 作辅助面 Σ_1 及 Σ_2,它们的方程分别为 $y+z=1$ 及 $z=0$,Σ_1 取上侧,Σ_2 取下侧.这样,$\Sigma+\Sigma_1+\Sigma_2$ 构成闭曲面,它们围成闭区域 Ω,且 $\Sigma+\Sigma_1+\Sigma_2$ 取外侧(见图 9-25).

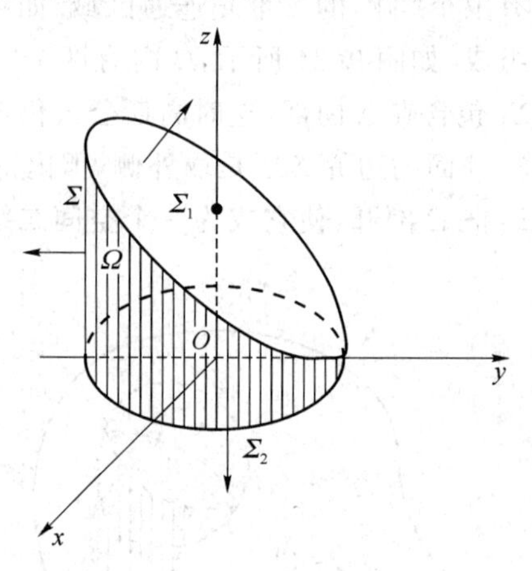

图 9-25

因此

$$I=\left(\oiint_{\Sigma+\Sigma_1+\Sigma_2}-\iint_{\Sigma_1}-\iint_{\Sigma_2}\right)(2z^2+xy)\mathrm{d}y\,\mathrm{d}z+(x^2-yz)\mathrm{d}x\mathrm{d}y,$$

使用高斯公式,有

$$\oiint_{\Sigma+\Sigma_1+\Sigma_2}(2z^2+xy)\mathrm{d}y\mathrm{d}z+(x^2-yz)\mathrm{d}x\mathrm{d}y=\iiint_{\Omega}(y-y)\mathrm{d}v=0,$$

$$\begin{aligned}\iint_{\Sigma_1}(2z^2+xy)\mathrm{d}y\mathrm{d}z+(x^2-yz)\mathrm{d}x\mathrm{d}y&=0+\iint_{\Sigma_1}(x^2-yz)\mathrm{d}x\mathrm{d}y\\&=\iint_{x^2+y^2\leqslant1}[x^2-y(1-y)]\mathrm{d}x\mathrm{d}y=\iint_{x^2+y^2\leqslant1}(x^2+y^2)\mathrm{d}x\mathrm{d}y-\iint_{x^2+y^2\leqslant1}y\mathrm{d}x\mathrm{d}y\\&=4\int_0^{\frac{\pi}{2}}\mathrm{d}\theta\int_0^1\rho^2\cdot\rho\mathrm{d}\rho-0=\frac{\pi}{2},\end{aligned}$$

另外

$$\iint_{\Sigma_2}(2z^2+xy)\mathrm{d}y\mathrm{d}z+(x^2-yz)\mathrm{d}x\mathrm{d}y=0+\iint_{\Sigma_2}(x^2-yz)\mathrm{d}x\mathrm{d}y$$

$$=-\iint_{x^2+y^2\leqslant 1}x^2\mathrm{d}x\mathrm{d}y=-4\int_0^{\frac{\pi}{2}}\mathrm{d}\theta\int_0^1\rho^2\cos^2\theta\cdot\rho\mathrm{d}\rho=-\frac{\pi}{4},$$

于是

$$I=0-\frac{\pi}{2}-\left(-\frac{\pi}{4}\right)=-\frac{\pi}{4}.$$

例 3　计算曲面积分

$$I=\oiint_{\Sigma}y\ln r\mathrm{d}y\mathrm{d}z-x\ln r\mathrm{d}z\mathrm{d}x+z\mathrm{d}x\mathrm{d}y,$$

其中，Σ 是椭球面$\frac{x^2}{a^2}+\frac{y^2}{b^2}+\frac{z^2}{c^2}=1$ 的外侧，$r=\sqrt{x^2+y^2+z^2}$.

解　令 $P=y\ln r,Q=-x\ln r,R=z$，则当 $x^2+y^2+z^2\neq 0$ 时，$\frac{\partial P}{\partial x}+\frac{\partial Q}{\partial y}+\frac{\partial R}{\partial z}=1$.

在 Σ 所围成的区域 Ω 内含有(0,0,0)，在(0,0,0)处 P 和 Q 不连续，所以不能直接应用高斯公式.

现以(0,0,0)为球心，$\varepsilon>0$(足够小)为半径作有向球面 K_ε，其法向量方向指向原点，使之包含在 Ω 内，记 Ω 内去掉 K_ε 所包围的部分为 Ω_ε，应用高斯公式，则有

$$I=\left(\oiint_{\Sigma+K_\varepsilon}-\oiint_{K_\varepsilon}\right)P\mathrm{d}y\mathrm{d}z+Q\mathrm{d}z\mathrm{d}x+R\mathrm{d}x\mathrm{d}y$$

$$=\iiint_{\Omega_\varepsilon}\left(\frac{\partial P}{\partial x}+\frac{\partial Q}{\partial y}+\frac{\partial R}{\partial z}\right)\mathrm{d}v-\oiint_{K_\varepsilon}P\mathrm{d}y\mathrm{d}z+Q\mathrm{d}z\mathrm{d}x+R\mathrm{d}x\mathrm{d}y$$

$$=\iiint_{\Omega_\varepsilon}\mathrm{d}v+\oiint_{K_\varepsilon^-}P\mathrm{d}y\mathrm{d}z+Q\mathrm{d}z\mathrm{d}x+R\mathrm{d}x\mathrm{d}y=I_1+I_2,$$

I_1 为椭球的体积与小球 K_ε 的体积之差$\frac{4}{3}\pi abc-\frac{4}{3}\pi\varepsilon^3$，又

$$I_2=\oiint_{K_\varepsilon^-}y\ln\varepsilon\mathrm{d}y\mathrm{d}z-x\ln\varepsilon\mathrm{d}z\mathrm{d}x+z\mathrm{d}x\mathrm{d}y,$$

再利用高斯公式得

$$I_2=\iiint_{G_\varepsilon}\left[\frac{\partial}{\partial x}(y\ln\varepsilon)+\frac{\partial}{\partial y}(-x\ln\varepsilon)+1\right]\mathrm{d}v$$

$$=\iiint_{G_\varepsilon}\mathrm{d}v=\frac{4}{3}\pi\varepsilon^3,$$

其中，G_ε 为小球 K_ε 所围的球体区域. 于是

$$I=\left(\frac{4}{3}\pi abc-\frac{4}{3}\pi\varepsilon^3\right)+\frac{4}{3}\pi\varepsilon^3=\frac{4}{3}\pi abc.$$

二、通量与散度

设有一向量场

$$\boldsymbol{A}(x,y,z)=P(x,y,z)\boldsymbol{i}+Q(x,y,z)\boldsymbol{j}+R(x,y,z)\boldsymbol{k},$$

Σ 是场内的一片有向曲面，$\boldsymbol{n}$ 是 Σ 在点 (x,y,z) 处的单位法向量，曲面积分

$$\iint_{\Sigma}P\,\mathrm{d}y\mathrm{d}z+Q\mathrm{d}z\mathrm{d}x+R\mathrm{d}x\mathrm{d}y=\iint_{\Sigma}\boldsymbol{A}\cdot\boldsymbol{n}\mathrm{d}S$$

称为该向量场 $\boldsymbol{A}$ 通过曲面 Σ 向着指定侧的通量(或流量). 显然，这个通量还可表示为

$$\iint_{\Sigma}A_n\mathrm{d}S,$$

其中，A_n 为 $\boldsymbol{A}$ 在 $\boldsymbol{n}$ 上的投影.

通量有很明确的物理意义，下面以流速场 $\boldsymbol{v}(x,y,z)$ 说明.

设在单位时间内流体向选定的那一侧穿过 Σ 的流量为 Φ，则在单位时间内流体向选定的那一侧穿过曲面元素 $\mathrm{d}S$ 的流量为 $\mathrm{d}\Phi=\boldsymbol{v}\cdot\boldsymbol{n}\mathrm{d}S$. 当 $\boldsymbol{v}$ 与 $\boldsymbol{n}$ 相交成锐角时，$\mathrm{d}\Phi>0$ 为正流量；当 $\boldsymbol{v}$ 与 $\boldsymbol{n}$ 相交成钝角时，$\mathrm{d}\Phi<0$ 为负流量. 因此，总流量 $\Phi=\iint_{\Sigma}\boldsymbol{v}\cdot\boldsymbol{n}\mathrm{d}S$ 可以理解为在单位时间内流体向选定的那一侧穿过曲面 Σ 的正流量与负流量的代数和. 于是有：

(1) 当 $\Phi>0$ 时，表示向选定的那一侧穿过 Σ 的流量大于沿相反方向穿过 Σ 的流量；

(2) 当 $\Phi<0$ 或 $\Phi=0$ 时，表示向选定的那一侧穿过 Σ 的流量小于或等于沿相反方向穿过 Σ 的流量.

特别地，如果 Σ 为闭曲面，选取 Σ 的外侧，那么 $\Phi=\oiint_{\Sigma}\boldsymbol{v}\cdot\mathrm{d}\boldsymbol{S}$ 表示从内穿出 Σ 的正流量与从外穿入 Σ 的负流量的代数和. 当 $\Phi>0$ 时，表示流出多于流入，表明 Σ 内有产生流体的源；当 $\Phi<0$ 时，表示流入多于流出，表明 Σ 内部有“洞”；当 $\Phi=0$ 时表示流出与流入达到平衡.

因此，在一般向量场 $\boldsymbol{A}(x,y,z)$ 中，对于穿出闭曲面 Σ 的通量 Φ，当 $\Phi\neq0$ 时，依 Φ 的符号确定 Σ 内有产生通量 Q 的正源(或负源). 至于其源的实际意义，应视具体的向量场而定.

下面研究源头强度问题.

在向量场 $\boldsymbol{A}(x,y,z)$ 中取一点 $M(x,y,z)$，在 M 的某邻域内作一包含点 M 在内的任一闭曲面 Σ. 设 Σ 所包围的空间区域为 Ω，其体积用 V 表示.

高斯公式

$$\frac{1}{V}\oiint_{\Sigma}\boldsymbol{A}\cdot\boldsymbol{n}\mathrm{d}S=\frac{1}{V}\iiint_{\Sigma}\left(\frac{\partial P}{\partial x}+\frac{\partial Q}{\partial y}+\frac{\partial R}{\partial z}\right)\mathrm{d}v$$

表示 Ω 内的源头在单位时间单位体积内所产生的通量的平均值.

应用积分中值定理,有

$$\frac{1}{V}\oiint_{\Sigma}\boldsymbol{A}\cdot\boldsymbol{n}\mathrm{d}S=\left(\frac{\partial P}{\partial x}+\frac{\partial Q}{\partial y}+\frac{\partial R}{\partial z}\right)\bigg|_{(\xi,\eta,\zeta)},$$

这里,(ξ,η,ζ)是Ω内的某一点.

当Ω以任意方式缩向M点时,极限

$$\lim_{\Omega\to M}\frac{1}{V}\oiint_{\Sigma}\boldsymbol{A}\cdot\boldsymbol{n}\mathrm{d}S=\frac{\partial P}{\partial x}+\frac{\partial Q}{\partial y}+\frac{\partial R}{\partial z},$$

这里,假设P,Q和R具有一阶连续偏导数.

$\frac{\partial P}{\partial x}+\frac{\partial Q}{\partial y}+\frac{\partial R}{\partial z}$即为向量场$\boldsymbol{A}$的散度,记作$\mathrm{div}\boldsymbol{A}$,即

$$\mathrm{div}\boldsymbol{A}=\frac{\partial P}{\partial x}+\frac{\partial Q}{\partial y}+\frac{\partial R}{\partial z}.$$

散度$\mathrm{div}\boldsymbol{A}$表示场$\boldsymbol{A}$中点$(x,y,z)$处的通量对体积的变化率,也就是在该点处源的强度.

高斯公式此时可写成

$$\oiint_{\Sigma}\boldsymbol{A}\cdot\mathrm{d}\boldsymbol{S}=\oiint_{\Sigma}\boldsymbol{A}\cdot\boldsymbol{n}\mathrm{d}S=\iiint_{\Omega}\mathrm{div}\boldsymbol{A}\mathrm{d}v,$$

此公式解释为:向量场$\boldsymbol{A}$穿过Σ的通量等于分布在Ω内的源头产生的通量.

习题 9-6

1. 利用高斯公式计算下列曲面积分:

(1) $\oiint_{\Sigma}xy\mathrm{d}y\mathrm{d}z+zy\mathrm{d}z\mathrm{d}x+xz\mathrm{d}x\mathrm{d}y$,$\Sigma$是由坐标面及平面$x+y+z=1$所围成的四面体的表面外侧;

(2) $\iint_{\Sigma}(x^2-y)\mathrm{d}y\mathrm{d}z+(y^2-z)\mathrm{d}z\mathrm{d}x+(z^2-x)\mathrm{d}x\mathrm{d}y$,$\Sigma$是锥面$z=\sqrt{x^2+y^2}$在$0\leqslant z\leqslant H$部分的外侧;

(3) $\oiint_{\Sigma}yz\mathrm{d}z\mathrm{d}x+(x^2+y^2)z\mathrm{d}x\mathrm{d}y$,$\Sigma$是在第一卦限内由抛面$z=x^2+y^2$与平面$x=0$,$y=0$及$z=1$所围成的封闭曲面的外侧;

(4) $\iint_{\Sigma}(x^3+az^2)\mathrm{d}y\mathrm{d}z+(y^3+ax^2)\mathrm{d}z\mathrm{d}x+(z^3+ay^2)\mathrm{d}x\mathrm{d}y$,$\Sigma$为半球面$z=\sqrt{a^2-x^2-y^2}$的上侧;

(5) $\iint_{\Sigma}(x^3-x)\mathrm{d}y\mathrm{d}z+(y^3-2y)\mathrm{d}z\mathrm{d}x+(z^3+2)\mathrm{d}x\mathrm{d}y$,$\Sigma$为半球面$z=\sqrt{R^2-x^2-y^2}$

的上侧；

(6) $\iint\limits_{\Sigma} 4zx\mathrm{d}y\mathrm{d}z - 2yz\mathrm{d}z\mathrm{d}x + (z - z^2)\mathrm{d}x\mathrm{d}y$，$\Sigma$ 为曲线 $\begin{cases} z = \mathrm{e}^y \\ x = 0 \end{cases}$ $(0 \leqslant y \leqslant 2)$ 绕 z 轴旋转一周所形成的曲面下侧；

(7) $\iint\limits_{\Sigma} yz\mathrm{d}y\mathrm{d}z + (x^2 + z^2)y\mathrm{d}z\mathrm{d}x + xy\mathrm{d}x\mathrm{d}y$，$\Sigma$ 为抛物面 $4 - y = x^2 + z^2$ 在 xOz 面右侧部分的外侧；

(8) $\iint\limits_{\Sigma} (8y+1)x\mathrm{d}y\mathrm{d}z + 2(1 - y^2)\mathrm{d}z\mathrm{d}x - 4yz\mathrm{d}x\mathrm{d}y$，$\Sigma$ 是由曲线 $\begin{cases} z = \sqrt{y-1} \\ x = 0 \end{cases}$ $(1 \leqslant y \leqslant 3)$ 绕 y 轴旋转一周所形成的曲面，它的法向量与 y 轴正向的夹角恒大于 $\dfrac{\pi}{2}$；

(9) $\iint\limits_{\Sigma} \dfrac{x\mathrm{d}y\mathrm{d}z + y\mathrm{d}z\mathrm{d}x + z\mathrm{d}x\mathrm{d}y}{\sqrt{(x^2 + y^2 + z^2)^3}}$，$\Sigma$ 是曲面 $1 - \dfrac{z}{5} = \dfrac{(x-2)^2}{16} + \dfrac{(y-1)^2}{9}$ $(z \geqslant 0)$ 的上侧.

2. 设 $u(x,y,z)$ 和 $v(x,y,z)$ 在闭区域 Ω 上具有二阶连续偏导数，证明：

(1) $\iiint\limits_{\Omega} u\Delta v\mathrm{d}x\mathrm{d}y\mathrm{d}z = \oiint\limits_{\Sigma} u\dfrac{\partial v}{\partial \boldsymbol{n}}\mathrm{d}s - \iiint \nabla u \cdot \nabla v\mathrm{d}x\mathrm{d}y\mathrm{d}z$，

(2) $\iiint\limits_{\Omega} (u\Delta v - v\Delta u)\mathrm{d}x\mathrm{d}y\mathrm{d}z = \oiint\limits_{\Sigma} \left(u\dfrac{\partial v}{\partial \boldsymbol{n}} - v\dfrac{\partial u}{\partial \boldsymbol{n}}\right)\mathrm{d}S$，

其中，Σ 是 Ω 的整个边界曲面，$\dfrac{\partial u}{\partial \boldsymbol{n}}$ 和 $\dfrac{\partial v}{\partial \boldsymbol{n}}$ 分别表示 $u(x,y,z)$ 和 $v(x,y,z)$ 沿 Σ 的外法线方向 $\boldsymbol{n}$ 的方向导数，符号 $\Delta = \dfrac{\partial^2}{\partial x^2} + \dfrac{\partial^2}{\partial y^2} + \dfrac{\partial^2}{\partial z^2}$ 称为拉普拉斯算子，$\nabla = \left(\dfrac{\partial}{\partial x}, \dfrac{\partial}{\partial y}, \dfrac{\partial}{\partial z}\right)$ 称为汉密尔顿(Hamilton)算子，以上两个公式分别为格林第一、第二公式.

3. 设 $u(x,y,z)$ 为调和函数，即 $\dfrac{\partial^2 u}{\partial x^2} + \dfrac{\partial^2 u}{\partial y^2} + \dfrac{\partial^2 u}{\partial z^2} = 0$，且 $u(x,y,z)$ 有二阶连续偏导数，证明：

(1) $\oiint\limits_{\Sigma} u\dfrac{\partial u}{\partial \boldsymbol{n}}\mathrm{d}S = \iiint\limits_{\Omega} \left[\left(\dfrac{\partial u}{\partial x}\right)^2 + \left(\dfrac{\partial u}{\partial y}\right)^2 + \left(\dfrac{\partial u}{\partial z}\right)^2\right]\mathrm{d}v$. 其中，$\Sigma$ 为空间闭区域 Ω 的边界曲面，$\dfrac{\partial u}{\partial \boldsymbol{n}}$ 为 $u(x,y,z)$ 沿 Σ 的外法线方向 $\boldsymbol{n}$ 的方向导数；

(2) 若 $u(x,y,z)$ 在边界曲面 Σ 上恒为零，则 $u(x,y,z)$ 在以 Σ 为边界的空间区域 Ω 上恒为零.

4. 设 Σ 为椭球面 $\dfrac{x^2}{a^2} + \dfrac{y^2}{b^2} + \dfrac{z^2}{c^2} = 1$，求向量场 $\boldsymbol{A}(x,y,z) = (x - y + z)\boldsymbol{i} + (y - z + x)\boldsymbol{j} + (z - x + y)\boldsymbol{k}$ 从内穿出 Σ 的通量 Φ.

5. 设 Σ 为半球面 $x^2 + y^2 + z^2 = a^2 (z \geqslant 0)$，求向量场 $\boldsymbol{A}(x,y,z) = x\boldsymbol{i} + y\boldsymbol{j} + z\boldsymbol{k}$ 向上穿过 Σ 的通量 Φ.

6. 求向量场 $\mathbf{A}(x,y,z)=xyz\mathbf{r}$，$\mathbf{r}=x\mathbf{i}+y\mathbf{j}+z\mathbf{k}$ 在点(1,3,2)处的散度 $\operatorname{div}\mathbf{A}$.

7. 设 $\mathbf{A}(x,y,z)=x\mathbf{i}+y\mathbf{j}+z\mathbf{k}$，$r=|\mathbf{A}|$，求使 $\operatorname{div}[f(r)\mathbf{A}]=0$ 的 $f(r)$.

第七节　斯托克斯公式、环流量与旋度

一、斯托克斯公式

斯托克斯(Stokes)公式建立了曲面 Σ 上的曲面积分与沿着 Σ 的边界曲线的曲线积分之间的关系，它是格林公式的推广.

定理1　设光滑曲面 Σ 的边界为光滑闭曲线 Γ，函数 $P(x,y,z)$，$Q(x,y,z)$ 和 $R(x,y,z)$ 在曲面 Σ 及边界曲线 Γ 上具有连续偏导数，则

$$\oint_{\Gamma} P\,\mathrm{d}x+Q\mathrm{d}y+R\mathrm{d}z=\iint_{\Sigma}\left(\frac{\partial R}{\partial y}-\frac{\partial Q}{\partial z}\right)\mathrm{d}y\mathrm{d}z+\left(\frac{\partial P}{\partial z}-\frac{\partial R}{\partial x}\right)\mathrm{d}z\mathrm{d}x+\left(\frac{\partial Q}{\partial x}-\frac{\partial P}{\partial y}\right)\mathrm{d}x\mathrm{d}y$$

$$=\iint_{\Sigma}\left[\left(\frac{\partial R}{\partial y}-\frac{\partial Q}{\partial z}\right)\cos\alpha+\left(\frac{\partial P}{\partial z}-\frac{\partial R}{\partial x}\right)\cos\beta+\left(\frac{\partial Q}{\partial x}-\frac{\partial P}{\partial y}\right)\cos\gamma\right]\mathrm{d}S,$$

曲线 Γ 的方向与曲面 Σ 的侧符合右手规则，也就是当右手除拇指外的四指指向 Γ 的方向时，拇指所指的方向就是 Σ 上法向量的指向(见图 9-26).

这个公式称为斯托克斯公式.

证　假定 Σ 与平行于 z 轴的直线相交不多于一点，并设光滑曲面 Σ 的方程为 $z=z(x,y)$，Σ 取上侧，Σ 的边界曲线 Γ 在 xOy 面上的投影为平面有向曲线 C，C 所围的闭区域为 D_{xy}(见图 9-26).

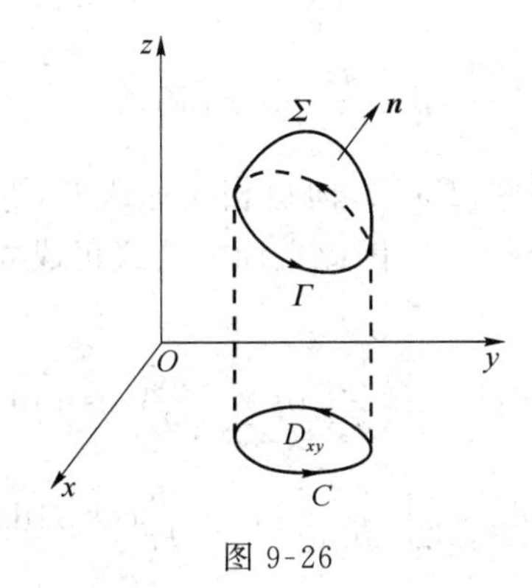

图 9-26

首先证明：

$$\oint_{\Gamma} P\,\mathrm{d}x=\iint_{\Sigma}\left(\frac{\partial P}{\partial z}\cos\beta-\frac{\partial P}{\partial y}\cos\gamma\right)\mathrm{d}S.$$

注意到函数 $P(x,y,z(x,y))$ 在曲线 C 上点 (x,y) 处的值与函数 $P(x,y,z)$ 在曲线 Γ 上对应点 (x,y,z) 的值相等,并且两曲线上的对应小弧段在 x 轴上的投影相同,由曲线积分的定义知

$$\oint_{\Gamma} P\,\mathrm{d}x=\oint_{C} P[x,y,z(x,y)]\mathrm{d}x,$$

利用格林公式,右端的曲线积分

$$\begin{aligned}\oint_{C} P[x,y,z(x,y)]\mathrm{d}x&=-\iint_{D_{xy}}\frac{\partial}{\partial y}P[x,y,z(x,y)]\mathrm{d}x\mathrm{d}y\\&=-\iint_{D_{xy}}\left(\frac{\partial P}{\partial y}+\frac{\partial P}{\partial z}\frac{\partial z}{\partial y}\right)\mathrm{d}x\mathrm{d}y.\end{aligned}$$

另外,因为曲面 Σ 的法向量的方向余弦为

$$\cos\alpha=-\frac{z_x}{\sqrt{1+z_x^2+z_y^2}},\ \cos\beta=-\frac{z_y}{\sqrt{1+z_x^2+z_y^2}},\ \cos\gamma=\frac{1}{\sqrt{1+z_x^2+z_y^2}},$$

这里,Σ 取上侧,故必须 $\cos\gamma>0$. 于是,$\dfrac{\cos\beta}{\cos\gamma}=-\dfrac{\partial z}{\partial y}$,所以

$$\begin{aligned}\iint_{\Sigma}\left(\frac{\partial P}{\partial z}\cos\beta-\frac{\partial P}{\partial y}\cos\gamma\right)\mathrm{d}S&=\iint_{D_{xy}}\left(\frac{\partial P}{\partial z}\cos\beta-\frac{\partial P}{\partial y}\cos\gamma\right)\sqrt{1+z_x^2+z_y^2}\,\mathrm{d}x\mathrm{d}y\\&=\iint_{D_{xy}}\left(\frac{\partial P}{\partial z}\cos\beta-\frac{\partial P}{\partial y}\cos\gamma\right)\frac{1}{\cos\gamma}\mathrm{d}x\mathrm{d}y\\&=-\iint_{D_{xy}}\left(\frac{\partial P}{\partial y}-\frac{\partial P}{\partial z}\frac{\cos\beta}{\cos\gamma}\right)\mathrm{d}x\mathrm{d}y\\&=-\iint_{D_{xy}}\left(\frac{\partial P}{\partial y}+\frac{\partial P}{\partial z}\frac{\partial z}{\partial y}\right)\mathrm{d}x\mathrm{d}y,\end{aligned}$$

这就证明了公式:$\displaystyle\oint_{\Gamma} P\,\mathrm{d}x=\iint_{\Sigma}\left(\frac{\partial P}{\partial z}\cos\beta-\frac{\partial P}{\partial y}\cos\gamma\right)\mathrm{d}S.$ (1)

如果 Σ 取下侧,由右手规则知,Γ 的方向也相应地改变,那么上述证明过程中利用格林公式部分的符号将改变,此时 $\cos\gamma<0$,因此上面的公式仍成立.

同理可证

$$\oint_{\Gamma} Q\,\mathrm{d}y=\iint_{\Sigma}\left(\frac{\partial Q}{\partial x}\cos\gamma-\frac{\partial Q}{\partial z}\cos\alpha\right)\mathrm{d}S,\tag{2}$$

$$\oint_{\Gamma} R\,\mathrm{d}z=\iint_{\Sigma}\left(\frac{\partial R}{\partial y}\cos\alpha-\frac{\partial R}{\partial x}\cos\beta\right)\mathrm{d}S,\tag{3}$$

式(1)、式(2)及式(3)相加,即得

$$\oint_{\Gamma} P\,\mathrm{d}x+Q\mathrm{d}y+R\mathrm{d}z=\iint_{\Sigma}\left[\left(\frac{\partial R}{\partial y}-\frac{\partial Q}{\partial z}\right)\cos\alpha+\left(\frac{\partial P}{\partial z}-\frac{\partial R}{\partial x}\right)\cos\beta+\left(\frac{\partial Q}{\partial x}-\frac{\partial P}{\partial y}\right)\cos\gamma\right]\mathrm{d}S.$$

另外，如果曲面与平行于 z 轴的直线的交点不止一个，那么可以把曲面分成若干块，使每块和平行于 z 轴的直线的交点不多于一个. 不难验证，斯托克斯公式仍成立.

为了便于记忆，利用行列式记号把公式写成

$$\oint_{\Gamma} P\mathrm{d}x + Q\mathrm{d}y + R\mathrm{d}z = \iint_{\Sigma} \begin{vmatrix} \cos\alpha & \cos\beta & \cos\gamma \\ \dfrac{\partial}{\partial x} & \dfrac{\partial}{\partial y} & \dfrac{\partial}{\partial z} \\ P & Q & R \end{vmatrix} \mathrm{d}S = \iint_{\Sigma} \begin{vmatrix} \mathrm{d}y\mathrm{d}z & \mathrm{d}z\mathrm{d}x & \mathrm{d}x\mathrm{d}y \\ \dfrac{\partial}{\partial x} & \dfrac{\partial}{\partial y} & \dfrac{\partial}{\partial z} \\ P & Q & R \end{vmatrix}.$$

如果 Σ 是 xOy 面上的一块平面闭区域，斯托克斯公式就变成格林公式. 因此，斯托克斯公式是格林公式的推广形式.

例 1　计算曲线积分

$$I = \oint_{\Gamma} (y+1)\mathrm{d}x + (z+2)\mathrm{d}y + (x+3)\mathrm{d}z,$$

其中，Γ 为圆周 $x^2+y^2+z^2=R^2$，$x+y+z=0$；若从 x 轴正向看去，圆周是逆时针方向.

解　取 Σ 为平面 $x+y+z=0$ 的上侧被 Γ 所围成的圆平面. 有 $\cos\alpha = \dfrac{1}{\sqrt{3}}$，$\cos\beta = \dfrac{1}{\sqrt{3}}$，$\cos\gamma = \dfrac{1}{\sqrt{3}}$.

根据斯托克斯公式可得

$$I = \iint_{\Sigma} \begin{vmatrix} \cos\alpha & \cos\beta & \cos\gamma \\ \dfrac{\partial}{\partial x} & \dfrac{\partial}{\partial y} & \dfrac{\partial}{\partial z} \\ y+1 & z+2 & x+3 \end{vmatrix} \mathrm{d}S = \iint_{\Sigma} (-\cos\alpha - \cos\beta - \cos\gamma)\mathrm{d}S$$

$$= \iint_{\Sigma} -\frac{3}{\sqrt{3}}\mathrm{d}S = -\sqrt{3}\iint_{\Sigma}\mathrm{d}S = -\sqrt{3}\pi R^2.$$

例 2　计算曲线积分

$$I = \oint_{\Gamma} (y-z)\mathrm{d}x + (z-x)\mathrm{d}y + (x-y)\mathrm{d}z,$$

其中，Γ 为柱面 $x^2+y^2=a^2$ 和平面 $\dfrac{x}{a}+\dfrac{z}{h}=1\,(a>0, h>0)$ 的交线，即 Γ 是一个椭圆；从 x 轴的正向看去，椭圆是逆时针方向（见图 9-27）.

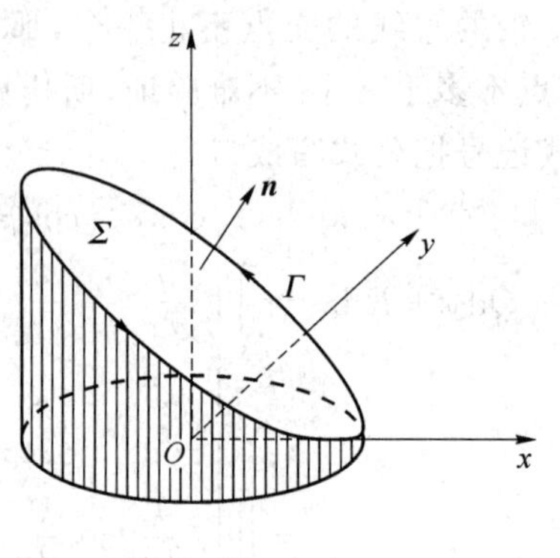

图 9-27

解 取Σ为$\frac{x}{a}+\frac{z}{h}=1$的上侧被$\Gamma$所围成的椭圆平面,有$\cos\alpha=\frac{h}{\sqrt{a^2+h^2}}$,$\cos\beta=0$,$\cos\gamma=\frac{a}{\sqrt{a^2+h^2}}$,于是

$$I=\iint_{\Sigma}\begin{vmatrix}\cos\alpha & \cos\beta & \cos\gamma\\ \frac{\partial}{\partial x} & \frac{\partial}{\partial y} & \frac{\partial}{\partial z}\\ y-z & z-x & x-y\end{vmatrix}\mathrm{d}S$$

$$=-2\iint_{\Sigma}(\cos\alpha+\cos\beta+\cos\gamma)\mathrm{d}S$$

$$=-2\iint_{\Sigma}\frac{h+a}{\sqrt{a^2+h^2}}\mathrm{d}S=-2\iint_{D_{xy}}\frac{h+a}{\sqrt{a^2+h^2}}\sqrt{1+\left(\frac{h}{a}\right)^2}\,\mathrm{d}x\mathrm{d}y$$

$$=-2\,\frac{h+a}{a}\iint_{D_{xy}}\mathrm{d}x\mathrm{d}y=-2\,\frac{h+a}{a}\pi a^2=-2\pi a(a+h).$$

*二、空间曲线积分与路径无关的条件

前述内容利用格林公式推得了平面曲线积分与路径无关的条件.空间曲线积分与路径无关的条件可以用斯托克斯公式推出.

首先介绍空间一维单连通区域的概念.对于空间区域G,如果G内任一闭曲线总可以张成一片完全属于G的曲面,则称G为空间一维单连通区域.例如,球面所围成的区域及两个同心球之间的区域都是一维单连通区域,而环面所围成的区域则不是一维单连通区域.

定理 2 设函数$P(x,y,z)$,$Q(x,y,z)$及$R(x,y,z)$在一维单连通区域G内具有一阶连续偏导数,则空间曲线积分$\int_{\Gamma}P\mathrm{d}x+Q\mathrm{d}y+R\mathrm{d}z$在$G$内与路径无关(或沿$G$内任一闭曲线的曲线积分为零)的充分必要条件是等式

$$\frac{\partial P}{\partial y}=\frac{\partial Q}{\partial x},\quad \frac{\partial Q}{\partial z}=\frac{\partial R}{\partial y},\quad \frac{\partial R}{\partial x}=\frac{\partial P}{\partial z}$$

在 G 内恒成立.

证 如果三个等式在 G 内成立,由斯托克斯公式立即可得沿 G 内任意闭曲线的曲线积分为零.反之,设沿 G 内任意闭曲线的曲线积分为零,若 G 内有一点 M_0,使三个等式不完全成立,不妨假设 $\frac{\partial P}{\partial y}\neq\frac{\partial Q}{\partial x}$,$\left(\frac{\partial Q}{\partial x}-\frac{\partial P}{\partial y}\right)\Big|_{M_0}=\eta>0$.

过 $M(x_0,y_0,z_0)$ 作平面 $z=z_0$,在此平面上取一个以 M_0 为圆心且半径足够小的圆形区域 K,使得 K 上恒有 $\frac{\partial Q}{\partial x}-\frac{\partial P}{\partial y}\geqslant\frac{\eta}{2}$.设 l 为圆域 K 的正向边界曲线,因为 l 在平面 $z=z_0$ 上,所以

$$\begin{aligned}\oint_l P\mathrm{d}x+Q\mathrm{d}y+R\mathrm{d}z&=\oint_l P\mathrm{d}x+Q\mathrm{d}y\\&=\iint_K\left(\frac{\partial Q}{\partial x}-\frac{\partial P}{\partial y}\right)\mathrm{d}x\mathrm{d}y\\&\geqslant\frac{\eta}{2}\sigma>0\quad(\sigma\text{ 为圆域 }K\text{ 的面积}),\end{aligned}$$

所得结果与所设矛盾,因此上面三个等式在 G 内恒成立.

为了便于记忆,定理 2 中三个等式可写成

$$\begin{vmatrix}\boldsymbol{i}&\boldsymbol{j}&\boldsymbol{k}\\\frac{\partial}{\partial x}&\frac{\partial}{\partial y}&\frac{\partial}{\partial z}\\P&Q&R\end{vmatrix}=\mathbf{0}.$$

当 $\int_\Gamma P\mathrm{d}x+Q\mathrm{d}y+R\mathrm{d}z$ 与路径无关时,若起点 (x_0,y_0,z_0) 固定,则曲线积分 $\int_{(x_0,y_0,z_0)}^{(x,y,z)}P\mathrm{d}x+Q\mathrm{d}y+R\mathrm{d}z$ 是终点 (x,y,z) 的函数,记作 $U(x,y,z)$.

可以证明,$U(x,y,z)$ 的全微分就是 $P\mathrm{d}x+Q\mathrm{d}y+R\mathrm{d}z$,因此 $U(x,y,z)$ 是 $P\mathrm{d}x+Q\mathrm{d}y+R\mathrm{d}z$ 的原函数.

曲线积分 $\int_{(x_0,y_0,z_0)}^{(x,y,z)}P\mathrm{d}x+Q\mathrm{d}y+R\mathrm{d}z$ 一般取折线路径计算.例如,按图 9-28 取积分路径,有

$$\begin{aligned}U(x,y,z)&=\int_{(x_0,y_0,z_0)}^{(x,y,z)}P\mathrm{d}x+Q\mathrm{d}y+R\mathrm{d}z\\&=\int_{x_0}^{x}P(x,y_0,z_0)\mathrm{d}x+\int_{y_0}^{y}Q(x,y,z_0)\mathrm{d}y+\int_{z_0}^{z}R(x,y,z)\mathrm{d}z.\end{aligned}$$

例 3 求证曲线积分 $\int_\Gamma(1+xe^{2y}z)\mathrm{d}x+(x^2e^{2y}z-yz)\mathrm{d}y+\frac{1}{2}(x^2e^{2y}-y^2)\mathrm{d}z$ 与路径无

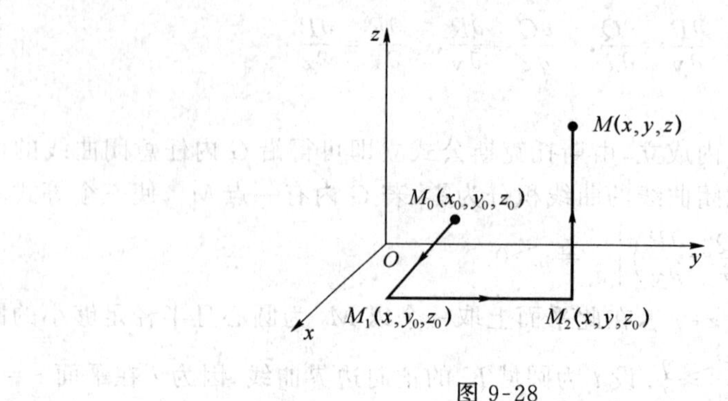

图 9-28

关,并求 Γ 的起点和终点分别为 $O(0,0,0)$ 和 $M(1,1,1)$ 的曲线积分.

解 令 $P=1+xe^{2y}z,Q=x^2e^{2y}z-yz,R=\frac{1}{2}(x^2e^{2y}-y^2)$,则

$$\begin{vmatrix} \boldsymbol{i} & \boldsymbol{j} & \boldsymbol{k} \\ \frac{\partial}{\partial x} & \frac{\partial}{\partial y} & \frac{\partial}{\partial z} \\ P & Q & R \end{vmatrix}=\begin{vmatrix} \boldsymbol{i} & \boldsymbol{j} & \boldsymbol{k} \\ \frac{\partial}{\partial x} & \frac{\partial}{\partial y} & \frac{\partial}{\partial z} \\ 1+xe^{2y}z & x^2e^{2y}z-yz & \frac{1}{2}(x^2e^{2y}-y^2) \end{vmatrix}$$

$$=\boldsymbol{0},$$

即$\frac{\partial P}{\partial y}=\frac{\partial Q}{\partial x},\frac{\partial Q}{\partial z}=\frac{\partial R}{\partial y},\frac{\partial R}{\partial x}=\frac{\partial P}{\partial z}$在全空间都成立,因此曲线积分与路径无关.

取折线路径(见图 9-29)计算曲线积分,有

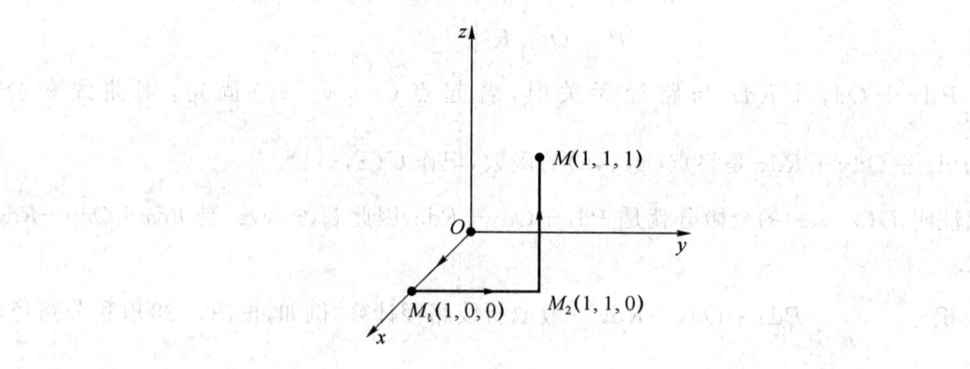

图 9-29

$$\int_{(0,0,0)}^{(1,1,1)}(1+xe^{2y}z)\mathrm{d}x+(x^2e^{2y}z-yz)\mathrm{d}y+\frac{1}{2}(x^2e^{2y}-y^2)\mathrm{d}z$$

$$=\int_0^1 1\mathrm{d}x+\int_0^1 0\mathrm{d}y+\int_0^1\frac{1}{2}(e^2-1)\mathrm{d}z=\frac{e^2+1}{2}.$$

例 4 求证$(2x+y)\mathrm{d}x+(x+2z)\mathrm{d}y+(2y-6z)\mathrm{d}z$ 为全微分式,并求一个原函数 $U(x,y,z)$.

解　因为

$$\begin{vmatrix} \boldsymbol{i} & \boldsymbol{j} & \boldsymbol{k} \\ \dfrac{\partial}{\partial x} & \dfrac{\partial}{\partial y} & \dfrac{\partial}{\partial z} \\ 2x+y & x+2z & 2y-6z \end{vmatrix} = \boldsymbol{0}$$

在全空间成立，故$(2x+y)\mathrm{d}x+(x+2z)\mathrm{d}y+(2y-6z)\mathrm{d}z$为全微分式，一个原函数为

$$\begin{aligned} U(x,y,z) &= \int_{(0,0,0)}^{(x,y,z)} (2x+y)\mathrm{d}x+(x+2z)\mathrm{d}y+(2y-6z)\mathrm{d}z \\ &= \int_0^x (2x+0)\mathrm{d}x + \int_0^y (x+0)\mathrm{d}y + \int_0^z (2y-6z)\mathrm{d}z \\ &= x^2+xy+2yz-3z^2. \end{aligned}$$

三、环流量与旋度

设有一向量场$\boldsymbol{A}(x,y,z)=P(x,y,z)\boldsymbol{i}+Q(x,y,z)\boldsymbol{j}+R(x,y,z)\boldsymbol{k}$，在场内取一条闭曲线$\Gamma$，并选定$\Gamma$的方向，曲线积分

$$\oint_\Gamma \boldsymbol{A}\cdot \mathrm{d}\boldsymbol{s} = \oint_\Gamma P\mathrm{d}x+Q\mathrm{d}y+R\mathrm{d}z$$

称为这个向量场$\boldsymbol{A}$沿有向闭曲线Γ的环流量.

斯托克斯公式可表示为

$$\oint_\Gamma \boldsymbol{A}\cdot\mathrm{d}\boldsymbol{s} = \iint_\Sigma \left[\left(\frac{\partial R}{\partial y}-\frac{\partial Q}{\partial z}\right)\cos\alpha + \left(\frac{\partial P}{\partial z}-\frac{\partial R}{\partial x}\right)\cos\beta + \left(\frac{\partial Q}{\partial x}-\frac{\partial P}{\partial y}\right)\cos\gamma\right]\mathrm{d}S.$$

称向量$\left(\dfrac{\partial R}{\partial y}-\dfrac{\partial Q}{\partial z}\right)\boldsymbol{i}+\left(\dfrac{\partial P}{\partial z}-\dfrac{\partial R}{\partial x}\right)\boldsymbol{j}+\left(\dfrac{\partial Q}{\partial x}-\dfrac{\partial P}{\partial y}\right)\boldsymbol{k}$为向量场$\boldsymbol{A}$的旋度，记作$\mathrm{rot}\boldsymbol{A}$，即

$$\mathrm{rot}\boldsymbol{A}=\left(\frac{\partial R}{\partial y}-\frac{\partial Q}{\partial z}\right)\boldsymbol{i}+\left(\frac{\partial P}{\partial z}-\frac{\partial R}{\partial x}\right)\boldsymbol{j}+\left(\frac{\partial Q}{\partial x}-\frac{\partial P}{\partial y}\right)\boldsymbol{k},$$

为方便记忆，$\mathrm{rot}\boldsymbol{A}$简写为

$$\mathrm{rot}\boldsymbol{A}=\begin{vmatrix} \boldsymbol{i} & \boldsymbol{j} & \boldsymbol{k} \\ \dfrac{\partial}{\partial x} & \dfrac{\partial}{\partial y} & \dfrac{\partial}{\partial z} \\ P & Q & R \end{vmatrix}.$$

这样，斯托克斯公式又可写成向量形式：

$$\oint_\Gamma \boldsymbol{A}\cdot\mathrm{d}\boldsymbol{s} = \iint_\Sigma \mathrm{rot}\boldsymbol{A}\cdot\mathrm{d}\boldsymbol{S} = \iint_\Sigma \mathrm{rot}\boldsymbol{A}\cdot\boldsymbol{n}\mathrm{d}S,$$

此公式解释为：向量场$\boldsymbol{A}$沿有向闭曲线Γ的环流量等于向量场$\boldsymbol{A}$的旋度场通过Γ所张的曲面Σ的通量. 这里，Γ的方向与Σ的侧符合右手规则.

*四、算子∇

算子∇(Nabla)定义为

$$\nabla=\frac{\partial}{\partial x}\boldsymbol{i}+\frac{\partial}{\partial y}\boldsymbol{j}+\frac{\partial}{\partial z}\boldsymbol{k},$$

又称为汉密尔顿(Hamilton)算子. 利用此算子,可以将梯度、散度和旋度分别表示为

$$\text{grad } u=\frac{\partial u}{\partial x}\boldsymbol{i}+\frac{\partial u}{\partial y}\boldsymbol{j}+\frac{\partial u}{\partial z}\boldsymbol{k}=\nabla u,$$

$$\text{div } \boldsymbol{A}=\frac{\partial P}{\partial x}+\frac{\partial Q}{\partial y}+\frac{\partial R}{\partial z}=\nabla\cdot\boldsymbol{A},$$

$$\text{rot } \boldsymbol{A}=\begin{vmatrix}\boldsymbol{i} & \boldsymbol{j} & \boldsymbol{k}\\ \frac{\partial}{\partial x} & \frac{\partial}{\partial y} & \frac{\partial}{\partial z}\\ P & Q & R\end{vmatrix}=\nabla\times\boldsymbol{A}.$$

现在,高斯公式和斯托克斯公式可分别写成

$$\iiint_{\Omega}\nabla\cdot\boldsymbol{A}\mathrm{d}v=\oiint_{\Sigma}\boldsymbol{A}\cdot\mathrm{d}\boldsymbol{S}=\oiint_{\Sigma}\boldsymbol{A}\cdot\boldsymbol{n}\mathrm{d}S,$$

$$\iint_{\Omega}(\nabla\times\boldsymbol{A})\cdot\mathrm{d}\boldsymbol{S}=\iint_{\Sigma}(\nabla\times\boldsymbol{A})\cdot\boldsymbol{n}\mathrm{d}S=\oint_{\Gamma}\boldsymbol{A}\cdot\mathrm{d}\boldsymbol{s}.$$

习题 9-7

1. 利用斯托克斯公式计算曲线积分:

(1) $\oint_{\Gamma}3y\mathrm{d}x-xz\mathrm{d}y+yz^2\mathrm{d}z$,其中 Γ 是圆周 $x^2+y^2=2z$ 和 $z=2$ 的交线,从 z 轴正向观察,圆周取逆时针方向;

(2) $\oint_{\Gamma}y\mathrm{d}x+z\mathrm{d}y+x\mathrm{d}z$,其中 Γ 是球面 $x^2+y^2+z^2=2(x+y)$ 与平面 $x+y=2$ 的交线,从原点观察为逆时针方向;

(3) $\oint_{\Gamma}y(z+1)\mathrm{d}x+z(x+1)\mathrm{d}y+x(y+1)\mathrm{d}z$,其中 Γ 是 $x^2+y^2+z^2=a^2$ 与 $x+y+z=0$ 的交线,从 z 轴正向观察,Γ 为顺时针方向;

(4) $\oint_{\Gamma}(y^2-z^2)\mathrm{d}x+(z^2-x^2)\mathrm{d}y+(x^2-y^2)\mathrm{d}z$,其中 Γ 是用平面 $x+y+z=\frac{3}{2}$ 截立方体:$0\leqslant x\leqslant 1,0\leqslant y\leqslant 1,0\leqslant z\leqslant 1$ 的表面的截痕,从 x 轴正向观察,Γ 为逆时针方向;

(5) $\oint_{\Gamma} xyz\mathrm{d}z$，其中 Γ 为 $x^2+y^2+z^2=1$ 与 $y=z$ 的交线，从 z 轴正向观察，Γ 为逆时针方向；

(6) $\oint_{\Gamma}(y+z)\mathrm{d}x+(z+x)\mathrm{d}y+(x+y)\mathrm{d}z$，其中 Γ 为 $x^2+y^2+z^2=a^2$ 与 $y+z=0$ 的交线，从 z 轴正向观察，Γ 为逆时针方向.

*2. 下列曲线积分是否与路径无关，并计算各曲线积分：

(1) $\int_{\Gamma} 2x\mathrm{d}x+\mathrm{e}^{y}z\mathrm{d}y+\mathrm{e}^{y}\mathrm{d}z$，$\Gamma$ 是由点(0,0,1)到点(1,1,2)的任意一弧；

(2) $\int_{\Gamma}[\mathrm{e}^{2x}y^2+z\cos(xz)]\mathrm{d}x+y\mathrm{e}^{2x}\mathrm{d}y+x\cos(xz)\mathrm{d}z$，$\Gamma$ 是由点(0,1,1)到点 $\left(1,0,\frac{\pi}{2}\right)$ 的任意一弧；

(3) $\int_{\Gamma}(2+x\mathrm{e}^{2y}z)\mathrm{d}x+(x^2\mathrm{e}^{2y}z-yz)\mathrm{d}y+\frac{1}{2}(x^2\mathrm{e}^{2y}-y^2)\mathrm{d}z$，$\Gamma$ 是由点(0,0,0)到点(1,1,1)的任意一弧；

(4) $\int_{\Gamma} zy^2\cos(xz)\mathrm{d}x+2y\sin(xz)\mathrm{d}y+xy^2\cos(xz)\mathrm{d}z$，$\Gamma$ 是由点(0,0,1)到点 $\left(2,1,\frac{\pi}{2}\right)$ 的任意一弧.

*3. 下列表达式是否为全微分式，如果是，求其原函数：

(1) $(x^2-2yz)\mathrm{d}x+(y^2-2xz)\mathrm{d}y+(z^2-2xy)\mathrm{d}z$；

(2) $(1+xyz)\mathrm{e}^{xyz}\mathrm{d}x+x^2z\mathrm{e}^{xyz}\mathrm{d}y+x^2y\mathrm{e}^{xyz}\mathrm{d}z$.

4. 求下列向量场的旋度：

(1) $\boldsymbol{A}=yz^2\boldsymbol{i}+zx^2\boldsymbol{j}+xy^2\boldsymbol{k}$；

(2) $\boldsymbol{A}=x^2\sin y\boldsymbol{i}+y^2\sin(xz)\boldsymbol{j}+xy\sin(\cos z)\boldsymbol{k}$.

5. 设 $u(x,y,z)$ 具有二阶连续偏导数，求 $\mathrm{rot}(\mathrm{grad}u)$.

6. 设有向量场 $\boldsymbol{A}$，证明 $\mathrm{div}(\mathrm{rot}\boldsymbol{A})=0$.

7. 求下列向量场 $\boldsymbol{A}$ 沿闭曲线 Γ(从 z 轴正向观察 Γ 依逆时针方向)的环流量：

(1) $\boldsymbol{A}=-y\boldsymbol{i}+x\boldsymbol{j}+c\boldsymbol{k}$($c$ 为常数)，Γ 为圆周 $(x-2)^2+y^2=R^2,z=0$；

(2) $\boldsymbol{A}=(x-z)\boldsymbol{i}+(x^3+yz)\boldsymbol{j}-3xy^2\boldsymbol{k}$，其中 Γ 为圆周 $z=2-\sqrt{x^2+y^2},z=0$.

总习题九

1. 选择题

(1) 设 L 是摆线 $\begin{cases}x=t-\sin t-\pi\\ y=1-\cos t\end{cases}$ 上从 $t=0$ 到 $t=2\pi$ 的弧段，则曲线积分

$\int_L \frac{(x-y)dx+(x+y)dy}{x^2+y^2}=($　　$)$.

(A) π　　　　(B) $-\pi$

(C) 0　　　　(D) 2π

(2) 设Σ是平面$x+2z-4=0$被柱面$\frac{x^2}{16}+\frac{y^2}{4}=1$所截得的部分的上侧,则$\iint\limits_{\Sigma} e^{x^2+4y^2}dydz+\sin(x+y)dzdx=($　　$)$.

(A) $\frac{\pi}{4}e^{16}$　　　　(B) $e^{16}-1$

(C) 0　　　　(D) $\frac{\pi}{4}(e^{16}-1)$

(3) 设Σ是$x^2+y^2+z^2=a$在$z\geqslant h$部分$(0<h<a)$,则$\iint\limits_{\Sigma} z\,dS=($　　$)$.

(A) $\int_0^{2\pi}d\theta\int_0^{\sqrt{a^2-h^2}} a\rho d\rho$　　　　(B) $\int_0^{2\pi}d\theta\int_0^{\sqrt{a^2-h^2}} \sqrt{a^2-\rho^2}\rho d\rho$

(C) $\int_0^{2\pi}d\theta\int_{-\sqrt{a^2-h^2}}^{\sqrt{a^2-h^2}} a\rho d\rho$　　　　(D) $\int_0^{2\pi}d\theta\int_0^{\sqrt{a^2-h^2}} \frac{a\rho}{\sqrt{a^2-\rho^2}}d\rho$

(4) 向量场$\boldsymbol{A}=x^3\boldsymbol{i}+y^3\boldsymbol{j}+z^3\boldsymbol{k}$穿过由曲面$y=R+\sqrt{R^2-x^2-z^2}(R>0)$与$x^2+z^2-y^2=0$所围成的闭曲面$\Sigma$外侧的通量为(　　).

(A) $\frac{7\pi}{5}R^5$　　　　(B) $\frac{14\pi}{5}R^5$

(C) $\frac{28\pi}{5}R^5$　　　　(D) $\frac{56\pi}{5}R^5$

(5) 曲面$z=13-x^2-y^2$将球面$x^2+y^2+z^2=25$分成三部分,则该三部分曲面面积之比为(　　).

(A) 1∶1∶1　　　　(B) 1∶2∶3

(C) 1∶2∶5　　　　(D) 1∶7∶2

(6) 设Σ是锥面$z=\sqrt{x^2+y^2}$及平面$z=1,z=2$所围成的立体表面的外侧,则曲面积分,$\oiint\limits_{\Sigma} \frac{e^z}{\sqrt{x^2+y^2}}dxdy=($　　$)$.

(A) πe^2　　　　(B) $2\pi e^2$

(C) $3\pi e^2$　　　　(D) $4\pi e^2$

(7) 设$\boldsymbol{A}=yz\boldsymbol{i}+xz\boldsymbol{j}+xy\boldsymbol{k}$,$\Sigma$是球面$x^2+y^2+z^2=4$的一部分(取上侧),它在圆柱面$x^2+y^2=1$的内部,且在$xOy$平面的上方,则$\iint\limits_{\Sigma}\text{rot}\,\boldsymbol{A}\cdot d\boldsymbol{S}=($　　$)$.

(A) π　　　　(B) $2\sqrt{3}$

(C) $\sqrt{3}$　　　　(D) 0

2. 填空题

(1) 设 L 为椭圆 $\frac{x^2}{4}+\frac{y^2}{3}=1$，其周长为 a，则 $\oint_L(2xy+3x^2+4y^2)\,ds=$ ________.

(2) 设 Σ 是圆锥面 $z=\sqrt{3(x^2+y^2)}$ 被柱面 $x^2+y^2=2y$ 截下的部分，则 $\iint_\Sigma(z^2-2x^2-2y^2)\,dS=$ ________.

(3) 已知函数 $f(x)$ 具有连续导数，$f(1)=\frac{1}{2}$，曲线积分 $\int_L\left[1+\frac{1}{x}f(x)\right]y\,dx-f(x)\,dy$ 与路径无关，则 $f(x)=$ ________.

(4) 设 Σ 是球面 $x^2+y^2+z^2=1$，取外侧，$r=\sqrt{x^2+y^2+z^2}$，则 $\iint_\Sigma\frac{x^3}{r^3}dydz+\frac{y^3}{r^3}dzdx+\frac{z^3}{r^3}dxdy=$ ________.

(5) 曲线 Γ 为螺旋线 $x=a\cos t$，$y=a\sin t$，$z=\frac{t}{2\pi}(0\leqslant t\leqslant 2\pi)$ 上从点 $A(a,0,0)$ 到点 $B(a,0,1)$ 的一段弧，则 $\int_\Gamma(x^2-yz)\,dx+(y^2-xz)\,dy+(z^2-xy)\,dz=$ ________.

3. 计算曲线积分：

(1) $\oint_\Gamma\sqrt{x^2+y^2}\,ds$，其中 Γ 是球面 $z=\sqrt{4a^2-x^2-y^2}$ 与柱面 $x^2+y^2=2ax$ 的交线；

(2) $\oint_\Gamma xy\,dx+(x+z)\,dy+z^2\,dz$，其中 Γ 是柱面 $\frac{x^2}{4}+y^2=1$ 与平面 $x-z=0$ 的交线，从 z 轴正向观察 Γ 为逆时针方向；

(3) $\oint_\Gamma(y^2+z^2)\,dx+(z^2+x^2)\,dy+(x^2+y^2)\,dz$，其中 Γ 是上半球面 $x^2+y^2+z^2=2Rx(z\geqslant 0)$ 与圆柱面 $x^2+y^2=2rx(R>r>0)$ 的交线，从 z 轴正向观察，方向是逆时针方向；

(4) $\int_L(2a-y)\,dx+x\,dy$，其中 L 为摆线 $x=a(t-\sin t)$，$y=a(1-\cos t)$ 上对应 t 从 0 到 2π 的一段弧.

4. 已知 $\varphi(\pi)=1$，试确定 $\varphi(x)$，使曲线积分 $\int_L[\sin x-\varphi(x)]\frac{y}{x}dx+\varphi(x)\,dy$ 在半平面 $x>0$ 内与路径无关，并求当积分曲线 L 的起点和终点分别为 $(1,0)$ 和 (π,π) 时，此曲线积分的值.

5. 确定 λ 的值，使曲线积分

$$\int_A^B(x^4+4xy^\lambda)\,dx+(6x^{\lambda-1}y^2-5y^4)\,dy$$

与路径无关，并求当 A 和 B 两点分别为 $(0,0)$ 和 $(1,2)$ 时此曲线积分的值.

6. 计算下列曲面积分：

(1) $\displaystyle\oiint\limits_{x^2+y^2+z^2=R^2} f(x,y,z)\mathrm{d}S$;其中 $f(x,y,z)=\begin{cases}x^2+y^2, & z<\sqrt{x^2+y^2}\\ 0, & z\geqslant\sqrt{x^2+y^2}\end{cases}$;,

(2) $\displaystyle\oiint\limits_{\Sigma}\frac{x\mathrm{d}y\mathrm{d}z+z^2\mathrm{d}x\mathrm{d}y}{x^2+y^2+z^2}$,其中 Σ 是圆柱面 $x^2+y^2=R^2$ 与平面 $z=R$ 与 $z=-R(R>0)$ 所围成立体表面的外侧;

(3) $\displaystyle\iint\limits_{\Sigma}\frac{ax\mathrm{d}y\mathrm{d}z+(z+a)^2\mathrm{d}x\mathrm{d}y}{(x^2+y^2+z^2)^{\frac{1}{2}}}$,其中 Σ 为下半球面 $z=-\sqrt{a^2-x^2-y^2}$ 的上侧,a 为大于零的常数;

(4) $\displaystyle\oiint\limits_{\Sigma}\frac{1}{y+8}f\left(\frac{x+4}{y+8}\right)\mathrm{d}y\mathrm{d}z+\frac{1}{x+4}f\left(\frac{x+4}{y+8}\right)\mathrm{d}z\mathrm{d}x+z\mathrm{d}x\mathrm{d}y$,其中 Σ 是由曲面 $y=x^2+z^2$ 与 $y=8-x^2-z^2$ 所围成立体表面的外侧.

7. 设 $f(u)$ 在 $(-\infty,+\infty)$ 上连续,且 $f(u)\neq 0$,L 是圆周 $(x-a)^2+(y-a)^2=a^2$,取逆时针方向,证明不等式

$$\oint_L xf^2(y)\mathrm{d}y-\frac{y}{f^2(x)}\mathrm{d}x\geqslant 2\pi a^2$$

*8. 试证 $\dfrac{y^2+z^2-xy-xz}{(x^2+y^2+z^2)^{\frac{3}{2}}}\mathrm{d}x+\dfrac{x^2+z^2-xy-yz}{(x^2+y^2+z^2)^{\frac{3}{2}}}\mathrm{d}y+\dfrac{x^2+y^2-xz-yz}{(x^2+y^2+z^2)^{\frac{3}{2}}}\mathrm{d}z$ 为全微分式,并求原函数 $U(x,y,z)$.

9. 设向量场 $\mathbf{A}(x,y,z)$ 的旋度 $\mathrm{rot}\mathbf{A}\neq\mathbf{0}$,若存在非零函数 $u(x,y,z)$ 使 $u\mathbf{A}$ 为某数量场 $\varphi(x,y,z)$ 的梯度,即 $u\mathbf{A}=\mathrm{grad}\varphi$,证明:$\mathbf{A}\perp\mathrm{rot}\mathbf{A}$.

第十章　无穷级数

无穷级数是高等数学一个重要的组成部分，它解决了无限个数相加的问题，是表示函数、研究函数性质、计算函数值及求解微分方程的一种工具. 本章先讨论常数项级数，然后讨论函数项级数，特别是幂级数和傅里叶级数.

第一节　常数项级数的概念与性质

一、常数项级数的概念

设有数列 $u_1, u_2, u_3, \cdots, u_n, \cdots$，将它们依次相加，得表达式 $u_1+u_2+u_3+\cdots+u_n+\cdots$，称此式为(常数项) 无穷级数，简称(常数项) 级数，记为 $\sum\limits_{n=1}^{\infty} u_n$ 即

$$\sum_{n=1}^{\infty} u_n = u_1+u_2+u_3+\cdots+u_n+\cdots,$$

其中，第 n 项 u_n 称为级数的一般项或通项.

无限多个数无法直接逐一进行加法运算，必须对上述级数求和给出合理的定义，为此构筑级数的部分和数列 $\{s_n\}$：

$$s_1=u_1, s_2=u_1+u_2, s_3=u_1+u_2+u_3, \cdots,$$
$$s_n=u_1+u_2+u_3+\cdots+u_n, \cdots,$$

根据数列 $\{s_n\}$ 有无极限，引入无穷级数收敛和发散的概念.

定义 1　如果级数 $\sum\limits_{n=1}^{\infty} u_n$ 的部分和数列 $\{s_n\}$ 有极限 s，即 $\lim\limits_{n\to\infty} s_n = s$，则称级数 $\sum\limits_{n=1}^{\infty} u_n$ 收敛，并称 s 为这个级数的和，记为

$$s = \sum_{n=1}^{\infty} u_n \text{ 或 } s = u_1+u_2+\cdots+u_n+\cdots,$$

如果 $\{s_n\}$ 没有极限，则称级数 $\sum\limits_{n=1}^{\infty} u_n$ 发散.

由上述定义可知,只有当级数收敛时,无限多个数的加法才有意义,并且它们的和就是级数的部分和数列的极限.

当级数收敛时,其部分和 s_n 是级数的和 s 的近似值,它们之间的差值

$$r_n = s - s_n = u_{n+1} + u_{n+2} + \cdots$$

称为级数的余项. 显然,$\{r_n\}$收敛于0.

例1 讨论等比级数(又称为几何级数)

$$\sum_{n=0}^{\infty} aq^n = a + aq + aq^2 + \cdots + aq^n + \cdots \quad (a \neq 0)$$

的敛散性.

解 当 $q=1$ 时,部分和 $s_n = na \to \infty (n \to \infty)$,级数发散.

当 $q=-1$ 时,级数成为 $a-a+a-a+\cdots$,部分和 $s_n = \begin{cases} a, & n \text{ 为奇数}, \\ 0, & n \text{ 为偶数}, \end{cases}$

从而知 s_n 的极限不存在,这时级数发散.

当 $|q| \neq 1$ 时,$s_n = \dfrac{a(1-q^n)}{1-q}$.

当 $|q| < 1$ 时,$\lim\limits_{n\to\infty} s_n = \dfrac{a}{1-q}$,故级数收敛,其和为 $\dfrac{a}{1-q}$.

当 $|q| > 1$ 时,由于 $\lim\limits_{n\to\infty} q^n = \infty$,从而有 $\lim\limits_{n\to\infty} s_n = \infty$,这时级数发散.

例2 求级数 $\sum\limits_{n=1}^{\infty} \arctan \dfrac{1}{2n^2}$ 的和.

解 利用公式

$$\arctan x - \arctan y = \arctan \frac{x-y}{1+xy} \quad (x>0, y>0),$$

可得

$$\arctan \frac{1}{2n^2} = \arctan \frac{1}{2n-1} - \arctan \frac{1}{2n+1},$$

级数的部分和

$$s_n = \arctan 1 - \arctan \frac{1}{2n+1},$$

$$\lim_{n\to\infty} s_n = \frac{\pi}{4},$$

于是

$$\sum_{n=1}^{\infty} \arctan \frac{1}{2n^2} = \frac{\pi}{4}.$$

二、收敛级数的基本性质

性质1 如果级数 $\sum\limits_{n=1}^{\infty} u_n$ 收敛于和 s,则级数 $\sum\limits_{n=1}^{\infty} ku_n$ 也收敛,且其和为 ks,其中 k 为常数.

证　设级数 $\sum_{n=1}^{\infty} u_n$ 与 $\sum_{n=1}^{\infty} ku_n$ 的部分和分别为 s_n 与 σ_n，则 $\sigma_n = ks_n$，从而有 $\lim_{n\to\infty} \sigma_n = \lim_{n\to\infty} ks_n = ks$. 这就表明级数 $\sum_{n=1}^{\infty} ku_n$ 收敛，且和为 ks.

由此可得结论：当 $k \neq 0$ 时，级数 $\sum_{n=1}^{\infty} u_n$ 与 $\sum_{n=1}^{\infty} ku_n$ 敛散性相同.

性质 2　如果级数 $\sum_{n=1}^{\infty} u_n$ 及 $\sum_{n=1}^{\infty} v_n$ 分别收敛于和 s 及 σ，则级数 $\sum_{n=1}^{\infty}(u_n \pm v_n)$ 也收敛，且其和为 $s \pm \sigma$.

证　设级数 $\sum_{n=1}^{\infty} u_n$ 及 $\sum_{n=1}^{\infty} v_n$ 的部分和分别为 s_n 及 σ_n，则级数 $\sum_{n=1}^{\infty}(u_n \pm v_n)$ 的部分和为

$$\tau_n = s_n \pm \sigma_n,$$

于是，$\lim_{n\to\infty} \tau_n = \lim_{n\to\infty}(s_n \pm \sigma_n) = s \pm \sigma$.

这就表明级数 $\sum_{n=1}^{\infty}(u_n \pm v_n)$ 收敛，且其和为 $s \pm \sigma$.

由性质 2 可推得：

推论 1　如果级数 $\sum_{n=1}^{\infty} u_n$ 收敛且 $\sum_{n=1}^{\infty} v_n$ 发散，则级数 $\sum_{n=1}^{\infty}(u_n \pm v_n)$ 必发散.

例 3　讨论级数 $\sum_{n=1}^{\infty}\left(\frac{1}{2^n} + \cos n\pi\right)$的敛散性.

解　等比级数 $\sum_{n=1}^{\infty} \frac{1}{2^n}$ 收敛，而级数 $\sum_{n=1}^{\infty} \cos n\pi = \sum_{n=1}^{\infty}(-1)^n$ 发散，故级数 $\sum_{n=1}^{\infty}\left(\frac{1}{2^n} + \cos n\pi\right)$ 发散.

性质 3　在级数中删去、添加或改变有限项，不会改变级数的收敛性，但是可能使收敛级数的和发生改变.

证　若将级数 $\sum_{n=1}^{\infty} u_n$ 的前 k 项删去，得新级数 $u_{k+1} + u_{k+2} + \cdots + u_{k+n} + \cdots$，其部分和为

$$\sigma_n = u_{k+1} + u_{k+2} + \cdots + u_{k+n} = s_{k+n} - s_k,$$

其中，s_{k+n}是原级数的前 $k+n$ 项的和. 因为 s_k 是常数，所以当 $n\to\infty$时，σ_n 与 s_{k+n}或同时具有极限，或同时没有极限，故新级数与原级数有相同的敛散性.

当级数收敛时，新级数的和为 $\sigma = s - s_k$，其中 s 为原级数的和.

类似可证明在级数前面或中间添加有限项，不会改变级数的敛散性. 改变有限项可以看作先删去这有限项，然后再添加有限项.

性质 4　如果级数 $\sum_{n=1}^{\infty} u_n$ 收敛，则对这级数的项任意加括号后所产生的新级数（每个括号内各项之和作为新级数的项）

$$(u_1 + \cdots + u_{n_1}) + (u_{n_1+1} + \cdots + u_{n_2}) + \cdots + (u_{n_{k-1}+1} + \cdots + u_{n_k}) + \cdots$$

仍收敛,且其和不变.

证 设级数 $\sum\limits_{n=1}^{\infty} u_n$ 的部分和为 s_n,加括号后的新级数的部分和为 A_k(即前 k 项之和),则

$A_1 = u_1 + u_2 + \cdots + u_{n_1} = s_{n_1}$,

$A_2 = (u_1 + u_2 + \cdots + u_{n_1}) + (u_{n_1+1} + u_{n_1+2} + \cdots + u_{n_2}) = s_{n_2}$,

$\vdots$

$A_k = (u_1 + u_2 + \cdots + u_{n_1}) + (u_{n_1+1} + u_{n_1+2} + \cdots + u_{n_2}) + \cdots + (u_{n_{k-1}+1} + u_{n_{k-1}+2} + \cdots + u_{n_k}) = s_{n_k}$,

可见,数列$\{A_k\}$,即$\{s_{n_k}\}$为$\{s_n\}$的一个子数列. 由数列$\{s_n\}$的收敛性及收敛数列与其子数列的关系可知,数列$\{A_k\}$必定收敛,且有$\lim\limits_{k\to\infty} A_k = \lim\limits_{n\to\infty} s_n$,即加括号后的级数收敛,且其和不变.

性质4可以理解为收敛的级数满足加法结合律.

已知一个数列的某个子数列收敛不能保证数列自身收敛,但单调数列与其子数列敛散性相同. 于是,得到以下结论:

(1) 如果级数 $\sum\limits_{n=1}^{\infty} u_n$ 各项符号相同(其部分和数列$\{s_n\}$单调),那么加括号后所产生的新级数与原级数敛散性相同.

(2) 如果加括号后所产生的新级数发散,那么原级数也发散;如果加括号后所产生的级数收敛,则不能断定原级数也收敛.

例如,级数 $\sum\limits_{n=1}^{\infty} (-1)^{n-1} = 1 - 1 + 1 - \cdots + (-1)^{n-1} + \cdots$ 发散,但加括号后的级数

$$(1-1) + (1-1) + \cdots$$

收敛于0. 另一种加括号后的级数

$$1 + (-1+1) + (-1+1) + \cdots + (-1+1) + \cdots = 1 + 0 + 0 + \cdots + 0 + \cdots$$

收敛于1,这就说明发散级数不满足加法结合律.

性质5(级数收敛的必要条件) 如果级数 $\sum\limits_{n=1}^{\infty} u_n$ 收敛,则其一般项 u_n 趋于零,即$\lim\limits_{n\to\infty} u_n = 0$.

证 设级数 $\sum\limits_{n=1}^{\infty} u_n$ 的部分和为 s_n,且$\lim\limits_{n\to\infty} s_n = s$,则$\lim\limits_{n\to\infty} u_n = \lim\limits_{n\to\infty}(s_n - s_{n-1}) = s - s = 0$.

推论2 如果级数 $\sum\limits_{n=1}^{\infty} u_n$ 的通项 u_n 不趋于零,则级数 $\sum\limits_{n=1}^{\infty} u_n$ 发散.

例4 判别级数 $\sum\limits_{n=1}^{\infty} \dfrac{(-1)^n}{\sqrt[n]{n}}$ 的敛散性.

解 因为$\lim\limits_{n\to\infty} |u_n| = \lim\limits_{n\to\infty} \dfrac{1}{\sqrt[n]{n}} = 1 \neq 0$,所以$\lim\limits_{n\to\infty} u_n \neq 0$,因此级数发散.

注意 若通项 $u_n \to 0 (n \to \infty)$,级数 $\sum\limits_{n=1}^{\infty} u_n$ 也可能发散. 例如,对于调和级数

$$\sum_{n=1}^{\infty} \frac{1}{n} = 1 + \frac{1}{2} + \frac{1}{3} + \cdots + \frac{1}{n} + \cdots,$$

虽然$\lim\limits_{n\to\infty} u_n = \lim\limits_{n\to\infty}\frac{1}{n} = 0$,但是它发散.证明如下:

把调和级数按以下方式加括号,因为级数的每一项均为正,加括号后并不影响其敛散性,于是有

$$1+\frac{1}{2}+\left(\frac{1}{3}+\frac{1}{4}\right)+\left(\frac{1}{5}+\cdots+\frac{1}{8}\right)+\left(\frac{1}{9}+\cdots+\frac{1}{16}\right)+\cdots,$$

设此级数为$\sum\limits_{n=1}^{\infty} v_n$,则

$$v_1=1, v_2=\frac{1}{2}, v_3=\frac{1}{3}+\frac{1}{4}>\frac{1}{4}+\frac{1}{4}=\frac{1}{2},$$

$$v_4=\frac{1}{5}+\cdots+\frac{1}{8}>\frac{1}{8}+\cdots+\frac{1}{8}=4\times\frac{1}{8}=\frac{1}{2},\cdots,$$

$$v_n=\frac{1}{2^{n-2}+1}+\cdots+\frac{1}{2^{n-1}}>\frac{1}{2^{n-1}}+\cdots+\frac{1}{2^{n-1}}=2^{n-2}\times\frac{1}{2^{n-1}}=\frac{1}{2},$$

于是$\lim\limits_{n\to\infty} v_n \neq 0$,级数$\sum\limits_{n=1}^{\infty} v_n$ 发散,因此$\sum\limits_{n=1}^{\infty}\frac{1}{n}$ 发散.

例 5　计算机进行计算时所处理的数据都是二进制数据,求二进制无限循环小数$(110.110110\cdots)_2$的值.

解　$(110.110110\cdots)_2=2^2+2^1+\frac{1}{2}+\frac{1}{2^2}+\frac{1}{2^4}+\frac{1}{2^5}+\frac{1}{2^7}+\frac{1}{2^8}+\cdots$,因为级数各项均为正,加括号不影响其敛散性,收敛时和不改变,所以

$$\begin{aligned}(110.110110\cdots)_2 &= \sum_{n=1}^{\infty}\left(\frac{1}{2^{3n-5}}+\frac{1}{2^{3n-4}}\right)\\ &= \sum_{n=1}^{\infty}\frac{3}{2}\times\frac{1}{2^{3n-5}}=\frac{3}{2}\times 2^5\times\sum_{n=1}^{\infty}\left(\frac{1}{2^3}\right)^n\\ &= 48\times\frac{\frac{1}{2^3}}{1-\frac{1}{2^3}}=\frac{48}{7}.\end{aligned}$$

习题 10-1

1. 写出下列级数的通项,并将级数表示成$\sum\limits_{n=1}^{\infty} u_n$ 的形式:

(1) $\frac{2}{1}-\frac{3}{2}+\frac{4}{3}-\frac{5}{4}+\frac{6}{5}-\cdots$;

(2) $\frac{a^2}{3}-\frac{a^3}{5}+\frac{a^4}{7}-\frac{a^5}{9}+\cdots$;

(3) $x-\frac{1}{3!}x^3+\frac{1}{5!}x^5-\frac{1}{7!}x^7+\cdots$.

2. 用级数敛散定义判定下列级数的敛散性.如果收敛,试求出级数之和.

(1) $\sum\limits_{n=1}^{\infty}\ln\frac{n+1}{n}$;　　(2) $\sum\limits_{n=1}^{\infty}\frac{1}{n(n+1)(n+2)}$;

(3) $\sum\limits_{n=1}^{\infty}\frac{1}{n(n+2)}$;　　(4) $\sum\limits_{n=1}^{\infty}(\sqrt{n+2}-2\sqrt{n+1}+\sqrt{n})$;

(5) $\sum\limits_{n=1}^{\infty}\sin\frac{n\pi}{6}$.

3. 判别下列级数的敛散性:

(1) $\sum\limits_{n=1}^{\infty}\left(-\frac{1}{2}\right)^n$;

(2) $-\frac{1}{2}-\frac{1}{4}-\frac{1}{6}-\cdots-\frac{1}{2n}-\cdots$;

(3) $1+\frac{1}{\sqrt{2}}+\frac{1}{\sqrt[3]{3}}+\cdots+\frac{1}{\sqrt[n]{n}}+\cdots$;

(4) $\frac{1}{\sqrt{2}-1}-\frac{1}{\sqrt{2}+1}+\frac{1}{\sqrt{3}-1}-\frac{1}{\sqrt{3}+1}+\cdots+\frac{1}{\sqrt{n}-1}-\frac{1}{\sqrt{n}+1}+\cdots$;

(5) $\sum\limits_{n=1}^{\infty}\left(\frac{1}{n}+\frac{1}{2^n}\right)$.

4. 求八进制无限循环小数$(36.073\,607\,360\,736\cdots)_8$的值.

5. 证明:级数$\sum\limits_{n=1}^{\infty}(u_n-u_{n+1})$收敛的充分必要条件是$\{u_n\}$收敛.

第二节　常数项级数的审敛法

一、正项级数及其审敛法

级数的敛散性是级数的重要问题之一,只有当级数收敛时,才能自如地进行求和计算.许多级数的敛散问题可归结为正项级数的敛散问题,下面首先讨论正项级数的敛散性.

定义1　如果级数$\sum\limits_{n=1}^{\infty}u_n$的各项均为非负实数,即$u_n\geqslant 0, n=1,2,3,\cdots$,则称此级数为正项级数.

设正项级数$\sum\limits_{n=1}^{\infty}u_n$的部分和为$s_n$,显然,数列$\{s_n\}$是一个单调递增数列,即$s_1\leqslant s_2\leqslant\cdots\leqslant s_n\leqslant\cdots$.

根据单调数列的性质，可得如下结论.

定理 1 正项级数 $\sum_{n=1}^{\infty} u_n$ 收敛的充分必要条件是它的部分和数列 $\{s_n\}$ 有上界，即对一切 n 有 $s_n \leqslant M$（M 为正常数）.

若正项级数的部分和数列无上界，则级数必发散到 $+\infty$. 例如，第一节讨论过的调和级数 $\sum_{n=1}^{\infty} \frac{1}{n}$ 发散到 $+\infty$，可记作 $\sum_{n=1}^{\infty} \frac{1}{n} = +\infty$.

根据定理 1 可得正项级数的一个基本审敛法.

定理 2（比较审敛法） 设有两个正项级数 $\sum_{n=1}^{\infty} u_n$ 及 $\sum_{n=1}^{\infty} v_n$，若存在常数 $k > 0$，使 $u_n \leqslant kv_n (n = 1, 2, 3, \cdots)$ 成立，则

(1) 当级数 $\sum_{n=1}^{\infty} v_n$ 收敛时，级数 $\sum_{n=1}^{\infty} u_n$ 也收敛；

(2) 当级数 $\sum_{n=1}^{\infty} u_n$ 发散时，级数 $\sum_{n=1}^{\infty} v_n$ 也发散.

证 设正项级数 $\sum_{n=1}^{\infty} u_n$ 及 $\sum_{n=1}^{\infty} v_n$ 的部分和分别为 s_n 及 σ_n，则有 $s_n \leqslant k\sigma_n (n = 1, 2, 3, \cdots)$. 当 $\{\sigma_n\}$ 有上界时，$\{s_n\}$ 也有上界，而当 $\{s_n\}$ 无上界时，$\{\sigma_n\}$ 必定无上界，由定理 1 即得定理结论.

由于删去级数的有限项不会改变它的敛散性，故上述定理的条件可放宽为“存在自然数 N 及常数 $k > 0$，使 $u_n \leqslant kv_n (n \geqslant N)$ 成立”.

例 1 讨论 p- 级数

$$\sum_{n=1}^{\infty} \frac{1}{n^p} = 1 + \frac{1}{2^p} + \frac{1}{3^p} + \cdots + \frac{1}{n^p} + \cdots$$

的敛散性，其中常数 $p > 0$.

解 为 $p \leqslant 1$ 时，对于级数的各项 $\frac{1}{n^p} \geqslant \frac{1}{n}$，但调和级数 $\sum_{n=1}^{\infty} \frac{1}{n}$ 发散，因此根据比较审敛法，当 $p \leqslant 1$ 时级数发散.

当 $p > 1$ 时，因为当 $k - 1 \leqslant x \leqslant k$ 时，有 $\frac{1}{k^p} \leqslant \frac{1}{x^p}$，所以 $\frac{1}{k^p} = \int_{k-1}^{k} \frac{1}{k^p} \mathrm{d}x \leqslant \int_{k-1}^{k} \frac{1}{x^p} \mathrm{d}x$，$(k = 2, 3, \cdots)$ 因此级数的部分和为

$$s_n = 1 + \sum_{k=2}^{n} \frac{1}{k^p} \leqslant 1 + \sum_{k=2}^{n} \int_{k-1}^{k} \frac{1}{x^p} \mathrm{d}x = 1 + \int_{1}^{n} \frac{1}{x^p} \mathrm{d}x$$

$$= \frac{p}{p-1} - \frac{1}{p-1} \frac{1}{n^{p-1}} < \frac{p}{p-1}, (n = 2, 3, \cdots),$$

故数列 $\{s_n\}$ 有上界，因此级数收敛.

综合上述结果：当 $0<p\leqslant 1$ 时，级数 $\sum\limits_{n=1}^{\infty}\frac{1}{n^p}$ 发散；当 $p>1$ 时，级数 $\sum\limits_{n=1}^{\infty}\frac{1}{n^p}$ 收敛.

例 2 判别级数 $\sum\limits_{n=2}^{\infty}\frac{\ln n}{n^2}$ 的敛散性.

解 级数的一般项 $u_n=\frac{\ln n}{n^2}=\frac{1}{n^{\frac{3}{2}}}\frac{\ln n}{\sqrt{n}}$，因为 $\lim\limits_{x\to+\infty}\frac{\ln x}{\sqrt{x}}=0$，所以 $\lim\limits_{n\to\infty}\frac{\ln n}{\sqrt{n}}=0$，由数列极限定义知存在自然数 N，当 $n>N$ 时 $\frac{\ln n}{\sqrt{n}}<1$. 于是，$u_n<\frac{1}{n^{\frac{3}{2}}}(n>N)$，再由比较审敛法可知，级数 $\sum\limits_{n=2}^{\infty}\frac{\ln n}{n^2}$ 收敛.

为使用方便，给出下面极限形式的比较审敛法.

定理 3(比较审敛法的极限形式)

设有正项级数 $\sum\limits_{n=1}^{\infty}u_n$ 及 $\sum\limits_{n=1}^{\infty}v_n$，且 $v_n>0$，若 $\lim\limits_{n\to\infty}\frac{u_n}{v_n}=l(l\geqslant 0$ 或 $l=+\infty)$，则

(1) 当 $0<l<+\infty$ 时，级数 $\sum\limits_{n=1}^{\infty}u_n$ 与 $\sum\limits_{n=1}^{\infty}v_n$ 同时收敛或同时发散；

(2) 当 $l=0$ 时，如果级数 $\sum\limits_{n=1}^{\infty}v_n$ 收敛，那么级数 $\sum\limits_{n=1}^{\infty}u_n$ 收敛；

(3) 当 $l=+\infty$ 时，如果级数 $\sum\limits_{n=1}^{\infty}v_n$ 发散，那么级数 $\sum\limits_{n=1}^{\infty}u_n$ 发散.

证 (1) 当 $0<l<+\infty$ 时，由于 $\lim\limits_{n\to\infty}\frac{u_n}{v_n}=l$，取 $\varepsilon=\frac{l}{2}$，存在自然数 N，当 $n>N$ 时，$\left|\frac{u_n}{v_n}-l\right|<\varepsilon=\frac{l}{2}$，即

$$\frac{l}{2}v_n<u_n<\frac{3}{2}lv_n,$$

由比较审敛法(定理 2) 可知 $\sum\limits_{n=1}^{\infty}u_n$ 与 $\sum\limits_{n=1}^{\infty}v_n$ 有相同的敛散性.

对于结论(2) 和结论(3)，读者自行推导.

特别地，若取 $v_n=\frac{1}{n^p}$，则有以下结论.

推论 1 对于正项级数 $\sum\limits_{n=1}^{\infty}u_n$，若 $\lim\limits_{n\to\infty}n^p u_n=l$，则

(1) 如果 $p>1$，且 $0\leqslant l<+\infty$，那么级数 $\sum\limits_{n=1}^{\infty}u_n$ 收敛；

(2) 如果 $p\leqslant 1$，且 $l>0$ 或 $l=+\infty$，那么级数 $\sum\limits_{n=1}^{\infty}u_n$ 发散.

例 3　判断级数$\sum_{n=1}^{\infty}\ln\left(1+\sin\frac{1}{n}\right)$的敛散性.

解　当$n\to\infty$时,$\ln\left(1+\sin\frac{1}{n}\right)\sim\sin\frac{1}{n}\sim\frac{1}{n}$,于是有

$$\lim_{n\to\infty}nu_n=1,$$

由上述推论知,级数$\sum_{n=1}^{\infty}\ln\left(1+\sin\frac{1}{n}\right)$发散.

例 4　判定正项级数$\sum_{n=1}^{\infty}\left(e^{\frac{1}{n^2}}-\cos\frac{1}{n}\right)$的敛散性.

解　由泰勒公式知当$n\to\infty$时有

$$e^{\frac{1}{n^2}}-\cos\frac{1}{n}=\left[1+\frac{1}{n^2}+o\left(\frac{1}{n^2}\right)\right]-\left[1-\frac{1}{2}\times\frac{1}{n^2}+o\left(\frac{1}{n^2}\right)\right]=\frac{3}{2}\times\frac{1}{n^2}+o\left(\frac{1}{n^2}\right),$$

从而有$\lim_{n\to\infty}\frac{e^{\frac{1}{n^2}}-\cos\frac{1}{n}}{\frac{1}{n^2}}=\frac{3}{2}$.因此,由级数$\sum_{n=1}^{\infty}\frac{1}{n^2}$收敛及极限形式的比较审敛法知所给级数收敛.

用比较审敛法时,需要选取一个已知其敛散性的级数$\sum_{n=1}^{\infty}v_n$(通常为p-级数或等比级数)作为比较对象,但有时并不容易.一个级数的敛散性与它自身内部的结构有关,下面的审敛法着眼于对级数自身结构的分析.

定理 4(比值审敛法,达朗贝尔(D'Alembert)判别法)　设$\sum_{n=1}^{\infty}u_n$为正项级数,$u_n>0$且$\lim_{n\to\infty}\frac{u_{n+1}}{u_n}=\rho$,则

(1) 当$0\leqslant\rho<1$时,级数收敛;

(2) 当$\rho>1$或$\rho=+\infty$时,级数发散;

(3) 当$\rho=1$时,级数可能收敛也可能发散(应改用其他方法判定).

证　(1) 当$0\leqslant\rho<1$时,取一个充分小的正数ε,使得$\rho+\varepsilon=r<1$.根据极限定义,存在自然数N,当$n\geqslant N$时,有不等式

$$\frac{u_{n+1}}{u_n}<\rho+\varepsilon=r,$$

即

$$u_{n+1}<ru_n,$$

于是有

$$u_{N+1}<ru_N,u_{N+2}<ru_{N+1}<r^2u_N,\cdots,u_{N+n}<r^nu_N,\cdots,$$

因为$\sum\limits_{n=1}^{\infty}u_N r^n$收敛(公比$r<1$),根据定理2,级数$\sum\limits_{n=1}^{\infty}u_n$收敛.

(2) 当$\rho>1$时,取一个充分小的正数ε,使$\rho-\varepsilon>1$.根据极限定义,存在自然数N,当$n\geqslant N$时,有不等式

$$\frac{u_{n+1}}{u_n}>\rho-\varepsilon>1,$$

即

$$u_{n+1}>u_n(n\geqslant N),$$

所以当$n\geqslant N$时,$u_n\geqslant u_N>0$,从而知$\lim\limits_{n\to\infty}u_n\neq 0$,于是可知,级数$\sum\limits_{n=1}^{\infty}u_n$发散.

类似可得,当$\lim\limits_{n\to\infty}\frac{u_{n+1}}{u_n}=+\infty$时,存在自然数$N$,当$n\geqslant N$时,$\frac{u_{n+1}}{u_n}>1$,同样可得级数$\sum\limits_{n=1}^{\infty}u_n$发散.

(3) 当$\rho=1$时,级数可能收敛也可能发散.以p-级数为例,不论p取何值,都有

$$\lim_{n\to\infty}\frac{u_{n+1}}{u_n}=\lim_{n\to\infty}\left(\frac{n}{n+1}\right)^p=1,$$

但当$p>1$时级数$\sum\limits_{n=1}^{\infty}\frac{1}{n^p}$收敛,当$p\leqslant 1$时级数$\sum\limits_{n=1}^{\infty}\frac{1}{n^p}$发散.

例5 设$a>0$,讨论级数$\sum\limits_{n=1}^{\infty}n!\left(\frac{a}{n}\right)^n$的敛散性.

解 令$u_n=n!\left(\frac{a}{n}\right)^n$,则

$$\lim_{n\to\infty}\frac{u_{n+1}}{u_n}=\lim_{n\to\infty}\frac{(n+1)!\left(\frac{a}{n+1}\right)^{n+1}}{n!\left(\frac{a}{n}\right)^n}=\lim_{n\to\infty}\frac{a}{\left(1+\frac{1}{n}\right)^n}=\frac{a}{\mathrm{e}},$$

于是

(1) 当$0<\frac{a}{\mathrm{e}}<1$,即$0<a<\mathrm{e}$时,所给级数收敛;

(2) 当$\frac{a}{\mathrm{e}}>1$,即$a>\mathrm{e}$时,所给级数发散;

(3) 当$\frac{a}{\mathrm{e}}=1$,即$a=\mathrm{e}$时,级数变为$\sum\limits_{n=1}^{\infty}n!\left(\frac{\mathrm{e}}{n}\right)^n$,这时$\frac{u_{n+1}}{u_n}=\frac{\mathrm{e}}{\left(1+\frac{1}{n}\right)^n}$.因为$\left(1+\frac{1}{n}\right)^n$单调递增到e,所以$\frac{u_{n+1}}{u_n}>1$,从而知$u_n\geqslant u_1=\mathrm{e}$,故$\lim\limits_{n\to\infty}u_n\neq 0$,所给级数发散.

例 6　证明$\lim\limits_{n\to\infty}\dfrac{n^{\frac{n}{2}}}{\sqrt{n!}\times 2^n}=0$.

证　考虑级数$\sum\limits_{n=1}^{\infty}\dfrac{n^{\frac{n}{2}}}{\sqrt{n!}\times 2^n}$，令$u_n=\dfrac{n^{\frac{n}{2}}}{\sqrt{n!}\times 2^n}$，则

$$\frac{u_{n+1}}{u_n}=\frac{(n+1)^{\frac{n+1}{2}}/\sqrt{(n+1)!}\times 2^{n+1}}{n^{\frac{n}{2}}/\sqrt{n!}\times 2^n}=\frac{1}{2}\times\left(1+\frac{1}{n}\right)^{\frac{n}{2}},$$

于是有$\lim\limits_{n\to\infty}\dfrac{u_{n+1}}{u_n}=\dfrac{\sqrt{\mathrm{e}}}{2}<1$. 由比值审敛法知级数$\sum\limits_{n=1}^{\infty}\dfrac{n^{\frac{n}{2}}}{\sqrt{n!}\times 2^n}$收敛. 根据级数收敛的必要条件可得$\lim\limits_{n\to\infty}\dfrac{n^{\frac{n}{2}}}{\sqrt{n!}\times 2^n}=0$.

定理 5(柯西根值审剑法)　设$\sum\limits_{n=1}^{\infty}u_n$为正项级数，如果$\lim\limits_{n\to\infty}\sqrt[n]{u_n}=\rho$，那么

(1) 当$0\leqslant\rho<1$时，级数$\sum\limits_{n=1}^{\infty}u_n$收敛；

(2) 当$\rho>1$或$\rho=+\infty$时，级数$\sum\limits_{n=1}^{\infty}u_n$发散；

(3) 当$\rho=1$时，级数可能收敛也可能发散，即此审敛法失效.

定理 5 的证明与定理 4 相仿，读者自证.

例 7　判定$\sum\limits_{n=1}^{\infty}\dfrac{2+(-1)^{n-1}}{3^n}$的敛散性.

解　因为$\lim\limits_{n\to\infty}\sqrt[n]{u_n}=\lim\limits_{n\to\infty}\dfrac{1}{3}\sqrt[n]{2+(-1)^{n-1}}=\dfrac{1}{3}<1$. 所以，根据根值审敛法，级数收敛.

定理 6(积分审敛法)　设有单调递减非负函数$f(x)(x\geqslant 1)$，如果$u_n=f(n)(n=1,2,3,\cdots)$，那么级数$\sum\limits_{n=1}^{\infty}u_n$与反常积分$\int_1^{+\infty}f(x)\mathrm{d}x$有相同的敛散性.

证　当$n\leqslant x\leqslant n+1$时，$f(n+1)\leqslant f(x)\leqslant f(n)$，从而有

$$u_{n+1}=f(n+1)\leqslant\int_n^{n+1}f(x)\mathrm{d}x\leqslant f(n)=u_n,$$

$$\begin{aligned}u_2+u_3+\cdots+u_{n+1}&\leqslant\int_1^{n+1}f(x)\mathrm{d}x=\int_1^2 f(x)\mathrm{d}x+\int_2^3 f(x)\mathrm{d}x+\cdots+\int_n^{n+1}f(x)\mathrm{d}x\\&\leqslant u_1+u_2+\cdots+u_n,\end{aligned}$$

即

$$s_{n+1}-u_1\leqslant\int_1^{n+1}f(x)\mathrm{d}x\leqslant s_n,$$

由此可知，当$n\to\infty$时，数列$\{s_n\}$与反常积分$\int_1^{+\infty}f(x)\mathrm{d}x$同时收敛或同时发散，因此级数

$\sum\limits_{n=1}^{\infty} u_n$ 与反常积分$\int_1^{+\infty} f(x)\mathrm{d}x$ 有相同的敛散性.

根据定理 6,易知级数$\sum\limits_{n=1}^{\infty} \frac{1}{n^p}$ 与$\int_1^{+\infty} \frac{1}{x^p}\mathrm{d}x$ 剑散相同. 因此,当 $p > 1$ 时,级数$\sum\limits_{n=1}^{\infty} \frac{1}{n^p}$ 收敛;当 $0 < p \leqslant 1$ 时,级数发散.

例 8 试证正项级数$\sum\limits_{n=2}^{\infty} \frac{1}{n\ln^p n}$ 当 $p > 1$ 时收敛,当 $p \leqslant 1$ 时发散.

证 取 $f(x) = \frac{1}{x\ln^p x}$ 在$[2, +\infty)$ 内单调递减,$f(x) > 0$,且 $f(n) = \frac{1}{n\ln^p n}$,故级数与反常积分$\int_2^{+\infty} \frac{1}{x\ln^p x}\mathrm{d}x$ 敛散性相同.

当 $p \neq 1$ 时

$$\int_2^{+\infty} \frac{1}{x\ln^p x}\mathrm{d}x = \int_2^{+\infty} \ln^{-p} x\,\mathrm{d}(\ln x)$$

$$= \frac{1}{1-p}\ln^{1-p} x\Big|_2^{+\infty},$$

故当 $p < 1$ 时,反常积分发散,因此原级数发散;当 $p > 1$ 时,反常积分收敛,因此原级数收敛.

当 $p = 1$ 时,因为$\int_2^{+\infty} \frac{1}{x\ln x}\mathrm{d}x = \ln\left|\ln x\right|\Big|_2^{+\infty}$ 发散,所以原级数发散.

二、任意项级数及其审敛法

如果一个级数只有有限个正项或负项,都可以用正项级数的各种审敛法判定它的敛数性. 如果一个级数的正项及负项均有无限个,那么正项级数的各种审敛法不再适用.

对于任意项级数,其通项可正、可负或为零. 下面的柯西(Cauchy)审敛原理可用于任意项级数敛散性的判定.

* **定理 7**(柯西审敛原理) 级数$\sum\limits_{n=1}^{\infty} u_n$ 收敛的充分必要条件为:对于任意给定的正数 ε,存在自然数 N,使得当 $n > N$ 时,都有

$$|u_{n+1} + u_{n+2} + \cdots + u_{n+p}| < \varepsilon$$

对一切自然数 p 成立.

证 设级数$\sum\limits_{n=1}^{\infty} u_n$ 的部分和为 s_n,因为 $|u_{n+1} + u_{n+2} + \cdots + u_{n+p}| = |s_{n+p} - s_n|$,所以由数列的柯西审敛原理即得本定理结论.

取 $p = 1$,上式变为 $|u_{n+1}| < \varepsilon$,于是得级数收敛的必要条件$\lim\limits_{n\to\infty} u_n = 0$.

例 9 利用柯西审敛原理判定级数$\sum\limits_{n=1}^{\infty} \frac{\sin n\alpha}{n^2}$ 的敛散性.

解　因为对于任何自然数 p 有

$$
\begin{aligned}
|u_{n+1}+u_{n+2}+\cdots+u_{n+p}| &= \left|\frac{\sin(n+1)\alpha}{(n+1)^2}+\frac{\sin(n+2)\alpha}{(n+2)^2}+\cdots+\frac{\sin(n+p)\alpha}{(n+p)^2}\right| \\
&\leqslant \frac{1}{(n+1)^2}+\frac{1}{(n+2)^2}+\cdots+\frac{1}{(n+p)^2} \\
&< \frac{1}{n(n+1)}+\frac{1}{(n+1)(n+2)}+\cdots+\frac{1}{(n+p-1)(n+p)} \\
&= \frac{1}{n}-\frac{1}{n+p}<\frac{1}{n},
\end{aligned}
$$

所以,对于任意给定的正数 ε,有自然数 $N=\left[\frac{1}{\varepsilon}\right]$,当 $n>N$ 时,$|u_{n+1}+u_{n+2}+\cdots+u_{n+p}|<\varepsilon$ 对任何自然数 p 成立,所以级数 $\sum\limits_{n=1}^{\infty}\frac{\sin n\alpha}{n^2}$ 收敛.

下面讨论一类特殊的任意项级数 —— 交错级数.

定义 2　如果级数的各项正负交错,即形如 $\pm\sum\limits_{n=1}^{\infty}(-1)^{n-1}u_n=\pm(u_1-u_2+u_3-\cdots)$,$u_n>0$,则称此级数为交错级数.

定理 8(莱布尼茨(Leibniz) 定理)　如果交错级数 $\sum\limits_{n=1}^{\infty}(-1)^{n-1}u_n$ 满足条件:

(1) $u_n \geqslant u_{n+1}(n=1,2,3,\cdots)$;

(2) $\lim\limits_{n\to\infty}u_n=0$,

则级数收敛,且其和 $s\leqslant u_1$,其余项 r_n 的绝对值 $|r_n|\leqslant u_{n+1}$.

证　先证级数前 $2n$ 项部分和 s_{2n} 的极限存在,再证前 $2n+1$ 项部分和 s_{2n+1} 的极限存在,且两者相等.

将 s_{2n} 写成两种形式:

$$
s_{2n}=(u_1-u_2)+(u_3-u_4)+\cdots+(u_{2n-1}-u_{2n})
$$

和

$$
s_{2n}=u_1-(u_2-u_3)-(u_4-u_5)-\cdots-(u_{2n-2}-u_{2n-1})-u_{2n},
$$

由条件(1) 知$\{u_n\}$ 单调递减,故上述两式中所有括弧项都非负,于是有:数列$\{s_{2n}\}$ 单调递增且 $s_{2n}<u_1$. 根据单调有界数列必有极限的准则,$\{s_{2n}\}$ 极限存在,即$\lim\limits_{n\to\infty}s_{2n}=s\leqslant u_1$.

另外,由条件(2) 知$\lim\limits_{n\to\infty}u_{2n+1}=0$,因此

$$
\lim_{n\to\infty}s_{2n+1}=\lim_{n\to\infty}(s_{2n}+u_{2n+1})=s+0=s,
$$

于是$\lim\limits_{n\to\infty}s_n=s$,且有 $s\leqslant u_1$.

最后因为余项 $r_n=(-1)^n(u_{n+1}-u_{n+2}+\cdots)$ 的绝对值 $|r_n|=u_{n+1}-u_{n+2}+\cdots$,它仍是满足本定理条件的交错级数,所以该级数收敛,且 $|r_n|\leqslant u_{n+1}$. 例如,级数 $\sum\limits_{n=1}^{\infty}\frac{(-1)^{n-1}}{n^p}(p>$

0)，$\sum_{n=2}^{\infty}\frac{(-1)^n}{\ln^p n}(p>0)$ 均收敛.

例 10 判定级数 $\sum_{n=2}^{\infty}(-1)^n\frac{\ln n}{n}$ 的敛散性.

解 所给级数为交错级数，设 $u_n=\frac{\ln n}{n}$，令 $f(x)=\frac{\ln x}{x}(x\geqslant 2)$，由洛必达法则有

$$\lim_{n\to+\infty}\frac{\ln x}{x}=\lim_{x\to+\infty}\frac{1}{x}=0,$$

从而有 $\lim_{n\to\infty}\frac{\ln n}{n}=0$.

另外，$f'(x)=\frac{1-\ln x}{x^2}$，当 $x>\mathrm{e}$ 时，$f'(x)<0$，故函数 $f(x)$ 当 $x>\mathrm{e}$ 时单调递减，因而当 $n\geqslant 3$ 时，有

$$u_{n+1}=f(n+1)<f(n)=u_n,$$

由莱布尼茨定理知级数 $\sum_{n=3}^{\infty}(-1)^n\frac{\ln n}{n}$ 收敛，因而原级数也收敛.

注意 如果莱布尼茨定理中条件(1)不满足，定理结论级数 $\sum_{n=1}^{\infty}(-1)^{n-1}u_n$ 收敛也可能成立.

例 11 判定级数 $\sum_{n=1}^{\infty}\frac{(-1)^n}{\sqrt{n+(-1)^{n+1}}}$ 的敛散性.

解 因为 $\sum_{n=1}^{\infty}\frac{(-1)^n}{\sqrt{n+(-1)^{n+1}}}=-\frac{1}{\sqrt{2}}+1-\frac{1}{\sqrt{4}}+\frac{1}{\sqrt{3}}-\frac{1}{\sqrt{6}}+\cdots$，

所以，级数为交错级数，但 $\left\{\frac{1}{\sqrt{n+(-1)^{n+1}}}\right\}$ 不单调.

令 $a_n=\frac{(-1)^n}{\sqrt{n+(-1)^{n+1}}}=\frac{(-1)^n}{\sqrt{n}}\frac{1}{\sqrt{1+\frac{(-1)^{n+1}}{n}}}$，因为

$$\frac{1}{\sqrt{1+\frac{(-1)^{n+1}}{n}}}=1-\frac{1}{2}\times\frac{(-1)^{n+1}}{n}+o\left(\frac{1}{n}\right),$$

所以

$$a_n=\frac{(-1)^n}{\sqrt{n}}\left[1-\frac{1}{2}\times\frac{(-1)^{n+1}}{n}+o\left(\frac{1}{n}\right)\right]=\frac{(-1)^n}{\sqrt{n}}+\frac{1}{2n^{\frac{3}{2}}}+o\left(\frac{1}{n^{\frac{3}{2}}}\right),$$

于是

$$\lim_{n\to\infty}\frac{a_n-\frac{(-1)^n}{\sqrt{n}}}{\frac{1}{n^{\frac{3}{2}}}}=\frac{1}{2},$$

由极限定义知存在自然数 N，当 $n \geqslant N$ 时 $a_n-\frac{(-1)^n}{\sqrt{n}}>0$. 再由极限形式的比较审敛法知 $\sum_{n=1}^{\infty}\left[a_n-\frac{(-1)^n}{\sqrt{n}}\right]$ 收敛. 又因为交错级数 $\sum_{n=1}^{\infty}\frac{(-1)^n}{\sqrt{n}}$ 收敛，所以 $\sum_{n=1}^{\infty}a_n=\sum_{n=1}^{\infty}\left[\left(a_n-\frac{(-1)^n}{\sqrt{n}}\right)+\frac{(-1)^n}{\sqrt{n}}\right]$ 收敛，即所给级数收敛.

三、绝对收敛与条件收敛

现在再来讨论任意项级数，前面所讲的对正项级数的审敛法较多，那么能否利用它对任意项级数的敛散性先作粗略地判断？

定义 3　如果级数 $\sum_{n=1}^{\infty}u_n$ 各项的绝对值所构成的正项级数 $\sum_{n=1}^{\infty}|u_n|$ 收敛，则称级数 $\sum_{n=1}^{\infty}u_n$ 绝对收敛；如果级数 $\sum_{n=1}^{\infty}u_n$ 收敛，而级数 $\sum_{n=1}^{\infty}|u_n|$ 发散，则称级数 $\sum_{n=1}^{\infty}u_n$ 条件收敛.

例如，级数 $\sum_{n=1}^{\infty}\frac{(-1)^{n-1}}{n^2}$ 是绝对收敛级数，而级数 $\sum_{n=1}^{\infty}\frac{(-1)^{n-1}}{n}$ 是条件收敛级数.

由柯西审敛原理及三角不等式

$$|u_{n+1}+u_{n+2}+\cdots+u_{n+p}|\leqslant|u_{n+1}|+|u_{n+2}|+\cdots+|u_{n+p}|$$

易得级数绝对收敛与级数收敛有如下重要关系.

定理 9　如果级数 $\sum_{n=1}^{\infty}u_n$ 绝对收敛，则级数 $\sum_{n=1}^{\infty}u_n$ 必定收敛.

定理 9 说明，对于任意项级数 $\sum_{n=1}^{\infty}u_n$，如果用正项级数的审敛法判定级数 $\sum_{n=1}^{\infty}|u_n|$ 收敛，则此级数收敛.

一般而言，虽然由级数 $\sum_{n=1}^{\infty}|u_n|$ 发散并不能推出级数 $\sum_{n=1}^{\infty}u_n$ 发散，但若用比值审敛法或根值审敛法判断出级数 $\sum_{n=1}^{\infty}|u_n|$ 发散，则级数 $\sum_{n=1}^{\infty}u_n$ 必定发散. 这是因为这两个审敛法判定发散都是以 $\lim_{n\to\infty}u_n\neq 0$ 为依据，因此级数 $\sum_{n=1}^{\infty}u_n$ 发散.

例 12　讨论级数 $\sum_{n=1}^{\infty}\frac{r^n}{n^p}$ 的敛散性.

解 考虑级数$\sum\limits_{n=1}^{\infty}\left|\dfrac{r^n}{n^p}\right|=\sum\limits_{n=1}^{\infty}\dfrac{|r|^n}{n^p}$,利用根值审敛法知$\lim\limits_{n\to\infty}\sqrt[n]{\dfrac{|r|^n}{n^p}}=|r|$.

当$|r|<1$时,对于任意实数p,级数收敛(绝对收敛).

当$|r|>1$时,对于任意实数p,级数发散.

当$r=1$时,若$p>1$,级数收敛(绝对收敛);若$p\leqslant 1$,级数发散.

当$r=-1$时,若$p>1$,级数收敛(绝对收敛);若$0<p\leqslant 1$,级数收敛(条件收敛);若$p\leqslant 0$,级数发散.

下面的定理揭示了绝对收敛与条件收敛的本质差异.

引入级数$\sum\limits_{n=1}^{\infty}u_n^+$及$\sum\limits_{n=1}^{\infty}u_n^-$,其一般项

$$u_n^+=\frac{|u_n|+u_n}{2}=\begin{cases}u_n, & u_n\geqslant 0,\\ 0, & u_n\leqslant 0,\end{cases}$$

$$u_n^-=\frac{|u_n|-u_n}{2}=\begin{cases}-u_n, & u_n<0,\\ 0, & u_n\geqslant 0,\end{cases}$$

则

$$u_n=u_n^+-u_n^-,\ |u_n|=u_n^++u_n^-.$$

由此可见,级数$\sum\limits_{n=1}^{\infty}u_n^+$是级数$\sum\limits_{n=1}^{\infty}u_n$中的全体正项构成的级数,级数$\sum\limits_{n=1}^{\infty}u_n^-$是级数$\sum\limits_{n=1}^{\infty}u_n$中的全体负项变号后构成的级数,它们都是正项级数.

定理10 若级数$\sum\limits_{n=1}^{\infty}u_n$绝对收敛,则级数$\sum\limits_{n=1}^{\infty}u_n^+$与级数$\sum\limits_{n=1}^{\infty}u_n^-$均收敛;若级数$\sum\limits_{n=1}^{\infty}u_n$条件收敛,则级数$\sum\limits_{n=1}^{\infty}u_n^+$与级数$\sum\limits_{n=1}^{\infty}u_n^-$均发散到$+\infty$.

证 若$\sum\limits_{n=1}^{\infty}u_n$绝对收敛,由于

$$0\leqslant u_n^+\leqslant|u_n|,\quad 0\leqslant u_n^-\leqslant|u_n|\quad (n=1,2,3,\cdots),$$

根据比较审敛法可得$\sum\limits_{n=1}^{\infty}u_n^+$及$\sum\limits_{n=1}^{\infty}u_n^-$均收敛.

若$\sum\limits_{n=1}^{\infty}u_n$条件收敛,则$\sum\limits_{n=1}^{\infty}|u_n|$发散及$\sum\limits_{n=1}^{\infty}u_n$收敛,于是级数$\sum\limits_{n=1}^{\infty}(|u_n|+u_n)$及$\sum\limits_{n=1}^{\infty}(|u_n|-u_n)$均发散,从而知$\sum\limits_{n=1}^{\infty}u_n^+=\sum\limits_{n=1}^{\infty}\dfrac{1}{2}(|u_n|+u_n)$及$\sum\limits_{n=1}^{\infty}u_n^-=\sum\limits_{n=1}^{\infty}\dfrac{1}{2}(|u_n|-u_n)$均发散.

***定理11** 绝对收敛级数经改变项的次序后所得的新级数仍绝对收敛,并且级数的和不变(即绝对收敛级数满足加法交换律).

证 (1) 先证定理对于收敛的正项级数正确.

设级数$\sum\limits_{n=1}^{\infty} u_n$为正项级数，其部分和为$s_n$，和为$s$. 设级数$\sum\limits_{n=1}^{\infty} u_n^*$为改变$\sum\limits_{n=1}^{\infty} u_n$项次序后所得的级数，其部分和为$s_n^*$，和为$s^*$.

对于任意自然数n，取m足够大，使$u_1^*, u_2^*, \cdots, u_n^*$各项都出现在$s_m = u_1 + u_2 + \cdots + u_m$中，于是有

$$s_n^* \leqslant s_m \leqslant s,$$

注意到数列$\{s_n^*\}$单调递增，可知$\lim\limits_{n \to \infty} s_n^*$存在，且

$$\lim_{n \to \infty} s_n^* = s^* \leqslant s.$$

反过来，也可以将$\sum\limits_{n=1}^{\infty} u_n$看成$\sum\limits_{n=1}^{\infty} u_n^*$改变项次序所得的级数，应用刚才所证的结论，也有$s \leqslant s^*$. 所以，必有$s^* = s$.

(2) 再证定理对绝对收敛的任意项级数正确.

设级数$\sum\limits_{n=1}^{\infty} u_n$绝对收敛，由定理 10 知，正项级数$\sum\limits_{n=1}^{\infty} u_n^+$及$\sum\limits_{n=1}^{\infty} u_n^-$均收敛，且

$$\sum_{n=1}^{\infty} u_n = \sum_{n=1}^{\infty} u_n^+ - \sum_{n=1}^{\infty} u_n^-, \quad \sum_{n=1}^{\infty} |u_n| = \sum_{n=1}^{\infty} u_n^+ + \sum_{n=1}^{\infty} u_n^-.$$

对于改变级数$\sum\limits_{n=1}^{\infty} u_n$项次序所得级数$\sum\limits_{n=1}^{\infty} u_n^*$，同样有正项级数$\sum\limits_{n=1}^{\infty} u_n^{*+}$及$\sum\limits_{n=1}^{\infty} u_n^{*-}$. 它们可分别看作级数$\sum\limits_{n=1}^{\infty} u_n^+$及$\sum\limits_{n=1}^{\infty} u_n^-$改变项次序后所得的级数.

由(1)证得的结论可知，$\sum\limits_{n=1}^{\infty} u_n^{*+} = \sum\limits_{n=1}^{\infty} u_n^+$，$\sum\limits_{n=1}^{\infty} u_n^{*-} = \sum\limits_{n=1}^{\infty} u_n^-$，从而知$\sum\limits_{n=1}^{\infty} |u_n^*| = \sum\limits_{n=1}^{\infty} u_n^{*+} + \sum\limits_{n=1}^{\infty} u_n^{*-}$收敛，即$\sum\limits_{n=1}^{\infty} u_n^*$绝对收敛，且其和

$$\sum_{n=1}^{\infty} u_n^* = \sum_{n=1}^{\infty} u_n^{*+} - \sum_{n=1}^{\infty} u_n^{*-} = \sum_{n=1}^{\infty} u_n^+ - \sum_{n=1}^{\infty} u_n^- = \sum_{n=1}^{\infty} u_n,$$

证毕.

如果级数条件收敛，则改变项次序后所得的级数可能收敛也可能发散，且级数的和可能改变，即条件收敛的级数不满足加法交换律.

例如，级数$\sum\limits_{n=1}^{\infty} \dfrac{(-1)^{n-1}}{n} = 1 - \dfrac{1}{2} + \dfrac{1}{3} - \dfrac{1}{4} + \cdots$条件收敛，按“每一个正项后面接两个负项”改变次序得一个新级数$1 - \dfrac{1}{2} - \dfrac{1}{4} + \dfrac{1}{3} - \dfrac{1}{6} - \dfrac{1}{8} + \cdots + \dfrac{1}{2k-1} - \dfrac{1}{4k-2} - \dfrac{1}{4k} + \cdots$.

设原级数$\sum\limits_{n=1}^{\infty} \dfrac{(-1)^{n-1}}{n}$的部分和为$s_n$，上述新级数的部分和为$s_n^*$，则

$$s_{3n}^{*}=\sum_{k=1}^{n}\left(\frac{1}{2k-1}-\frac{1}{4k-2}-\frac{1}{4k}\right)=\sum_{k=1}^{n}\left(\frac{1}{4k-2}-\frac{1}{4k}\right)$$
$$=\frac{1}{2}\sum_{k=1}^{n}\left(\frac{1}{2k-1}-\frac{1}{2k}\right)=\frac{1}{2}s_{2n}.$$

若原级数的和为 s,即$\lim\limits_{n\to\infty}s_n=s$,则

$$\lim_{n\to\infty}s_{3n}^{*}=\frac{1}{2}\lim_{n\to\infty}s_{2n}=\frac{1}{2}s.$$

因为 $s_{3n-1}^{*}=s_{3n}^{*}+\frac{1}{4n}$,$s_{3n+1}^{*}=s_{3n}^{*}+\frac{1}{2n+1}$,所以$\lim\limits_{n\to\infty}s_{3n-1}^{*}=\frac{1}{2}s$, $\lim\limits_{n\to\infty}s_{3n+1}^{*}=\frac{1}{2}s$.从而有$\lim\limits_{n\to\infty}s_{n}^{*}=\frac{1}{2}s$,即新级数的和为$\frac{1}{2}s$,与原级数的和不相同.

最后给出绝对收敛级数的乘法运算性质.

* **定理 12** 设级数$\sum\limits_{n=1}^{\infty}u_n$ 及$\sum\limits_{n=1}^{\infty}v_n$ 都绝对收敛,其和分别为 s 和 σ,则它们的柯西乘积

$$\sum_{n=1}^{\infty}\left(\sum_{k=1}^{n}u_kv_{n-k+1}\right)=u_1v_1+(u_1v_2+u_2v_1)+\cdots+(u_1v_n+u_2v_{n-1}+\cdots+u_nv_1)+\cdots$$

仍绝对收敛,且其和为 $s\sigma$.

此定理不作证明.

习题 10-2

1. 用比较审敛法判定下列级数的敛散性:

(1) $\sum\limits_{n=1}^{\infty}\frac{1}{2n-1}$;

(2) $\sum\limits_{n=2}^{\infty}\frac{1}{(n-1)(n+2)}$;

(3) $\sum\limits_{n=1}^{\infty}\frac{1}{n!}$;

(4) $\sum\limits_{n=1}^{\infty}\tan\frac{\pi}{4n}$;

(5) $\sum\limits_{n=1}^{\infty}\left(1-\cos\frac{\pi}{n}\right)$;

(6) $\sum\limits_{n=1}^{\infty}\frac{1}{n\sqrt[n]{n}}$;

(7) $\sum\limits_{n=2}^{\infty}\frac{1}{\sqrt{n}}\ln\frac{n+1}{n-1}$;

(8) $\sum\limits_{n=1}^{\infty}\left(2n-\sqrt{n^2+1}-\sqrt{n^2-1}\right)$;

(9) $\sum\limits_{n=1}^{\infty}\frac{1}{1+a^n}(a>0)$.

2. 用比值审敛法判定下列级数的敛散性:

(1) $\sum\limits_{n=1}^{\infty}\frac{n^2}{3^n}$;

(2) $\sum\limits_{n=1}^{\infty}\frac{n!}{2^n}$;

(3) $\sum_{n=1}^{\infty} n\tan\frac{\pi}{2^{n+1}}$；　　(4) $\sum_{n=1}^{\infty}\frac{(2n-1)!!}{3^n n!}$；

(5) $\sum_{n=1}^{\infty}\frac{a^n}{(1+a)(1+a^2)\cdots(1+a^n)}(a>0)$.

3. 用根值审敛法判定下列级数的敛散性：

(1) $\sum_{n=1}^{\infty}\frac{n}{2^n}$；　　(2) $\sum_{n=1}^{\infty}\left(1-\frac{1}{n}\right)^{n^2}$；

(3) $\sum_{n=1}^{\infty}\left(\frac{n}{3n-1}\right)^{2n-1}$.

4. 利用级数收敛的必要条件，证明：

(1) $\lim\limits_{n\to\infty}\frac{n^n}{(n!)^2}=0$；　　(2) $\lim\limits_{n\to\infty}\frac{(2n)!}{2^{n(n+1)}}=0$.

5. 设 $u_n>0$，$\frac{u_{n+1}}{u_n}\geqslant\frac{n}{n+1}(n=1,2,\cdots)$，证明级数 $\sum_{n=1}^{\infty}u_n$ 发散.

6. 设正项级数 $\sum_{n=1}^{\infty}u_n$ 收敛，证明：当 $p>\frac{1}{2}$ 时，级数 $\sum_{n=1}^{\infty}\frac{\sqrt{u_n}}{n^p}$ 收敛.

*7. 利用柯西收敛原理证明：若正项级数 $\sum_{n=1}^{\infty}u_n$ 收敛，$\{u_n\}$ 单调递减，则 $\lim\limits_{n\to\infty}nu_n=0$.

*8. 利用柯西审敛原理判定下列级数的敛散性：

(1) $\sum_{n=1}^{\infty}\frac{\sin\pi x}{2^n}$；　　(2) $1+\frac{1}{2}-\frac{1}{3}+\frac{1}{4}+\frac{1}{5}-\frac{1}{6}+\cdots$.

9. 判定下列级数是否收敛？如果收敛，是绝对收敛，还是条件收敛？

(1) $\sum_{n=1}^{\infty}(-1)^{n-1}\frac{(2n)!!}{(2n-1)!!}$；　　(2) $\sum_{n=1}^{\infty}\frac{(-1)^n}{n-\ln n}$；

(3) $\sum_{n=1}^{\infty}\frac{(-1)^{n-1}}{\ln(n+1)}$；　　(4) $\sum_{n=1}^{\infty}(-1)^{n+1}\frac{2^{n^2}}{n!}$；

(5) $\sum_{n=1}^{\infty}\frac{n!\times 2^n}{n^n}\sin\frac{n\pi}{3}$；

(6) $a-\frac{b}{2}+\frac{a}{3}-\frac{b}{4}+\cdots+\frac{a}{2n-1}-\frac{b}{2n}+\cdots$（$a$ 和 b 为非零实数）.

10. 设级数 $\sum_{n=2}^{\infty}(u_n-u_{n-1})$ 收敛，正项级数 $\sum_{n=1}^{\infty}v_n$ 收敛，试证级数 $\sum_{n=1}^{\infty}u_nv_n$ 绝对收敛.

11. 利用习题 10-1 第 5 题的结果，证明 $\lim\limits_{n\to\infty}\left(1+\frac{1}{2}+\frac{1}{3}+\cdots+\frac{1}{n}-\ln n\right)$ 存在.

第三节 幂级数

一、函数项级数

定义 1 设有一个定义在区间 I 上的函数列 $u_1(x),u_2(x),u_3(x),\cdots,u_n(x),\cdots$,称表达式 $\sum\limits_{n=1}^{\infty}u_n(x)$ 为定义在区间 I 上的函数项级数.

对于 $x_0 \in I$,函数项级数变成常数项级数 $\sum\limits_{n=1}^{\infty}u_n(x_0)$. 若级数 $\sum\limits_{n=1}^{\infty}u_n(x_0)$ 收敛,则称 x_0 为函数项级数的收敛点,否则称为发散点. 函数项级数所有收敛点的集合称为它的收敛域.

对于收敛域内任一点 x,函数项级数成为一收敛的常数项级数,从而有确定的和 $s(x)$,称 $s(x)$ 为函数项级数的和函数,可以写成

$$s(x) = \sum_{n=1}^{\infty}u_n(x).$$

函数项级数 $\sum\limits_{n=1}^{\infty}u_n(x)$ 的前 n 项部分和 $s_n(x)$ 在收敛域上有 $\lim\limits_{n\to\infty}s_n(x) = s(x)$. 这时,余项 $r_n(x) = s(x) - s_n(x)$,当 $n \to \infty$ 时极限为零.

确定函数项级数的收敛域是一个首要问题,因为只有在收敛域内才能计算函数项级数的和函数.

例如,$\sum\limits_{n=1}^{\infty}x^{n-1}$ 为等比级数,收敛域为$(-1,1)$,和函数为 $s(x) = \dfrac{1}{1-x}$.

二、幂级数的收敛半径及收敛域

函数项级数中简单而实用的级数为幂级数,其一般形式是 $\sum\limits_{n=0}^{\infty}a_n(x-x_0)^n = a_0 + a_1(x-x_0) + a_2(x-x_0)^2 + \cdots + a_n(x-x_0)^n + \cdots$,其中常数 $a_0,a_1,a_2,\cdots,a_n,\cdots$ 称为幂级数的系数.

通过作代换 $t = x - x_0$,可以把它化为 $\sum\limits_{n=0}^{\infty}a_nt^n$. 不失一般性,仅讨论幂级数 $\sum\limits_{n=0}^{\infty}a_nx^n$.

定理 1(阿贝尔(Abel)定理) 如果幂级数 $\sum\limits_{n=0}^{\infty}a_nx^n$ 当 $x = x_0 \neq 0$ 时收敛,则在 $|x| < |x_0|$ 内,幂级数绝对收敛;如果幂级数 $\sum\limits_{n=0}^{\infty}a_nx^n$ 当 $x = x_1$ 时发散,则在 $|x| > |x_1|$ 内,幂级数发散.

证　先设 x_0 为幂级数的收敛点,即级数 $\sum\limits_{n=0}^{\infty} a_n x_0^n$ 收敛,这时有 $\lim\limits_{n\to\infty} a_n x_0^n = 0$. 于是,$\{a_n x_0^n\}$ 有界,存在常数 $M > 0$,使得

$$|a_n x_0^n| \leqslant M \quad (n = 0,1,2,\cdots).$$

考虑级数 $\sum\limits_{n=0}^{\infty} |a_n x^n|$,其通项满足

$$0 \leqslant |a_n x^n| = |a_n x_0^n| \left|\frac{x}{x_0}\right|^n \leqslant M\left|\frac{x}{x_0}\right|^n,$$

因为等比级数 $\sum\limits_{n=0}^{\infty} M\left|\frac{x}{x_0}\right|^n$ 当 $|x| < |x_0|$ 时收敛,所以级数 $\sum\limits_{n=0}^{\infty} |a_n x^n|$ 收敛,即级数 $\sum\limits_{n=0}^{\infty} a_n x^n$ 绝对收敛.

定理的另一结论用反证法证明. 假设存在 x_0,$|x_0| > |x_1|$,使 $\sum\limits_{n=0}^{\infty} a_n x_0^n$ 收敛,但由前一部分结论知级数 $\sum\limits_{n=0}^{\infty} |a_n x_1^n|$ 收敛,这与已知条件 $\sum\limits_{n=0}^{\infty} a_n x_1^n$ 发散矛盾.

由阿贝尔定理可知幂级数 $\sum\limits_{n=0}^{\infty} a_n x^n$ 的收敛点与发散点的分布情况:如果幂级数在 $x = x_0 \neq 0$ 处收敛,则幂级数在 $(-|x_0|, |x_0|)$ 内都收敛;如果幂级数在 $x = x_1$ 处发散,则幂级数在 $[-|x_1|, |x_1|]$ 外均发散.

设幂级数 $\sum\limits_{n=0}^{\infty} a_n x^n$ 在数轴上既有非零收敛点,又有发散点,如果从原点沿数轴正向走,最初只遇到收敛点,然后只遇到发散点. 从原点沿数轴负向走情形也是如此. 这两类点的分界点 $x = \pm R$ 可能是收敛点,也可能是发散点,但当 $|x| < R$ 时幂级数绝对收敛,当 $|x| > R$ 时幂级数发散(见图 10-1).

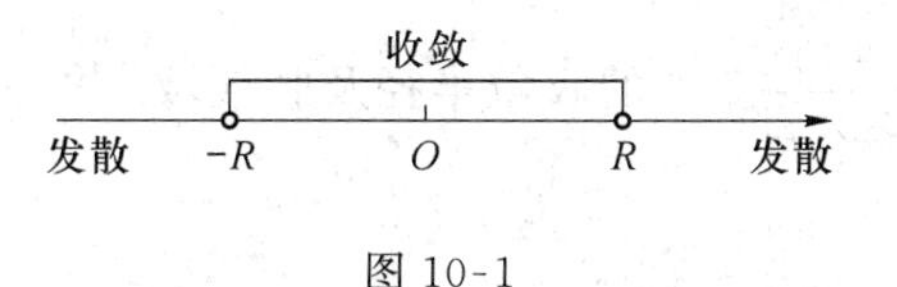

图 10-1

上述正数 R 称为幂级数的收敛半径,开区间 $(-R,R)$ 称为幂级数的收敛区间. 将 $x = \pm R$ 处的敛散性考虑在内,幂级数的收敛域可能是区间 $(-R,R)$,$[-R,R)$,$(-R,R]$ 或 $[-R,R]$ 之一.

幂级数 $\sum\limits_{n=0}^{\infty} a_n x^n$ 的收敛半径 R 有下列三种情形:

(1) 幂级数仅在 $x = 0$ 处收敛,此时规定 $R = 0$;

(2) 幂级数对一切 x 都收敛,此时规定 $R = +\infty$;

(3) R 是一个正数,幂级数在 $|x| < R$ 内绝对收敛,在 $|x| > R$ 内发散.

下面的定理给出幂级数收敛半径的求法.

定理 2 设有幂级数 $\sum\limits_{n=0}^{\infty} a_n x^n$,如果

$$\lim_{n\to\infty}\left|\frac{a_{n+1}}{a_n}\right| = \rho,$$

则有

(1) 当 $\rho > 0$ 时,收敛半径 $R = \dfrac{1}{\rho}$;

(2) 当 $\rho = 0$ 时,收敛半径 $R = +\infty$;

(3) 当 $\rho = +\infty$ 时,收敛半径 $R = 0$.

证 考察级数 $\sum\limits_{n=0}^{\infty} |a_n x^n|$,由比值审敛法计算极限

$$\lim_{n\to\infty}\frac{|a_{n+1}x^{n+1}|}{|a_n x^n|} = \lim_{n\to\infty}\left|\frac{a_{n+1}}{a_n}\right| |x| = \rho\,|x|.$$

(1) 若 $\rho > 0$,当 $\rho\,|x| < 1$,即 $|x| < \dfrac{1}{\rho}$ 时,幂级数级绝对收敛;当 $\rho\,|x| > 1$,即 $|x| > \dfrac{1}{\rho}$ 时,级数 $\sum\limits_{n=0}^{\infty} |a_n x^n|$ 发散并且可推导出 $\lim\limits_{n\to\infty} a_n x^n \neq 0$,因此幂级数 $\sum\limits_{n=0}^{\infty} a_n x^n$ 发散,于是 $R = \dfrac{1}{\rho}$.

(2) 若 $\rho = 0$,则对于任何 $x \neq 0$,有 $\lim\limits_{n\to\infty}\dfrac{|a_{n+1}x^{n+1}|}{|a_n x^n|} = 0$. 所以,幂级数绝对收敛,于是 $R = +\infty$.

(3) 若 $\rho = +\infty$,则对于除 $x = 0$ 外一切 x 值,级数 $\sum\limits_{n=0}^{\infty} |a_n x^n|$ 发散并且 $\lim\limits_{n\to\infty} a_n x^n \neq 0$,所以幂级数发散,于是 $R = 0$.

例 1 求幂级数 $\sum\limits_{n=1}^{\infty} \dfrac{(-1)^{n+1}}{n\times 2^n} x^n$ 的收敛半径及收敛域.

解 因为

$$\rho = \lim_{n\to\infty}\left|\frac{a_{n+1}}{a_n}\right| = \lim_{n\to\infty}\frac{n}{2(n+1)} = \frac{1}{2},$$

所以,$R = \dfrac{1}{\rho} = 2$,收敛区间为 $(-2,2)$.

当 $x = 2$ 时,级数化为 $\sum\limits_{n=1}^{\infty} \dfrac{(-1)^{n+1}}{n}$,级数收敛,

当 $x = -2$ 时,级数化为 $\sum\limits_{n=1}^{\infty} -\dfrac{1}{n}$,级数发散,

因此,级数的收敛域为 $(-2,2]$.

例 2　求幂级数$\sum\limits_{n=1}^{\infty}\frac{(-1)^{n-1}}{3^n}x^{2n}$的收敛半径.

解　令$x^2=t$,原级数变为$\sum\limits_{n=1}^{\infty}\frac{(-1)^{n-1}}{3^n}t^n$,则

$$\rho_t=\lim_{n\to\infty}\left|\frac{a_{n+1}}{a_n}\right|=\frac{1}{3},$$

故关于变量t的幂级数收敛半径为$R_t=\frac{1}{\rho_t}=3$.由收敛半径的定义知,当$|t|<3$,即$x^2<3$,也即$|x|<\sqrt{3}$时,原幂级数绝对收敛;当$|t|>3$,即$|x|>\sqrt{3}$时,原幂级数发散.于是,所求收敛半径$R=\sqrt{3}$.

也可以直接使用比值或根值审敛法讨论得出收敛半径.

令$u_n=\frac{(-1)^{n-1}}{3^n}x^{2n}$,则$\lim\limits_{n\to\infty}\left|\frac{u_{n+1}}{u_n}\right|=\frac{x^2}{3}$.当$\frac{x^2}{3}<1$,即$|x|<\sqrt{3}$时,$\sum\limits_{n=1}^{\infty}\frac{(-1)^{n-1}}{3^n}x^{2n}$绝对收敛;当$\frac{x^2}{3}>1$,即$|x|>\sqrt{3}$时,级数$\sum\limits_{n=1}^{\infty}\frac{(-1)^{n-1}}{3^n}x^{2n}$发散.于是$R=\sqrt{3}$.

例 3　求幂级数$\sum\limits_{n=1}^{\infty}\left(1+\frac{1}{2}+\frac{1}{3}+\cdots+\frac{1}{n}\right)(x-1)^n$的收敛域.

解　令$t=x-1$,幂级数变为一个关于变量t的幂级数$\sum\limits_{n=1}^{\infty}\left(1+\frac{1}{2}+\frac{1}{3}+\cdots+\frac{1}{n}\right)t^n$.因为

$$\rho_t=\lim_{n\to\infty}\left|\frac{a_{n+1}}{a_n}\right|=\lim_{n\to\infty}\frac{1+\frac{1}{2}+\cdots+\frac{1}{n+1}}{1+\frac{1}{2}+\cdots+\frac{1}{n}}$$

$$=\lim_{n\to\infty}\left(1+\frac{1}{1+\frac{1}{2}+\cdots+\frac{1}{n}}\frac{1}{n+1}\right)=1,$$

这里,$1+\frac{1}{2}+\cdots+\frac{1}{n}$是调和级数$\sum\limits_{n=1}^{\infty}\frac{1}{n}$的部分和,所以$\lim\limits_{n\to\infty}\left(1+\frac{1}{2}+\cdots+\frac{1}{n}\right)=+\infty$.收敛半径$R_t=\frac{1}{\rho_t}=1$.收敛区间为$|t|<1$,即$|x-1|<1$,也即$0<x<2$.

当$x=0$时,级数变为$\sum\limits_{n=1}^{\infty}(-1)^n\left(1+\frac{1}{2}+\cdots+\frac{1}{n}\right)$,级数发散.

当$x=2$时,级数变为$\sum\limits_{n=1}^{\infty}\left(1+\frac{1}{2}+\cdots+\frac{1}{n}\right)$,级数发散.故原幂级数的收敛域为(0,2).

如果$\lim\limits_{n\to\infty}\sqrt[n]{|a_n|}$存在(或极限为$+\infty$),则可以用下面的定理求幂级数$\sum\limits_{n=0}^{\infty}a_nx^n$的收敛半径.

定理 3 设有幂级数$\sum\limits_{n=0}^{\infty}a_nx^n$,如果

$$\lim_{n\to\infty}\sqrt[n]{|a_n|}=\rho,$$

则

(1) 当$\rho>0$时,$R=\dfrac{1}{\rho}$;

(2) 当$\rho=0$时,$R=+\infty$;

(3) 当$\rho=+\infty$时,$R=0$.

证明与定理 2 相仿,在此不加证明.

例 4 求幂级数$\sum\limits_{n=1}^{\infty}\left(1+\dfrac{1}{n}\right)^{-n^2}x^n$收敛域.

解 因为

$$\rho=\lim_{n\to\infty}\sqrt[n]{|a_n|}=\lim_{n\to\infty}\left(1+\frac{1}{n}\right)^{-n}=\frac{1}{\mathrm{e}},$$

所以收敛半径$R=\dfrac{1}{\rho}=\mathrm{e}$,故收敛区间为$(-\mathrm{e},\mathrm{e})$.

在$x=-\mathrm{e}$处,级数变为$\sum\limits_{n=1}^{\infty}(-1)^n\left(1+\dfrac{1}{n}\right)^{-n^2}\mathrm{e}^n$,其通项的绝对值$\left[\dfrac{\mathrm{e}}{\left(1+\dfrac{1}{n}\right)^n}\right]^n>1$,故当$n\to\infty$时,通项的极限不为零. 于是级数发散.

同理,在$x=\mathrm{e}$处,级数发散,即幂级数的收剑域为$(-\mathrm{e},\mathrm{e})$.

三、幂级数的运算

幂级数的运算性质有助于幂级数的求和及函数展开成幂级数,下面先介绍幂级数的四则运算.

设有两个幂级数$\sum\limits_{n=0}^{\infty}a_nx^n$及$\sum\limits_{n=0}^{\infty}b_nx^n$,其收敛半径与别为$R_1$及$R_2$. 对于这两个幂级数,可以进行下面的运算:

(1) 加减法

在收敛域的公共部分,有

$$\sum_{n=0}^{\infty}a_nx^n\pm\sum_{n=0}^{\infty}b_nx^n=\sum_{n=0}^{\infty}(a_n\pm b_n)x^n.$$

(2) 乘法

在收敛区间的公共部分$(-R,R)$,$R=\min\{R_1,R_2\}$,有

$$\left(\sum_{n=0}^{\infty}a_nx^n\right)\left(\sum_{n=0}^{\infty}b_nx^n\right)=\sum_{n=0}^{\infty}\left(\sum_{k=0}^{n}a_kb_{n-k}\right)x^n,$$

这是两个幂级数的柯西乘积,如同两个多项式进行乘法运算一样.

(3) 除法

$$\frac{\sum_{n=0}^{\infty} a_n x^n}{\sum_{n=0}^{\infty} b_n x^n} = \sum_{n=0}^{\infty} c_n x^n,$$

这里,$b_0 \neq 0$.为了决定商的级数 $\sum_{n=0}^{\infty} c_n x^n$ 的系数 $c_0, c_1, c_2, \cdots, c_n, \cdots$,可以将级数 $\sum_{n=0}^{\infty} b_n x^n$ 与 $\sum_{n=0}^{\infty} c_n x^n$ 相乘,通过比较乘积级数与级数 $\sum_{n=0}^{\infty} a_n x^n$ 的同次幂系数,即得:

$$\begin{aligned} a_0 &= b_0 c_0, \\ a_1 &= b_1 c_0 + b_0 c_1, \\ a_2 &= b_2 c_0 + b_1 c_1 + b_0 c_2, \\ &\vdots \end{aligned}$$

这样可以依次求出 $c_0, c_1, c_2, \cdots$.

相除后所得的幂级数 $\sum_{n=0}^{\infty} c_n x^n$ 的收敛域可能会比原来两个幂级数的收敛域小得多,研究起来比较复杂,在此从略.

下面介绍幂级数的和函数性质.

(1) 幂级数的和函数在收敛域上连续(如果收敛域含有收敛区间的端点,端点连续是指单侧连续).

若幂级数 $\sum_{n=0}^{\infty} a_n x^n$ 的和函数为 $s(x)$,对于收敛域内任意一点 x_0,有 $\lim_{x \to x_0} s(x) = s(x_0)$,即

$$\lim_{x \to x_0} \sum_{n=0}^{\infty} a_n x^n = \sum_{n=0}^{\infty} a_n x_0^n = \sum_{n=0}^{\infty} \lim_{x \to x_0} a_n x^n,$$

这说明极限号与求和号 $\sum$ 可以交换次序.

(2) 幂级数的和函数在收敛域上可积,并有逐项积分公式

$$\int_0^x s(x) \mathrm{d}x = \int_0^x \left(\sum_{n=0}^{\infty} a_n x^n \right) \mathrm{d}x = \sum_{n=0}^{\infty} \int_0^x a_n x^n \mathrm{d}x = \sum_{n=0}^{\infty} \frac{a_n}{n+1} x^{n+1},$$

这里,x 是收敛域上任意一点.逐项积分后所得的幂级数和原级数有相同的收敛半径.

如果幂级数为 $x - x_0$ 的幂级数,则对于收敛域上任意一点 x,都有

$$\begin{aligned} \int_{x_0}^x s(x) \mathrm{d}x &= \int_{x_0}^x \left[\sum_{n=0}^{\infty} a_n (x - x_0)^n \right] \mathrm{d}x = \sum_{n=0}^{\infty} \int_{x_0}^x a_n (x - x_0)^n \mathrm{d}x \\ &= \sum_{n=0}^{\infty} \frac{a_n}{n+1} (x - x_0)^{n+1}. \end{aligned}$$

(3) 幂级数的和函数在收敛区间内可导,且有逐项求导公式

$$s'(x)=\Big(\sum_{n=0}^{\infty}a_nx^n\Big)'=\sum_{n=0}^{\infty}(a_nx^n)'=\sum_{n=1}^{\infty}na_nx^{n-1},x\in(-R,R),$$

逐项求导后所得的级数和原级数有相同的收敛半径.反复应用该结论可得:幂级数的和函数在收敛区间内具有任意阶导数.

以上三条性质在求幂级数的和函数时会经常用到,它们的证明需要更多的基础知识(参阅函数项级数一致收敛的相关理论),在此不加证明.

例 5 求幂级数 $\sum_{n=1}^{\infty}\frac{(-1)^{n-1}}{n}x^n$ 的和函数.

解 易得幂级数的收敛半径为 $R=1$,收敛域为 $(-1,1]$.

令幂级数的和函数为 $s(x)$,即

$$s(x)=x-\frac{1}{2}x^2+\frac{1}{3}x^3-\cdots+\frac{(-1)^{n-1}}{n}x^n+\cdots,x\in(-1,1],$$

逐项求导得

$$s'(x)=1-x+x^2-\cdots+(-1)^{n-1}x^{n-1}+\cdots$$
$$=\frac{1}{1+x},\quad x\in(-1,1),$$

两边求积分,得

$$s(x)-s(0)=\int_0^x s'(x)\mathrm{d}x=\int_0^x\frac{1}{1+x}\mathrm{d}x=\ln(1+x),$$

因为 $s(0)=0$,所以

$$s(x)=\ln(1+x),$$

即

$$\sum_{n=1}^{\infty}\frac{(-1)^{n-1}}{n}x^n=\ln(1+x),\quad x\in(-1,1],$$

由于 $\sum_{n=1}^{\infty}\frac{(-1)^{n-1}}{n}x^n$ 在 $x=1$ 处收敛,由幂级数和函数的连续性,即可得

$$\sum_{n=1}^{\infty}\lim_{x\to1^-}\frac{(-1)^{n-1}}{n}x^n=\sum_{n=1}^{\infty}\frac{(-1)^{n-1}}{n}=\lim_{x\to1^-}\sum_{n=1}^{\infty}\frac{(-1)^{n-1}}{n}x^n$$
$$=\lim_{x\to1^-}\ln(1+x)=\ln 2,$$

于是

$$1-\frac{1}{2}+\frac{1}{3}-\cdots+\frac{(-1)^{n-1}}{n}+\cdots=\ln 2.$$

例 6 求幂级数 $\sum_{n=1}^{\infty}n(n+1)x^n$ 的和函数,并计算级数 $\sum_{n=1}^{\infty}\frac{n(n+1)}{2^{n+1}}$ 的和.

解 先求收敛域.由

$$\rho=\lim_{n\to\infty}\left|\frac{a_{n+1}}{a_n}\right|=\lim_{n\to\infty}\frac{(n+1)(n+2)}{n(n+1)}=1,$$

得收敛半径 $R=\dfrac{1}{\rho}=1$.

在 $x=1$ 处,幂级数变成 $\sum_{n=1}^{\infty}n(n+1)$,因为 $\lim_{n\to\infty}n(n+1)\neq 0$,所以级数发散;在 $x=-1$ 处,幂级数变成 $\sum_{n=1}^{\infty}n(n+1)(-1)^n$,级数也发散.因此,级数的收敛域为$(-1,1)$.

设和函数为 $s(x)$,即

$$s(x)=\sum_{n=1}^{\infty}n(n+1)x^n,\quad x\in(-1,1),$$

逐项积分得

$$\int_0^x s(x)\mathrm{d}x=\sum_{n=1}^{\infty}\int_0^x n(n+1)x^n\mathrm{d}x=\sum_{n=1}^{\infty}nx^{n+1},x\in(-1,1).$$

因为 $\sum_{n=1}^{\infty}nx^{n+1}=x^2\sum_{n=1}^{\infty}nx^{n-1}$,令

$$s_1(x)=\sum_{n=1}^{\infty}nx^{n-1},\quad x\in(-1,1),$$

逐项积分得

$$\int_0^x s_1(x)\mathrm{d}x=\sum_{n=1}^{\infty}\int_0^x nx^{n-1}\mathrm{d}x=\sum_{n=1}^{\infty}x^n=\frac{x}{1-x},\quad x\in(-1,1),$$

求导得

$$s_1(x)=\left(\frac{x}{1-x}\right)'=\frac{1}{(1-x)^2},$$

所以

$$\int_0^x s(x)\mathrm{d}x=x^2s_1(x)=\frac{x^2}{(1-x)^2},$$

求导即得

$$s(x)=\left[\frac{x^2}{(1-x)^2}\right]'=\frac{2x}{(1-x)^3},\quad x\in(-1,1),$$

取 $x=\dfrac{1}{2}$,故 $\sum_{n=1}^{\infty}\dfrac{n(n+1)}{2^{n+1}}=\dfrac{1}{2}\sum_{n=1}^{\infty}n(n+1)\left(\dfrac{1}{2}\right)^n=\dfrac{1}{2}s\left(\dfrac{1}{2}\right)=4.$

例 7　求幂级数 $\sum_{n=1}^{\infty}n(x-1)^n$ 的收敛域,并求其和函数.

解　由 $\rho=\lim_{n\to\infty}\left|\dfrac{a_{n+1}}{a_n}\right|=\lim_{n\to\infty}\dfrac{n+1}{n}=1$ 得收敛半径 $R=\dfrac{1}{\rho}=1$ 因此收敛区间为 $|x-1|<1$,即 $0<x<2$.易知,在端点 $x=0$ 及 $x=2$ 处级数发散,故收敛域为$(0,2)$.

设和函数为 $s(x)$,即

$$s(x)=\sum_{n=1}^{\infty}n(x-1)^{n},\quad x\in(0,2),$$

因为 $\sum\limits_{n=1}^{\infty}n(x-1)^{n}=(x-1)\sum\limits_{n=1}^{\infty}n(x-1)^{n-1}$,令

$$s_1(x)=\sum_{n=1}^{\infty}n(x-1)^{n-1},\quad x\in(0,2),$$

逐项积分得

$$\begin{aligned}\int_1^x s_1(x)\mathrm{d}x&=\sum_{n=1}^{\infty}\int_1^x n(x-1)^{n-1}\mathrm{d}x=\sum_{n=1}^{\infty}(x-1)^{n}\\&=\frac{x-1}{1-(x-1)}=\frac{x-1}{2-x},x\in(0,2),\end{aligned}$$

求导得

$$s_1(x)=\left(\frac{x-1}{2-x}\right)'=\frac{1}{(2-x)^2},$$

所以

$$s(x)=(x-1)s_1(x)=\frac{x-1}{(2-x)^2},\quad x\in(0,2).$$

例 8 求级数 $\sum\limits_{n=1}^{\infty}\dfrac{(-1)^{n-1}}{n(2n-1)}$ 的和.

解 考虑幂级数 $\sum\limits_{n=1}^{\infty}\dfrac{(-1)^{n-1}}{n(2n-1)}x^{2n}$,由

$$\lim_{n\to\infty}\left|\frac{(-1)^{n}}{(n+1)(2n+1)}x^{2n+2}\right|\bigg/\left|\frac{(-1)^{n-1}}{n(2n-1)}x^{2n}\right|=x^2$$

得:当 $x^2<1$,即 $|x|<1$ 时,幂级数绝对收敛;当 $x^2>1$,即 $|x|>1$,幂级数发散.因此,收敛半径 $R=1$.

在端点 $x=\pm1$ 处,幂级数变成级数 $\sum\limits_{n=1}^{\infty}\dfrac{(-1)^{n-1}}{n(2n-1)}$,级数收敛,于是幂级数收敛域为 $[-1,1]$.

设幂级数的和函数为 $s(x)$,即

$$s(x)=\sum_{n=1}^{\infty}\frac{(-1)^{n-1}}{n(2n-1)}x^{2n},\quad x\in[-1,1],$$

逐项求导得

$$s'(x)=\sum_{n=1}^{\infty}\frac{2\times(-1)^{n-1}}{2n-1}x^{2n-1},\quad x\in[-1,1],$$

再逐项求导得

$$s''(x)=\sum_{n=1}^{\infty}2\times(-1)^{n-1}x^{2n-2}$$
$$=2\sum_{n=1}^{\infty}(-x^2)^{n-1}$$
$$=2\times\frac{1}{1+x^2},\quad x\in(-1,1),$$

两边积分得
$$\int_0^x s''(x)\mathrm{d}x=\int_0^x\frac{2}{1+x^2}\mathrm{d}x=2\arctan x,$$

即
$$s'(x)-s'(0)=2\arctan x.$$

注意到 $s'(0)=0$，于是
$$s'(x)=2\arctan x,$$

两边积分，得
$$s(x)-s(0)=2\int_0^x\arctan x\mathrm{d}x,$$

其中
$$s(0)=0.$$

因此，$s(x)=2\int_0^x\arctan x\mathrm{d}x=2x\arctan x-\ln(1+x^2)$.

因为幂级数在端点 $x=1$ 处收敛，所以 $s(x)$ 在 $x=1$ 处左连续，即 $\lim\limits_{x\to1^-}s(x)=s(1)$.

因为 $s(1)=\sum\limits_{n=1}^{\infty}\frac{(-1)^{n-1}}{n(2n-1)}$，$\lim\limits_{x\to1^-}s(x)=\lim\limits_{x\to1^-}[2x\arctan x-\ln(1+x^2)]=\frac{\pi}{2}-\ln 2$，所以 $\sum\limits_{n=1}^{\infty}\frac{(-1)^{n-1}}{n(2n-1)}=\frac{\pi}{2}-\ln 2$.

习题 10-3

1. 求下列幂级数的收敛域：

(1) $\sum\limits_{n=1}^{\infty}n^2x^n$；

(2) $\sum\limits_{n=1}^{\infty}\frac{x^n}{2^n n}$；

(3) $\sum\limits_{n=1}^{\infty}\frac{2^n}{n^2+1}x^n$；

(4) $\sum\limits_{n=1}^{\infty}\frac{1}{4^n}x^{2n}$；

(5) $\sum\limits_{n=1}^{\infty}(-1)^n\frac{x^{2n+1}}{2n+1}$；

(6) $\sum\limits_{n=1}^{\infty}\frac{2n-1}{2^n}x^{2n-2}$；

(7) $\sum_{n=1}^{\infty} n!(x-1)^n$；

(8) $\sum_{n=1}^{\infty} \frac{3^n}{n!}\left(\frac{x-1}{2}\right)^n$；

(9) $\sum_{n=1}^{\infty}\left[\frac{(-1)^n}{n}+\frac{1}{2^n}\right]x^n$；

(10) $\sum_{n=1}^{\infty} x^{n^2}$.

2. 求下列幂级数的和函数：

(1) $\sum_{n=1}^{\infty} nx^n$；

(2) $\sum_{n=0}^{\infty} \frac{x^{2n+1}}{2n+1}$；

(3) $\sum_{n=1}^{\infty} \frac{n(n+1)}{2}x^{n-1}$；

(4) $\sum_{n=1}^{\infty} \frac{x^n}{n(n+1)}$.

3. 求级数 $\sum_{n=1}^{\infty} \frac{2n+1}{3^n}$ 的和.

第四节　函数的幂级数展开

一、泰勒级数

第三节讨论了幂级数的收敛域及其和函数的性质.下面研究与其相反的问题:已知一个函数 $f(x)$,是否存在幂级数,使它的和函数等于函数 $f(x)$.如果存在这样的幂级数,那么函数 $f(x)$能展开成幂级数,而这个幂级数就表示函数 $f(x)$.

泰勒公式指出若函数 $f(x)$在点 x_0 的某邻域内具有直到 $n+1$ 阶导数,则在该邻域内 $f(x)$的 n 阶泰勒公式为

$$f(x)=f(x_0)+f'(x_0)(x-x_0)+\cdots+\frac{f^{(n)}(x_0)}{n!}(x-x_0)^n+R_n(x),$$

其中,余项 $R_n(x)$的拉格朗日形式为

$$R_n(x)=\frac{f^{(n+1)}(\xi)}{(n+1)!}(x-x_0)^{n+1},$$

ξ 是介于 x_0 与 x 之间的某个值.

如果 $f(x)$在点 x_0 的某邻域内具有任意阶导数,可以设想,泰勒公式中的多项式部分随项数无限增多而成为幂级数,即

$$f(x_0)+f'(x_0)(x-x_0)+\cdots+\frac{f^{(n)}(x_0)}{n!}(x-x_0)^n+\cdots,$$

则此幂级数称为函数 $f(x)$的泰勒级数.易知在 $x=x_0$ 处,泰勒级数收敛于 $f(x_0)$.除了 $x=x_0$,泰勒级数是否一定收敛于 $f(x)$? 下面的定理回答了这个问题.

定理 1　设函数 $f(x)$在点 x_0 的某邻域内具有各阶导数,则函数 $f(x)$在该邻域内能展

开成泰勒级数的充分必要条件是泰勒公式中的余项 $R_n(x)$ 在该邻域内当 $n\to\infty$ 时的极限为零,即

$$\lim_{n\to\infty} R_n(x)=0.$$

证　令 $f(x)$ 的泰勒级数 $f(x_0)+f'(x_0)(x-x_0)+\frac{f''(x_0)}{2!}(x-x_0)^2+\cdots+\frac{f^{(n)}(x_0)}{n!}(x-x_0)^n+\cdots$ 的前 $n+1$ 项之和为 $s_{n+1}(x)$,则 $f(x)$ 的 n 阶泰勒公式可以写成

$$f(x)=s_{n+1}(x)+R_n(x).$$

若 $f(x)$ 在 $x=x_0$ 的某邻域 $U(x_0)$ 内能展开成泰勒级数,则在 $U(x_0)$ 内有 $\lim\limits_{n\to\infty} s_{n+1}(x)=f(x)$,这时,$\lim\limits_{n\to\infty} R_n(x)=\lim\limits_{n\to\infty}[f(x)-s_{n+1}(x)]=f(x)-f(x)=0$.

反之,若在 $U(x_0)$ 内 $\lim\limits_{n\to\infty} R_n(x)=0$,则在 $U(x_0)$ 内 $\lim\limits_{n\to\infty} s_{n+1}(x)=\lim\limits_{n\to\infty}[f(x)-R_n(x)]=f(x)$,即 $f(x)$ 的泰勒级数在 $U(x_0)$ 内收敛于 $f(x)$.

泰勒级数是一个 $x-x_0$ 的幂级数.若取 $x_0=0$,则得到一个 x 的幂级数

$$f(0)+f'(0)x+\frac{f''(0)}{2!}x^2+\cdots+\frac{f^{(n)}(0)}{n!}x^n+\cdots,$$

称此级数为 $f(x)$ 的麦克劳林级数.

下面介绍将函数展开为幂级数的方法.

(1) 直接法

按定理 1,先求出在点 x_0 处函数 $f(x)$ 的各阶导数,写出泰勒级数并求其收敛域,然后在收敛域内讨论余项 $R_n(x)$ 当 $n\to\infty$ 时极限是否为零.如果为零,则函数 $f(x)$ 能展开成泰勒级数.

注意　有例子表明,一个具有任意阶导数的函数的泰勒级数并非一定收敛于函数本身.这说明检验极限 $\lim\limits_{n\to\infty} R_n(x)$ 是否为零很重要.

例 1　将函数 $f(x)=\mathrm{e}^x$ 展开为 x 的幂级数.

解　易求得 $f^{(n)}(0)=\mathrm{e}^x|_{x=0}=1$,于是得麦克劳林级数

$$1+x+\frac{x^2}{2!}+\cdots+\frac{x^n}{n!}+\cdots,$$

其收敛半径为 $R=+\infty$,收敛域为 $(-\infty,+\infty)$.

考虑余项 $R_n(x)$ 的绝对值

$$|R_n(x)|=\left|\frac{\mathrm{e}^{\xi}}{(n+1)!}x^{n+1}\right|<\frac{\mathrm{e}^{|x|}}{(n+1)!}|x|^{n+1},$$

其中,ξ 是介于 0 与 x 之间的某一值.

对于任何有限的数 $x\in(-\infty,+\infty)$,$\mathrm{e}^{|x|}$ 有限.要验证对任一 $x\in(-\infty,+\infty)$,$\lim\limits_{n\to\infty} R_n(x)=0$,只需证 $\lim\limits_{n\to\infty}\frac{|x|^{n+1}}{(n+1)!}=0$.

构造一个级数 $\sum\limits_{n=0}^{\infty}\frac{|x|^{n+1}}{(n+1)!}$,用比值审敛法易知此级数收敛,因此,$\lim\limits_{n\to\infty}\frac{|x|^{n+1}}{(n+1)!}=0$.于

是得展开式

$$e^x=1+x+\frac{x^2}{2!}+\cdots+\frac{x^n}{n!}+\cdots\quad(-\infty<x<+\infty)$$

或

$$e^x=\sum_{n=0}^{\infty}\frac{x^n}{n!},x\in(-\infty,+\infty).$$

例2 将函数 $f(x)=\sin x$ 展开为 x 的幂级数.

解 因为 $f^{(n)}(x)=\sin\left(x+n\frac{\pi}{2}\right)$,$f^{(n)}(0)=\sin\frac{n\pi}{2}$,$n=0,1,2,\cdots$,所以

$$f^{(n)}(0)=\begin{cases}(-1)^k, & n=2k+1,\\ 0, & n=2k,\end{cases}k=0,1,2,\cdots,$$

于是得级数

$$x-\frac{x^3}{3!}+\frac{x^5}{5!}-\cdots+\frac{(-1)^{k-1}}{(2k-1)!}x^{2k-1}+\cdots,$$

它的收敛半径为 $R=+\infty$,收敛域为 $(-\infty,+\infty)$.

对于任一数 $x\in(-\infty,+\infty)$,余项的绝对值

$$|R_n(x)|=\left|\frac{\sin\left[\xi+(n+1)\cdot\frac{\pi}{2}\right]}{(n+1)!}x^{n+1}\right|\leqslant\frac{|x|^{n+1}}{(n+1)!},$$

因 $\lim\limits_{n\to\infty}\frac{|x|^{n+1}}{(n+1)!}=0$,故 $\lim\limits_{n\to\infty}R_n(x)=0$. 于是得展开式

$$\sin x=x-\frac{x^3}{3!}+\frac{x^5}{5!}-\cdots+(-1)^{k-1}\frac{x^{2k-1}}{(2k-1)!}+\cdots\quad(-\infty<x<+\infty)$$

或

$$\sin x=\sum_{n=1}^{\infty}(-1)^{n-1}\frac{x^{2n-1}}{(2n-1)!},x\in(-\infty,+\infty).$$

用类似方法可求得 $\cos x$ 的麦克劳林展开式,即

$$\cos x=1-\frac{x^2}{2!}+\frac{x^4}{4!}-\cdots+\frac{(-1)^n}{(2n)!}x^{2n}+\cdots,x\in(-\infty,+\infty)$$

或

$$\cos x=\sum_{n=0}^{\infty}\frac{(-1)^n}{(2n)!}x^{2n},x\in(-\infty,+\infty)(\text{记 }0!=1).$$

以上直接法的计算量较大,验证 $\lim\limits_{n\to\infty}R_n(x)=0$ 并非易事. 下面使用其他方法将函数展开为幂级数.

(2) 间接法

先证明:如果 $f(x)$ 能展开为 $x-x_0$ 的幂级数,那么其展开式唯一,它一定与 $f(x)$ 的泰勒级数一致.

事实上,如果用其他方法可以将 $f(x)$ 展开为 $x-x_0$ 的幂级数,即

$$f(x)=a_0+a_1(x-x_0)+a_2(x-x_0)^2+\cdots+a_n(x-x_0)^n+\cdots,$$

在收敛区间内可以逐项求导,有

$$f'(x)=a_1+2a_2(x-x_0)+\cdots+na_n(x-x_0)^{n-1}+\cdots,$$
$$f''(x)=2a_2+3\times 2a_3(x-x_0)+\cdots+n(n-1)a_n(x-x_0)^{n-2}+\cdots,$$
$$\vdots$$
$$f^{(n)}(x)=n!\ a_n+(n+1)n+\cdots+2a_{n+1}(x-x_0)+\cdots,$$
$$\vdots$$

以上逐项求导后级数的收敛区间与原级数的收敛区间相同.令 $x=x_0$,代入以上各式得

$$a_0=f(x_0),a_1=f'(x_0),a_2=\frac{f''(x_0)}{2!},\cdots,a_n=\frac{f^{(n)}(x_0)}{n!},\cdots,$$

于是,$f(x)$的 $x-x_0$ 的幂级数就是 $f(x)$的泰勒级数.

由函数 $f(x)$展开式的唯一性可知,如果 $f(x)$能展开为 $x-x_0$ 的幂级数,那么这个幂级数就是 $f(x)$的泰勒级数.这样,用间接展开的方法,即利用一些已知的函数展开式,通过四则运算,逐项求导,逐项积分及变量代换等,将所给函数展开为幂级数.这种方式的优点是可以避免研究余项.

例 3 将 $f(x)=\arctan x$ 展开为 x 的幂级数.

解 因 $f'(x)=\dfrac{1}{1+x^2}$,而

$$\frac{1}{1+x^2}=1-x^2+x^4-\cdots+(-1)^n x^{2n}+\cdots,x\in(-1,1),$$

所以,在$[0,x]$上逐项积分,得

$$\arctan x = x-\frac{x^3}{3}+\frac{x^5}{5}-\cdots+\frac{(-1)^n}{2n+1}x^{2n+1}+\cdots$$
$$=\sum_{n=0}^{\infty}\frac{(-1)^n}{2n+1}x^{2n+1},x\in[-1,1].$$

上述展开式在 $x=\pm1$ 处也成立,这是因为幂级数在 $x=\pm1$ 处收敛,而 $\arctan x$ 在 $x=\pm1$处连续.

例 4 将函数 $f(x)=(1+x)^m$ 展开为 x 的幂级数,其中 m 为任意常数.

解 $f(x)$的各阶导数为

$$f'(x)=m(1+x)^{m-1},$$
$$f''(x)=m(m-1)(1+x)^{m-2},$$
$$\vdots$$
$$f^{(n)}(x)=m(m-1)\cdots(m-n+1)(1+x)^{m-n},$$
$$\vdots$$

在 $x=0$ 处，$f(0)=1, f'(0)=m, f''(0)=m(m-1), \cdots, f^{(n)}(0)=m(m-1)\cdots(m-n+1)$. 于是得级数

$$1+mx+\frac{m(m-1)}{2!}x^2+\cdots+\frac{m(m-1)\cdots(m-n+1)}{n!}x^n+\cdots.$$

因为$\lim\limits_{n\to\infty}\left|\frac{a_{n+1}}{a_n}\right|=\lim\limits_{n\to\infty}\left|\frac{m-n}{n+1}\right|=\lim\limits_{n\to\infty}\frac{n-m}{n+1}=1$，所以级数的收敛半径为 $R=1$，收敛区间为$(-1,1)$.

为了避免研究余项，设级数在$(-1,1)$内的和函数为 $s(x)$，即

$$s(x)=1+mx+\frac{m(m-1)}{2!}x^2+\cdots+\frac{m(m-1)\cdots(m-n+1)}{n!}x^n+\cdots, x\in(-1,1).$$

下面证明 $s(x)=(1+x)^m, x\in(-1,1)$.

逐项求导得

$$s'(x)=m\left[1+(m-1)x+\cdots+\frac{(m-1)\cdots(m-n+1)}{(n-1)!}x^{n-1}+\cdots\right], x\in(-1,1),$$

两边乘$(1+x)$，右端级数含 x^n 的系数为

$$\frac{(m-1)\cdots(m-n+1)}{(n-1)!}+\frac{(m-1)\cdots(m-n+1)(m-n)}{n!}=\frac{m(m-1)\cdots(m-n+1)}{n!},$$

于是

$$\begin{aligned}(1+x)s'(x)&=m\left[1+mx+\frac{m(m-1)}{2!}x^2+\cdots+\frac{m(m-1)\cdots(m-n+1)}{n!}x^n+\cdots\right]\\&=ms(x), x\in(-1,1),\end{aligned}$$

即

$$s'(x)-\frac{m}{1+x}s(x)=0,$$

解得 $s(x)=c(1+x)^m$，c 为常数. 因为 $s(0)=1$，所以 $c=1$，于是 $s(x)=(1+x)^m$. 因此，在区间$(-1,1)$内，有展开式

$$(1+x)^m=1+mx+\frac{m(m-1)}{2!}x^2+\cdots+\frac{m(m-1)\cdots(m-n+1)}{n!}x^n+\cdots \quad (-1<x<1).$$

当 m 为正整数时，级数为 x 的 m 次多项式，即$(1+x)^m=1+mx+\frac{m(m-1)}{2!}x^2+\cdots+\frac{m(m-1)\cdots 1}{m!}x^m$.

当 m 不是正整数时，$(1+x)^m$ 展开式为幂级数，在端点 $x=\pm1$ 处，级数是否收敛根据 m 取值而定.

要使用间接法将函数展开成幂级数，必须熟记函数$\frac{1}{1+x}$，$\ln(1+x)$，e^x，$\sin x$，$\cos x$ 及$(1+x)^m$的展开式.

例 5　将 $f(x)=\arcsin x$ 展开成 x 的幂级数.

解　因为 $f'(x)=\dfrac{1}{\sqrt{1-x^2}}$,而

$$\frac{1}{\sqrt{1-x^2}}=(1-x^2)^{-\frac{1}{2}}=1+\left(-\frac{1}{2}\right)\times(-x^2)+\frac{-\frac{1}{2}\times\left(-\frac{1}{2}-1\right)}{2!}(-x^2)^2+$$

$$\cdots+\frac{-\frac{1}{2}\times\left(-\frac{1}{2}-1\right)\cdots\left(-\frac{1}{2}-n+1\right)}{n!}(-x^2)^n+\cdots$$

$$=1+\frac{1}{2}x^2+\frac{3}{8}x^4+\cdots+\frac{1\times3\times\cdots\times(2n-1)}{2\times4\times\cdots\times(2n)}x^{2n}+\cdots,x\in(-1,1),$$

所以,逐项积分得

$$\arcsin x=\int_0^x\frac{1}{\sqrt{1-x^2}}\mathrm{d}x=x+\frac{1}{2}\times\frac{1}{3}x^3+\frac{3}{8}\times\frac{1}{5}x^5+\frac{(2n-1)!!}{(2n)!!}\frac{1}{2n+1}x^{2n+1}+\cdots,x\in(-1,1).$$

注意　幂级数在端点 $x=\pm1$ 处收敛.这是因为

$$\left[\frac{(2n-1)!!}{(2n)!!}\right]^2=\frac{1}{2}\times\frac{1}{2}\times\frac{3}{4}\times\frac{3}{4}\times\cdots\times\frac{2n-1}{2n}\frac{2n-1}{2n}<\frac{1}{2}\times\frac{2}{3}\times\frac{3}{4}\times\frac{4}{5}\times\cdots\times\frac{2n-1}{2n}\frac{2n}{2n+1}$$

$$=\frac{1}{2n+1},$$

于是

$$\frac{(2n-1)!!}{(2n)!!}\frac{1}{2n+1}<\frac{1}{(2n+1)^{\frac{3}{2}}},$$

再由比较审敛法即可.因此

$$\arcsin x=x+\sum_{n=1}^{\infty}\frac{(2n-1)!!}{(2n)!!}\frac{1}{2n+1}x^{2n+1},x\in[-1,1].$$

例 6　将 $f(x)=\dfrac{1}{x^2}$ 展开成 $x-2$ 的幂级数.

解　因为

$$\frac{1}{x}=\frac{1}{2}\frac{1}{1+\frac{x-2}{2}}=\frac{1}{2}\sum_{n=0}^{\infty}(-1)^n\left(\frac{x-2}{2}\right)^n$$

$$=\sum_{n=0}^{\infty}\frac{(-1)^n}{2^{n+1}}(x-2)^n,\quad\left|\frac{x-2}{2}\right|<1,$$

两边求导,应用幂级数的逐项求导,得

$$-\frac{1}{x^2}=\sum_{n=1}^{\infty}\frac{(-1)^n n}{2^{n+1}}(x-2)^{n-1},\quad x\in(0,4),$$

所以

$$\frac{1}{x^2}=\sum_{n=1}^{\infty}(-1)^{n-1}\frac{n}{2^{n+1}}(x-2)^{n-1},\quad x\in(0,4).$$

例 7 将 $f(x)=\frac{1}{1-x}\ln\frac{1}{1-x}$ 展开成 x 的幂级数.

解 因为

$$\frac{1}{1-x}=1+x+x^2+\cdots+x^n+\cdots,x\in(-1,1),$$

$$\begin{aligned}\ln\frac{1}{1-x}&=-\ln(1-x)=-\left[(-x)-\frac{1}{2}(-x)^2+\cdots+\frac{(-1)^{n-1}}{n}(-x)^n+\cdots\right]\\&=x+\frac{1}{2}x^2+\frac{1}{3}x^3+\cdots+\frac{1}{n}x^n+\cdots,x\in[-1,1),\end{aligned}$$

在 $(-1,1)$ 内,有

$$\begin{aligned}\frac{1}{1-x}\ln\frac{1}{1-x}&=(1+x+x^2+\cdots+x^n+\cdots)\left(x+\frac{1}{2}x^2+\cdots+\frac{1}{n}x^n+\cdots\right)\\&=\sum_{n=1}^{\infty}\left(1+\frac{1}{2}+\cdots+\frac{1}{n}\right)x^n.\end{aligned}$$

虽然用幂级数的乘(或除)法能展开某些函数,但诸如 $\cos^2x$ 和 $\frac{1}{(1+x)^2}$ 等化为 $\cos x\cos x$ 和 $\frac{1}{1+x}\frac{1}{1+x}$ 用幂级数的乘法展开,不如化为 $\frac{1+\cos 2x}{2}$ 和 $-\left(\frac{1}{1+x}\right)'$ 用间接法展开来得容易.

二、泰勒级数的应用

幂级数的形式简单,并且有很好的运算性质,因此应用广泛.

1. 求极限

例 8 求 $\lim\limits_{x\to 0}\frac{e^x\ln(1+x)+\ln(1-x)}{x^4}$.

解 此极限为 $\frac{0}{0}$ 型未定式.将分子展开成 x 的幂级数:

$$\begin{aligned}e^x\ln(1+x)&=\left(1+x+\frac{x^2}{2!}+\frac{x^3}{3!}+\frac{x^4}{4!}+\cdots\right)\left(x-\frac{x^2}{2}+\frac{x^3}{3}-\frac{x^4}{4}+\frac{x^5}{5}-\cdots\right)\\&=x+\left(1-\frac{1}{2}\right)x^2+\left(\frac{1}{2!}-\frac{1}{2}+\frac{1}{3}\right)x^3+\left(\frac{1}{3!}-\frac{1}{2!\times2}+\frac{1}{3}-\frac{1}{4}\right)x^4+\\&\quad\left(\frac{1}{4!}-\frac{1}{3!\times2}+\frac{1}{2!\times3}-\frac{1}{4}+\frac{1}{5}\right)x^5+\cdots\\&=x+\frac{1}{2}x^2+\frac{1}{3}x^3+\frac{9}{120}x^5+\cdots\ (-1<x<1),\end{aligned}$$

$$\ln(1-x)=-x-\frac{1}{2}x^2-\frac{1}{3}x^3-\frac{1}{4}x^4-\frac{1}{5}x^5-\cdots\ (-1\leqslant x<1),$$

$$e^x\ln(1+x)+\ln(1-x)=-\frac{1}{4}x^4-\frac{1}{8}x^5+\cdots\ (-1<x<1),$$

$$\lim_{x\to 0}\frac{e^x\ln(1+x)+\ln(1-x)}{x^4}=\lim_{x\to 0}\left(-\frac{1}{4}-\frac{1}{8}x+\cdots\right)=-\frac{1}{4}.$$

2. 近似计算

设 $f(x)$ 可展开为幂级数 $\sum\limits_{n=0}^{\infty}a_n(x-x_0)^n$，取其部分和为 $f(x)$ 的近似，即

$$f(x)\approx a_0+a_1(x-x_0)+a_2(x-x_0)^2+\cdots+a_n(x-x_0)^n,$$

于是，近似式的误差为 $|r_n|=|a_{n+1}(x-x_0)^{n+1}+a_{n+2}(x-x_0)^{n+2}+\cdots$（称为截断误差），它仍是一个幂级数（收敛域与原级数的收敛域相同），可以按精确度要求估算出来.

例 9　计算 $\sqrt[5]{240}$ 的近似值，要求误差不超过 0.000 1.

解　利用函数 $(1+x)^m$ 的幂级数展开式 $\left(取\ m=\frac{1}{5},x=-\frac{1}{3^4}\right)$，有

$$\begin{aligned}\sqrt[5]{240}&=\sqrt[5]{243-3}=3\times\left(1-\frac{1}{3^4}\right)^{\frac{1}{5}}\\&=3\times\left(1-\frac{1}{5}\times\frac{1}{3^4}-\frac{1\times4}{5^2\times2!}\times\frac{1}{3^8}-\frac{1\times4\times9}{5^3\times3!}\times\frac{1}{3^{12}}-\cdots\right),\end{aligned}$$

$$\begin{aligned}|r_2|&=3\times\left(\frac{1\times4}{5^2\times2!}\times\frac{1}{3^8}+\frac{1\times4\times9}{5^3\times3!}\times\frac{1}{3^{12}}+\cdots\right)\\&<3\times\frac{1\times4}{5^2\times2!}\times\frac{1}{3^8}\left[1+\frac{1}{81}+\left(\frac{1}{81}\right)^2+\cdots\right]\\&=\frac{6}{25}\times\frac{1}{3^8}\times\frac{1}{1-\frac{1}{81}}=\frac{1}{25\times27\times40}<\frac{1}{20\,000}<0.000\,1,\end{aligned}$$

符合误差要求. 于是

$$\sqrt[5]{240}\approx3\times\left(1-\frac{1}{5}\times\frac{1}{3^4}\right),$$

计算时取五位小数，然后再四舍五入成四位小数，得 $\sqrt[5]{240}\approx2.992\,6$.

例 10　计算积分 $\int_0^1\frac{\sin x}{x}dx$ 的近似值，要求误差不超过 0.000 1.

解　被积函数 $\frac{\sin x}{x}$ 在 $x=0$ 处没有定义，但 $x=0$ 是可去间断点 $\left(因为\lim\limits_{x\to0}\frac{\sin x}{x}=1\right)$，因此这个积分不是反常积分. 这个积分用基本积分法无法求出，可用被积函数的幂级数展式计算.

$$\int_0^1 \frac{\sin x}{x}\mathrm{d}x = \int_0^1 \frac{1}{x}\left(x - \frac{x^3}{3!} + \frac{x^5}{5!} - \frac{x^7}{7!} + \cdots\right)\mathrm{d}x$$

$$= \int_0^1 \left(1 - \frac{1}{3!}x^2 + \frac{1}{5!}x^4 - \frac{1}{7!}x^6 + \cdots\right)\mathrm{d}x$$

$$= 1 - \frac{1}{3!\times 3} + \frac{1}{5!\times 5} - \frac{1}{7!\times 7} + \cdots,$$

这是交错级数,且满足莱布尼茨定理,因此

$$|r_3| = \frac{1}{7!\times 7} - \frac{1}{8!\times 8} + \cdots$$

$$< \frac{1}{7!\times 7} < \frac{1}{30\,000},$$

符合误差要求,于是

$$\int_0^1 \frac{\sin x}{x}\mathrm{d}x \approx 1 - \frac{1}{3!\times 3} + \frac{1}{5!\times 5},$$

计算时取五位小数,然后再四舍五入成四位小数,得

$$\int_0^1 \frac{\sin x}{x}\mathrm{d}x \approx 0.946\,1.$$

3. 欧拉公式

仿照 e^x 的幂级数展开式能自然给出复指数函数 e^z 的定义:

$$\mathrm{e}^z = 1 + \frac{z}{1!} + \frac{z^2}{2!} + \frac{z^3}{3!} + \cdots + \frac{z^n}{n!} + \cdots,$$

取 $z = \mathrm{i}x(\mathrm{i} = \sqrt{-1})$,有

$$\mathrm{e}^{\mathrm{i}x} = 1 + \frac{\mathrm{i}x}{1!} + \frac{(\mathrm{i}x)^2}{2!} + \frac{(\mathrm{i}x)^3}{3!} + \frac{(\mathrm{i}x)^4}{4!} + \cdots$$

$$= \left(1 - \frac{x^2}{2!} + \frac{x^4}{4!} - \cdots\right) + \mathrm{i}\left(x - \frac{x^3}{3!} + \frac{x^5}{5!} - \cdots\right)$$

$$= \cos x + \mathrm{i}\sin x.$$

公式 $\mathrm{e}^{\mathrm{i}x} = \cos x + \mathrm{i}\sin x$ 称为欧拉(Euler)公式.它表示了复指数函数与三角函数之间的关系,即

$$\cos x = \frac{\mathrm{e}^{\mathrm{i}x} + \mathrm{e}^{-\mathrm{i}x}}{2},\ \sin x = \frac{\mathrm{e}^{\mathrm{i}x} - \mathrm{e}^{-\mathrm{i}x}}{2\mathrm{i}}.$$

除此之外,还有棣莫弗(De Moivre)公式,即

$$(\cos x + \mathrm{i}\sin x)^n = \mathrm{e}^{\mathrm{i}nx} = \cos nx + \mathrm{i}\sin nx.$$

例 11 将 $f(x) = \mathrm{e}^x \sin x$ 展开为 x 的幂级数.

解 因为 $\mathrm{e}^x(\cos x + \mathrm{i}\sin x) = \mathrm{e}^{(1+\mathrm{i})x}$,又

$$\mathrm{e}^{(1+\mathrm{i})x} = \sum_{n=0}^{\infty} \frac{(1+\mathrm{i})^n}{n!}x^n = \sum_{n=0}^{\infty} \frac{(\sqrt{2})^n\left(\cos\frac{n\pi}{4} + \mathrm{i}\sin\frac{n\pi}{4}\right)}{n!}x^n,$$

所以

$$e^x \sin x = \sum_{n=0}^{\infty} \frac{(\sqrt{2})^n \sin \frac{n\pi}{4}}{n!} x^n \quad (-\infty < x < +\infty).$$

习题 10-4

1. 用直接法将 $f(x)=\cos x$ 展开为 x 的幂级数.

2. 将下列函数展开为 x 的幂级数,并写出展开式成立的区间:

(1) $\ln(a+x) \quad (a>0)$;　　(2) $\sin^2 x$;

(3) $(4-x^2)^{-\frac{1}{2}}$;　　(4) $(1+x)\ln(1+x)$;

(5) $\dfrac{x}{\sqrt{1+x^2}}$;　　(6) $\dfrac{x}{(1-x)(1-2x)}$;

(7) $\dfrac{2}{(1-x)^3}$;　　(8) $\ln(x+\sqrt{1+x^2})$.

3. 将 $f(x)=\ln(1+x)$ 展开为 $(x-2)$ 的幂级数.

4. 将 $f(x)=\dfrac{1}{x-1}$ 展开为 $(x+1)$ 的幂级数.

5. 将 $f(x)=\dfrac{1}{x^2+3x+2}$ 展开为 $(x+4)$ 的幂级数.

6. 将 $f(x)=e^x \sin x$ 展开为 x 的幂级数(展开到 x^5 项为止).

7. 求极限:

(1) $\lim\limits_{x\to+\infty}\left[x-x^2\ln\left(1+\dfrac{1}{x}\right)\right]$;　　(2) $\lim\limits_{x\to 0}\dfrac{\ln(1+x)\sin x-x^2}{x^3}$.

8. 求近似值:

(1) $\sqrt[9]{522}$(误差不超过 0.000 01);　　(2) $\displaystyle\int_0^{\frac{1}{2}} \frac{\arctan x}{x} dx$(误差不超过 0.001).

第五节　傅里叶级数

前面介绍了用幂级数表示一般函数的方法,本节讨论由三角函数组成的函数项级数——傅里叶(Fourier)级数,着重研究如何把函数表示成傅里叶级数.

一、三角级数及三角函数系的正交性

周期函数反映了客观世界中的周期运动,正弦函数是一种常见而简单的周期函数.例

如,描述简谐振动的函数为正弦函数

$$y=A\sin(\omega t+\varphi),$$

其中,A 为振幅,ω 为角频率,φ 为初相,它的周期为 $T=\frac{2\pi}{\omega}$.

非正弦的周期函数往往反映了较复杂的周期运动,例如矩形波和锯齿形波等均为非正弦周期函数.此类周期函数一般都可以用一系列正弦函数叠加表示出来.换言之,设 $f(t)$ 是一个周期 $T=\frac{2\pi}{\omega}$的函数,在一定条件下可以把它写成

$$\begin{aligned} f(t) &= A_0+\sum_{n=1}^{\infty}A_n\sin(n\omega t+\varphi_n) \\ &= A_0+\sum_{n=1}^{\infty}(a_n\cos n\omega t+b_n\sin n\omega t), \end{aligned}$$

其中,$a_n=A_n\sin\varphi_n,b_n=A_n\cos\varphi_n$

为了便于以后讨论,令$\frac{a_0}{2}=A_0,\omega=\frac{\pi}{l},t$ 换成 x,上述级数变成

$$\frac{a_0}{2}+\sum_{n=1}^{\infty}\left(a_n\cos\frac{n\pi}{l}x+b_n\sin\frac{n\pi}{l}x\right),$$

此级数称为三角级数,其中 a_0,a_n 和 $b_n(n=1,2,3,\cdots)$都是常数.

本节将讨论三角级数的收敛问题,以及如何将周期为 $2l$ 的周期函数表示成三角级数.为此,首先介绍三角函数系的正交性.

三角级数是以下函数组

$$1,\cos\frac{\pi}{l}x,\sin\frac{\pi}{l}x,\cos\frac{2\pi}{l}x,\sin\frac{2\pi}{l}x,\cdots,\cos\frac{n\pi}{l}x,\sin\frac{n\pi}{l}x,\cdots$$

的一个线性组合,这个函数组称为三角函数系.

所谓三角函数系在区间$[-l,l]$上正交,就是指三角函数系中任何不同的两个函数的乘积在区间$[-l,l]$上的积分等于零,即

$$\int_{-l}^{l}1\times\cos\frac{n\pi}{l}x\,\mathrm{d}x=0\quad(n=1,2,3,\cdots),$$

$$\int_{-l}^{l}1\times\sin\frac{n\pi}{l}x\,\mathrm{d}x=0\quad(n=1,2,3,\cdots),$$

$$\int_{-l}^{l}\cos\frac{k\pi}{l}x\sin\frac{n\pi}{l}x\,\mathrm{d}x=0\quad(k,n=1,2,3,\cdots),$$

$$\int_{-l}^{l}\cos\frac{k\pi}{l}x\cos\frac{n\pi}{l}x\,\mathrm{d}x=0\quad(k,n=1,2,3,\cdots,k\neq n),$$

$$\int_{-l}^{l}\sin\frac{k\pi}{l}x\sin\frac{n\pi}{l}x\,\mathrm{d}x=0\quad(k,n=1,2,3,\cdots,k\neq n).$$

以上等式都可以通过计算定积分验证.例如:

$$\int_{-l}^{l}\cos\frac{k\pi}{l}x\cos\frac{n\pi}{l}x\,dx=\frac{1}{2}\int_{-l}^{l}\left[\cos\frac{(k+n)\pi}{l}x+\cos\frac{(k-n)\pi}{l}x\right]dx$$
$$=\frac{1}{2}\left[\frac{l}{(k+n)\pi}\sin\frac{(k+n)\pi}{l}x+\frac{l}{(k-n)\pi}\sin\frac{(k-n)\pi}{l}x\right]\Bigg|_{-l}^{l}$$
$$=0\quad(k,n=1,2,3,\cdots,k\neq n).$$

在三角函数系中，两个相同函数的乘积在区间$[-l,l]$上的积分不等零. 有以下公式

$$\int_{-l}^{l}1\times1\,dx=2l,\int_{-l}^{l}\cos^2\frac{n\pi}{l}x\,dx=\int_{-l}^{l}\sin^2\frac{n\pi}{l}x\,dx=l,$$

事实上，

$$\int_{-l}^{l}\cos^2\frac{n\pi}{l}x\,dx=\frac{1}{2}\int_{-l}^{l}\left(1+\cos\frac{2n\pi}{l}x\right)dx=l,$$
$$\int_{-l}^{l}\sin^2\frac{n\pi}{l}x\,dx=\frac{1}{2}\int_{-l}^{l}\left(1-\cos\frac{2n\pi}{l}x\right)dx=l.$$

二、函数展开成傅里叶级数

设 $f(x)$是周期为 $2l$ 的周期函数，且能展开成三角级数，即

$$f(x)=\frac{a_0}{2}+\sum_{n=1}^{\infty}\left(a_n\cos\frac{n\pi}{l}x+b_n\sin\frac{n\pi}{l}x\right),$$

下面找出系数 $a_0,a_1,b_1,\cdots,a_n,b_n\cdots$与 $f(x)$之间的关系.

假设三角级数可以逐项积分，有

$$\int_{-l}^{l}f(x)dx=\frac{a_0}{2}\int_{-l}^{l}dx+\sum_{n=1}^{\infty}\left(a_n\int_{-l}^{l}\cos\frac{n\pi}{l}x\,dx+b_n\int_{-l}^{l}\sin\frac{n\pi}{l}x\,dx\right),$$

利用三角函数系的正交性，得

$$\int_{-l}^{l}f(x)dx=\frac{a_0}{2}2l,$$

即

$$a_0=\frac{1}{l}\int_{-l}^{l}f(x)dx.$$

为求 a_k，将等式两端乘以 $\cos\frac{k\pi}{l}x$，再取$[-l,l]$上的积分，得

$$\int_{-l}^{l}f(x)\cos\frac{k\pi}{l}x\,dx=\frac{a_0}{2}\int_{-l}^{l}\cos\frac{k\pi}{l}x\,dx+\sum_{n=1}^{\infty}\left(a_n\int_{-l}^{l}\cos\frac{n\pi}{l}x\cos\frac{k\pi}{l}x\,dx+\right.$$
$$\left.b_n\int_{-l}^{l}\sin\frac{n\pi}{l}x\cos\frac{k\pi}{l}x\,dx\right),$$

根据三角函数系的正交性，等式右端除 $n=k$ 的一项外，其余各项均为零，故

$$\int_{-l}^{l}f(x)\cos\frac{k\pi}{l}x\,dx=a_k\int_{-l}^{l}\cos^2\frac{k\pi}{l}x\,dx=a_kl,$$

即

$$a_k = \frac{1}{l}\int_{-l}^{l} f(x)\cos\frac{k\pi}{l}x\,\mathrm{d}x \quad (k = 1,2,3,\cdots).$$

同样,等式两端乘以 $\sin\frac{k\pi}{l}x$,再取$[-l,l]$上的积分,可得

$$b_k = \frac{1}{l}\int_{-l}^{l} f(x)\sin\frac{k\pi}{l}x\,\mathrm{d}x \quad (k = 1,2,3,\cdots).$$

由此可知,只要 $f(x)$在$[-l,l]$上可积,就可以按公式

$$a_n = \frac{1}{l}\int_{-l}^{l} f(x)\cos\frac{n\pi}{l}x\,\mathrm{d}x \quad (n = 0,1,2,3,\cdots),$$

$$b_n = \frac{1}{l}\int_{-l}^{l} f(x)\sin\frac{n\pi}{l}x\,\mathrm{d}x \quad (n = 1,2,3,\cdots),$$

计算出系数 $a_0,a_1,b_1,\cdots,a_n,b_n,\cdots$. 这些系数称为 $f(x)$ 的傅里叶系数,而将这些系数代入三角级数$\frac{a_0}{2}+\sum\limits_{n=1}^{\infty}\left(a_n\cos\frac{n\pi}{l}x+b_n\sin\frac{n\pi}{l}x\right)$后所得级数称为 $f(x)$ 的傅里叶级数,记作

$$f(x) \sim \frac{a_0}{2}+\sum_{n=1}^{\infty}\left(a_n\cos\frac{n\pi}{l}x+b_n\sin\frac{n\pi}{l}x\right).$$

以上所述假定周期函数 $f(x)(T=2l)$可以展开成三角级数,并且三角级数可以逐项积分才求出傅里叶系数. 这样做出的 $f(x)$的傅里叶级数是否一定收敛? 如果它收敛,它是否一定收敛于函数 $f(x)$? 以下定理给出了关于这些问题的一个重要结论.

定理(狄利克雷(Dirichlet)收敛定理) 设 $f(x)$是周期为 $2l$ 的周期函数,如果它满足:

(1) 在一个周期内连续或只有有限个第一类间断点;

(2) 在一个周期内至多只有有限个极值点,则 $f(x)$的傅里叶级数在$(-\infty,+\infty)$上均收敛,并且在 $f(x)$的连续点 x_0 处,级数收敛于 $f(x_0)$,即对于 $f(x)$的一切连续点 x,有

$$f(x) = \frac{a_0}{2}+\sum_{n=1}^{\infty}\left(a_n\cos\frac{n\pi}{l}x+b_n\sin\frac{n\pi}{l}x\right).$$

在 $f(x)$的间断点 x_0 处,级数收敛于$\frac{1}{2}[f(x_0^-)+f(x_0^+)]$,即 $f(x)$在 x_0 处左极限与右极限的算术平均值.

定理在此不予证明. 由此可见,函数展开成傅里叶级数的条件比展开成幂级数的条件低得多.

若取 $s(x)=\frac{1}{2}[f(x^-)+f(x^+)]$,不论 x 是 $f(x)$的连续点还是间断点,都有

$$s(x) = \frac{a_0}{2}+\sum_{n=1}^{\infty}\left(a_n\cos\frac{n\pi}{l}x+b_n\sin\frac{n\pi}{l}x\right).$$

例 1　设 $f(x)$ 是周期为 6 的周期函数，它在 $[-3,3)$ 上的表达式为

$$f(x)=\begin{cases}-1, & -3\leqslant x<0,\\ 1, & 0\leqslant x<3,\end{cases}$$

将 $f(x)$ 展开为傅里叶级数，并作傅里叶级数的和函数的图形.

解　所给函数满足收敛定理的条件，它在点 $x=3k(k=0,\pm1,\pm2,\cdots)$ 处不连续，在其他点处连续. 当 $x=3k$ 时，$f(x)$ 的傅里叶级数收敛于

$$\frac{-1+1}{2}=\frac{1+(-1)}{2}=0,$$

当 $x\neq 3k$ 时，傅里叶级数收敛于 $f(x)$，傅里叶级数的和函数 $s(x)$ 的图形如图 10-2 所示.

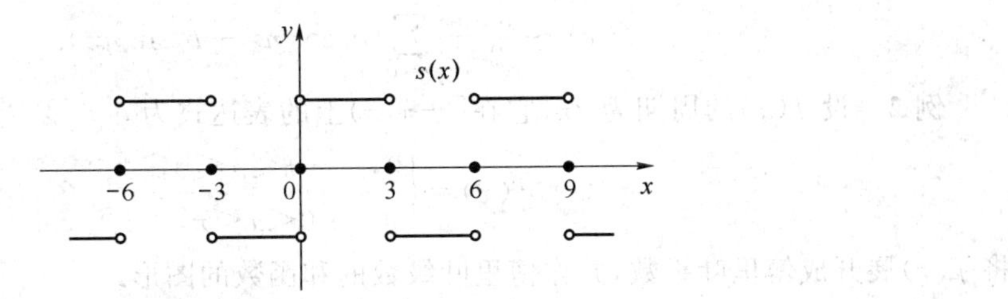

图 10-2

傅里叶系数为

$$\begin{aligned}a_n&=\frac{1}{3}\int_{-3}^{3}f(x)\cos\frac{n\pi}{3}x\mathrm{d}x\\&=\frac{1}{3}\int_{-3}^{0}f(-1)\times\cos\frac{n\pi}{3}x\mathrm{d}x+\frac{1}{3}\int_{0}^{3}1\times\cos\frac{n\pi}{3}x\mathrm{d}x\\&=0\quad(n=0,1,2,\cdots),\end{aligned}$$

$$\begin{aligned}b_n&=\frac{1}{3}\int_{-3}^{3}f(x)\sin\frac{n\pi}{3}x\mathrm{d}x=\frac{1}{3}\int_{-3}^{0}f(-1)\times\sin\frac{n\pi}{3}x\mathrm{d}x+\frac{1}{3}\int_{0}^{3}1\times\sin\frac{n\pi}{3}x\mathrm{d}x\\&=\frac{1}{n\pi}\cos\frac{n\pi}{3}x\Big|_{-3}^{0}-\frac{1}{n\pi}\cos\frac{n\pi}{3}x\Big|_{0}^{3}\\&=\frac{1}{n\pi}(1-\cos n\pi-\cos n\pi+1)\\&=\frac{2}{n\pi}[1-(-1)^n]\\&=\begin{cases}0, & n=2k(k=1,2,3,\cdots),\\ \dfrac{4}{\pi(2k-1)}, & n=2k-1(k=1,2,3,\cdots),\end{cases}\end{aligned}$$

于是得 $f(x)$ 的傅里叶级数展开式为

$$f(x)=\frac{a_0}{2}+\sum_{n=1}^{\infty}\left(a_n\cos\frac{n\pi}{3}x+b_n\sin\frac{n\pi}{3}x\right)$$
$$=\frac{4}{\pi}\sum_{k=1}^{\infty}\frac{1}{2k-1}\sin\frac{(2k-1)\pi}{3}x\quad(x\neq 3k,k=0,\pm1,\pm2,\cdots).$$

如果 $f(x)$ 的周期为 2π,此时 $l=\pi$,则 $f(x)$ 的傅里叶系数为

$$a_n=\frac{1}{\pi}\int_{-\pi}^{\pi}f(x)\cos nx\,\mathrm{d}x\quad(n=0,1,2,\cdots),$$
$$b_n=\frac{1}{\pi}\int_{-\pi}^{\pi}f(x)\sin nx\,\mathrm{d}x\quad(n=1,2,\cdots),$$

$f(x)$ 的傅里叶级数为

$$f(x)\sim\frac{a_0}{2}+\sum_{n=1}^{\infty}(a_n\cos nx+b_n\sin nx).$$

例 2 设 $f(x)$ 的周期为 2π,它在 $[-\pi,\pi)$ 上的表达式为

$$f(x)=\begin{cases}0, & -\pi\leqslant x\leqslant 0,\\ x, & 0<x<\pi,\end{cases}$$

将 $f(x)$ 展开成傅里叶级数,并作傅里叶级数的和函数的图形.

解 所给函数满足收敛定理的条件,它在点 $x=(2k+1)\pi(k=0,\pm1,\pm2,\cdots)$ 处间断,在其他点处连续.当 $x=(2k+1)\pi$ 时,$f(x)$ 的傅里叶级数收敛于

$$\frac{\pi+0}{2}=\frac{\pi}{2},$$

为 $x\neq(2k+1)\pi$ 时,傅里叶级数收敛于 $f(x)$.

$f(x)$ 的傅里叶级数的和函数 $s(x)$ 的图形如图 10-3 所示.

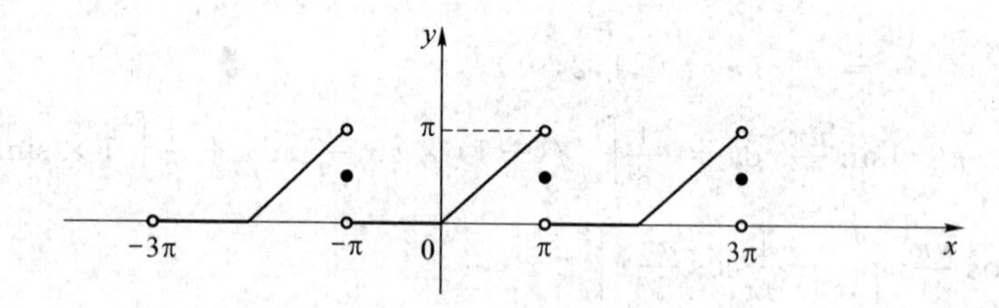

图 10-3

傅里叶系数为

$$a_0=\frac{1}{\pi}\int_{-\pi}^{\pi}f(x)\mathrm{d}x=\frac{1}{\pi}\left(\int_{-\pi}^{0}0\times\mathrm{d}x+\int_{0}^{\pi}x\mathrm{d}x\right)$$
$$=\frac{1}{\pi}\int_{0}^{\pi}x\mathrm{d}x=\frac{\pi}{2},$$

$$
\begin{aligned}
a_n &= \frac{1}{\pi}\int_{-\pi}^{\pi} f(x)\cos nx\,\mathrm{d}x = \frac{1}{\pi}\left(\int_{-\pi}^{0} 0\times \mathrm{d}x + \int_{0}^{\pi} x\cos nx\,\mathrm{d}x\right)\\
&= \frac{1}{\pi}\int_{0}^{\pi} x\cos nx\,\mathrm{d}x = \frac{1}{n\pi}\int_{0}^{\pi} x\,\mathrm{d}(\sin nx)\\
&= \frac{1}{n\pi}\left(x\sin n\pi\Big|_{0}^{\pi} - \int_{0}^{\pi}\sin nx\,\mathrm{d}x\right)\\
&= \frac{1}{\pi n^2}\cos nx\Big|_{0}^{\pi} = \frac{1}{\pi n^2}[(-1)^n - 1]\\
&= \begin{cases} 0, & n = 2,4,6,\cdots,\\ -\dfrac{2}{\pi n^2}, & n = 1,3,5,\cdots, \end{cases}\\
b_n &= \frac{1}{\pi}\int_{-\pi}^{\pi} f(x)\sin nx\,\mathrm{d}x = \frac{1}{\pi}\int_{0}^{\pi} x\sin nx\,\mathrm{d}x\\
&= \frac{1}{n\pi}\left[(-x\cos nx)\Big|_{0}^{\pi} + \int_{0}^{\pi}\cos nx\,\mathrm{d}x\right]\\
&= \frac{(-1)^{n+1}}{n}(n = 1,2,3,\cdots),
\end{aligned}
$$

于是得 $f(x)$的傅里叶级数展开式为

$$
\begin{aligned}
f(x) &= \frac{a_0}{2} + \sum_{n=1}^{\infty}(a_n\cos nx + b_n\sin nx)\\
&= \frac{\pi}{4} + \sum_{n=1}^{\infty}\left\{\frac{1}{\pi n^2}[(-1)^n - 1]\cos nx + \frac{(-1)^{n+1}}{n}\sin nx\right\}\\
&= \frac{\pi}{4} + \left(-\frac{2}{\pi}\cos x + \sin x\right) - \frac{1}{2}\sin 2x +\\
&\quad \left(-\frac{2}{\pi\times 3^2}\cos 3x + \frac{1}{3}\sin 3x\right) - \frac{1}{4}\sin 4x + \cdots\\
&\quad (x \neq (2k+1)\pi, k = 0, \pm 1, \pm 2, \cdots).
\end{aligned}
$$

利用这个展开式可以得到一个特殊级数的和.以 $x=0$ 代入上述展式,得

$$
0 = f(0) = \frac{\pi}{4} - \frac{2}{\pi}\sum_{k=1}^{\infty}\frac{1}{(2k-1)^2},
$$

于是

$$
\frac{\pi^2}{8} = \sum_{k=1}^{\infty}\frac{1}{(2k-1)^2} = 1 + \frac{1}{3^2} + \frac{1}{5^2} + \cdots.
$$

如果周期为 $2l$ 的函数 $f(x)$ 只在区间$[0,2l)$ 上给出表达式,那么由周期函数定积分的性质:$\int_a^{a+T} f(x)\mathrm{d}x = \int_0^T f(x)\mathrm{d}x$($T$ 为 $f(x)$ 的周期),可用以下公式计算傅里叶系数.

$$a_0 = \frac{1}{l}\int_{-l}^{l} f(x)\mathrm{d}x = \frac{1}{l}\int_{0}^{2l} f(x)\mathrm{d}x,$$

$$a_n = \frac{1}{l}\int_{0}^{2l} f(x)\cos\frac{n\pi}{l}\mathrm{d}x,$$

$$b_n = \frac{1}{l}\int_{0}^{2l} f(x)\sin\frac{n\pi}{l}x\,\mathrm{d}x.$$

例 3 设 $f(x)$是周期为 2π 的周期函数,它在$[0,2\pi)$上的表达式为 $f(x)=\mathrm{e}^{-x}$,将 $f(x)$展开成傅里叶级数.

解 所给函数 $f(x)$满足收敛定理的条件,$x=2k\pi(k=0,\pm1,\pm2,\cdots)$是 $f(x)$的间断点,而在其他点处 $f(x)$连续.因此,$f(x)$的傅里叶级数在 $x=2k\pi$ 处收敛于

$$\frac{f(0^+)+f(2\pi^-)}{2}=\frac{1+\mathrm{e}^{-2\pi}}{2},$$

在连续点 $x(x\neq 2k\pi)$处收敛于 $f(x)$.和函数 $s(x)$的图形如图 10-4 所示.

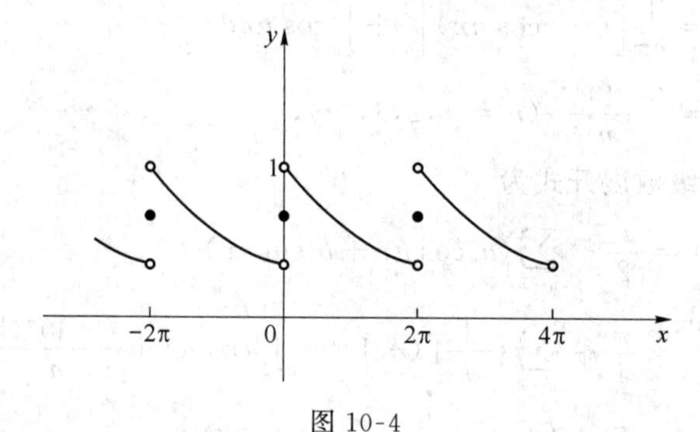

图 10-4

傅里叶系数为

$$a_0 = \frac{1}{\pi}\int_0^{2\pi}\mathrm{e}^{-x}\mathrm{d}x = \frac{1}{\pi}(1-\mathrm{e}^{-2\pi}),$$

$$\begin{aligned}
a_n &= \frac{1}{\pi}\int_0^{2\pi}\mathrm{e}^{-x}\cos nx\,\mathrm{d}x = \frac{1}{n\pi}\int_0^{2\pi}\mathrm{e}^{-x}\mathrm{d}(\sin nx)\\
&= \frac{1}{n\pi}\left(\mathrm{e}^{-x}\sin nx\Big|_0^{2\pi}+\int_0^{2\pi}\mathrm{e}^{-x}\sin nx\,\mathrm{d}x\right)\\
&= \frac{1}{n\pi}\int_0^{2\pi}\mathrm{e}^{-x}\sin nx\,\mathrm{d}x\\
&= -\frac{1}{n^2\pi}\int_0^{2\pi}\mathrm{e}^{-x}\mathrm{d}(\cos nx)\\
&= -\frac{1}{n^2\pi}\left(\mathrm{e}^{-x}\cos nx\Big|_0^{2\pi}+\int_0^{2\pi}\mathrm{e}^{-x}\cos nx\,\mathrm{d}x\right)\\
&= \frac{1}{n^2\pi}(1-\mathrm{e}^{-2\pi})-\frac{1}{n^2}a_n,
\end{aligned}$$

因此

$$a_n = \frac{1}{(n^2+1)\pi}(1-e^{-2\pi}),$$

$$b_n = \frac{1}{\pi}\int_0^{2\pi} e^{-x}\sin nx\,dx = na_n = \frac{n}{(n^2+1)\pi}(1-e^{-2\pi}),$$

于是，$f(x)$的傅里叶级数展开式为

$$f(x) = \frac{1}{2\pi}(1-e^{-2\pi}) + \frac{1-e^{-2\pi}}{\pi}\sum_{n=1}^{\infty}\frac{1}{n^2+1}(\cos nx + n\sin nx),$$

其中，$x\neq 2k\pi, k=0,\pm 1,\pm 2,\cdots$.

若令 $x=0$，则有

$$\frac{1+e^{-2\pi}}{2} = \frac{1-e^{-2\pi}}{2\pi} + \frac{1-e^{-2\pi}}{\pi}\sum_{n=1}^{\infty}\frac{1}{n^2+1},$$

于是可得

$$\sum_{n=1}^{\infty}\frac{1}{n^2+1} = \frac{\pi}{2}\times\frac{1+e^{-2\pi}}{1-e^{-2\pi}} - \frac{1}{2}.$$

应该注意，如果函数 $f(x)$只在$[-l,l]$(或$[0,2l]$)上定义，未注明 $f(x)$为周期函数，当$f(x)$满足收敛定理的条件时，$f(x)$仍然可以展开成傅里叶级数. 具体的过程为：按照 $f(x)$在$[-l,l)$(或$[0,2l)$)上的值以周期为 $2l$ 延拓到$(-\infty,+\infty)$，使它拓广成周期为 $2l$ 的周期函数 $F(x)$，称这种拓广函数定义域的过程为周期延拓. 再将 $F(x)$展开成傅里叶级数. 最后限制 x 在$(-l,l)$(或$(0,2l)$)内，此时 $F(x)\equiv f(x)$，这样便得到 $f(x)$的傅里叶级数展开式. 根据收敛定理，傅里叶级数在区间端点处收敛于

$$\frac{1}{2}[f(l^-)+f(-l^+)]\left(\text{或}\frac{1}{2}[f(0^+)+f(2l^-)]\right),$$

在实际计算时，对 $f(x)$的周期延拓可以仅仅是观念上的，无须写出周期延拓的具体过程.

例 4　将函数 $f(x)=x^2(0\leqslant x\leqslant 2\pi)$展开成傅里叶级数.

解　所给函数在$[0,2\pi]$上满足收敛定理的条件，并且拓广为周期函数时，它在$(0,2\pi)$内连续，在 $x=0$ 和 2π 处间断. 因此，拓广的周期函数的傅里叶级数在$(0,2\pi)$上收敛于 $f(x)$，而在 $x=0$ 或 $x=2\pi$ 处收敛于$\frac{1}{2}[f(0^+)+f(2\pi^-)]=\frac{1}{2}(0+4\pi^2)=2\pi^2$，如图 10-5 所示.

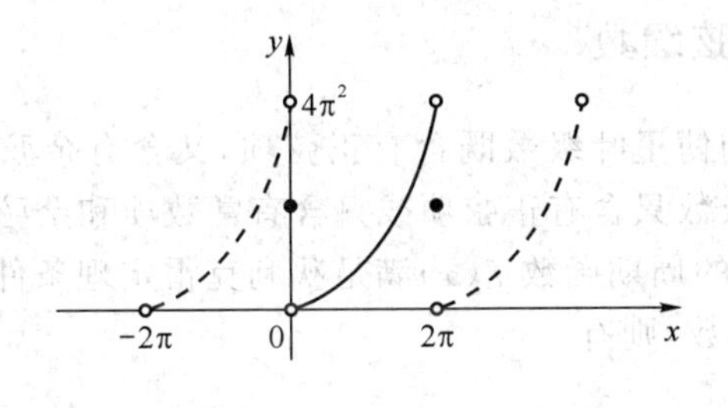

图 10-5

傅里叶系数为

$$a_0 = \frac{1}{\pi}\int_0^{2\pi} f(x)\mathrm{d}x = \frac{1}{\pi}\int_0^{2\pi} x^2\mathrm{d}x = \frac{8}{3}\pi^2,$$

$$\begin{aligned}a_n &= \frac{1}{\pi}\int_0^{2\pi} x^2\cos nx\,\mathrm{d}x \\ &= \frac{1}{n\pi}\int_0^{2\pi} x^2\mathrm{d}(\sin nx) = \frac{1}{n\pi}\left(x^2\sin nx\Big|_0^{2\pi} - 2\int_0^{2\pi} x\sin nx\,\mathrm{d}x\right) \\ &= \frac{2}{n^2\pi}\int_0^{2\pi} x\mathrm{d}(\cos nx) = \frac{2}{n^2\pi}\left(x\cos nx\Big|_0^{2\pi} - \int_0^{2\pi}\cos nx\,\mathrm{d}x\right) \\ &= \frac{4}{n^2}(n = 1,2,3,\cdots),\end{aligned}$$

$$\begin{aligned}b_n &= \frac{1}{\pi}\int_0^{2\pi} x^2\sin nx\,\mathrm{d}x = -\frac{1}{n\pi}\int_0^{2\pi} x^2\mathrm{d}(\cos nx) \\ &= -\frac{1}{n\pi}\left(x^2\cos nx\Big|_0^{2\pi} - 2\int_0^{2\pi} x\cos nx\,\mathrm{d}x\right) \\ &= -\frac{4}{n}\pi + \frac{2}{n^2\pi}\int_0^{2\pi} x\mathrm{d}(\sin nx) \\ &= -\frac{4}{n}\pi + \frac{2}{n^2\pi}\left(x\sin nx\Big|_0^{2\pi} - \int_0^{2\pi}\sin nx\,\mathrm{d}x\right) \\ &= -\frac{4}{n}\pi \quad (n = 1,2,3,\cdots),\end{aligned}$$

于是,$f(x)$的傅里叶级数展开式为

$$f(x) = \frac{4}{3}\pi^2 + \sum_{n=1}^{\infty}\left(\frac{4}{n^2}\cos nx - \frac{4}{n}\pi\sin nx\right),$$

其中,$0 < x < 2\pi$.

若 x 分别取 0 和 π,则有

(1) $2\pi^2 = \frac{4}{3}\pi^2 + 4\sum\limits_{n=1}^{\infty}\frac{1}{n^2}$,从而有 $\sum\limits_{n=1}^{\infty}\frac{1}{n^2} = \frac{\pi^2}{6}$;

(2) $\pi^2 = \frac{4}{3}\pi^2 + 4\sum\limits_{n=1}^{\infty}\frac{(-1)^n}{n^2}$,从而有 $\sum\limits_{n=1}^{\infty}\frac{(-1)^n}{n^2} = -\frac{\pi^2}{12}$.

三、正弦级数和余弦级数

一般说来,一个函数的傅里叶级数既含有正弦项,又含有余弦项.但如果函数是奇函数或偶函数,则它的傅里叶级数只含有正弦项或只含有常数项和余弦项.

推论 1 设周期为 $2l$ 的周期函数 $f(x)$满足狄利克雷定理条件:

(1) 如果 $f(x)$为奇函数,则有

$$a_0 = \frac{1}{l}\int_{-l}^{l} f(x)\mathrm{d}x = 0,$$

$$a_n = \frac{1}{l}\int_{-l}^{l} f(x)\cos\frac{n\pi}{l}x\,\mathrm{d}x = 0,$$

$$b_n = \frac{1}{l}\int_{-l}^{l} f(x)\sin\frac{n\pi}{l}x\,\mathrm{d}x = \frac{2}{l}\int_{0}^{l} f(x)\sin\frac{n\pi}{l}x\,\mathrm{d}x,$$

$f(x) \sim \sum\limits_{n=1}^{\infty} b_n \sin\frac{n\pi}{l}x$. 称此级数为正弦(傅里叶)级数;

(2) 如果 $f(x)$为偶函数,则有

$$a_0 = \frac{1}{l}\int_{-l}^{l} f(x)\mathrm{d}x = \frac{2}{l}\int_{0}^{l} f(x)\mathrm{d}x,$$

$$a_n = \frac{1}{l}\int_{-l}^{l} f(x)\cos\frac{n\pi}{l}x\,\mathrm{d}x = \frac{2}{l}\int_{0}^{l} f(x)\cos\frac{n\pi}{l}x\,\mathrm{d}x,$$

$$b_n = \frac{1}{l}\int_{-l}^{l} f(x)\sin\frac{n\pi}{l}x\,\mathrm{d}x = 0,$$

$f(x) \sim \frac{a_0}{2} + \sum\limits_{n=1}^{\infty} a_n \cos\frac{n\pi}{l}x$. 称此级数为余弦(傅里叶)级数.

例 5 将函数 $f(x)=\arcsin(\sin x)(-\pi\leqslant x\leqslant\pi)$展开成傅里叶级数.

解 所给函数 $f(x)=\begin{cases} -\pi-x, & -\pi\leqslant x<-\dfrac{\pi}{2}, \\ x, & -\dfrac{\pi}{2}\leqslant x\leqslant\dfrac{\pi}{2}, \\ \pi-x, & \dfrac{\pi}{2}<x\leqslant\pi \end{cases}$ 在$[-\pi,\pi]$上满足收敛定理的条件,周期延拓后的函数在$(-\infty,+\infty)$内处处连续(见图 10-6),因此,傅里叶级数在$[-\pi,\pi]$上收敛于 $f(x)$.

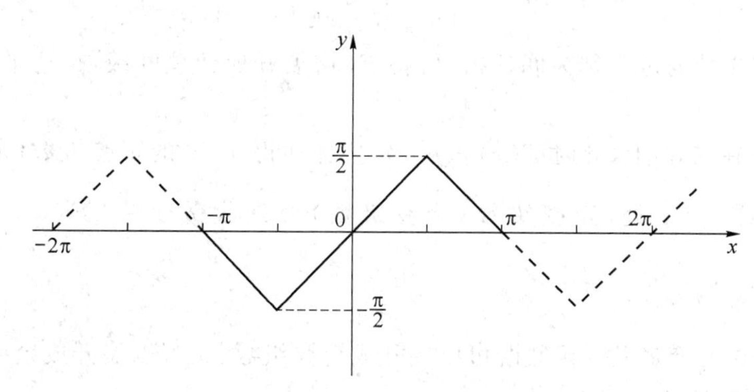

图 10-6

因为 $f(x)$为奇函数,所以 $a_n=0(n=0,1,2,\cdots)$,则

$$b_n = \frac{2}{\pi}\int_0^{\pi} f(x)\sin nx\,dx = \frac{2}{\pi}\left[\int_0^{\frac{\pi}{2}} x\sin nx\,dx + \int_{\frac{\pi}{2}}^{\pi}(\pi - x)\sin nx\,dx\right]$$

$$= \frac{2}{n\pi}\left[-\int_0^{\frac{\pi}{2}} x\,d(\cos nx) - \int_{\frac{\pi}{2}}^{\pi}(\pi - x)\,d(\cos nx)\right]$$

$$= \frac{2}{n\pi}\left[-x\cos nx\Big|_0^{\frac{\pi}{2}} + \int_0^{\frac{\pi}{2}}\cos nx\,dx - (\pi - x)\cos nx\Big|_{\frac{\pi}{2}}^{\pi} - \int_{\frac{\pi}{2}}^{\pi}\cos nx\,dx\right]$$

$$= \frac{4}{n^2\pi}\sin\frac{n\pi}{2},$$

于是,$f(x)$的傅里叶级数展开式为

$$f(x) = \frac{4}{\pi}\sum_{n=1}^{\infty}\frac{1}{n^2}\sin\frac{n\pi}{2}\sin nx$$

$$= \frac{4}{\pi}\sum_{k=1}^{\infty}\frac{(-1)^{k-1}}{(2k-1)^2}\sin(2k-1)x,\quad x\in[-\pi,\pi].$$

在实际应用中,有时需要把定义在区间$[0,l]$上的函数 $f(x)$展开成正弦级数或余弦级数.具体的过程为:

(1) 将 $f(x)$开拓成$[-l,l]$上的奇函数,即

$$F(x)=\begin{cases} f(x), & x\in(0,l], \\ 0, & x=0, \\ -f(-x), & x\in[-l,0), \end{cases}$$

这种拓广函数定义域的过程称为奇延拓.再将 $F(x)$展开成傅里叶级数,这个级数就是正弦级数;

(2) 将 $f(x)$开拓成$[-l,l]$上的偶函数,即

$$F(x)=\begin{cases} f(x), & x\in[0,l], \\ f(-x), & x\in[-l,0), \end{cases}$$

这种拓广函数定义域的过程称为偶延拓.再将 $F(x)$展开成傅里叶级数,这个级数就是余弦级数.

最后限制 x 在$(0,l)$上,此时 $F(x)\equiv f(x)$,这样便得 $f(x)$的正弦级数(余弦级数)展开式.在点 $x=0$ 或 $x=l$ 处,正弦级数(余弦级数)分别收敛于 $\frac{1}{2}[F(0^-)+F(0^+)]$或 $\frac{1}{2}[F(-l^+)+F(l^-)]$.

因此,仅在$[0,l]$上定义的函数既可以展开成正弦级数,又可以展开成余弦级数.这说明函数的傅里叶级数不唯一.

例 6 将函数 $f(x)=x(0\leqslant x\leqslant l)$分别展开为正弦级数和余弦级数.

解 先求正弦级数.为此对 $f(x)$作奇延拓(见图 10-7),则有

$$b_n = \frac{2}{l}\int_0^l x\sin\frac{n\pi}{l}x\,dx = -\frac{2}{n\pi}\int_0^l x\,d\left(\cos\frac{n\pi}{l}x\right)$$
$$= -\frac{2}{n\pi}\left(x\cos\frac{n\pi}{l}x\Big|_0^l - \int_0^l\cos\frac{n\pi}{l}x\,dx\right)$$
$$= \frac{2l}{n\pi}(-1)^{n+1},$$

于是，$f(x)$的正弦级数展开式为

$$x = \frac{2l}{\pi}\sum_{n=1}^{\infty}\frac{(-1)^{n+1}}{n}\sin\frac{n\pi}{l}x,\quad x\in[0,l),$$

在 $x=l$ 处，函数再作周期延拓后所得周期函数在该点处间断，级数的和为 0，它不是 $f(x)$的函数值.

再求余弦级数. 为此对 $f(x)$作偶延拓（见图 10-8），则有

$$a_0 = \frac{2}{l}\int_0^l x\,dx = l,$$
$$a_n = \frac{2}{l}\int_0^l x\cos\frac{n\pi}{l}x\,dx = \frac{2}{n\pi}\int_0^l x\,d\left(\sin\frac{n\pi}{l}x\right)$$
$$= \frac{2}{n\pi}\left(x\sin\frac{n\pi}{l}x\Big|_0^l - \int_0^l\sin\frac{n\pi}{l}x\,dx\right)$$
$$= \frac{2l}{n^2\pi^2}[(-1)^n - 1]$$
$$= \begin{cases} 0, & n=2k \\ -\dfrac{4l}{\pi^2(2k-1)^2}, & n=2k-1 \end{cases}\quad (k=1,2,3,\cdots),$$

于是，$f(x)$的余弦级数展开式为

$$x = \frac{l}{2} - \frac{4l}{\pi^2}\sum_{k=1}^{\infty}\frac{1}{(2k-1)^2}\cos\frac{(2k-1)\pi}{l}x,\quad x\in[0,l].$$

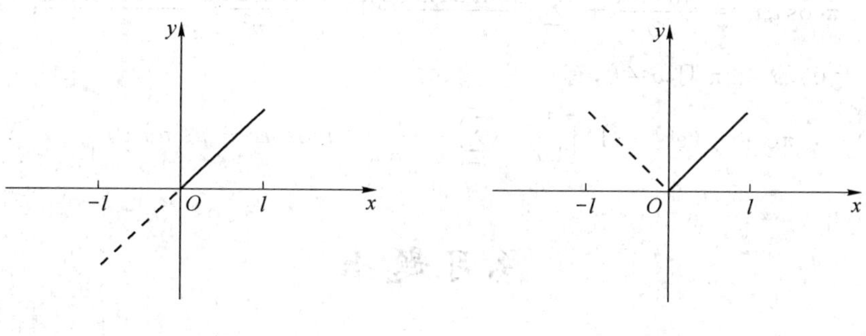

图 10-7　　图 10-8

习题 10-5

1. 下列周期函数已给出一个周期内的表达式,试将它们展开成傅里叶级数:

(1) $f(x)=\begin{cases}0, & -2\leqslant x<0,\\ x, & 0\leqslant x<2;\end{cases}$ (2) $f(x)=1-x^2\left(-\frac{1}{2}\leqslant x<\frac{1}{2}\right)$;

(3) $f(x)=\frac{\pi}{4}-\frac{x}{2}\ (-\pi\leqslant x<\pi)$; (4) $f(x)=e^{2x}(-\pi\leqslant x<\pi)$;

(5) $f(x)=-x+1, x\in[0,2\pi)$.

2. 将下列函数 $f(x)$ 展开成傅里叶级数:

(1) $f(x)=2\sin\frac{x}{3}\ (-\pi\leqslant x\leqslant\pi)$; (2) $f(x)=\begin{cases}e^x, & -\pi\leqslant \pi<0,\\ 1, & 0\leqslant x\leqslant\pi;\end{cases}$

(3) $f(x)=x\ (0\leqslant x\leqslant 2\pi)$; (4) $f(x)=\cos\frac{x}{2}\ (-\pi\leqslant x\leqslant\pi)$.

3. 将 $f(x)=2x^2(0\leqslant x\leqslant\pi)$分别展开成正弦级数和余弦级数.

4. 将 $f(x)=e^x(0\leqslant x\leqslant\pi)$展开成余弦级数.

5. 将 $f(x)=|\pi-x|(0\leqslant x\leqslant 2\pi)$展开成正弦级数.

6. 将 $f(x)=\begin{cases}\sin\frac{\pi}{l}x, & 0\leqslant x<\frac{l}{2}\\ 0, & \frac{l}{2}\leqslant x\leqslant l\end{cases}$ 展开成正弦级数.

7. 证明:(1)对于 $0<x<2\pi$ 且 a 不是整数,有

$$\pi\cos ax=\frac{\sin 2a\pi}{2a}+\sum_{n=1}^{\infty}\frac{a\sin 2a\pi\cos nx+n(\cos 2a\pi-1)\sin nx}{a^2-n^2};$$

(2) 对于 $0<x<2\pi$ 且 $a\neq 0$,有

$$\pi e^{ax}=(e^{2a\pi}-1)\left[\frac{1}{2a}+\sum_{n=1}^{\infty}\frac{1}{a^2+n^2}(a\cos nx-n\sin nx)\right].$$

总习题十

1. 选择题或填空题

(1) 设 p 为常数,则当 $r\geqslant 1$ 时,级数 $\sum_{n=1}^{\infty}\frac{r^n}{n^p}$(　　).

(A) $p>1$ 时条件收敛　　(B) $0<p\leqslant 1$ 时绝对收敛

(C) $0<p\leqslant 1$ 时条件收敛　　(D) $0<p\leqslant 1$ 时发散

(2) 已知级数 $\sum\limits_{k=1}^{\infty} 2^{-\lambda\ln k}$ 收敛，则必有(　　).

(A) $\lambda>\ln 2$　　(B) $\lambda=1$

(C) $\lambda>(\ln 2)^{-1}$　　(D) $\lambda=0$

(3) 若级数 $\sum\limits_{n=1}^{\infty} u_n$ 及 $\sum\limits_{n=1}^{\infty} v_n$ 都发散，则(　　).

(A) $\sum\limits_{n=1}^{\infty}(u_n+v_n)$ 发散　　(B) $\sum\limits_{n=1}^{\infty} u_n v_n$ 必发散

(C) $\sum\limits_{n=1}^{\infty}(|u_n|+|v_n|)$ 必发散　　(D) $\sum\limits_{n=1}^{\infty}(u_n^2+v_n^2)$ 必发散

(4) 若级数 $\sum\limits_{n=0}^{\infty} a_n(x-2)^n$ 在 $x=-2$ 处收敛，则此级数在 $x=5$ 处(　　).

(A) 一定发散　　(B) 一定条件收敛

(C) 一定绝对收敛　　(D) 收敛性不能确定

(5) 设常数 $\lambda>0$，且级数 $\sum\limits_{n=1}^{\infty} a_n^2$ 收敛，则级数 $\sum\limits_{n=1}^{\infty}(-1)^n \dfrac{|a_n|}{\sqrt{n^2+\lambda}}$(　　).

(A) 发散　　(B) 条件收敛

(C) 绝对收敛　　(D) 收敛性与 λ 有关

(6) 设 $f(x)=\begin{cases} x, & 0\leqslant x\leqslant \dfrac{1}{2}, \\ 2-2x, & \dfrac{1}{2}<x<1, \end{cases}$ $s(x)=\dfrac{a_0}{2}+\sum\limits_{n=1}^{\infty} a_n\cos n\pi x$，$-\infty<x<+\infty$，

其中 $a_n=2\int_0^1 f(x)\cos n\pi x\mathrm{d}x\ (n=0,1,2,\cdots)$，则 $s\left(-\dfrac{5}{2}\right)=$ ________.

(7) 设级数 $\sum\limits_{n=1}^{\infty} u_n$ 收敛，则必收敛的级数为(　　).

(A) $\sum\limits_{n=1}^{\infty}(-1)^n \dfrac{u_n}{n}$　　(B) $\sum\limits_{n=1}^{\infty} u_n^2$

(C) $\sum\limits_{n=1}^{\infty}(u_{2n-1}-u_{2n})$　　(D) $\sum\limits_{n=1}^{\infty}(u_n+u_{n+1})$

(8) 设 $\sum\limits_{n=1}^{\infty} u_n$ 为正项级数，下列结论中正确的是(　　).

(A) 若$\lim\limits_{n\to\infty}nu_n=0$,则级数 $\sum\limits_{n=1}^{\infty}u_n$ 收敛

(B) 若存在非零常数λ,使$\lim\limits_{n\to\infty}nu_n=\lambda$,则级数 $\sum\limits_{n=1}^{\infty}u_n$ 发散

(C) 若级数 $\sum\limits_{n=1}^{\infty}u_n$ 收敛,则$\lim\limits_{n\to\infty}n^2u_n=0$

(D) 若级数 $\sum\limits_{n=1}^{\infty}u_n$ 发散,则存在非零常数λ,使$\lim\limits_{n\to\infty}nu_n=\lambda$

(9) 设 $f(x)=x^2\ln(1+x)$,则 $f^{(n)}(0)=$____________$(n\geqslant 3)$.

(10) 使级数 $\sum\limits_{n=1}^{\infty}\frac{(n!)^2}{(kn)!}$收敛的正整数 k 满足____________.

(11) 设 $f(x)=\sum\limits_{n=0}^{\infty}a_nx^n$,其中 $a_{n+4}=a_n$, $a_n\neq 0$ $(n\geqslant 0)$,则 $f(x)$的显式表达式为____________.

(12) 函数 $f(x)=\frac{1}{4}x^2-\frac{\pi}{2}x$ $(0\leqslant x\leqslant\pi)$的余弦级数为____________,级数 $\sum\limits_{n=1}^{\infty}\frac{1}{(2n-1)^2}$的和为____________,级数 $\sum\limits_{n=1}^{\infty}\frac{(-1)^{n-1}}{(2n-1)^3}$的和为____________.

2. 利用函数的幂级数展开式求:

(1) $\int_0^1\frac{\ln x}{1+x}\mathrm{d}x$;

(2) $\int_0^1\frac{\ln(1+x)}{x}\mathrm{d}x$;

(3) $\lim\limits_{x\to 0}\frac{2(\tan x-\sin x)-x^3}{x^5}$.

3. 求级数的和(或和函数):

(1) $\sum\limits_{n=1}^{\infty}\frac{n}{n+1}x^n$;

(2) $\sum\limits_{n=0}^{\infty}\frac{1}{n!}x^{2n+1}$;

(3) $\sum\limits_{n=2}^{\infty}\frac{n-1}{n(n+1)}x^n$;

(4) $\sum\limits_{n=0}^{\infty}\frac{\cos nx}{n!}$;

(5) $\sum\limits_{n=1}^{\infty}\frac{(-1)^{n-1}}{n(2n-1)}\left(\frac{1}{3}\right)^n$;

(6) $\sum\limits_{n=0}^{\infty}(-1)^n\frac{n+1}{(2n+1)!}x^{2n+1}$.

4. 将下列函数展开为 x 的幂级数:

(1) $\frac{x}{\sqrt{1-2x}}$;

(2) $\ln(1+x-2x^2)$.

5. 将函数 $f(x)=\arcsin^2(\sin x)$展开成傅里叶级数.

6. 将函数 $f(x)=x^3(0\leqslant x\leqslant \pi)$ 展开成余弦级数,并证 $\sum\limits_{n=1}^{\infty}\frac{1}{n^4}=\frac{\pi^4}{90}$.

7. 设 $f(x)$在$[-\pi,\pi]$上为偶函数,且 $f\left(\frac{\pi}{2}+x\right)=-f\left(\frac{\pi}{2}-x\right)$,

证明:$f(x)$的傅里叶级数展开式中所有系数

$$a_{2n}=0,(n=0,1,2,\cdots).$$

8. 把曲线 $y=\mathrm{e}^{-\frac{x}{10}}\sin x,x\geqslant 0$ 绕 x 轴旋转一周,生成一串无限递减的小珠子,(1)求第 n 个小珠子的体积 V_n;(2)求这串珠子的总体积 V.

第十一章　Mathematica 软件介绍

Mathematica 是美国 Wolfram 研究公司开发的专门用于数学计算的系统，1987 年推出了系统的 1.0 版，现在的最新版本是 8.0 版. Mathematica 提供了强大的符号计算功能，它的操作界面友好，使用方便，扩展便利，已广泛应用于教学、理论研究及工程计算中.

Mathematica 有如下特点：

(1) Mathematica 是一种集成化的计算机软件系统，主要功能有：符号计算、数值计算和图形功能；

(2) Mathematica 是一种交互式的计算系统，计算在用户与 Mathematica 相互交换和传递信息数据过程中完成；

(3) Mathematica 虽然是集成化的软件系统，但本身亦提供编程语言，可以在其平台上开发出各种应用系统；

(4) Mathematica 提供了一个良好的文档编辑与处理环境.

Mathematica 系统比较大，由于篇幅有限，本章仅介绍高等数学实验中的一些基本功能.

第一节　Mathematica 的基本操作及语法初步

在安装有 Mathematica 的计算机上启动并进入 Mathematica 工作界面，打开一个 Notebook 工作窗口，文件名就显示在工作窗口的标题栏上，默认文件名为 Untitled-1. nb，直到用户保存时重新命名为止. 保存后以“. nb”为后缀的文件称为 Notebook 文件，保存的内容可以再由 Mathematica 打开.

现在可以在工作窗口中以交互方式让系统进行数学运算，例如，输入 $1/3+3^4$，然后同时按下字符键盘上的 Shift 键和 Enter 键(或仅按下数字键盘上的 Enter 键)，这时系统开始计算并输出计算结果，并自动给输入和输出附上次序标识 In[1]和 Out[1]；若再输入表达式 Expand[$(x-y)^3$]，按 Shift+Enter 键，系统计算并输出二项式$(x-y)^3$ 展开结果，系统分别附上标识 In[2]和 Out[2]，如图 11-1 所示. 注意，In[1]和 In[2]等是输入标识，Out[1]和 Out[2]等是 Mathematica 输出的计算结果标识，这些次序标识由系统自动加上，不需要用户输入.

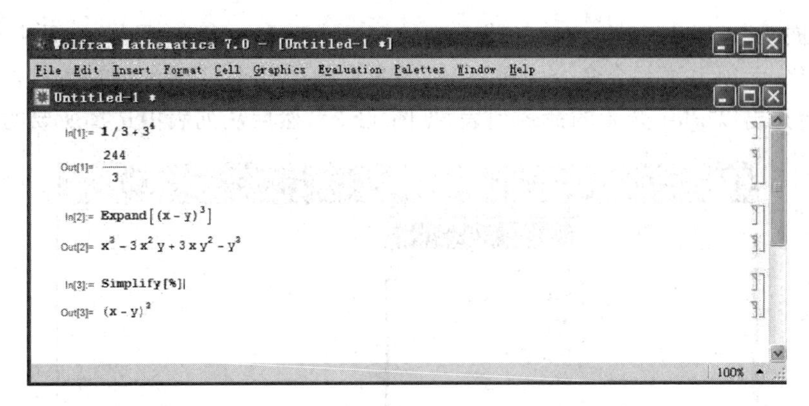

图 11-1

Mathematica 中表达式及数学公式的输入可借助菜单 Palettes(模板)中的 Basic Math Assistant(见图 11-2),比 Word 中的公式输入要方便. 如果输入了违反 Mathematica 语法规则的表达式,按 Shift+Enter 键后,系统有时会显示出错的信息,可以通过阅读错误信息来了解出错的原因,并将其改正后重新执行命令即可.

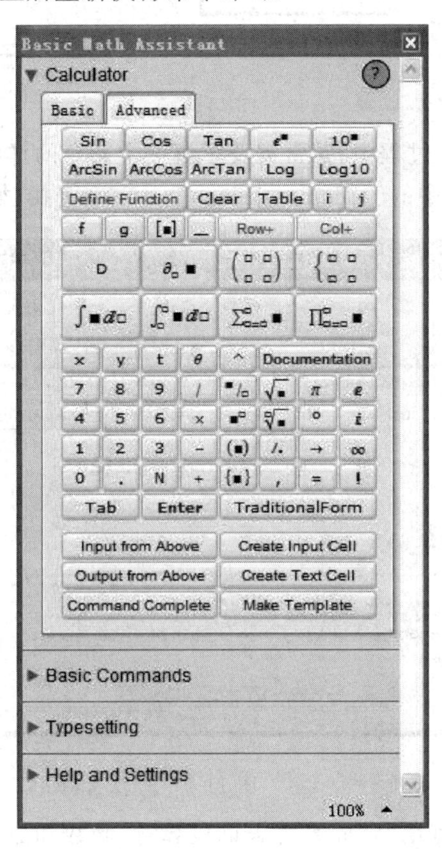

图 11-2

系统内嵌函数(built-in function)或命令的第一个字母一般都要大写,只需对命令有一个大体的印象,无须记清每个命令的拼写,输入命令的前几个字母,比如Plot,再按Ctrl+K键,系统就会弹出以Plot开始的命令列表(见图11-3),然后从列表中选择所要的命令.

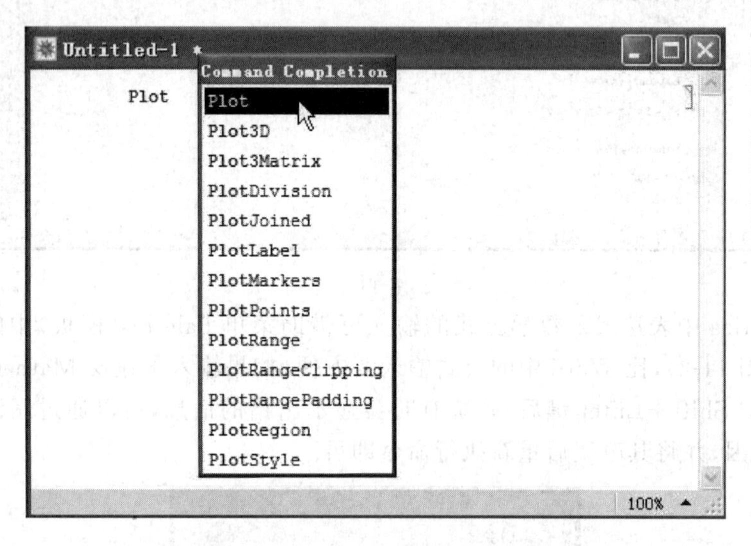

图 11-3

在使用Mathematica的过程中,常常需要了解一个命令的详细用法,任何时候都可以通过按F1键或单击帮助菜单中的Documentation Center来查找,如图11-4所示.

图 11-4

在Notebook界面下,可用"?"向系统查询运算符、函数和命令的定义和用法,获取简单

而直接的帮助信息.例如,查询作图函数 Plot 命令的用法:

In[1]:=? Plot

Plot[f,{x,x_{min},x_{max}}] generates a plot of f as a function of x from x_{min} to x_{max}.

Plot[{f_1,f_2,…,{x,x_{min},x_{max}}] plots several functions f_i.

Mathematica 命令中的标点符号必须是英文标点符号,一条语句或表达式的结尾若有分号“;”,执行时只运算但结果不显示在屏幕上.

Mathematica 的表达式和命令区分英文大小写.

注释语句用“(*”与“*)”括起来,运行时不执行,适当的注释可以增强表达式的可读性.

“%”表示系统最近一次的输出结果,“%%”表示倒数第二次的输出结果,依次类推.“%*n*”则表示第 *n* 个(即 Out[*n*])输出结果.例如:

In[1]:= Expand[$(x+2y)^2(x-3y)^5$]　(*将(x+2y)^2(x-3y)^5 展开*)

Out[1]= $x^7 - 11 x^6 y + 34 x^5 y^2 + 30 x^4 y^3 - 315 x^3 y^4 + 297 x^2 y^5 + 648 x y^6 - 972 y^7$

In[2]:= Factor[%]　(*将上一次输出结果进行因式分解*)

Out[2]= $(x-3y)^5(x+2y)^2$

In[3]:= Factor[%1]　(*将 Out[1]输出结果进行因式分解*)

Out[3]= $(x-3\ y)^5(x+2\ y)^2$

第二节　Mathematica 中的数、运算符、变量和函数

一、数与运算符

Mathematica 有整数、实数(分数、带小数点的数和无理数)、复数和数学常数.

常用的符号常数有:

Pi　　　表示圆周率 π≈3.14159;

E　　　表示无理数 e≈2.71828;

I　　　表示虚数单位 $\sqrt{-1}$;

Degree　表示几何的角度 1°或 π/180;

Infinity　表示数学中的无穷大∞.

常用的算术运算符有:

+、-、*、/和^分别表示加、减、乘、除和乘方;

a*b 也可输入为 a b(a 与 b 之间有一个空格);

a/b 也可输入为$\frac{a}{b}$(键盘输入:a 按 Ctrl+/b);

a^b 也可输入为 a^b(键盘输入:a 按 Ctrl+^b).

常用的关系运算符有:

>、<、>=、<=、==和!=分别表示大于、小于、大于等于、小于等于、相等和不相等.其中,运算符>=、<=及!=,利用模板中的 Basic Math Assistant 可以分别输入为≥、≥、≠.

二、变量

Mathematica 中变量名是字母开头(不能以数字开头)的字符或字符串(长度不限),但不能有空格和标点符号,例如,abc 和 g2 均是合法的变量名,a1 与 A1 是不同的变量名.在 Mathematica 中,变量即取即用,不需先说明变量的类型后再使用,Mathematica 会根据用户给变量所赋的值自动处理.变量不仅可存放一个数或复数,还可存放一个多项式或复杂的算式甚至图形.

给变量赋值的具体格式为:

(1) 变量名=表达式

作用:把表达式的值赋给左边变量.

(2) 变量名 1=变量名 2=表达式

作用:把表达式的值同时赋给左边变量 1 及变量 2.

(3) {变量名 1,变量名 2,...}={表达式 1,表达式 2,...}

作用:把不同表达式的值分别赋给左边不同的变量.

(4) 变量名=Input[ ]

作用:在弹出窗口中键盘输入给左边的变量赋值,例如,x= Input[ ].

因为不需要事先声明变量,使用的变量都是全局变量.为了避免隐蔽的错误,应该及时清除不再使用的变量,清除变量的方法有以下几种:

- x=.　　清除 x 的值,x 还原成一般的数学符号.
- Remove[x]　　完全将变量 x 清除.
- Clear["Global *"]　　清除所有变量的值.
- Remove["Global *"]　　清除所有变量.

例如:

```
In[1]:= {x,y} = {2,3.4}          (* 将变量 x 及 y 分别赋值 *)
Out[1] = {2,3.4}
In[2]:= ? x                      (* 查询变量 x 的信息 *)
Global x
     x = 2
In[3]:= x = .                    (* 将变量 x 的值清除 *)
In[4]:= x + y
```

```
Out[4] = 3.4 + x
In[5]: = Clear["Global *"]        (* 清除所有变量的值 *)
In[6]: = ? y
     Global y
In[7]: = Remove["Global *"]
```

三、函数

Mathematica 有很丰富的内嵌函数,内嵌函数分为两类:一类是数学意义的函数,如正弦函数和对数函数等;另一类是实现某个功能的函数,习惯上称其为命令,以后对这两种称法不加区别. Mathematica 提供了一种功能,即用户可自行定义一个函数. Mathematica 中的函数自变量应该用方括号括起,这点与数学上的习惯不同.

1. Mathematica 中常用的数学函数

(1) 数值函数

n!	求 n 的阶乘
n!!	求 n 的双阶乘
Binomial[n,k]	求 C_n^k
N[x,k]	求出表达式 x 的近似值,其中 k 为可选项,它指有效数字的位数
Round[x]	舍入取整
Abs[x]	取绝对值
Max[x1,x2,…]	取 x1,x2,…中的最大值
Min[x1,x2,…]	取 x1,x2,…中的最小值
Re[z]	复数 z 的实部
Im[z]	复数 z 的虚部
Abs[z]	复数 z 的模
Arg[z]	复数 z 的辐角
PrimeQ[n]	n 为素数时为真,否则为假
FactorInteger[n]	将整数 n 分解成素数的积
Mod[m,n]	m 被 n 除的正余数
GCD[n1,n2,…]	n1,n2,…的最大公约数
LCM[n1,n2,…]	n1,n2,…的最小公倍数
RandomReal[ ]	随机产生一个 0 与 1 之间的数

(2) 基本初等函数

Sqrt[x]	求 Sqrt[x]
Exp[x]	以 e 为底的指数函数

Log[a,x]	以 a 为底的对数函数
Log[x]	以 e 为底的对数函数
Sin[x]	正弦函数
Cos[x]	余弦函数
Tan[x]	正切函数
Cot[x]	余切函数
Sec[x]	正割函数
Csc[x]	余割函数
ArcSin[x]	反正弦函数
ArcCos[x]	反余弦函数
ArcTan[x]	反正切函数
ArcCot[x]	反余切函数

使用 Mathematica 系统中的函数时要注意以下几点：

(1) Mathematica 系统中函数的自变量都应放在方括号内；

(2) 这些函数的自变量可以是数值,也可以是算术表达式；

(3) 计算三角函数时要使用弧度制,如果要使用角度制,不妨把角度乘以 Degree 常数.

例如,求表达式 $\sin\frac{\pi}{6}$,$\sqrt{\pi}$和 lg2+ln3 的值.

```
In[1]: = Sin[Pi/6]                (* 也可以为 Sin[30 Degree] *)
       N[Sqrt[Pi],8]
       Log[10.0,2] + Log[3.]
       Log[10,2] + Log[3]//N      (* 另一种使用函数的方法:表达式//函数,将函数作
                                     用于表达式 *)
```

Out[1] = $\frac{1}{2}$

```
Out[2] = 1.7724539
Out[3] = 1.39964
Out[4] = 1.39964
```

2. 自定义函数

如果用户要处理的函数不是 Mathematica 内嵌函数,则可以利用 Mathematica 提供的自定义函数的功能在 Mathematica 中定义一个函数.自定义一个函数后,该函数可以像 Mathematica 内嵌函数一样在 Mathematica 中使用.

(1) 不带附加条件的自定义函数

在 Mathematica 系统中,所有的输入都是表达式,所有的操作都是调用转化规则对表达式求值.一个函数就是一条规则,定义一个函数就是定义一条规则.定义一个一元函数的规

则是：

f[x_]：= 表达式

其中，表达式以 x 为自变量，x_ 称为形式参数，f 是函数名，函数名的命名规则与变量名的命名规则一致.

调用自定义函数 f[x_]，只需用实参数（变量或数值等）代替其中的形式参数 x_ 即可. 例如：

In[5]：= f[x_]：= 2 x^3 + Sin[x]^2

f$\left[\frac{\pi}{2}\right]$

f[x]/. x→$\frac{\pi}{4}$　　（＊另一种求函数值方法：函数/. 变量名→数值或表达式＊）

Out[6] = 1 + $\frac{\pi^2}{4}$

Out[7] = 1/2 + $\frac{\pi^2}{32}$

In[8]：= g[x_, y_]：= Sin[x ＊ y]　（＊自定义一个二元函数＊）

g[2, $\frac{\pi}{8}$]

g[x, y]/. $\left\{x\to 2, y\to\frac{\pi}{4}\right\}$

Out[9] = $\frac{1}{\sqrt{2}}$

Out[10] = 1

冒等号"：="称为延迟赋值号，而等号"＝"称为立即赋值号，即用等号赋值时，右边表达式立即运算并将其赋给左边. 定义函数时，一般用延迟赋值号"：="比较合适，但在某些特殊情况下须用立即赋值号.

在运行中，仍然用 Clear 函数清除函数定义. 例如，Clear[f]清除函数名为 f 的函数定义.

(2) 带附加条件的自定义函数

在使用定义规则 f[x_]：＝表达式时，可以给规则附加条件，附加条件放在定义规则表达式后面，通过"/;"与表达式连接. 形如

f[x_]：= 表达式/;附加条件

在调用上述规则时，实参数必须满足附加条件，系统才调用规则. 附加条件经常写成用关系运算符连接着的两个表达式，即关系表达式. 一个关系表达式只能表示一个条件，如果要表示多个组合条件，必须用逻辑运算符将多个关系表达式组合到一起.

下面以分段函数 $h(x)=\begin{cases} e^x, & x\leqslant 0 \\ \sin x, & 0<x\leqslant\pi \\ x^2, & x>\pi \end{cases}$ 为例：

```
In[4]:= h[x_]:= E^x/;x≤0
        h[x_]:= Sin[x]/;0<x≤π
        h[x_]:= x^2/;>π
        h[-1]
Out[7]= 1/e
In[8]:= h[3]//N
Out[8]= 0.14112
```

也可以借助流程控制中的分支函数 Which 或 If 定义分段函数，命令格式如下：

Which[条件1,表达式1,条件2,表达式2,…]

依次计算每个条件的值，返回与第一个真值 True 的条件相对应的表达式的值.

If[条件,t,f]

当条件满足时返回表达式 t 的值；当条件不满足时返回表达式 f 的值.

```
In[1]:= Clear[h]
        h[x_]:= Which[x<=0,E^x,0<x<=Pi,Sin[x],x>Pi,x^2]
        (* 或 h[x_]:= If[x<=0,E^x,If[0<x<=Pi,Sin[x],x^2]] *)
        h[2]
        h[4]
Out[3]= Sin[2]
Out[4]= 16
```

3. 包(package)中的函数或命令

很多特定函数或命令不是内嵌函数，在 Mathematica 启动时没有载入，它们被保存在形如“filename.m”文件的程序包中，要使用它们，必须先将程序包载入系统. 例如：

```
In[5]:=                    (* 装载程序包 Calendar *)
<<Calendar                 (* 或 Needs["Calendar"] *)
Names["Calendar*"]         (* 列出包 Calendar 中所有的函数或命令 *)
Out[6]= {Calendar,CalendarChange,DateQ,DayOfWeek,DaysBetween,DaysPlus,EasterSunday,EasterSundayGreekOrthodox,Friday,Gregorian,Islamic,Jewish,JewishNewYear,Julian,Monday,Saturday,Sunday,Thursday,Tuesday,Wednesday}
In[7]:= ? DaysBetween
    DaysBetween[{year1,month1,day1},{year2,month2,day2}] gives the number of
```

days between the dates {$year_1$, $month_1$, day_1} and {$year_2$, $month_2$, day_2}.

DaysBetween[{$year_1$, $month_1$, day_1, $hour_1$, $minute_1$, $second_1$}, {$year_2$, $month_2$, day_2, $hour_2$, $minute_2$, $second_2$}] gives the number of days between the given dates. □

In[8]:=DaysBetween[{2008,8,8},{2010,6,1}]

Out[8]=662

4. 屏幕输出命令

在 Mathematica 中,只要将处理的表达式没有以分号结尾,就会自动显示表达式的结果,否则就不显示结果.为了便于编写程序,Mathematica 还提供了不受分号约束的屏幕输出语句,命令形式为

Print[表达式 1,表达式 2,…,表达式 n]

其功能为:在屏幕某一行上依次输出表达式 1,表达式 2,…,表达式 n 的值.例如:

```
In[9]:= Print["2 + 3 = ",2 + 3];
    2 + 3 = 5
```

第三节　Mathematica 中的微积分

一、求极限

Limit 函数是 Mathematica 求数列及函数极限的基本函数,它可以正确求出大部分的极限.对于值为无穷的极限和具有左右不同极限的情况(需要指定求极限的方向)也能正确处理.对于 Mathematica 无法计算的极限,它会返回原表达式.对于它不能确定的情况(一般是不收敛的函数或收敛极限),它会返回一个可能的极限区间.命令形式如下:

Limit[f[x],x→x_0]　　　　f(x)在 $x=x_0$ 处的极限;

Limit[f[x],x→x_0,Direction→1]　　　　f(x)在 $x=x_0$ 处的左极限;

Limit[f[x],x→x_0,Direction→−1]　　　　f(x)在 $x=x_0$ 处的右极限.

例如:

In[1]:= $\left(* \text{求数列极限} \lim_{n\to\infty} \frac{\left(1+\frac{1}{n}\right)^{n^2}}{e^n} * \right)$

```
Limit[(1 + 1/n)^(n^2)/Exp[n],n→ ∞ ]
```

Out[1] = $\frac{1}{\sqrt{e}}$

In[2]:= (* 求函数 $e^{-\frac{2}{x}}$ 在 x = 0 点的右极限 *)

```
    Limit[e^(-2/x),x→0,Direction→-1]
Out[2]=0
In[3]:=(*Sin 1/x 在 x=0 处极限不存在*)
Limit[Sin[1/x],x→0]
Out[3]=Interval[{-1,1}]
In[4]:=(* 求带符号 a 的极限*)
    Limit[(Tan[Sin(ax)]-sin[Tan(ax)])/x^7,x→0]
Out[4]=a^7/30
In[5]:=(*求依赖参数 a 的极限*)
    Limit[a^x/x^a,x→Infinity,Assumptions→a>1]
Out[5]=∞
```

二、求导数或偏导数、全微分

用D函数计算导数和偏导数,用Dt函数计算复合函数的导数和全微分.命令格式如下:

D[f,x]或$\partial_x f$　求f关于x的一阶导数(或偏导数);

D[f,{x,k}]或$\partial_{\{x,k\}} f$　求f关于x的k阶导数(或偏导数);

Dt[f[x],x]　求复合函数f(x)的导数,f(x)中异于x的标识符都被认为是x的函数;

Dt[f[x],{x,k}]　求复合函数f(x)的k阶导数;

Dt[f[x],{x,k},Constants→{c1,c2,...}]　求复合函数f(x)的k阶导数,指定f(x)中标识符ci都是常数;

D[f[x,y],{x,m},{y,n}]或$\partial_{\{x,m\},\{y,n\}}$f[x,y]　求$\frac{\partial^{m+n} f}{\partial x^m \partial y^n f}$;

Dt[f[x,y]]　求f(x,y)全微分;

f′[x]　求f(x)的一阶导数;

f″[x]　求f(x)的二阶导数(注意是两个单引号).

举例如下:

```
In[1]:=(*求 y=sin²ax 的三阶导数*)
    D[Sin[ax]^2,{x,3}]
Out[1]=-8a³Cos[ax]Sin[ax]
In[2]:=(*求函数 y=√(xSin x √(1-e^x)) 的一阶导数,并化简*)
    f[x_]:=√(xSin[x]√(1-e^x))
    f′[x]//Simplify
```

Out[2] = $\frac{\text{xSin[x](-2(-1+e}^x\text{)xCos[x]-(-2+2e}^x+\text{e}^x\text{xLog[e])Sin[x])}}{4(\sqrt{1-\text{e}^x\text{xSin[x]}})^{3/2}}$

In[3]: = $\left(*\text{求函数 } y=\text{Arcsin}\sqrt{\frac{1-x}{1+x}}\text{在 } x=\frac{1}{3}\text{点的二阶导数值}*\right)$

$\quad g[x\_]=D\left[\text{ArcSin}\left[\sqrt{\frac{1-x}{1+x}}\right],\{x,2\}\right];$

$\quad g[x]/.x\to\frac{1}{3}\qquad\left(*\text{或 } g\left[\frac{1}{3}\right]*\right)$

Out[3] = $\frac{27}{16}$

In[4]: = (* 求由方和 $xy+e^x+e^y=0$ 所确定隐函数 $y=y(x)$ 的导数 *)

```
Clear[x,y]
```

$\quad D[x\ y[x]+e^x+e^{y[x]}==0,x]$

Out[4] = $e^x+y[x]+e^{y[x]}y'[x]+xy'[x]==0$

In[5]: = solve[% ,y′[x]]　　(* 从上述方程中解出 y′[x] *)

Out[5] = $\left\{y'[x]\to\frac{-e^x-y[x]}{e^{y[x]}+x}\right\}$

In[6]: = $\left(*\text{求}\frac{\partial^3}{\partial x^2\partial y}(e^{x^2+y^2})\text{在(0,1)处的值}*\right)$

$\quad D[e^{x\char`^2+y\char`^2},\{x,2\},y]/.\{x\to0,y\to1\}$

Out[6] = 4e

In[7]: = (* 求 $u=\text{Sin}[x]+2xy+e^{yz}$ 的全微分 *)

$\quad \text{Dt}[\text{Sin}[x]+2xy+e^{yz}]$

Out[7] = $2y\text{DT}[x]+\text{Cos}[x]\text{DT}[x]+2x\text{DT}[y]+e^{yz}(z\text{DT}[y]+y\text{Dt}[z])$

In[8]: = (* 将上述结果按 Dt[x],Dt[y],Dt[z](即 dx,dy,dz)合并同类项 *)

```
Collect[ % ,{Dt[x],Dt[y],Dt[z]}]
```

Out[8] = $(2y+\text{Cos}[x])\text{Dt}[x]+(2x+e^{yz}z)\text{Dt}[y]+e^{yz}y\text{Dt}[z]$

三、求积分及重积分

不定积分的一般格式为:Integrate[f[x],x];

在区间[a,b]上,定积分的一般格式为:Integrate[f[x],{x,a,b}];

当被积函数的原函数不能用初等函数表示时,可以利用数值积分的命令计算其积分值,调用格式为: NIntegrate[f[x],{x,a,b}];

计算二重积分的一般格式为:Integrate[f[x,y],{x,a,b},{y,φ_1(x),φ_2(x)}].

例如：

In[1]：=（* 计算 $\int \frac{\sin[x]}{\cos[x]+\sin[x]}$,x)

$\text{Integrate}\left[\frac{\text{Sin}[x]}{\text{Cos}[x]+\text{Sin}[x]},x\right]$

Out[1] = $\frac{x}{2}-\frac{1}{2}\text{Log}[\cos[x]+\text{Sin}[x]]$

In[2]：=（* 计算 $\int_0^1 \frac{\ln(1+x)}{1+x^2}dx$ *）

$\text{Integrate}[\frac{\text{Log}[1+x]}{1+x^2},\{x,0,1\}]$

Out[2] = $\frac{1}{8}\pi\text{Log}[2]$

In[3]：=（* 求 $\int_0^1 \frac{\text{Sin}\,x}{x}dx$ 的数值解 *）

$\text{NIntegrate}[\frac{\text{Sin}[x]}{x},\{x,0,1\}]$

Out[3] = 0.946083

In[4]：=（* 计算反常积分 $\int_0^{\infty}\frac{1}{(1+x^2)^2}dx$ *）

$\text{Integrate}\left[\frac{1}{(1+x^2)^2},\{x,0,\infty\}\right]$

Out[4] = $\frac{\pi}{4}$

In[5]：=（* 计算二重积分 $\int_0^1\int_0^x \{x*y+y^2\}dxdy$ *）

$\text{Integrate}[x*y+y^2,\{x,0,1\},\{y,0,x\}]$

Out[5] = $\frac{5}{24}$

In[6]：=（* 计算三重积分 $\iiint_{\Omega}\frac{1}{1+x^2+y^2}dxdydz$，$\Omega$ 是由曲面 $z=\sqrt{x^2+y^2}$ 和 $z=1$ 所围区域 *）

$\text{Integrate}\left[\frac{r}{1+r^2},\{\theta,0,2\pi\},\{r,0,1\},\{z,r,1\}\right]$；（* 或 *）

$\int_0^{2\pi}\int_0^1\int_r^1 \frac{r}{1+r^2}dzdrd\theta$

Out[6] = $\frac{1}{2}\pi(-4+\pi+\text{Log}[4])$

四、无穷级数

1. 求和

有限项求和及级数求和都用 Sum 函数，调用格式为

Sum[f,{i,imin,imax}] 求 $\sum_{i=imin}^{imax} f(i)$，imin 可以是$-\infty$，imax 可以是$\infty$. 输入模板中有专用求和符号，使用模板输入更方便.

Sum[f,{i,imin,imax},{j,imin,imax},...] 求多重和，也可以借助模板连续多次输入求和符号.

例如：

In[1]:=(* $\sum_{k=1}^{\infty} \frac{(k!)^2}{(2k)!}$ 求和 *)

Sum[k! ^2/(2k)!,{k,1,Infinity}]; (* 或 *)

$\sum_{k=1}^{\infty} \frac{(k!)^2}{(2k)!}$

Out[1] = $\frac{1}{27}(9+2\sqrt{3}\pi)$

In[2]:=(* $\sum_{k=1}^{\infty} \frac{1}{n^8}$ 求和 *)

Sum[1/n^3,{n,1,∞}]

Out[2] = Zeta[3]

In[3]:= N[%,9] (* 计算和的近似值 *)

Out[3] = 1.20205690

In[4]:=(* 计算 $\sum_{n=1}^{\infty} \frac{x^n}{n*(n+1)}$ 的函数 *)

Sum[$\frac{x^n}{n*(n+1)}$,{n,1,∞}]

Out[4] = $\frac{x+\mathrm{Log}[1-x]-x\mathrm{Log}[1-x]}{x}$

2. 函数展开为幂级数

将函数展开为幂级数的函数调用格式如下：

Series[f[x],{x,x_0,n}] 将 f(x)在 $x=x_0$ 处展开成幂级数直到 n 次项为止；

SeriesCoefficient[f[x],{x,x_0,n}] 算出 f(x)的 $x-x_0$ 幂级数的 n 次项系数.

对已经展开的幂级数可进行如下操作：

Normal[expr] 将幂级数 expr 去掉余项转换成多项式；

SeriesCoefficient[expr,n]　找出幂级数 expr 的 n 次项系数.

例如:

In[1]:=(* 将 ln(1+x)Sin(x)展开为 x 的幂级数直到 7 次项 *)

　　Series[Log[1+x]*sin[x],{x,0,7}]

Out[1] = $x^2-\frac{x^3}{2}+\frac{x^4}{6}-\frac{x^5}{6}+\frac{11x^6}{72}-\frac{31x^7}{240}+O[x]^8$

In[2]:= Normal[%]　(* 去掉上述级数的余项 *)

Out[2] = $x^2-\frac{x^3}{2}+\frac{x^4}{6}-\frac{x^5}{6}+\frac{11x^6}{72}-\frac{31x^7}{240}$

In[3]:=(* 计算 Tan(Sin x)的 x 幂级数的 5 次项系数 *)

　　SeriesCoefficient[Tan[Sin[x]],{x,0,5}]

Out[3] = $-\frac{1}{40}$

五、常微分方程

用函数 DSolve 求解常微分方程,命令格式如下:

DSolve[eqn,y[x],x]　求出以 x 为自变量、y[x]为未知函数的常微分方程 eqn 的解.

例如:

In[1]:=(* 求常微分方程 y′+y=aSin x 的解,C[1],c_1 为常数 *)

　　DSolve[y′[x]+y[x]==aSin[x],y[x],x]

　　DSolve[y′[x]+y[x]==aSin[x],y[x],x,GeneratedParameters→(Subscript[c,#]&)]

Out[1] = {{y[x]→e^{-x}C[1]+$\frac{1}{2}$a(-Cos[x]+Sin[x])}}

Out[2] = {{y[x]→$\frac{1}{2}$a(-Cos[x]+Sin[x])+$e^{-x}c_1$}}

In[3]:=(* 求初值问题 $\begin{cases} y''+y'-2y=\cos x \\ y(0)=1 \\ y'(0)=-1 \end{cases}$ 的解 *)

　　DSolve[{y″[x]+y′[x]-2y[x]==Cos[x],y[0]==1,y′[0]==-1},y[x],x]

Out[3] = {{y[x]→$\frac{1}{10}$($8e^{-2x}+5e^x$-3Cos[x]+Sin[x])}}

第四节 图 形

一、二维图形

1. 一元函数的图形

在直角坐标系中绘制函数 y=f(x)的图形的函数是 Plot,Plot 调用格式是:

Plot[f[x],{x,xmin,xmax}]	绘制 f(x)在区间[xmin,xmax]上的图形.
Plot[{f[x],g[x],…},{x,xmin,xmax}]	同时绘制多个函数 f(x),g(x),…在区间[xmin,xmax]上的图形.

如果要同时显示多个函数图形,特别当函数的定义区间不同时,函数 Show 相当有用.

Show[g1,g2,…]在同一坐标系中显示多个图形.

Plot 中有很多可选参数(有些对其他绘图函数通用),用于改变输出图形的外观,提高图形质量.可选参数的使用格式为:

可选项名→可选项值(当不使用某可选参数时取其默认值).

例如,可选参数 PlotRange 用于指定绘图的范围:

PlotRange →Automatic 由 Mathematica 自动选取绘图范围(默认值).

PlotRange →All 画出所有点.

PlotRange →{min,max} 画出纵坐标范围为[min,max]的图形.

PlotRange →{{x1,x2},{y1,y2}} 画出横纵坐标取值范围分别为[x1,x2]和[y1,y2]的图形.

举例如下:

```
In[1]:=(*绘制 y=sin x,y=cos x 在[-2π,2π]上的图形,并标出 x 轴和 y 轴*)
Plot[{Sin[x],Cos[x]},{x,-2π,2π},PlotRange→All,PlotLabel→"y=sin x 及 y=cos x",
    PlotStyle→{Blue,Dashing[{01}]},AxesLabel→{"x","y"}]
Out[1]=
```

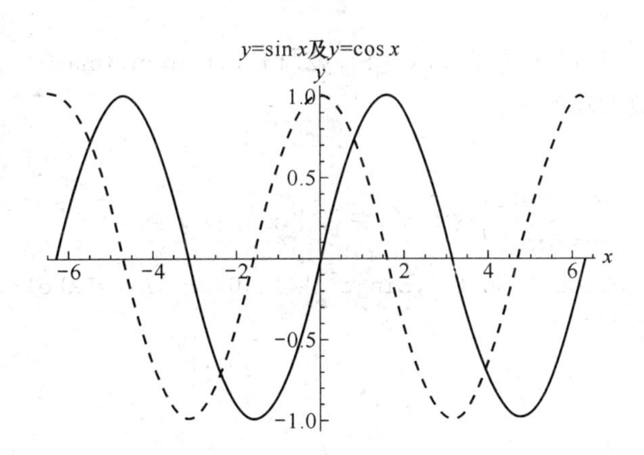

```
In[2]:=(* 绘制 y=x² - 4,x² + y² = 1 的图形在同一坐标系中 *)
    g1 = Plot[x^2-4,{x,-3,3}];
    g2 = Graphics[Circle[{0,0},1]];
    g3 = Graphics[Text["y = x^2-4",{2.2,4},TextStyle→{FontSize→17}]];
    g4 = Graphics[Text["x^2 + y^2 = 1",{-1,1.3},TextStyle→{FontSize→17}]];
    Show[g1,g2,g3,g4,AspectRatio→Automatic]
Out[6] =
```

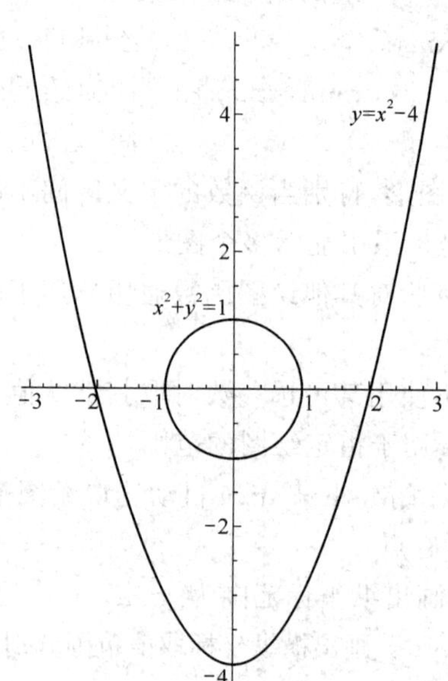

2. 由参数方程表示的平面曲线的图形

ParametricPlot[{x[t],y[t]},{t,tmin,tmax}]　在区间 tmin⩽t⩽tmax 上画出参数方程$\begin{cases}x=x(t)\\y=y(t)\end{cases}$的图形.

ParametricPlot[{x1[t],y1[t]},{x2[t],y2[t]},{t,tmin,tmax}]　在区间 tmin⩽t⩽tmax 上画出几个参数方程的图形.

例如:

In[7]:=(* 绘制$\begin{cases}x=\mathrm{Cos}^3 t\\y=\mathrm{Sin}^3 t\end{cases}$的图形,并标出 x 轴和 y 轴 *)

```
        ParametricPlot[{Cos[t]^3,Sin[t]^3},{t,0,2π},AxesLabel→{"x","y"}]
Out[7] =
```

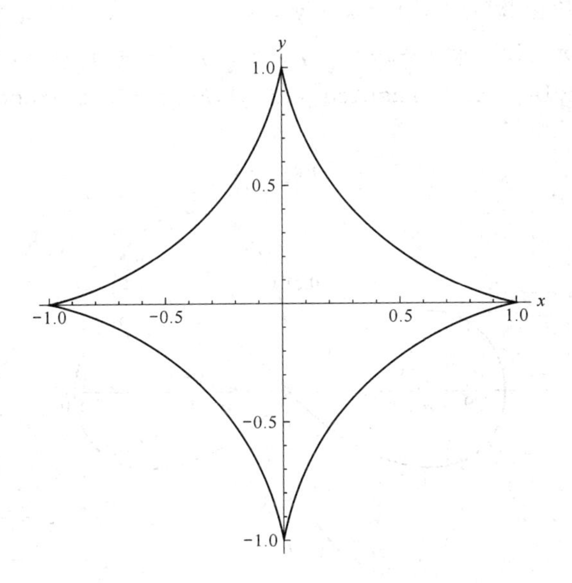

3. 由方程所确定的隐函数的图形

ContourPlot[equ,{x,xmin,xmax},{y,ymin,ymax}]　在指定的 x,y 范围内绘制方程 equ 的图形.

ContourPlot[{equ1,equ2,...},{x,xmin,xmax},{y,ymin,ymax}]　在指定的 x,y 范围内绘制多个方程的图形.

例如:

```
In[1]:=(*绘制隐函数 x³ + y³ = 6xy 的图形*)
        ContourPlot[x³ + y³ = = 6xy,{x, - 4,4},{y, - 4,4},Axes→True,Frame→
False]
Out[1]=
```

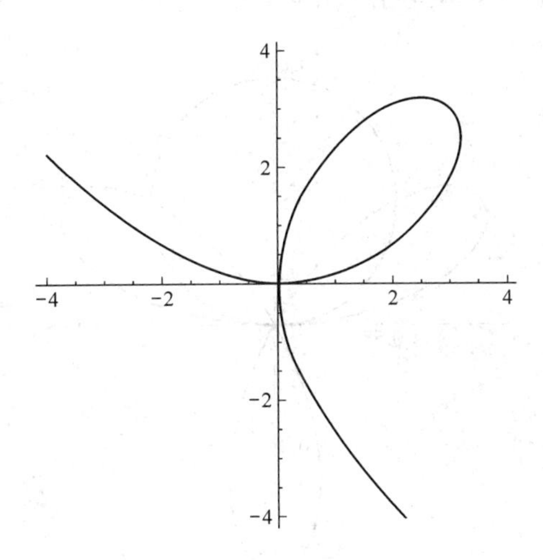

In[2]:=(*绘制隐函数$(x^2+y^2)^2=x^2-y^2$,$(x^2+y^2)^2=2xy$的图形在同一坐标系中*)

```
ContourPlot[{(x^2+y^2)^2==x^2-y^2,(x^2+y^2)^2==2xy},{x,-1,1},{y,-1,1},
ContourStyle→{Blue,Dashing[{03}]},Axes→True,Frame→False]
```

Out[2]=

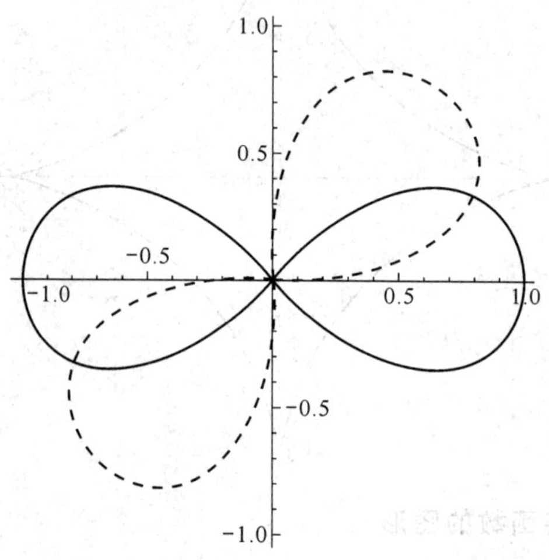

4. 极坐标方程的图形

PolarPlot[f[θ],{θ,θmin,θmax}]　画出极坐标方程 $\rho=f(\theta)$ 当 θ 从 θmin 变到 θmax 时的图形.

PolarPlot[{f1[θ],f2[θ],…},{θ,θmin,θmax}]　在同一坐标系中画出几个极坐标方程的图形.

例如:

In[3]:=(*绘制极坐标方程 $\rho=\sin\theta$,$\rho=\sin 3\theta$ 的图形在同一坐标系中*)

```
PolarPlot[{sin[θ],sin[3θ]},{θ,0,2π}]
```

Out[3]=

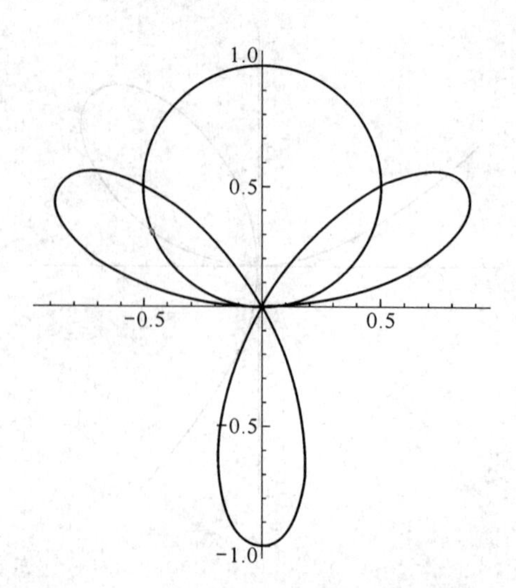

5. 由不等式确定的平面图形

RegionPlot[pred, {x,xmin,xmax},{y,ymin,ymax}] 在 x,y 指定范围内绘制满足条件表达式 pred 的平面区域.

例如:

In[4]: = RegionPlot[x^2 + y^2 < 4&&y < x^2 &&y > 0,{x, - 2,2},{y,0,2},BoundaryStyle→Red, AspectRatio→Automatic]

Out[4] =

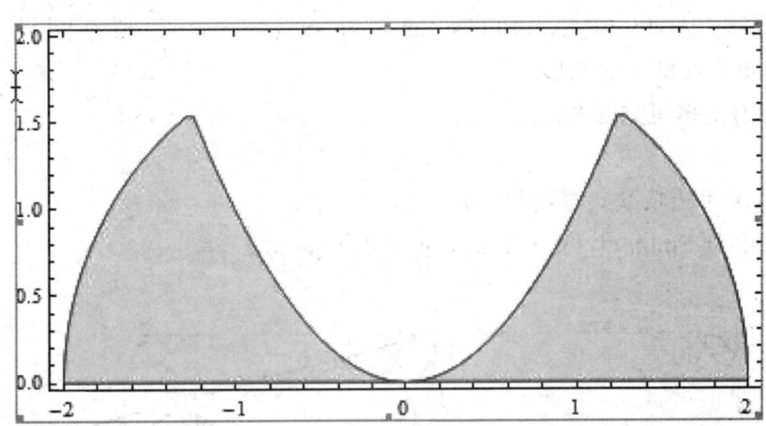

6. 离散点列的图形

ListPlot[{y1,y2,...}] 绘制点(1,y1),(2,y2),...

ListPlot[{x1,y1},{x2,y2},...] 绘制点(x1,y1),(x2,y2),...

In[5]: = list = Table$\left[\left(1+\frac{1}{k}\right)^k\right.$,{k,10,100}$\left.\right]$;

ListPlot[list,PlotStyle→PointSize[.01]]

Out[5] =

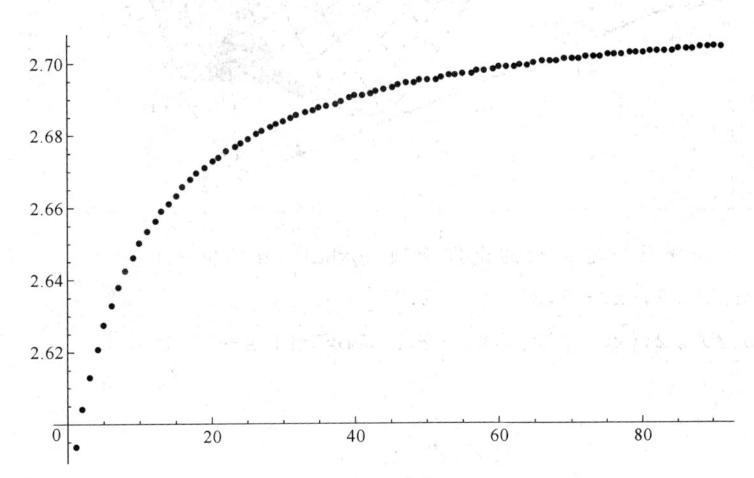

二、三维图形

1. 用 Plot3D 作图

Plot3D[f[x,y],{x,xmin,xmax},{y,ymin,ymax}] 绘制函数 f(x,y)在矩形区域上的图形.

Plot3D[{f1[x,y],f2[x,y],...},{x,xmin,xmax},{y,ymin,ymax}] 同一坐标系下绘制几个函数在矩形区域上的图形.

Plot3D 中有更多可选参数.

例如:

```
In[1]:=(*用选项默认值绘图*)
       Plot3D[Sin[xy],{x,-2,2},{y,-2,2}]
Out[1]=
```

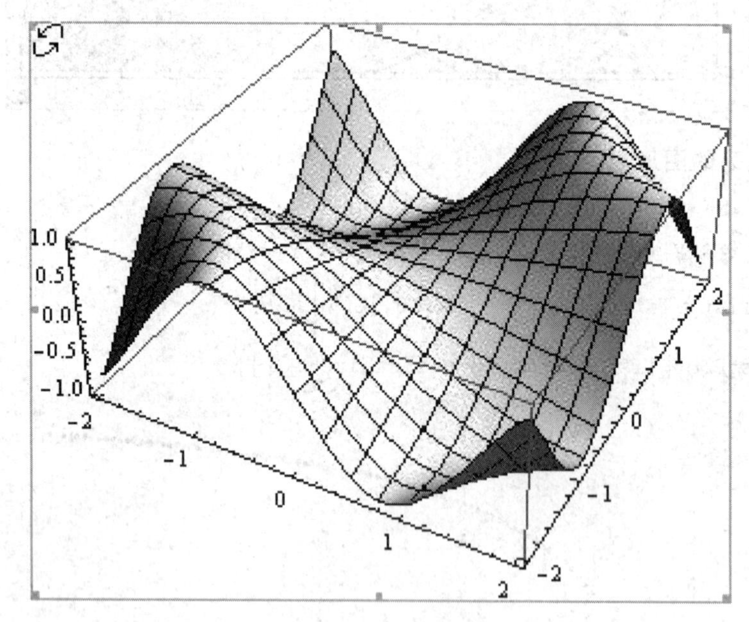


```
In[2]:=(*改变三个坐标轴的比例选项 BoxRatios 的值*)
       Plot3D[x^2,{x,-2,2},{y,-2,2}]
       Plot3D[x^2,{x,-2,2},{y,-2,2},BoxRatios→{1,1,1}]
Out[2]=
```

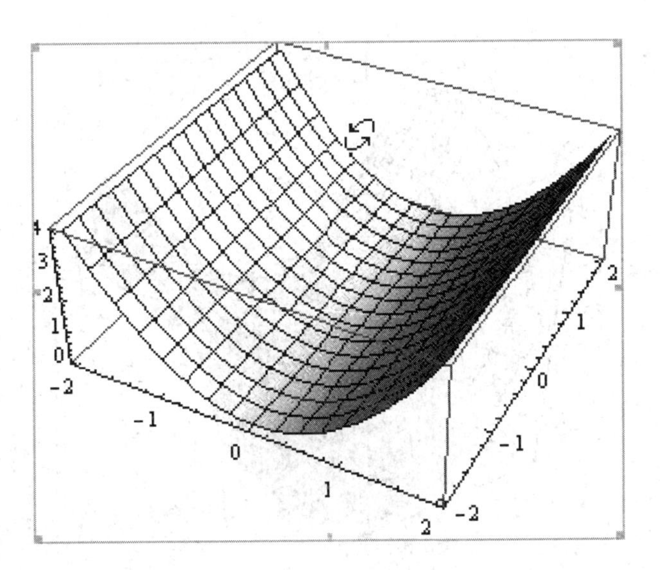

Out[3] =

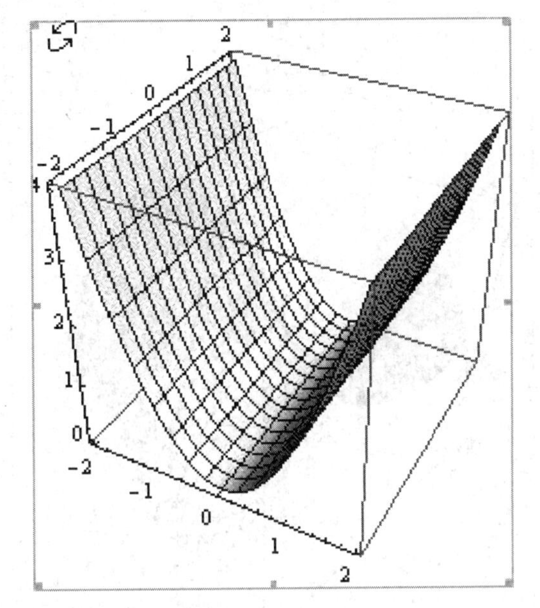

In[4]:=(＊改变观察点 ViewPoint 的属性值＊)

```
Plot3D[x^2 - y^2,{x, - 5,5}{y, - 5,5},BoxRatios→{1,1,1}]
Plot3D[x^2 - y^2,{x, - 5,5},{y, - 5,5},BoxRatios→{1,1,1},ViewPoint→{1,1,1}]
```

Out[4] =

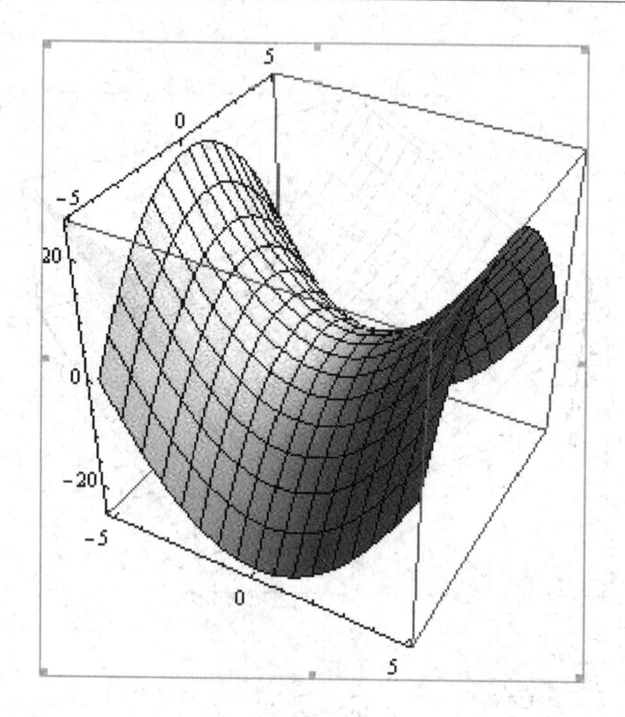

Out[5] =

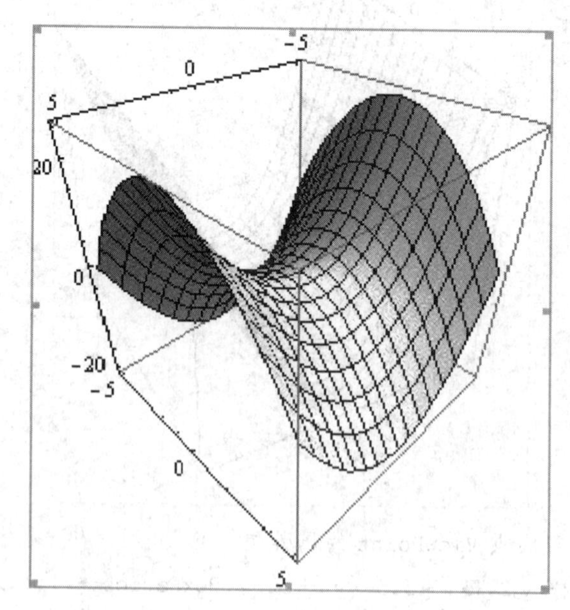


```
In[6]:=(* 在同一坐标系中显示多个图形 *)
    graph1 = Plot3D[x^2 + y^2,{x, - 3,3},{y, - 3,3},BoxRatios→{1,1,1}];
    graph2 = Plot3D[10 - x^2 + y^2,{x, - 3,3},{y, - 3,3},BoxRatios→{1,1,1}];
```

```
    Show[graph1,graph2]
Out[8] =
```

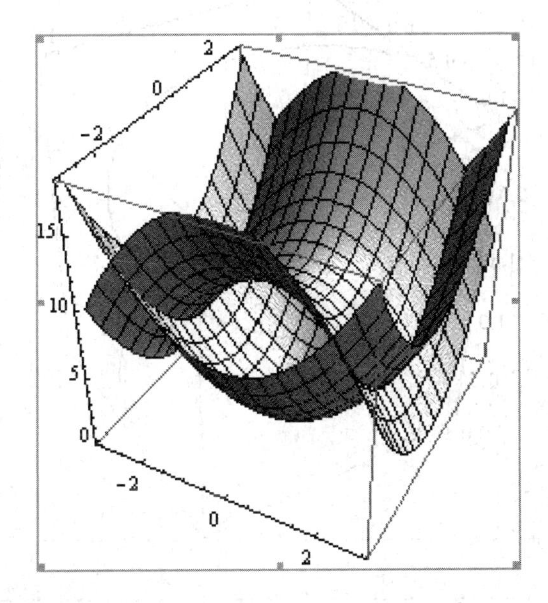

2. 用 ParametricPlot3D 作曲线及曲面

ParametricPlot3D[{x[t],y[t],z[t]},{t,tmin,tmax}]　绘制参数 t 从 tmin 变到 tmax 的空间曲线.

ParametricPlot3D[{x[s,t],y[s,t],z[s,t]},{s,smin,smax},{t,tmin,tmax}]　在参数 s,t 的指定范围绘制曲面.

例如：

In[9]:=(* 绘制空间曲线 *)

```
    ParametricPlot3D[{Cos[t],Sin[t],t/4},{t,0,3π}]
Out[9] =
```

In[10]:=(* 椭圆面 $\frac{x^2}{4}+\frac{y^2}{4}+z^2=1$ *)

```
     ParametricPlot3D[{2Sin[u]Sin[v],Sin[u]Cos[v],Cos[u]},{u,0,Pi},{v,0,
2Pi}]
Out[10] =
```

In[11]:=(* 圆柱面 $x^2+y^2=1(-1\leqslant z\leqslant 1)$ *)

```
    ParametricPlot3D[{Cos[t],Sin[t],z},{z,-1,1},{t,0,2Pi}]
Out[11] =
```

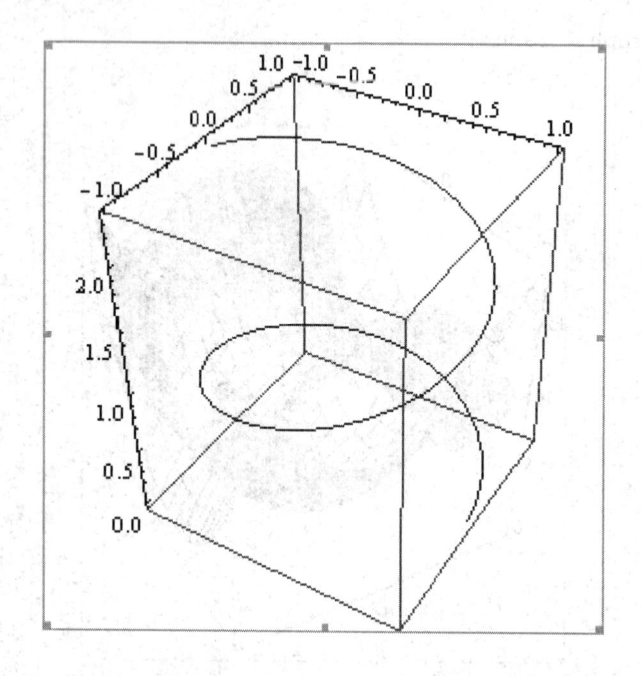

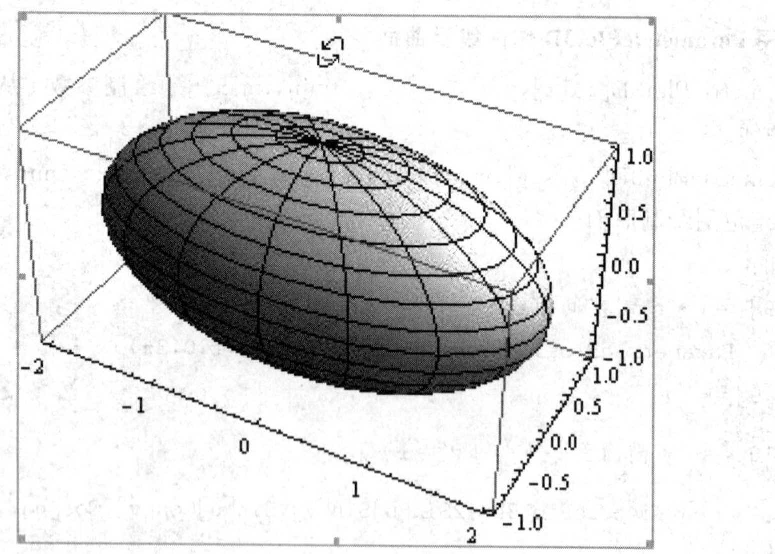


```
In[12]:=(*圆环面*)
        x[t_]=(4+Sin[s])Cos[t];
        y[t_]=(4+Sin[s])Sin[t];
        z[t_]=Cos[s];
        ParametricPlot3D[{x[t],y[t],z[t]},{s,0,2π},{t,0,2π}]
```

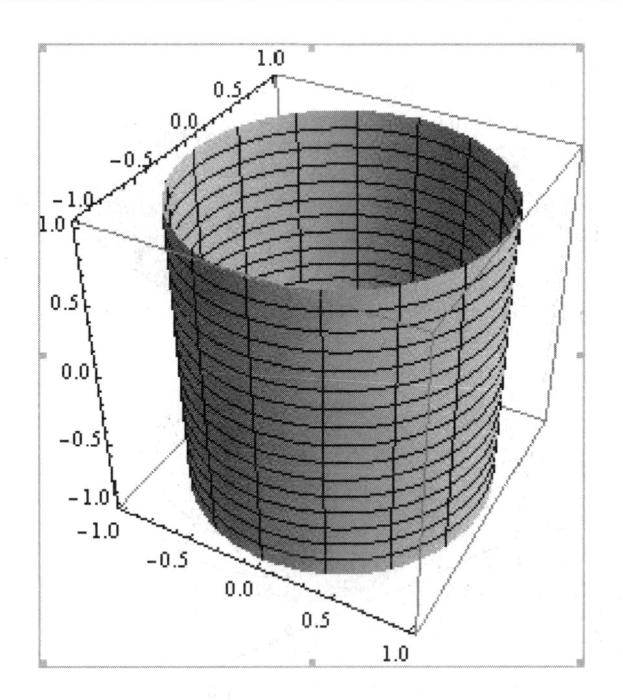

Out[15] =

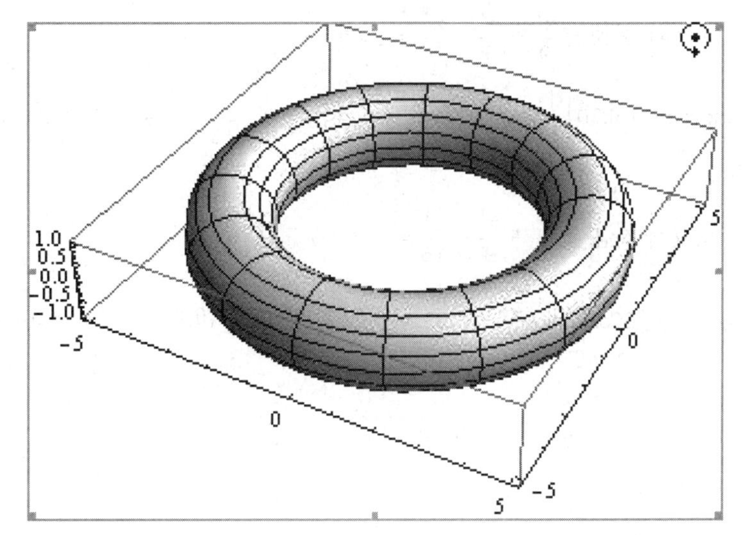

In[16]: = (* 圆锥面 $z^2 = x^2 + y^2$ *)

```
ParametricPlot3D[{Abs[z]Cos[t],Abs[z]Sin[t],z},{t,0,2Pi},{z, - 1,1}]
```

Out[16] =

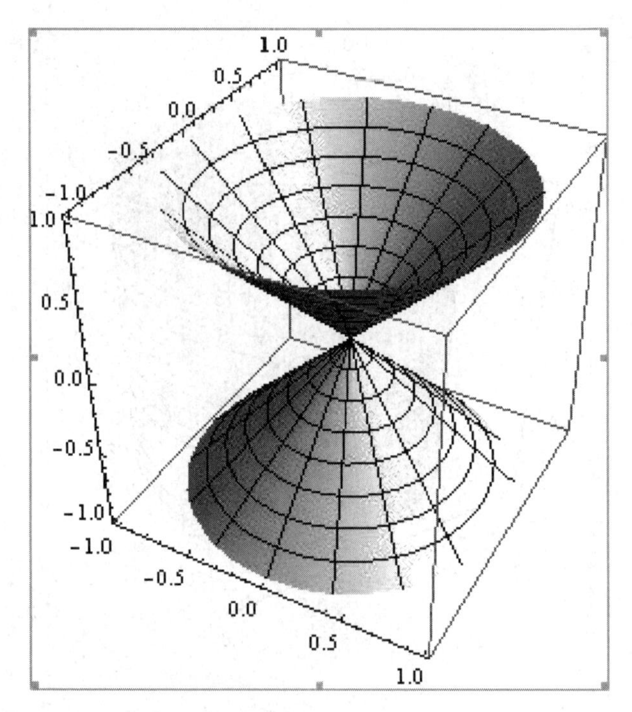

In[17]:=(*单叶双曲面$\frac{x^2}{9}+\frac{y^2}{9}-\frac{z^2}{16}=1$*)

$$\text{ParametricPlot3D}\left[\left\{3\text{Cos}[\theta]\sqrt{\frac{z^2}{16}+1},3\text{Sin}[\theta]\sqrt{\frac{z^2}{16}+1},z\right\},\{\theta,0,2\pi\},\{z,-5,5\}\right]$$

Out[17]=

In[18]:=(*双叶双曲面$\frac{x^2}{9}+\frac{y^2}{9}-\frac{z^2}{16}=-1$*)

$$\text{ParametricPlot3D}\left[\left\{3\text{Cos}[\theta]\sqrt{\frac{z^2}{16}-1},3\text{Sin}[\theta]\sqrt{\frac{z^2}{16}-1},z\right\},\{\theta,0,2\pi\},\{z,-10,10\}\right]$$

Out[18]=

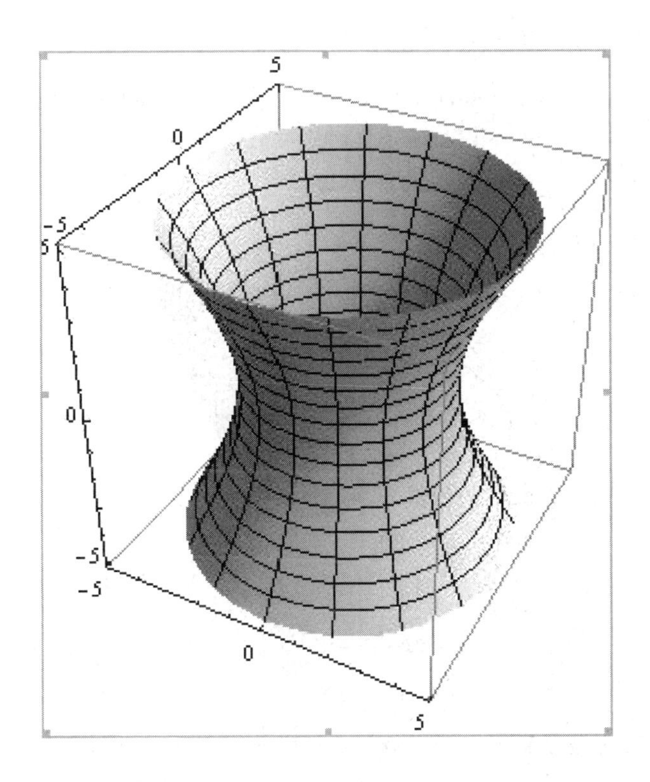
5
0
-5
5
0
-5
-5
0
5

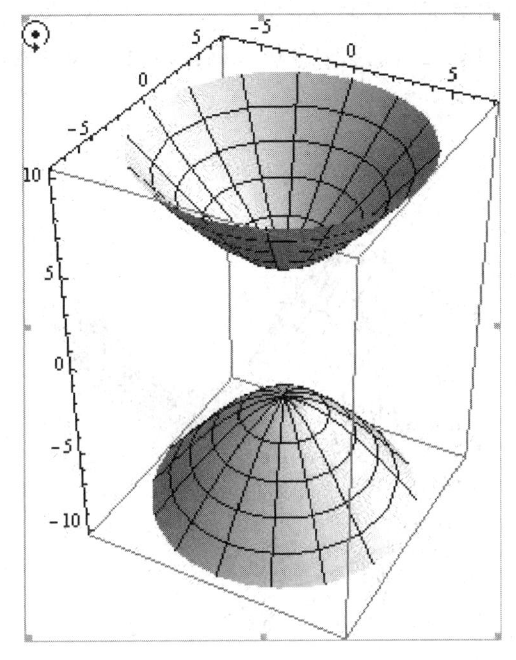
5
-5
0
5
0
-5
10
5
0
-5
-10

In[19]:=(*椭圆抛物面 z = 4x² + y² *)

$$\text{ParametricPlot3D}\left[\left\{\text{Sqrt}[u]\frac{\text{Sin}[v]}{2},\text{Sqrt}[u]\text{Cos}[v],u\right\},\{u,0,1\},\{v,0,2\text{Pi}\}\right]$$

Out[19] =

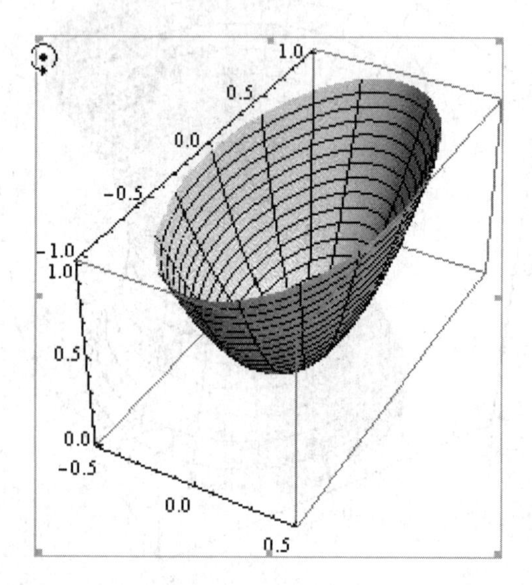

In[20]:=(*双曲抛物面 z = xy 及 z = x² - y² *)

```
ParametricPlot3D[{uCos[v],uSin[v],u²Sin[v]Cos[v]},{v,0,2π},{u,0,2}]
ParametricPlot3D[{x,y,x² - y²},{x, - 1,1},{y, - 1,1}]
```

Out[20] =

Out[21]=

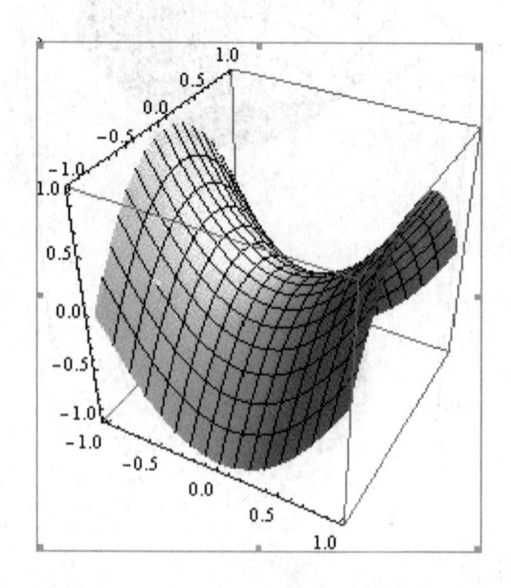

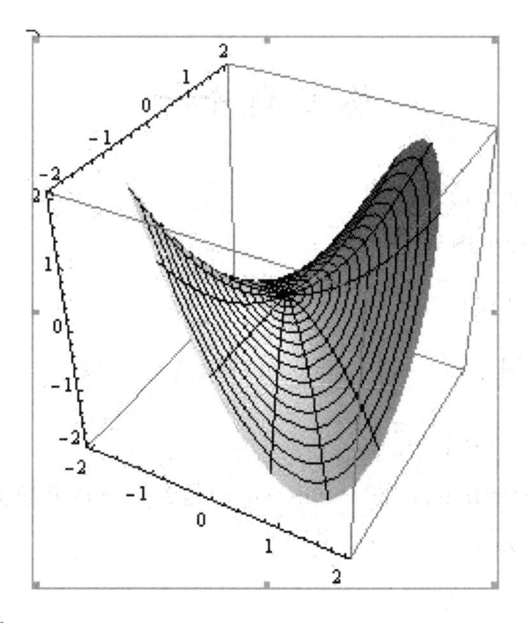

3. 空间区域的图形

RegionPlot3D[pred,{x,xmin,xmax},{y,ymin,ymax},{z,zmin,zmax}]　在 x,y,z 指定范围内绘制满足条件表达式 pred 的空间区域.

例如：

In[22]:= RegionPlot3D$\left[9\leqslant x^2+y^2+z^2\leqslant 36\&\&\sqrt{\frac{1}{3}(x^2+y^2)}\leqslant z\leqslant\sqrt{3(x^2+y^2)}\&\&\frac{\sqrt{3}}{3}x\leqslant\right.$

$y\leqslant\sqrt{3}x$,{x,0,6},{y,0,6},{z,0,6},PlotPoints→95,PlotRange→Full,Mesh→None]

Out[22] =

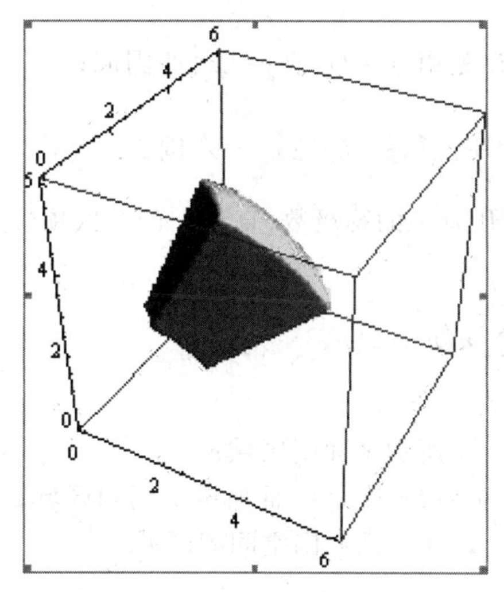

总习题十一

在 Mathematica 中解答以下各题.

1. 定义下列函数,并求函数值.

(1) $f(x)=e^{2x}\sin^2 2x$, $f\left(\frac{\pi}{8}\right)$;

(2) $g(x)$以2为周期, $g(x)=x \quad x\in[-1,1)$, $g\left(-\frac{3}{2}\right)$;

(3) $h(x,y)=\cos(xy)$, $h\left(1,\frac{\pi}{8}\right)$.

2. 当 $x\to 0$ 时, $f(x)=\tan(\sin x)-\sin(\tan x)$是关于 x 的几阶无穷小?

3. 求极限 $\lim\limits_{x\to 0^+}(\cos\sqrt{x})^{\frac{\pi}{x}}$.

4. 求导数或偏导数.

(1) $y=e^{-\sin^2\frac{1}{x}}$ 在 $x_0=\frac{2}{\pi}$ 处;

(2) $y=y(x)$由方程 $x^2+y^2=4xy$ 确定;

(3) $z=\cos(xy)$,求$\frac{\partial^3 z}{\partial^2 x\partial y}$.

5. 求积分.

(1) $\int\frac{12x^5-7x^3-13x^2+8}{100x^6-80x^5+116x^4-80x^3+41x^2-20x+4}\,dx$;

(2) $\int_0^1 e^{x^2}\,dx$ 的近似值;

(3) $\iint\limits_D(x^2+y^2)\,dx\,dy$, D 是由 $y=2x$ 及 $y=x^2$ 所围成;

(4) $\iiint\limits_\Omega z^2\,dv$, Ω 由 $z=x^2+2y^2$, $z=6-2x^2-y^2$ 围成.

6. 将函数 $\sin(\tan x)$展开为 x 的幂级数(直到 x 的 7 次项).

7. 求级数的和.

(1) $\sum\limits_{n=1}^{\infty}\frac{n^2}{3^n}$; (2) $\sum\limits_{n=1}^{\infty}n(n+2)x^{2n}$.

8. 绘制以下区域的图形.

(1) 由 $y^2=2x$ 及 $y=x-4$ 所围平面闭区域;

(2) 由 $z=x^2+y^2$, $x^2+y^2=2x$ 及 xOy 面所围空间闭区域;

(3) 由 $z=xy$, $x+y=2$ 及 xOy 面所围空间闭区域.

部分习题答案与提示

习题 7-1

1. (1) 当 $0<x<1$ 时，$x<y<2x$；当 $1<x<2$ 时，$x^2<y<2x$.

   (2) $\begin{cases} z\geqslant x^2+y^2, \\ z\neq 0. \end{cases}$

2. (1) $\dfrac{1}{4}$ (2) 0 (3) 0 (4) $e^{\frac{1}{\alpha}}$ (5) 0 (6) $\sqrt{2}$ (7) $-\dfrac{1}{4}$ (8) 0.

3. (1) 选 $y=kx^2$；(2) 选 $y=0, y=x$.

4. 在点 $(x_0,0)(x_0\neq 0)$ 处不连续，其余点处都连续.

习题 7-2

1. (1) $z_x=y+2x, z_y=x+2y$；

   (2) $z_z=y\cos(xy)-y\sin(2xy)$，$z_y=x\cos(xy)-x\sin(2xy)$；

   (3) $z_x=x^y y^x(y/x+\ln y)$，$z_y=x^y y^x(x/y+\ln x)$；

   (4) $z_x=\dfrac{2}{\sin\dfrac{2x}{y}}\cdot\dfrac{1}{y}$，$z_y=\dfrac{2}{\sin\dfrac{2x}{y}}\cdot\left(-\dfrac{x}{y^2}\right)$；

   (5) $u_x=\dfrac{1}{1+(x-y)^{2z}}\cdot z(x-y)^{z-1}$,

   $u_y=-\dfrac{1}{1+(x-y)^{2z}}\cdot z(x-y)^{z-1}$,

   $u_z=\dfrac{1}{1+(x-y)^{2z}}(x-y)^z\ln(x-y), x-y>0$.

   (6) $u_x=-ze^{x^2z^2}$，$u_y=ze^{y^2z^2}$，$u_z=ye^{y^2z^2}-xe^{x^2z^2}$.

2. $f_x(0,0)=0, f_y(0,0)=0$.

3. $f_x(1,0)=2, f_y(1,0)=1$. 在$(0,0)$不连续,但 $f_x(0,0)=f_y(0,0)=0$.

4. 不连续,$f_x(0,0)=f_y(0,0)=0$.

5. (1) $f_{xx}(0,1,-1)=4$; (2) $f_{xy}(1,-1,0)=4e^{-1}$.

6. (1) $z_{xx}=6(x+y), z_{xy}=z_{yx}=6x-2, z_{yy}=6y$;

(2) $z_{xx}=\dfrac{-2xy}{(x^2+y^2)}, z_{xy}=z_{yx}=\dfrac{x^2-y^2}{(x^2+y^2)^2}, z_{yy}=\dfrac{2xy}{(x^2+y^2)^2}$;

(3) $z_{xx}=y^2\cdot(\ln y)^2, z_{xy}=(x\ln y+1)y^{x-1}, z_{yy}=x(x-1)y^{x-2}$;

(4) $z_{xx}=\dfrac{1}{x}, z_{xy}=z_{yx}=\dfrac{1}{y}, z_{yy}=-\dfrac{x}{y^2}$.

8. $\dfrac{\pi}{4}$.

9. $z=\dfrac{x^2y}{2}+\dfrac{xy^2}{2}+x+y^2$.

习题 7-3

1. (1) $(y\ln x+\dfrac{1}{x})e^{xy}dx+(x\ln x e^{xy})dy$;

(2) $\dfrac{ydx-xdy}{|y|\sqrt{y^2-x^2}}$;

(3) $2xe^{-x^2}\sin(e^{-x^2})^2dx+2ye^{y^2}\sin(e^{y^2})^2dy$;

(4) $(yz+2xy)dx+(xz+x^2+2yz)dy+(xy+y^2)dz$;

(5) $\sin(yz)dx+xz\cos(yz)dy+xy\cos(yz)dz$.

2. $df(1,1,1)=dx-dy$.

3. $a=2, b=-2$.

4. (1) 当 $x^2+y^2\neq 0$ 时

$$f_x(x,y)=y\sin\frac{1}{\sqrt{x^2+y^2}}-\frac{yx^2}{(x^2+y^2)^{3/2}}\cdot\cos\frac{1}{\sqrt{x^2+y^2}},$$

$$f_y(x,y)=x\sin\frac{1}{\sqrt{x^2+y^2}}-\frac{yx^2}{(x^2+y^2)^{3/2}}\cdot\cos\frac{1}{\sqrt{x^2+y^2}};$$

当 $x^2+y^2=0$ 时,$f_x(0,0)=0, f_y(0,0)=0$. $f_x(x,y)$在$(0,0)$不连续,$f_y(x,y)$在$(0,0)$不连续.

(2) 由于$\dfrac{y}{\sqrt{x^2+y^2}}\sin\dfrac{1}{\sqrt{x^2+y^2}}(x^2+y^2\to 0)$是有界变量,当 $x^2+y^2\to 0$ 时,x 是无穷小量.

有 $f(x,y)=f(0,0)+0\cdot x+0\cdot y+0\cdot(\sqrt{x^2+y^2})$可微定义知 $f(x,y)$在$(0,0)$可微,

且 $\mathrm{d}f(0,0)=0\cdot\mathrm{d}x+0\cdot\mathrm{d}y=0$.

习题 7-4

1. $\dfrac{\mathrm{d}u}{\mathrm{d}t}=\dfrac{1}{2\cos 2t}+\dfrac{2\sin 2t\left[\mathrm{e}^{-3t}\cdot\sqrt{t}-\cos^2 2t\right]}{\mathrm{e}^{-3t}\cdot\cos^2 2t}+\dfrac{3\cos 2t}{\mathrm{e}^{-3t}}$.

2. $\dfrac{\mathrm{d}z}{\mathrm{d}t}=-\mathrm{e}^{\frac{\cos t}{\mathrm{e}^{2t}}}\left[\sin t+\dfrac{\cos t\cdot\sin t+2\cos^2 t}{\mathrm{e}^{2t}}\right]$.

3. $\dfrac{\mathrm{d}z}{\mathrm{d}t}=\dfrac{4(1-t^3)}{\sqrt{1-(4t-t^4)^2}}$.

4. $\dfrac{\mathrm{d}u}{\mathrm{d}t}=\cot\dfrac{3t^2}{\sqrt[4]{t^2+1}}\left[\dfrac{6t}{\sqrt[4]{t^2+1}}-\dfrac{3t^3}{2(\sqrt[4]{t^2+1})^5}\right]$.

5. $\dfrac{\partial z}{\partial s}=\dfrac{2s}{t}\ln(3s-2t)+\dfrac{3s^2}{(3s-2t)t^2}$; $\quad\dfrac{\partial z}{\partial t}=-\dfrac{2s^2}{t}\ln(3s-2t)-\dfrac{2s^2}{(3s-2t)t^2}$.

6. $\dfrac{\partial^2 z}{\partial x^2}=9y^{3x}\cdot\ln^2 y$.

7. (1) $\dfrac{\partial z}{\partial x}=\dfrac{2[\mathrm{e}^{2(x+y^2)}+x]}{\mathrm{e}^{2(x+y^2)}+x^2+y}$, $\quad\dfrac{\partial z}{\partial y}=\dfrac{4y\mathrm{e}^{2(x+y^2)}+1}{\mathrm{e}^{2(x+y^2)}+x^2+y}$.

   (2) $\dfrac{\partial z}{\partial x}=\mathrm{e}^{xy}[y\sin(x+y)+\cos(x+y)]$, $\dfrac{\partial z}{\partial y}=\mathrm{e}^{xy}[x\sin(x+y)+\cos(x+y)]$.

8. (1) $\dfrac{\partial u}{\partial x}=f_1'+yf_2'+yzf_3'$, $\dfrac{\partial u}{\partial y}=xf_2'+xzf_3'$, $\dfrac{\partial u}{\partial z}=xyf_3'$.

   (2) $\dfrac{\partial u}{\partial x}=y-\dfrac{yz}{x^2}f'\left(\dfrac{y}{x}\right)$, $\dfrac{\partial u}{\partial y}=x+\dfrac{z}{x}f'\left(\dfrac{y}{x}\right)$, $\dfrac{\partial u}{\partial z}=f\left(\dfrac{y}{x}\right)$.

9. $\dfrac{\partial u}{\partial x}\cdot\dfrac{\partial v}{\partial x}=(f_1'+yf_2')\cdot(1+y)g'(x+xy)$.

10. $\dfrac{\partial^2 z}{\partial x\partial y}=-2f_{11}''+(2\sin x-y\cos x)f_{12}''+y\cos x\sin xf_{22}''+\cos xf_2'$.

11. $\dfrac{\partial^2 z}{\partial x^2}=f_{11}''-\dfrac{2y}{x^2}f_{12}''+\dfrac{y^2}{x^4}f_{22}''+\dfrac{2y}{x^3}f_2'$, $\dfrac{\partial^2 z}{\partial y^2}=\dfrac{1}{x^2}f_{22}''$.

12. $\dfrac{\partial^2 u}{\partial x\partial y}=f_{11}''+(x+y)f_{12}''+\left(\dfrac{1}{y}-\dfrac{x}{y^2}\right)f_{13}''+f_2'+xyf_{22}''-\dfrac{1}{y^2}f_3'-\dfrac{x}{y^3}f_{33}''$.

    $\dfrac{\partial^2 u}{\partial y}=f_{11}''+2xf_{12}''-\dfrac{2x}{y^2}f_{13}''+x^2f_{22}''-\dfrac{2x^2}{y^2}f_{23}''+\dfrac{x^2}{y^4}f_{33}''+\dfrac{2x}{y^3}f_3'$.

13. 51.

15. 解：令 $u=\mathrm{e}^x\sin y$，有 $\dfrac{\partial^2 z}{\partial x^2}+\dfrac{\partial^2 z}{\partial y^2}=f''(u)\mathrm{e}^{2x}$，

由已知 $f''(u)e^{2x}=e^{2x}f(u)$,即 $f''(u)-f(u)=0$,
故 $f(u)=C_1e^u+C_2e^{-u}$,其中 C_1,C_2 任意常数.

16. $u_{xx}(x,2x)=u_{yy}(x,2x)=-\dfrac{4}{3}x,u_{xy}(x,2x)=\dfrac{5}{3}x$.

17. $\dfrac{1-x}{2(1+x)}$.

习题 7-5

1. $\dfrac{y^2-e^x}{\cos y-2xy}$.

2. $\dfrac{\partial z}{\partial x}=\dfrac{z}{x+z}$, $\dfrac{\partial z}{\partial y}=\dfrac{z^2}{y(x+z)}$.

4. $\dfrac{\partial z}{\partial x}=\dfrac{2x}{f'\left(\dfrac{z}{y}\right)-2z}$, $\dfrac{\partial z}{\partial y}=\dfrac{2y-f\left(\dfrac{z}{y}\right)+\left(\dfrac{z}{y}\right)f'\left(\dfrac{z}{y}\right)}{f'\left(\dfrac{z}{y}\right)-2z}$.

5. $\dfrac{\partial^2 z}{\partial x\partial y}=-e^{-x^2-y^2}\dfrac{z}{(1+z)^3}$.

6. (1) $\dfrac{dx}{dz}=\dfrac{y-z}{x-y}$,

$\dfrac{dy}{dz}=\dfrac{z-x}{x-y}$.

(2) $\dfrac{\partial u}{\partial x}=\dfrac{-uf'_1(2yvg'_2-1)-f'_2\cdot g'_1}{(xf'_1-1)(2yg'_2-1)-f'_2\cdot g'_1}$,

$\dfrac{\partial v}{\partial x}=\dfrac{g'_1(xf'_1+uf'_1-1)}{(xf'_1-1)(2yvg'_2-1)-f'_2\cdot g'_1}$.

7. $\dfrac{dz}{dx}=\dfrac{(f+xf')F'_y-xf'F'_x}{F'_y+xf'F'_z}$,其中 $F'_y+xf'F'_z\neq 0$.

8. $xf'_1-yf'_2$.

9. $\dfrac{du}{dx}=\dfrac{\partial f}{\partial x}-\dfrac{y}{x}\dfrac{\partial f}{\partial y}+\left[1-\dfrac{e^x(x-z)}{\sin(x-z)}\right]\dfrac{\partial f}{\partial z}$.

10. $\dfrac{du}{dx}=\dfrac{\partial f}{\partial x}+\cos x\dfrac{\partial f}{\partial y}-\dfrac{\partial f}{\partial z}\cdot\dfrac{1}{\varphi'_3}(2x\varphi'_1+e^y\cos x\varphi'_2)$.

习题 7-6

1. (1) $\boldsymbol{v}_0=\boldsymbol{i}+2\boldsymbol{j}+2\boldsymbol{k},\boldsymbol{a}_0=2\boldsymbol{j},|\boldsymbol{v}(t)|=\sqrt{5+4t^2}$;

(2) $\boldsymbol{v}_0=-2\boldsymbol{i}+4\boldsymbol{k},\boldsymbol{a}_0=-3\boldsymbol{j},|\boldsymbol{v}(t)|=\sqrt{20+5\cos^2 t}$;

(3) $\boldsymbol{v}_0=\boldsymbol{i}+2\boldsymbol{j}+\boldsymbol{k},\boldsymbol{a}_0=-\frac{1}{2}\boldsymbol{i}+2\boldsymbol{j}+\boldsymbol{k},|\boldsymbol{v}(t)|=\sqrt{5t^2+\frac{4}{(t+1)^2}}$.

2. $\frac{x-\frac{1}{2}}{1}=\frac{y-2}{-4}=\frac{z-1}{8}$;$2x-8y+16z-1=0$.

3. $\frac{x-x_0}{1}=\frac{y-y_0}{\frac{m}{y_0}}=\frac{z-z_0}{-\frac{1}{2z_0}}$;$(x-x_0)+\frac{m}{y_0}(y-y_0)-\frac{1}{2z_0}(z-z_0)=0$.

4. $\frac{x-1}{8}=\frac{y+1}{10}=\frac{z-2}{7}$;$8(x-1)+10(y+1)+7(z-2)=0$.

5. 曲线上点 M_0 处切线方向向量 $\boldsymbol{\tau}\Big|_{M0}=(1,-\frac{3}{2},2)$,直线的方向向量 $\boldsymbol{S}=(-14,-12,-2)$. 由 $\boldsymbol{\tau}\cdot\boldsymbol{S}=0$ 得法平面与直线夹角 0.

6. $\frac{x-1}{3}=\frac{y-1}{3}=\frac{z-3}{-1}$, $3x+3y-z-3=0$.

7. $\frac{\pi}{2}$.

8. $x-4y+6z=21,\frac{x-1}{1}=\frac{y+2}{-4}=\frac{z-2}{6}$.

9. $(1,1,2)$.

10. $\boldsymbol{n}^0=\frac{1}{\sqrt{5}}(0,\sqrt{2},\sqrt{3})$.

11. $a=-5,b=-2$.

习题 7-7

1. $\frac{\partial f}{\partial l}\Big|_{(0,0)}=\cos\alpha+\cos\beta$.

2. $\frac{\partial z}{\partial l}\Big|_{(-3,0)}=\frac{29}{\sqrt{13}}$.

3. $\frac{20}{\sqrt{14}}$.

4. $\frac{6}{7}\sqrt{14}$.

5. 5.

6. $\frac{11}{7}$.

7. $\{0,1\}$.

8. $\sqrt{117}$.

9. $\frac{\sqrt{2}}{4}$.

10. $\mathbf{grad} f(0,0,0)=3\boldsymbol{i}-2\boldsymbol{j}-6\boldsymbol{k}$,

$\mathbf{grad} f(1,1,1)=6\boldsymbol{i}+3\boldsymbol{j}$.

11. $a=6, b=24, c=-8$.

13. $\left.\frac{\partial f}{\partial v}\right|_P=0$, $\left.\frac{\partial f}{\partial w}\right|_P>0$; $\left.\frac{\partial g}{\partial v}\right|_P<0$, $\left.\frac{\partial g}{\partial w}\right|_P>0$; $\left.\frac{\partial h}{\partial v}\right|_P<0$, $\left.\frac{\partial h}{\partial w}\right|_P<0$.

习题 7-8

1. A.

2. 略.

3. 略.

4. 极小值 $f\left(\frac{1}{2},-1\right)=-\frac{\mathrm{e}}{2}$.

5. 极小值 $z(9,3)=3$,极大值 $z(-9,-3)=-3$.

6. 略.

7. 提示:D 内驻点与 D 边界驻点比较,最大值 $f\left(-\frac{5\sqrt{17}}{34},\frac{20\sqrt{17}}{17}\right)=25+\frac{170}{\sqrt{17}}$,最小值 $f\left(\frac{1}{2},-4\right)=-17$.

8. 只需求目标函数 $V_1=xyz$ 在约束条件 $x^2+y^2+z^2=a^2$ 之下最值. 构造拉格朗日的函数 $\Phi(x,y,z,\lambda)=xyz+\lambda(x^2+y^2+z^2-a^2)$.

$\left(\frac{a}{\sqrt{3}},\frac{a}{\sqrt{3}},\frac{a}{\sqrt{3}}\right)$是唯一驻点,当长方体各边长均为$\frac{2a}{\sqrt{3}}$时. 体积最大.

9. 当矩形的边长为$\frac{2P}{3}$及$\frac{P}{3}$时,绕短边旋转所得圆柱体体积最大.

10. 提示:求 qd^2 为目标函数的条件极值. $\left(-1,\frac{1}{2},-1\right)$点到 Π 距离最短为$\frac{1}{3}$.

11. 提示:四面体体积为 $V=\frac{(4-z)^3}{24xy}$. 求以 $f(x,y,z)=3\ln(4-z)-\ln x-\ln y$ 为目标

函数的条件极值. 点为$\left(\frac{\sqrt{2}}{2},\frac{\sqrt{2}}{2},1\right)$.

12. 最热点$(-\frac{1}{2},\pm\frac{\sqrt{3}}{2})$,最冷点$\left(\frac{1}{2},0\right)$.

13. 最热点$\left(\pm\frac{4}{3},-\frac{4}{3},-\frac{4}{3}\right)$.

总习题七

1. (1) e; (2) $\frac{\pi}{4}$; (3) 1; (4) $-\frac{g^1(v)}{g^2(v)}$; (5) $-\frac{1}{2}$.
2. (1) C; (2) B; (3) D; (4) B; (5) C; (6) A; (7) C.
4. $\frac{\partial^2 z}{\partial x^2}=e^{xe^y}\cdot e^{2y},\frac{\partial^2 z}{\partial x\partial y}=e^{xe^y}\cdot e^y+e^y\cdot e^{xe^y}\cdot xe^y$.
5. 0.
7. 提示:沿 $y=x$ 直线及 $y=x^3-x$ 取极限.
8. $a=3$.
9. $f_{xy}(0,0)=-1$,$f_{yx}(0,0)=1$.
10. 提示:$f(x,y)=ye^{2x},g(x,y)=x-y,\lim\limits_{n\to\infty}\left[\frac{f\left(\frac{1}{n},n\right)}{g(n,1)}\right]^n=e^3$.
11. 切平面 $x+y-4z=0$,

    法线$\frac{x-2}{1}=\frac{y-2}{1}=\frac{z-1}{-4}$.
12. 点$(-3,-1,3)$,切平面 $x+3y+z+3=0$,法线$\frac{x+3}{1}=\frac{y+1}{3}=\frac{z-3}{1}$.
13. 提示:解$\frac{dy}{dx}=2\frac{y}{x}$且 $y(x_0)=y_0$ 得路线为 $y=\frac{y_0}{x_0^2}x^2$.
14. $x+2y+6z=6$.
15. 极大点$(2k\pi,0)$,极大值为 2;点$((2k+1)\pi,-2)$非极值点.
16. 提示:由条件极值有 $f(r,\sqrt{2}r,\sqrt{3}r)=\ln(6\sqrt{3}r^6)$取最大值.
17. 解:由于$\frac{1}{R}=\frac{1}{R_1}+\frac{1}{R_2}+\frac{1}{R_3}$两端求微分得$-\frac{1}{R^2}dR=-\frac{1}{R_1^2}dR_1-\frac{1}{R_2^2}dR_2-\frac{1}{R_3^2}dR_3$,即

$dR=\frac{R^2}{R_1^2}dR_1+\frac{R^2}{R_2^2}dR_2+\frac{R^2}{R_3^2}dR_3$,在等式右端的三项中,$dR_3$ 前面系数最大,这表明最小的电阻 R_3 的变化对 R 的影响最大.

习题 8-1

1. $\frac{16}{3}\pi$.

3. (1) $\pi\leqslant I\leqslant 2\pi$; (2) $2\leqslant I\leqslant 8$; (3) $-8\leqslant I\leqslant \frac{2}{3}$; (4) $36\pi\leqslant I\leqslant 100\pi$.

4. (2) 提示:用直线 $y=3x$ 将闭区域分成两部分;

   (3) 提示:用直线 $y=-x$ 将闭区域分成两部分.

6. e^2.

习题 8-2

1. (1) $\frac{1}{4}(e-1)^2$; (2) $\sin 1-\cos 1$; (3) $\frac{20}{3}$; (4) $\frac{2}{3}$; (5) $-6\pi^2$;

   (6) $\frac{\pi}{8}(\pi-2)$; (7) $\frac{\pi^2}{6}$; (8) $15\times\left(\frac{\pi}{4}-\frac{\sqrt{3}}{8}\right)$; (9) $\frac{5}{2}\pi a^4$.

2. (1) $\int_0^4 dx\int_x^{2\sqrt{x}} f(x,y)dy$ 或 $\int_0^4 dy\int_{\frac{y^2}{4}}^{y} f(x,y)dx$;

   (2) $\int_0^{\frac{\sqrt{2}}{2}} dx\int_0^x f(x,y)dy+\int_{\frac{\sqrt{2}}{2}}^1 dx\int_0^{\sqrt{1-x^2}} f(x,y)dy$ 或 $\int_0^{\frac{\sqrt{2}}{2}} dy\int_y^{\sqrt{1-y^2}} f(x,y)dx$;

   (3) $\int_0^{2a} dx\int_{\sqrt{2ax-x^2}}^{\sqrt{2ax}} f(x,y)dy$ 或 $\int_0^a dy\int_{\frac{y^2}{2a}}^{a-\sqrt{a^2-y^2}} f(x,y)dx+\int_0^a dy\int_{a+\sqrt{a^2-y^2}}^{2a} f(x,y)dx+$ $\int_a^{2a} dy\int_{\frac{y^2}{2a}}^{2a} f(x,y)dx$.

3. (1) $\int_1^4 dy\int_{\sqrt{y}}^2 f(x,y)dx$; (2) $\int_0^4 dx\int_{\frac{x}{2}}^{\sqrt{x}} f(x,y)dy$;

   (3) $\int_{-1}^0 dy\int_{-2\arcsin y}^{\pi} f(x,y)dx+\int_0^1 dy\int_{\arcsin y}^{\pi-\arcsin y} f(x,y)dx$;

   (4) $\int_{-2}^1 dx\int_{x^2+2x}^{x+2} f(x,y)dy$.

4. (1) $\int_0^{\frac{\pi}{2}} d\theta\int_0^{2a\cos\theta} f(\rho^2)\rho d\rho$; (2) $\int_{\frac{\pi}{4}}^{\frac{3\pi}{4}} d\theta\int_{\frac{a}{\sin\theta}}^{2a\sin\theta} f(\rho\cos\theta,\rho\sin\theta)\rho d\rho$;

   (3) $\int_0^{\frac{\pi}{2}} d\theta\int_{(\cos\theta+\sin\theta)^{-1}}^1 f(\rho\cos\theta,\rho\sin\theta)\rho d\rho$;

(4) $\int_0^{\frac{\pi}{4}} d\theta \int_0^{\frac{\sin\theta}{\cos^2\theta}} f(\rho\cos\theta, \rho\sin\theta)\rho d\rho + \int_{\frac{\pi}{4}}^{\frac{3\pi}{4}} d\theta \int_0^{\frac{1}{\sin\theta}} f(\rho\cos\theta, \rho\sin\theta)\rho d\rho$.

5. (1) $\frac{\pi}{4}(\ln 4-1)$; (2) $\sqrt{2}-1$; (3) $e^{-\frac{1}{2}}$; (4) $\frac{4}{\pi^2}$.

9. $4\sqrt{3}\pi a^3$.

10. $\frac{3}{32}\pi a^4$.

*11. (1) $\frac{e-1}{2}$; (2) $\frac{7}{3}\ln 2$; (3) $\frac{2}{3}\pi ab$.

*12. (1) $\frac{ab}{2}\pi(a^2+b^2)$; (2) $\frac{1}{8}$.

*13. (1) 提示:作变换 $u=x+y, v=x-y$;

(2) 提示:作变换 $x=\frac{au-bv}{\sqrt{a^2+b^2}}, y=\frac{bu+av}{\sqrt{a^2+b^2}}$.

14. $f(t)=(4\pi t^2+1)e^{4\pi t^2}$.

习题 8-3

1. (1) $\frac{3}{2}$; (2) $\frac{1}{48}$; (3) $\frac{\pi}{4}h^2R^2$; (4) $\frac{59}{15}\pi$.

2. (1) $\frac{7}{12}\pi$; (2) $\frac{16}{3}\pi$; (3) $\frac{512}{3}\pi$; (4) $\frac{\pi}{8}$; (5) $\frac{7}{6}\pi a^4$; (6) $\pi(2e^2-e)$.

3. (1) $\frac{\pi}{8}$; (2) $\frac{8}{9}a^2$; (3) $\frac{1}{2}(1-\sin 1)$; (4) $\frac{1}{2}\times\left(\frac{7}{3}-\frac{4}{3}\sqrt{2}\right)\pi$.

4. $\int_0^1 dz \int_z^1 dx \int_0^{1-x} f(x,y,z)dy + \int_0^1 dz \int_0^z dx \int_{z-x}^{1-x} f(x,y,z)dy$.

5. $\frac{\pi}{3}$.

6. $\int_0^{\pi} d\theta \int_0^{\sin\theta} r dr \int_0^{\sqrt{3}r} f(\sqrt{r^2+z^2})dz, \int_0^{\pi} d\theta \int_{\frac{\pi}{6}}^{\frac{\pi}{2}} d\varphi \int_0^{\frac{\sin\theta}{\sin\varphi}} r^2 \sin\varphi f(r) dr$.

8. $\frac{4}{15}$.

习题 8-4

1. $\frac{1}{2}\sqrt{a^2b^2+b^2c^2+a^2c^2}$.

2. $(2\pi-4)a^2$.

3. $\sqrt{2}\pi$.

4. $\left(\frac{2a\sin\alpha}{3\alpha},0\right)$.

5. $\left(\frac{3}{5},\frac{3}{8}\right)$.

6. $\left(0,0,\frac{3}{4}\right)$.

7. $I_x=\frac{72}{5},I_y=\frac{96}{7}$.

8. $\frac{1}{2}\pi a^4 h$.

9. $F_x=0,F_y=\frac{\pi}{2}G(b-a)m$.

10. $F_x=F_y=0,F_z=-2\pi G\rho[\sqrt{(h-a)^2+R^2}-\sqrt{R^2+a^2}+h]$.

*习题 8-5

1. (1) $\frac{3\sin x^3-2\sin x^2}{x}$;

(2) $\int_{\sin x}^{\cos x}\sqrt{1-y^2}\mathrm{e}^{x\sqrt{1-y^2}}\mathrm{d}y-\sin x\mathrm{e}^{x|\sin x|}-\cos x\mathrm{e}^{x|\cos x|}$;

(3) $2x\mathrm{e}^{-x^5}-\mathrm{e}^{-x^3}-\int_x^{x^2}y^2\mathrm{e}^{-xy^2}\mathrm{d}y$;

(4) $x(2-3y^2)f(xy)+x^2y(1-y^2)f'(xy)+\frac{x}{y^2}f\left(\frac{x}{y}\right)$.

2. (1) $\frac{\pi}{2}\ln(1+a)$;

(2) $\pi\arcsin a$,提示:$\frac{1}{\cos x}\ln\frac{1+a\cos x}{1-a\cos x}=2a\int_0^1\frac{1}{1-a^2y^2\cos^2 x}\mathrm{d}y$;

(3) $\arctan(1+b)-\arctan(1+a)$,提示:$\frac{x^b-x^a}{\ln x}=\int_a^b x^y\mathrm{d}y$;

(4) $\pi\ln r^2$;

(5) $\pi\ln\frac{1+a}{2}$.

3. $\varphi'(t)=\frac{1}{1+t^2}\left[-\ln(1+t)+\frac{1}{2}\ln 2+\frac{\pi}{4}t\right],\frac{\pi}{8}\ln 2$.

总习题八

1. (1) $\frac{3}{8}e-\frac{1}{2}e^{\frac{1}{2}}$; (2) $f(2)$; (3) $xy+\frac{1}{8}$; (4) $\frac{1}{2}$; (5) $C(y)e^{\frac{x^2}{2}}$; (6) $\frac{8}{3}$;

(7) $\frac{1}{4e}$; (8) $\frac{77}{12}\pi$.

2. (1) C; (2) D; (3) C; (4) B,C; (5) C; (6) C.

3. (1) $\frac{\pi}{4}$; (2) 4π; (3) $\frac{32}{9}$; (4) $\frac{4}{3}\sqrt{2}a^3$.

4. $\frac{\pi}{8}(1-e^{-a^2})$.

6. $V=\frac{5}{6}\pi a^3, A=\pi a^2\left(\sqrt{2}+\frac{5\sqrt{5}-1}{6}\right)$.

7. $\frac{2\pi}{3}(2\sqrt{2}-1)$.

8. (1) $\frac{7}{30}\pi$; (2) 2π; (3) 336π; (4) $\frac{250}{3}\pi$; (5) $\frac{\pi}{6}(\sqrt{2}-1)$.

9. $\int_0^1 dz\int_0^z dx\int_0^{\sqrt{z^2-x^2}} f(x,y,z)dy+\int_1^{\sqrt{2}} dz\int_0^{\sqrt{2-z^2}} dx\int_0^{\sqrt{2-x^2-z^2}} f(x,y,z)dy$.

10. $\pi f'(0)$.

11. $\frac{368}{105}\mu$.

13. $V=\iint\limits_0 |f(x,y)|dxdy=4abh\left(1-\frac{2}{\pi}\right), \bar{h}=\frac{\iint\limits_D |f(x,y)|dxdy}{\sigma}=\frac{4}{\pi}\left(1-\frac{2}{\pi}\right)$.

习题 9-1

1. (1) $2+\sqrt{2}$; (2) 4; (3) $\frac{\pi}{4}ae^a+2(e^a-1)$; (4) $\frac{256}{15}a^3$; (5) $4a^{\frac{7}{3}}$;

(6) $4a^2\left(1-\frac{\sqrt{2}}{2}\right)$; (7) $\frac{8}{3}\sqrt{2}a\pi^3$; (8) $\frac{2}{3}\pi a^3$; (9) $\frac{\sqrt{3}}{2}(1-e^{-2})$.

2. 质心在扇形的对称轴上且与圆心距离$\frac{a\sin\varphi}{\varphi}$处.

3. $I_z=\int_{\Gamma}(x^2+y^2)\mathrm{d}s=a^2\sqrt{4\pi a^2+h^2}$.

4. 4π.

5. $\frac{3}{2}\sqrt{3}\pi$.

习题 9-2

1. (1) $-\frac{1}{20}$； (2) $\frac{4}{3}ab^2$； (3) $-\frac{\pi}{2}a^3$； (4) -2π； (5) $\frac{4}{3}$； (6) 13； (7) -2π； (8) $-\frac{\pi}{4}R^3$.

2. $-\frac{8}{15}$.

3. (1) $\frac{a^2-b^2}{2}$； (2) 0.

4. $\int_L\left[\sqrt{2x-x^2}P(x,y)+(1-x)Q(x,y)\right]\mathrm{d}s$.

5. $\int_{\Gamma}\frac{P+2xQ+3yR}{\sqrt{1+4x^2+9y^2}}\mathrm{d}s$.

6. $\xi=\frac{a}{\sqrt{3}},\eta=\frac{b}{\sqrt{3}},\zeta=\frac{c}{\sqrt{3}};W_{\max}=\frac{\sqrt{3}}{9}abc$.

习题 9-3

1. (1) -1； (2) $\frac{1}{5}(1-\mathrm{e}^{\pi})$； (3) $\frac{1}{8}m\pi a^2$； (4) 0； (5) $-b^5-\frac{1}{5}a^5$； (6) $\frac{\pi^2}{4}$.

2. (1) 12； (2) $\int_1^2\varphi(y)\mathrm{d}y-\int_1^2\varphi(x)\mathrm{d}x$； (3) $\frac{1}{2}\int_0^1 f(t)\mathrm{d}t$； (4) $1+\pi$； (5) 3.

3. (1) $\frac{3}{8}\pi a^2$； (2) $3\pi a^2$.

4. (1) π； (2) π； (3) $2\pi-\arctan\frac{19}{2}-\arctan\frac{1}{2}$.

5. (1) x^2y+C; (2) $\frac{x^2}{2}+xe^y-y^2+C$; (3) $x^3y+4x^2y^2-12e^y+12ye^y+C$;

(4) $y^2\sin x+x^2\cos y+C$.

习题 9-4

1. (1) $\frac{3-\sqrt{3}}{2}+(\sqrt{3}-1)\ln 2$; (2) $\pi a(a^2-h^2)$; (3) $\frac{64}{15}\sqrt{2}a^4$;

(4) $\frac{4\pi}{3}a^4$; (5) $2\pi\arctan\frac{h}{R}$; (6) $2\pi a\ln\frac{a}{h}$.

2. $\frac{8}{3}\pi R^4$.

5. $\frac{4}{3}\mu\pi a^4$.

习题 9-5

1. (1) $\frac{4}{15}\pi R^5$; (2) 6π; (3) $\frac{1}{8}$; (4) $\left(\pi-\frac{3}{2}\sqrt{3}\right)a^2$;

(5) -8π; (6) $\frac{12}{5}\pi a^5$; (7) 8π.

2. (1) $\iint\limits_{\Sigma}\left(\frac{3}{5}P+\frac{2}{5}Q+\frac{2\sqrt{3}}{5}R\right)dS$; (2) $\iint\limits_{\Sigma}\frac{2xP+2yQ+R}{\sqrt{1+4x^2+4y^2}}dS$.

习题 9-6

1. (1) $\frac{1}{8}$; (2) $-\frac{\pi}{2}H^4$; (3) $\frac{\pi}{8}$; (4) $\frac{12}{5}\pi a^5$; (5) $\frac{5}{6}\pi R^5-2\pi R^3+2\pi R^2$;

(6) $4\pi e^4-2\pi e^2-2\pi$; (7) $\frac{32}{3}\pi$; (8) 34π; (9) 2π.

4. $4\pi abc$.

5. $2\pi a^3$.

6. 36.

7. $f(r)=\frac{c}{r^3}$(c 为任意常数).

习题 9-7

1. (1) -20π; (2) $2\sqrt{2}\pi$; (3) $\sqrt{3}\pi a^2$; (4) $-\frac{9}{2}$; (5) $\frac{\sqrt{2}}{16}\pi$; (6) 0.

2. (1) 2e; (2) $\frac{1}{2}$; (3) $\frac{e^2+3}{2}$; (4) 0.

*3. (1) $\frac{1}{3}(x^3+y^3+z^3)-2xyz+c$; (2) $xe^{xyz}+c$.

4. (1) $x(2y-x)\boldsymbol{i}+y(2z-y)\boldsymbol{j}+z(2x-z)\boldsymbol{k}$;

(2) $[x\sin(\cos z)-xy^2\cos(xz)]\boldsymbol{i}-y\sin(\cos z)\boldsymbol{j}+[y^2z\cos(xz)-x^2\cos y]\boldsymbol{k}$.

5. 0.

7. (1) $2\pi R^2$; (2) 12π.

总习题九

1. (1) B; (2) D; (3) A; (4) C; (5) D; (6) B; (7) D.

2. (1) $12a$; (2) 3π; (3) $\frac{1}{x}-\frac{x}{2}$; (4) $\frac{12}{5}\pi$; (5) $\frac{1}{3}$.

3. (1) $2a^2(\pi+2)$; (2) 4π; (3) $2\pi r^2 R$; (4) $-2\pi a^2$.

4. $\varphi(x)=\frac{1}{x}(\pi-1-\cos x)$, π.

5. $\lambda=3, -\frac{79}{5}$.

6. (1) $\frac{8-5\sqrt{2}}{6}\pi R^4$; (2) $\frac{1}{2}\pi^2 R$; (3) $-\frac{\pi}{2}a^3$; (4) 16π.

*8. $U(x,y,z)=\frac{x+y+z}{\sqrt{x^2+y^2+z^2}}+C$.

习题 10-1

1. (1) $\sum_{n=1}^{\infty}(-1)^{n-1}\frac{n+1}{n}$,通项 $u_n=(-1)^{n-1}\frac{n+1}{n}$;

(2) $\sum_{n=1}^{\infty}(-1)^{n-1}\dfrac{a^{n+1}}{2n+1}$； (3) $\sum_{n=1}^{\infty}(-1)^{n-1}\dfrac{1}{(2n-1)!}x^{2n-1}$.

2. (1) 发散； (2) 收敛于和$\dfrac{1}{4}$； (3) 收敛于和$\dfrac{3}{4}$； (4) 收敛于和 $1-\sqrt{2}$；

(5) 发散.

3. (1) 收敛； (2) 发散； (3) 发散； (4) 发散； (5) 发散.

4. $64\times\dfrac{1\,927}{4\,095}$.

习题 10-2

1. (1) 发散； (2) 收敛； (3) 收敛； (4) 发散； (5) 收敛； (6) 发散；
(7) 收敛； (8) 发散； (9) 当 $0<a<1$ 时发散，当 $a>1$ 时收敛.

2. (1) 收敛； (2) 发散； (3) 收敛； (4) 收敛； (5) 收敛.

3. (1) 收敛； (2) 收敛； (3) 收敛.

*8. (1) 收敛； (2) 发散.

9. (1) 发散； (2) 条件收敛； (3) 条件收敛；
(4) 发散； (5) 绝对收敛； (6) 当 $a=b$ 时条件收敛，当 $a\neq b$ 时发散.

习题 10-3

1. (1) $(-1,1)$； (2) $[-2,2)$； (3) $[-2,2]$； (4) $(-2,2)$；
(5) $[-1,1]$； (6) $(-\sqrt{2},\sqrt{2})$； (7) $x=1$； (8) $(-\infty,+\infty)$；
(9) $(-1,1]$； (10) $(-1,1)$.

2. (1) $\dfrac{x}{(1-x)^2}, x\in(-1,1)$； (2) $\dfrac{1}{2}\ln\dfrac{1+x}{1-x}, x\in(-1,1)$；

(3) $\dfrac{x}{(1-x)^3}, x\in(-1,1)$； (4) $s(x)=\begin{cases}1+\dfrac{(1-x)\ln(1-x)}{x}, & x\in[-1,0)\cup(0,1),\\ 0, & x=0,\\ 1, & x=1.\end{cases}$

3. 2.

习题 10-4

1. $\cos x = \sum\limits_{n=0}^{\infty} \frac{(-1)^n}{(2n)!} x^{2n}, (-\infty, +\infty)$.

2. (1) $\ln(a+x) = \ln a + \sum\limits_{n=1}^{\infty} (-1)^{n-1} \frac{1}{n} \left(\frac{x}{a}\right)^2, (-a, a]$;

(2) $\sin^2 x = \sum\limits_{n=1}^{\infty} (-1)^{n-1} \frac{(2x)^{2n}}{2(2n)!}, (-\infty, +\infty)$;

(3) $(4-x^2)^{-\frac{1}{2}} = \frac{1}{2} + \sum\limits_{n=1}^{\infty} \frac{1}{2} \frac{(2n-1)!!}{(2n)!!} \left(\frac{x}{2}\right)^{2n}, (-2, 2)$;

(4) $(1+x)\ln(1+x) = x + \sum\limits_{n=2}^{\infty} \frac{(-1)^n}{(n-1)n} x^n, (-1, 1]$;

(5) $\frac{x}{\sqrt{1+x^2}} = x + \sum\limits_{n=1}^{\infty} (-1)^n \frac{2(2n)!}{(n!)^2} \left(\frac{x}{2}\right)^{2n+1}, [-1, 1]$;

(6) $\frac{x}{(1-x)(1-2x)} = \sum\limits_{n=0}^{\infty} (2^n - 1) x^n, \left(-\frac{1}{2}, \frac{1}{2}\right)$;

(7) $\frac{2}{(1-x)^3} = \sum\limits_{n=2}^{\infty} n(n-1) x^{n-2}, (-1, 1)$;

(8) $\ln(x+\sqrt{1+x^2}) = x + \sum\limits_{n=1}^{\infty} (-1)^n \frac{(2n-1)!!}{(2n+1)(2n)!!} x^{2n+1}, [-1, 1]$.

3. $\ln(1+x) = \ln 3 + \sum\limits_{n=1}^{\infty} (-1)^{n-1} \frac{1}{n} \left(\frac{x-2}{3}\right)^n, (-1, 5]$.

4. $\frac{1}{x-1} = -\sum\limits_{n=0}^{\infty} \frac{(x+1)^n}{2^{n+1}}, (-3, 1)$.

5. $\frac{1}{x^2+3x+2} = \sum\limits_{n=0}^{\infty} \left(\frac{1}{2^{n+1}} - \frac{1}{3^{n+1}}\right)(x+4)^n, (-6, -2)$.

6. $e^x \sin x = x + x^2 + \frac{x^3}{3} - \frac{1}{30} x^5 + \cdots, (-\infty, +\infty)$.

7. (1) $\frac{1}{2}$; (2) $-\frac{1}{2}$.

8. (1) 2.004 30; (2) 0.487.

习题 10-5

1. (1) $f(x)=\frac{1}{2}+\sum_{n=1}^{\infty}\left\{\frac{2}{\pi^2 n^2}[(-1)^n-1]\cos\frac{n\pi}{2}x+\frac{2}{n\pi}(-1)^{n+1}\sin\frac{n\pi}{2}x\right\}$, $(x\neq 2k$, $k=0,\pm 1,\cdots)$;

(2) $f(x)=\frac{11}{12}+\frac{1}{\pi^2}\sum_{n=1}^{\infty}\frac{(-1)^{n+1}}{n^2}\cos 2n\pi x, x\in(-\infty,+\infty)$;

(3) $f(x)=\frac{\pi}{4}+\sum_{n=1}^{\infty}\frac{(-1)^n}{n}\sin nx, (x\neq(2k-1)\pi, k=0,\pm 1,\pm 2,\cdots)$;

(4) $f(x)=\frac{e^{2\pi}-e^{-2\pi}}{\pi}\left[\frac{1}{4}+\sum_{n=1}^{\infty}\frac{(-1)^n}{n^2+4}(2\cos nx-n\sin nx)\right]$, $(x\neq(2k-1)\pi, k=0$, $\pm 1,\pm 2,\cdots)$;

(5) $f(x)=1-\pi+\sum_{n=1}^{\infty}\frac{2}{n}\sin nx, (x\neq 2k\pi, k=0,\pm 1,\pm 2,\cdots)$.

2. (1) $2\sin\frac{x}{3}=\frac{18\sqrt{3}}{\pi}\sum_{n=1}^{\infty}(-1)^{n-1}\frac{n\sin nx}{9n^2-1}, (-\pi,\pi)$;

(2) $f(x)=\frac{1+\pi-e^{-\pi}}{2\pi}+\frac{1}{\pi}\sum_{n=1}^{\infty}\left\{\frac{1-(-1)^n e^{-\pi}}{1+n^2}\cos nx+\left[\frac{-n+(-1)^n n e^{-\pi}}{1+n^2}+\frac{1}{n}(1-(-1)^n)\right]\sin nx\right\}, (-\pi,\pi)$;

(3) $x=\pi-\sum_{n=1}^{\infty}\frac{2}{n}\sin nx, (0,2\pi)$;

(4) $\cos\frac{x}{2}=\frac{2}{\pi}+\frac{4}{\pi}\sum_{n=1}^{\infty}\frac{(-1)^{n-1}}{4n^2-1}\cos nx, [-\pi,\pi]$.

3. $2x^2=\frac{4}{\pi}\sum_{n=1}^{\infty}\left[-\frac{2}{n^3}+(-1)^n\left(\frac{2}{n^3}-\frac{\pi^2}{n}\right)\right]\sin nx, [0,\pi)$;

$2x^2=\frac{2}{3}\pi^2+8\sum_{n=1}^{\infty}\frac{(-1)^n}{n^2}\cos nx, [0,\pi]$.

4. $e^x=\frac{e^\pi-1}{\pi}+\frac{2}{\pi}\sum_{n=1}^{\infty}\frac{1}{1+n^2}[(-1)^n e^\pi-1]\cos nx, [0,\pi]$.

5. $|\pi-x|=\frac{4}{\pi}\sum_{k=1}^{\infty}\left[\frac{\pi}{2k-1}+\frac{2\times(-1)^k}{(2k-1)^2}\right]\sin\frac{2k-1}{2}x, (0,2\pi)$.

6. $f(x)=\frac{1}{2}\sin\frac{\pi x}{l}-\frac{4}{\pi}\sum_{n=1}^{\infty}\frac{(-1)^n n}{4n^2-1}\sin\frac{2n\pi}{l}x, \left(0\leqslant x\leqslant l, x\neq\frac{l}{2}\right)$.

总习题十

1. (1) D; (2) C; (3) C; (4) C; (5) C; (6) $\frac{3}{4}$; (7) D; (8) B;

(9) $(-1)^{n+1}\frac{n!}{n-2}$; (10) $k\geqslant 2$; (11) $\frac{a_0+a_1x+a_2x^2+a_3x^3}{1-x^4}$ $x\in(-1,1)$;

(12) $-\frac{\pi^2}{6}+\sum\limits_{n=1}^{\infty}\frac{\cos nx}{n^2}$, $\frac{\pi^2}{8}$, $\frac{\pi^3}{32}$.

2. (1) $-\frac{\pi^2}{12}$; (2) $\frac{\pi^2}{12}$; (3) $\frac{1}{4}$.

3. (1) $s(x)=\begin{cases}\frac{x}{1-x}+\frac{\ln(1-x)}{x}+1, & |x|<1 \text{ 且 } x\neq 0,\\ 0, & x=0;\end{cases}$

(2) $s(x)=xe^{x^2}$, $-\infty<x<+\infty$;

(3) $s(x)=\left(1-\frac{2}{x}\right)\ln(1-x)-2$ $x\in[-1,1)$ 且 $x\neq 0$, $s(0)=0$;

(4) $s(x)=e^{\cos x}\cos(\sin x)$, $-\infty<x<+\infty$;

(5) $\frac{\pi}{3\sqrt{3}}-\ln\frac{4}{3}$; (6) $s(x)=\frac{1}{2}\sin x+\frac{x}{2}\cos x$, $-\infty<x<+\infty$.

4. (1) $x+\sum\limits_{n=1}^{\infty}\frac{(2n-1)!!}{n!}x^{n+1}$, $\left(-\frac{1}{2}\leqslant x<\frac{1}{2}\right)$;

(2) $\sum\limits_{n=1}^{\infty}\frac{(-1)^{n-1}2^n-1}{n}x^n$, $\left(-\frac{1}{2}<x\leqslant\frac{1}{2}\right)$.

5. $f(x)=\frac{\pi}{12}^2+\sum\limits_{n=1}^{\infty}\frac{(-1)^n}{n^2}\cos 2nx$, $x\in(-\infty,+\infty)$.

6. $x^3=\frac{\pi^3}{4}+\sum\limits_{n=1}^{\infty}\frac{2}{\pi}\left[\frac{6}{n^4}+\left(\frac{3\pi^2}{n^2}-\frac{6}{n^4}\right)(-1)^n\right]\cos nx$, $x\in[0,\pi]$.

8. (1) $V_n=\frac{250\pi}{101}\left[e^{-\frac{(n-1)\pi}{5}}-e^{-\frac{n\pi}{5}}\right]$; (2) $V=\frac{250\pi}{101}$.